浙江省哲学社会科学重点研究基地

海洋资源环境与浙江海洋经济丛书

ZHONGGUO HAIYANG ZIYUAN HUANJING
YU HAIYANG JINGJI YANJIU 40NIAN FAZHAN BAOGAO

中国海洋资源环境与海洋经济研究

40年发展报告

（1975–2014）

◎ 李加林　马仁锋　等著

浙江大学出版社

前　言

　　《中国海洋资源环境与海洋经济研究40年发展报告(1975—2014)》历经一年的工作,业已完成。

　　天空海洋是未来人类新拓展的发展空间和重要资源。本报告立足海洋资源环境、海洋科教、海洋经济,关注互相促进与协调发展趋势,采用文献调查、比较分析、文献计量、系统研判、专家座谈等方法,涵盖了海洋资源开发利用与海洋生态环境保护、海洋科技研发与科教管理、海洋经济转型与重点海洋产业等研究领域。报告包括我国海洋资源环境、海洋科教管理、海洋经济发展研究的历程、新进展,以及发展趋势等内容,力求做出全面、客观的阐述。它以开放的视野,反映了国内海洋资源环境与海洋经济研究的历程与特征,同时也用发展的理念,初步预测了海洋资源环境与海洋经济未来研究趋势。

　　本报告的著撰初衷和预期的基本作用可概括为三点:一是厘清我国海洋资源环境与海洋经济研究的历史脉络、基本特征、主要领域,审视研究贡献与研究水平,从而凝聚队伍、提振信心;二是启迪和引领中国海洋资源环境与海洋经济研究的科技工作者,按照研究趋势有选择有重点地开展个人探索与团队/学科的研究;三是通过本报告的出版发行,既增进社会与公民全面了解海洋资源环境与海洋经济研究,又期望吸引更多的相邻学科的专家与青年学子关注海洋资源环境与海洋经济,更好地开展交叉融合研究,推进国家海洋战略科学实施。

　　海洋资源环境与海洋经济研究作为跨学科的交叉前沿领域,国内自20世纪70年代中期以来相关研究方向涌现了较多期刊文献与硕博学位论文,然而至今学界尚无系统梳理相关研究历程与前瞻的综合报告。因此,本报告与中国海洋学会编著的《海洋科学学科发展报告》、中国科学院海洋领域战略研究组编著的《中国至2050年海洋科技发展路线图》、国家海洋局海洋发展战略研究所组编的《中国海洋经济发展报告》等相较存在如下的显著特色:一是本报告关注国内海洋资源环境、海洋科技与海洋教育、海洋经济研究的总结与陈述,而《海洋科学学科发展报告》仅关注海洋学的自然领域;《中国至2050年海洋科技发展路线图》关注国际海洋环境、海洋生态、海洋生物、海洋油气、海岸带等开发利用的关键科学问题与技术,以及中国未来着力推进的研究领域;《中国海洋经济发展报告》关注中国沿海省市和全国海洋产业的当年实际生产状态与产业发展政策等。二是本报告除对各专题较为系统地进行文献回顾与梳理之外,还非常关注对以海洋资源环境利用、海洋科教管理、海洋经济发展之间关系为主题的研究文献,期待能够诠释出中国海洋经济研究的资源环境、科教支撑能力及海洋经济发展的反哺功效等相关研究趋势。三是海洋资源环境与海洋经济研究的主题繁多,本报告紧扣国家海洋战略与中国海洋研究态势,遴选了其中最为核心的13个亚领域,以期系统解析中国海洋资源环境与海洋经济研究的近40年历程与特点。

本书主要由宁波大学城市科学系科研骨干组成的研究团队,在浙江省哲学社会科学重点研究基地–浙江省海洋文化与经济研究中心的支持下统筹策划的。本书为浙江省海洋文化与经济研究中心2014年度省级重点规划课题《浙江省海洋资源环境与海洋经济发展报告》(编号:14JDHY01Z)的阶段研究成果,并由浙江省海洋文化与经济研究中心资助出版。本报告由李加林与马仁锋负责提纲拟定、研讨组织、全书统稿等工作,相关章节的执笔者如下:第一章:李加林与马仁锋;第二章各节依次为徐谅慧与李加林、李加林与童亿勤、李冬玲、徐皓、孙伟伟;第三章:马仁锋与倪欣欣;第四章各节依次为:马仁锋与李加林、马仁锋与梁贤军、马仁锋、苏勇军(宁波大学中欧旅游与文化学院)、庄佩君与曾峰、方蕾(宁波大学海运学院);附录:周国强。感谢著撰组的各位学者付出的辛勤劳动。同时,由于时间和资料的局限,可能在某些内容上未能达到全面、权威的回顾与梳理要求,敬请谅解和指正。

宁波大学城市科学系
浙江省海洋文化与经济研究中心
2014年11月

目　录

表　目　录

图　目　录

1 绪　　论

　　地球表面积约为 5.1 亿 km²，其中海洋的面积近 3.6 亿 km²，约占地球表面积的 71%。海洋是全球生命支持系统的一个基本组成部分，是全球气候的重要调节器，是自然资源的宝库，也是人类社会生存和可持续发展的战略资源接替基地。随着人口增多、经济发展和科学技术进步，人类能够开发利用的海洋资源种类和数量不断增多，海洋资源开发潜力巨大。现代海洋科学技术已经使人类从近海走向深海、大洋和极地，海洋经济因得益于此而蓬勃发展，毫无疑问海洋科技已经成为世界各国综合实力较量的焦点之一。海洋资源环境的科学利用、海洋科教创新能力的提升、海洋经济的发展，对确保国家安全、维护国家海洋权益、推动国民经济与社会发展，实现国家战略目标，具有重要的战略意义。

1.1　海洋资源环境、海洋科教与海洋经济　　发展之关系

1.1.1　海洋资源、海洋资源环境与海洋经济发展的关联

　　海洋资源是指存在于海洋及海底地壳中，人类必须付出代价才能够得到的物质与能量的总和。按照海洋资源的自然属性，可以把海洋资源分为海洋生物资源、海水化学资源、海底矿产资源、海洋空间资源和海洋再生能源。按照海洋资源的形成方式，可以把海洋资源分为可再生资源和非再生资源。从理论上来说，海洋可再生资源是可持续利用的海洋资源，海洋非再生资源的可持续利用

难度比较大,是难以长久的,除非寻找到替代品。而再生海洋资源又可分为两类,第一类海洋资源的流动或转化基本上与人类目前的利用水平无关,它们主要包括海洋再生能源、海水化学资源;第二类海洋资源指那些虽然具有自然再生能力,但能否可持续利用,在很大程度上取决于人类的利用程度是否超过其自然再生力的阈值。海洋环境也可以认为是海洋资源的一部分,或者称之为环境资源,一般把海洋自然资源及相关的环境因素总称为海洋资源环境。

海洋资源开发利用是随着人类文明的发展而逐渐成熟与发展起来的。随着科学技术的进步,海洋资源不断被发现,人类的海洋价值观发生了深刻变化,海洋对于人类生存和发展的重大战略意义受到普遍重视,各国政府都从全球发展战略高度看待海洋问题。事实上,谁能最早、最好、最充分地开发利用海洋,谁就能从海洋中获得最大利益,就可能成为未来真正的大国、强国。当今世界范围内海洋资源开发利用规模迅速扩大,主要海洋产业如渔业、海洋交通运输业、滨海旅游业、海洋油气开采业等迅猛发展,一些新兴海洋产业如海洋化工业、海水养殖业、海水淡化产业已初具规模,以高新技术为依托的海洋生物工程、深海采矿、海洋能源利用等未来产业也正在迅速崛起。

海洋资源是海洋经济发展的基础,只有实现海洋资源的可持续利用,才能实现海洋经济的可持续发展。所谓海洋资源的可持续利用,是指在海洋经济快速发展的同时,应该做到科学合理地开发利用海洋资源,不断提高海洋资源的开发利用水平及能力,力求形成一个科学合理的海洋资源开发体系。通过加强海洋环境保护,改善海洋生态环境,来维护海洋资源生态系统的良性循环,实现海洋资源与海洋经济、海洋环境的协调发展,并力争交给后代一个良好的海洋资源生态环境。

海洋资源在被利用的过程中以不同的方式表现它的价值,并转化为经济成分。海洋经济是与海洋资源相联系的,它的前提是海洋产业的存在。随着人类对海洋认识的不断加深、科学技术的逐步提高,对海洋资源的利用不断多样化。海洋产业逐渐增多,形成产业群体,并且产业内部构成逐渐完善,不断扩大和延伸。上、中、下游相互配套,发展成为系统的产业结构。无论是海洋产业的主体部分,还是延伸部分,均与海洋资源环境分不开,海洋资源环境的自然状况及其每一种变化均直接地影响着海洋经济的发展。任何海洋经济活动都是对海洋资源的利用,海洋产业对海洋资源环境的依赖性较强,具有显著的区域经济特征。与其他产业相比,其不同之处是,对自然资源的配置不具有灵活性,受区域限制的程度较高。海洋经济以海洋资源环境为依存的特点,正是其本身发展的优势所在。人类对海洋的利用是从对自然资源的简单利用开始的,但无论是简单的利用,还是多种形式的利用,均直接地说明海洋经济的发展离不开海洋资源环境。资源环境条件的优劣对海洋经济的发展起决定性的作用,自然资源环境属于天然的条件,虽然可以人工改造,但其具有很大的局限性。优越的海洋自然资源环境能为海洋开发利用提供较强的物质基础,有利于经济的发展。一般而言,河口区、海湾和群岛的存在,使区域具有丰富的海域资源、渔业资源、旅游资源、港口资源,对海洋经济的发展十分有利。反之,可利用的海洋资源缺乏,海洋经济的发展则会受到制约。若海岸线上不存在形成港口的地理条件,发展海洋运输业则将是十分困难的。区域性的海洋资源环境条件的差异,也导致海洋经济发展水平的差异。

　　海洋资源的有效配置是海洋经济快速发展的必然要求,能否有效地利用海洋资源环境,使资源环境在海洋产业的发展中发挥最佳效益,是海洋经济能否快速发展的关键。海洋产业不可能是单一的,海洋经济发展是多产业协调发展的结果。海洋功能往往是交错的,海洋资源环境的利用只能是多方位的和综合利用的。资源环境的利用既有相对独立性又有统一性,各海洋产业在资源利用上存在一定的制约关系,某一产业占有资源量多了,发展的相对速度加快了,另一产业的资源可利用量便少了,且得不到发展。例如滨海工业的高速发展,过度地利用了海洋的环境资源,使水质环境恶化,生物资源遭到破坏,渔业的发展则受到限制。海洋资源的有效配置对海洋产业综合发展起作用,体现了海洋资源环境与海洋经济发展之间的另一种内在关系,这也说明必须有效地配置海洋资源,才能使各产业相互协调,相互促进。

1.1.2　海洋科教与海洋资源开发利用、海洋经济发展的关联

　　海洋科教包括海洋科学和海洋技术的研发与教育。海洋科学是研究海洋中各种自然现象和过程及其变化规律的科学,包括物理海洋学、生物海洋学、海洋地质学、海洋化学等;海洋技术是指海洋开发活动中积累起来的经验、技巧和使用的设备等,包括海洋工程技术、海洋生物技术、海底矿产资源勘探技术、海水资源开发利用技术、海洋环境保护技术、海洋观测技术、海洋预报预测技术和海洋信息技术等。可以说,海洋科技是众多传统科技和现代高新技术在海洋领域的集成。发展海洋科学技术的根本目的是用越来越先进的科学知识和技术手段进行海洋资源和环境调查、勘探,不断获得新的海洋科学知识,发现新的可开发资源,研究新的开发、保护技术和方法,培养海洋开发保护的科技人才队伍,以及提高和增长国民的海洋意识和海洋知识,为海洋经济持续发展、海洋资源和环境可持续利用、海洋公益事业和海洋军事利用服务。

　　海洋经济是一种基于海洋资源和环境可持续开发利用的全新经济发展模式,培育和发展区域海洋经济,将对海洋科技创新提出更高的要求,海洋科技创新在区域海洋经济发展中的支撑和引领作用也将更加突出。海洋科技创新的

持续和快速推进,将有效保障海洋经济发展所需生态资本的可持续供给,促进传统海洋产业升级及发展新兴产业,推动海洋产业高效集聚和集群式发展,壮大区域蓝色经济规模,提升国内外市场竞争力。海洋经济发展能够产生强大的反哺效应,为海洋科技创新奠定雄厚的物质基础。海洋科技创新需要持续不断的资本投入,特别是高附加值产业技术研发及成果转化所需要的资本投入强度会更大,而只有持续发展的海洋经济才能为海洋科技创新提供有效的资本保证。由此可见,促进海洋科技创新与海洋经济发展紧密融合和高效互动,会起到强有力的彼此支撑和促进作用,并由此形成巨大合力,推动海洋科技和海洋经济实现协同发展。

海洋科技对海洋资源环境系统和海洋经济系统的可持续发展有着巨大的影响。人类社会系统与海洋资源环境系统的交互作用主要表现在两个方面:一是人类行为尤其是经济活动对海洋生态系统的冲击,二是海洋生态系统对人类行为的支持与限制。人类一方面希望能从海洋生态系统中持续地取得更多的资源,以满足人类的需求;另一方面又希望经济活动给海洋生态系统的冲击要小。要解决这对矛盾,只能依赖发展海洋科技,科技进步可以促使海洋经济和海洋生态系统形成良性反馈作用。海洋可持续利用能力的高低,体现在海洋经济、海洋资源和海洋环境三方面的发展水平上,而这三方面均离不开一个最为关键和起决定作用的因素——科技能力。因此,科学技术在海洋可持续发展能力体系中处于核心的地位。

撰写人:李加林、马仁锋

1.2　全球化与城市化世纪的中国海洋战略实施瓶颈

1.2.1　全球海洋发展与中国实施海洋战略的地缘困境

1.2.1.1　全球海洋的发展前沿与趋势

(1)全球海洋的发展前沿。①新兴技术在全球海洋经济中作用显著上升。

海洋经济市场激烈竞争促进了海洋科技开发和技术创新。海洋新兴技术应用，为区域或城市带来巨大的效益。因此，构建环境友好型、资源节约型的海洋经济发展，是提升国家海洋综合竞争优势之所在。世界海洋新兴技术研究中，深海勘测与开发技术成为全球海洋研究的焦点和热点，尤其关注深海资源开发的高效、精细化、深加工技术（中国科学院海洋领域战略研究组，2009）。②陆海一体化型城市群成为全球海洋经济发展高地。全球化的产业集聚与扩散已突破了行政边界，尤其是欧美海洋经济强国的城市群在推动海洋经济增长的贡献日益突出。北欧诸海洋经济强国的显著特征是通过陆海经济一体化发展和海洋经济前瞻性发展，塑造陆海一体型城市群区域，使之成为21世纪国家参与国际海洋分工与全球经济竞争的主体。

（2）全球海洋发展的趋势。①全球海洋开发聚焦于海岸带和岛屿。地处海陆过渡地带的河口海岸、岛屿，其独特区位优势成为国家全球化的前沿阵地与交通要塞、全球特大城市的发祥地，因此成为国家海洋经济发展的热点、重点区域。②海洋产业结构趋向高级化与技术密集型。全球海洋产业正转向"三、二、一"型结构，海洋产业发展过程日益注重资源节约及综合利用，充分考虑海洋生态和经济的协调。海事服务、海洋工程装备和滨海旅游催化海洋产业的融合、跨界发展。③全球海洋产业重心移向亚太。随着亚太国家对海洋经济的日益关注，欧美海洋国家的海洋经济增长优势相对降低，而亚太沿岸国家海洋产业所占全球海洋产业比，呈现逐年增加趋势。尤其是世界海洋产业的核心产业——航运收入和海军支出，其快速成长的亚洲市场带动了亚太国家海洋经济的全球比重攀升。④海洋经济受生态安全威胁日益严峻。从近年全球海洋污染，如纽约湾、东京湾、墨西哥湾、杭州湾、地中海、波罗的海、渤海等海域溢油事故，可知深受环境污染损害的海域几乎丧失了海洋生产力和海洋环境自我修复能力。当前，欧洲和美国构建了基于生态承载的海洋管理理念，试图解决海洋经济发展的生态困境。

1.2.1.2 中国国家海洋战略实施的地缘困境

随着中国的和平崛起，全球主要国家都将战略重点移向中国，如美、日、印度对中国的遏制战略；东南亚国家的海洋挑衅战略等（陆大道等，2013），尤其是中国与日本在东海的争端（杜德斌等，2013）、中国与东盟某些国家在南海的争端（王圣云等，2012），促使中国对海洋权益维护和海洋地缘安全评估需要上升到国家战略高度。①我国仅一面向洋（太平洋），且在通向大洋的战略通道上阻隔着许多政治制度与意识形态不同的国家和地区，海上战略通道非常狭窄，容易受制于人。如此狭小的出海洋面，从某个角度来看，我国可谓"有海无洋"。②当前台湾孤悬海外、中日钓鱼岛争端、中韩苏岩礁争议、南海数国与中国争岛礁管控权等历史遗留问题,成为我国黄海、东海、南海的海权缺口。③中国的和平崛起影响了欧美主导的国际格局与国际秩序,也就不可避免地面临着重大的国际体系压力。为此,美国60多年前为中国"量身定做"的"第一、二岛链"又派上了用场,处在岛链上的诸如日本、韩国、菲律宾、印尼、新加坡、越南等也就自然走到了前台。这些国家中有些又与中国有海洋权益争端或有重大利益冲突,这为美国"定向引爆"岛链提供了绝佳机会(林宏宇,2012)。

1.2.2　发展海洋经济的资源环境压力

长期以来,海洋资源开发长期处于粗放式的开发状态,经历了海洋资源从没有充分开发到某些资源开发过度,海洋环境从少污染到污染逐渐加剧,从单一资源开发向综合开发的过渡。随着海洋开发的不断深入,长期的"无度、无序、无偿"用海,严重制约了海洋资源的可持续利用。综观当前世界海洋资源开发利用与海洋经济发展,主要存在以下问题。

1.2.2.1　海洋经济无序发展造成海洋资源环境的破坏

经济的发展有其内在的规律,经济健康发展是稳定的发展、持续的发展。发展海洋经济不仅是经济规律起作用,也是经济规律和资源环境利用规律相互作用的结果。不同海洋产业对海洋资源环境利用的特点不同,第一类是对自然资源的直接利用,其产品是资源物质的直接体现。如海洋捕捞业、海洋油气业、海洋盐业、采砂业等属于这一类型。其中的不可再生资源将会随着人类的不断开发而减少,而可再生资源则可以通过合理的方式实现永续利用。第二类是有条件的利用,通过与其他条件的结合,形成产业,实现资源价值的转化。如海洋交通运输业和滨海旅游业等是利用特殊的海洋地理条件与交通和旅游结合起来的产业。第三类是非直接利用资源的产业类型,如滨海工业,是靠利用海洋自净功能这一环境资源,解决生产余热的冷却问题,或者生产废水的排放问题。资源并不在生产过程被直接利用,其价值体现在产品降低的那部分成本。海洋经济的快速健康发展,必须以科学合理地利用资源为前提,无序地开发利用可以使海洋经济出现不正常增长或减退,往往是突发式地增长而后迅速减退或停滞不前,对资源环境的无序开发和不合理利用,将导致资源环境的破坏。

1.2.2.2　经济发展的无限要求与资源环境的有限性存在矛盾

人类发展的基础是经济的发展,经济的发展过程也是物质的不断丰富和不断消耗,为人们提供精神享受的过程,主观上要求经济的不断发展,这种要求是无限的。但是,石油、天然气等资源的存量是有限的,海洋具有利用价值的水域也是有限的,对海域无限地围填会使内湾和河口区域缩小,对于可再生资源,其再生能力是有限的。水产资源的过度利用会导致生物种群灭绝而失去开发利用的价值。大量污染物在近岸海域水体中的累积,因超过了海域的自净能力而使海洋成为垃圾场。所以,如果遵从经济发展的主观要求,不考虑资源环境的有限性,无序、无度地开发利用资源环境,盲目地追求经济增长,则必将造成资源环境的严重破坏。

1.2.2.3　功能布局的不合理造成资源环境利用的混乱

功能布局不合理表现为在海洋资源的总体利用方面缺乏科学的规划,不能充分发挥各区域优势,存在着重复建设现象或者产业布局的不合理,破坏了海洋资源环境的自然属性。这种情况将极大地影响各相关产业的发展,不但使产业之间不能相互促进,反而使产业之间相互阻碍,不利于各产业的发展,影响了海洋经济的总体增长。例如,盲目地围海填海不仅未能创造良好的经济效益,反而将永久性地改变海域功能。不合理的港口建设等行为会长期地或永久性地对自然资源环境造成破坏。这种不合理利用将使海洋经济的可持续发展丧失资源基础。

1.2.2.4　资源环境的过度利用造成资源环境的不可恢复

工业废水、城市污水等陆源污染物无限制地排放入海,将会大大地超出环境资源的承受能力,会使海水水质恶化,且难以恢复,破坏海洋生态。渔业便是一个典型的例子,虽然渔业资源为可再生资源,但是资源的利用如果超出了其本身的再生能力时,便会朝相反方向发展。渔船盲目地增加,捕捞强度过大,酷渔滥捕的后果是鱼类等生物的亲体减少,种群得不到有效的补充,资源长期衰退以至于出现枯竭,甚至出现海洋荒漠化。

1.2.2.5　海洋资源环境问题制约着所有海洋产业的可持续发展

自然条件、自然环境、自然资源都是非常有限的,一旦受到破坏将很难恢复,人为的改善也要付出相当大的经济代价。当滨海沙滩被盲目开采,或者自然景观遭到破坏,在很大程度上将使该区域失去旅游价值,人工的改造必须投入大量的资金,这无疑造成了旅游资源的减少或者旅游业开发成本的增加,从而制约该产业的发展。乱填海、乱围垦永久性地改变了海域功能,破坏了岸线资源,改变了河口区和内湾海域自然条件,使港口、航道淤塞,阻碍了海洋交通运输业的发展。水产养殖业的不合理布局,养殖密度过高和投饵的不科学则会造成水质富营养化,使水域失去水产养殖功能,也导致赤潮灾害的发生,造成渔业经济损失,对渔业经济发展将是很大的打击。

1.2.3　海洋经济持续发展的科教支撑与关键海洋装备技术约束

1.2.3.1　世界海洋资源环境与海洋经济发展的科技支撑趋势

世界海洋资源环境开发与海洋经济的发展表现出以下趋势。首先,以高技术支撑的近海油气业、临港工业和生产性海洋服务业的迅猛发展,成为现代海洋开发的主体,带动其他海洋开发事业迅速发展。其次,以高技术支撑海洋产业发展。高科技的应用使海洋开发中传统产业得到不断改造,同时又不断开发和建立新的海洋产业。传统的海洋渔业由于海洋生物、机电一体、新材料开发、环境工程、资源管理等技术在苗种培育、生产和管理过程中的开发应用,使得海洋生物资源开发方式发生了战略性转变。以海洋地质、地球物理、遥感技术为调查手段,以移动式钻探和开采平台技术为开发手段,形成了新兴的海洋高技术产业——海洋油气业。用高技术装备的临港产业必将推动海洋开发的持续、快速发展。在高技术支撑下发展的海洋生产性服务业必将迅速成为新的海洋开发支柱产业。第三,海洋三次产业合理结构、产业技术现代化和专业化的区域布局是今后海洋开发现代化的趋势。海洋第一产业虽仍是一个重要行业,但它在海洋经济中的比重将逐步减小,而海洋油气业和临港工业带的发展,使第二产业迅速崛起,并将在海洋开发中扮演越来越重要的角色。海洋第二产业的发展,亟待突破海洋生物技术、海洋监测技术、海洋资源开发技术,尤其是深浅器、海洋石油勘探平台、海洋能利用装置等技术研发与制造工艺已成为全球海洋经济发展的重要科技竞争热点。

1.2.3.2　中国海洋科技的瓶颈领域

据中国科学院海洋领域战略研究组(2009)指出,中国在海洋环境、海洋生态、海洋生物、海洋油气与矿产资源、海岸带可持续,以及其他海洋资源开发利用面临严重的技术供给不足和科教的技术创新支撑能力不足(表1-2-1)。因此,海洋科技的创新发展成为推动国家海洋战略实施的重要组成部分。这既源于国家综合实力提升,为海洋科技的发展提供经济支持;也为海洋科技的创新发展、海洋资源环境利用、海洋新兴产业的发展提供技术支持,进一步为国家维护南海、东海海洋权益提供海洋装备保障。

表1-2-1　制约中国海洋资源环境利用与海洋经济发展的主要技术瓶颈

领域	科技类型 类	科技类型 亚　类	具体技术与工程设施瓶颈
海洋环境	海洋观测	长期、实时的深海观测手段	海底综合海洋环境探测浮标、潜标和座底标，主要包括深海综合观测系统设计、温度/盐度/流速/密度等海洋环境要素的精确测量
		近海海洋环境网络化实时观测	需要研制近海的环境观测系统和观测网络，瓶颈在于高精度网络化浅海综合观测系统设计
		海洋环境调查仪器的搭载平台	水下航行器的研发与制造
	海洋数值模拟		国际海洋环流理论的模拟
	海洋环境预报		数值模式与四维同化技术
海洋生态	海洋生态系统的调查		缺少近岸海域观测平台
	海洋生态系统的评价		新的现场观测仪器设备的研发能力滞后
	海洋生态系统的调控		遥感信息技术应用有效度低
海洋生物	海洋渔业		近海渔业资源评估、养护、增殖、放流，远洋渔场的建设，重要野生经济种类的驯化、重要增殖品种的选育，病害防治与集约化生态养殖等都缺乏一个完整的技术体系
	海洋生物代谢产物资源的开发		海洋药物源缺乏原创性研究 水产品的精深加工技术落后 生物炼制技术体系亟待建立
	海洋生物基因资源开发		缺乏深海生物的采集、海洋微生物的培养，海洋生物组学与宏基因组技术等
海洋油气与矿产资源	深水油气勘探、开采技术		深水油气地震勘探船关键技术、深水平台技术、深水区的水下生产系统、深水油气输送技术、深水起重铺管多功能船关键技术
	天然气水合物调查与开采技术		三维地震采集与精细后处理关键技术、深拖高分辨率地震技术、矿体评价技术；水合物真品保样技术、测井与钻探技术等
	热液硫化物调查、开采和利用技术		非活动热液区硫化物资源调查技术、热液活动探测与监测技术、深海钻井技术及装备、开采与利用技术
	深海多金属结核与富钴结壳开采利用技术		深海多金属结核运载技术和深海富钴结壳采掘技术

续表1-2-1

领域	科技类型		具体技术与工程设施瓶颈
	类	亚 类	
海岸带可持续	海岸带资源可持续开发利用		关键产业的技术研发,如海水淡化技术、海水化工产业关键技术、海岸带新能源技术
	海岸带灾害的综合防治与预警预报		风暴、海水入侵、海平面上升、海岸带污染等的发生发展机理,及其综合防治与预报预警系统
	海岸带综合管理研究		海岸带信息技术与信息集成技术、管理体系变革研究

资料来源:作者根据中国科学院海洋领域战略研究组(2009)的第100-135页相关分析整理。

撰写人:马仁锋

2 中国海洋资源环境利用研究

围绕中国海洋资源环境利用的进展,本章重点回顾了中国海岸带资源环境的人类利用影响、潮滩围垦对海岸带影响、大洋勘探与海底资源管理、海域生态环境、海洋资源环境遥感技术五个领域的研究文献,梳理了中国海洋资源环境利用研究的特征、主要领域、脉络演进等,初步展望了研究趋势。

2.1　人类活动对海岸带资源环境的影响研究

海岸带是海洋与大陆相互作用的地带,也是海洋与大陆之间的过渡地带(钟兆站,1997),具有很高的自然能量和生物生产力。海岸带由于其丰富的资源、优越的自然条件、良好的地理位置和独特的海陆特性,成为人类活动最活跃和最集中的地域(吴志峰,1998)。目前,全世界有将近60%的人口生活在仅占地球陆地面积的10%的海岸带区域(Ahana Lakshmi,2000)。

在漫长的地球历史过程中,海岸带的发展变化不仅受海洋、陆地、大气等自然环境的综合影响,而且受到人类活动的直接影响。特别是进入工业革命以后,人类对海岸带的干预在强度、广度和速度上也已接近或超过了自然变化,人类活动已经成为地表系统仅次于太阳能、地球系统内部能量的"第三驱动力"(李天杰,2004)。近一个世纪以来,人类正在对海洋及海岸带进行着开发和索取,但是与此同时,也自觉不自觉地破坏了海岸带的资源环境。人类对于海岸带资源环境的破坏,不仅仅是由于海水污染而导致的海洋生态环境的破坏,更有诸如大河干流水利工程建设(李凡等,2000;陈永昌,2010;王昊等,2011)、围填海工程(马龙等,2006;沈永明,2006;龚政,2010;蒋秋飙,2011)、海岸区采矿(李萍等,2004;何宗玉,2003;陈奎英,1995)、海岸工程(聂红涛等,2008;吴丹丹等,2011;梁亮,2007)、海水养殖(毛龙江等,2009;杨卫华等,2006;肖常惕等,2009)、滨海旅游(朱毅,2012;魏少琴,2007)等众多人类活动给海岸带的资源环境带来了不同程度的负面影响,这也为实现可持续发展战略带来了很大的困难,因此,研究海岸带环境变化中人类活动因素以及其对海岸资源环境的影响对于实现经济的可持续发展具有重要的作用。近年来,也有越来越多的学者开始关注海岸带资源环境的变化,使得海岸带成为全球变化研究的关键区域(张永战等,1997)。

长期以来,在水利工程建设、港湾开发、河口整治、海洋资源能源开发等实践任务的驱动下,不同学科的学者就人类不同活动对海洋环境造成的影响展开了大量的工作,为海岸带资源开发及环境保护做出了重要的贡献。针对各类海岸带开发利用活动对海岸带资源环境的不同影响,本节拟从大河干流建坝蓄水工程建设、围填海工程、滨海旅游、海水养殖等方面重点论述其对海岸带资源环境产生的影响。

2.1.1　大河干流建坝蓄水工程建设的资源环境影响

随着人类生产和生活用水的不断增加,在河流的中上游地区都兴建起大量的截流蓄水或跨流域调水工程,这类工程在截流了部分水量的同时,也使河流的输沙量减少,对海岸带的资源和生态环境也将产生显著和潜在的影响。

2.1.1.1　对水文泥沙的影响

重大水利工程的建设将显著改变河流的径流量和其原有的季节分配,这将直接引起河口水文情势的变化。此外,由于大河干流重大水利工程的建设导致的河流入海泥沙减少,进而影响河口三角洲的演化(Syvitski JPM et al.,2005)。河口三角洲海岸岸滩在新的动力泥沙环境下发生新的冲淤演变调整,原先淤涨型河口海岸,由于淤涨速度减缓,由强淤涨型转为弱淤涨型,甚至转化成平衡型或侵蚀型。Fanos(1995)对埃及尼罗河修坝前后入海泥沙量进行了研究,研究表明尼罗河在修建阿斯旺大坝后,入海泥沙量减少98%;Carriquiry 等(2001)也指出,科罗拉多河上由于修建胡佛等大坝导致入海泥沙断绝。而从国内的研究来看,钱春林就引滦工程对滦河三角洲的影响展开研究,指出滦河因上中游修建了3个大型水库和引水供应天津、唐山和秦皇岛而导致海岸泥沙补给骤减,口门岸滩蚀退速率大约是工程前的6倍(钱春林,1994)。三峡工程的建设,将大量长江径流截流在库区,导致长江口入海泥沙大量减少,河口侵蚀海岸地区的淤积速度放缓,部分地区已出现海岸侵蚀现象。

2.1.1.2　海水入侵

由于重大水利工程的拦蓄作用,流域中下游和河口的水量明显减少,使得海水入侵时间延长,海水倒灌距离加大,同时也造成了江水中氯化物的浓度升高。目前全世界范围内已有50多个国家和地区的几百个地段发现了海水入侵,主要分布于社会经济发达的滨海平原、河口三角洲平原及海岛地区。特别是进入20世纪80年代以来,我国渤海、黄海沿岸由于大型水利工程的建设,都出现了不同程度的海水入侵加剧现象(刘杜娟,2004)。海水的入侵也将引起地下水含水层变咸,滩地土地盐碱化,导致严重的地下饮用水短缺(陈沈良等,2002)。三峡水库每年10月份蓄水,下泄流量减少,可能会引起海水溯江而上,从而使宝钢等地工业用水、生活用水受到影响,长江三角洲沿海部分耕地会发生盐碱化。同时,郑丰(1997)也提出,由于阿斯旺大坝的建设,使得尼罗河与滨海的泥沙输送之间突然失去平衡,导致海岸的侵蚀加剧,而以往海岸的稳定性表明,这种平衡过去是存在的。

2.1.1.3　对河口湿地的影响

建坝蓄水导致河流携带泥沙能力下降,使得部分三角洲从淤积型向侵蚀型转化,海岸线蚀退严重,造成了大量湿地的萎缩(姜翠玲等,2003)。此外,王国平等人以向海湿地为研究对象,指出由于向海湿地上游的截流,洪水的消除或洪泛次数的减少限制了河流与其以前形成的洪泛湿地之间的交换,也就限制了河床的摆动和新沼泽地的形成,更进一步减少了维持河边洪泛湿地生态系统所必需的水量,导致湿地逐渐萎缩、破碎,甚至大面积丧失,使本已脆弱的生态平衡遭到严重破坏(王国平等,2002)。

综观以上研究,目前关于大河干流水利工程的建设对于海洋资源环境的影响研究,大多以建坝蓄水工程的影响为主,且研究具有较强的针对性,大多是针对某一项具体工程的影响进行预测和评价,而对于多个水利工程所造成的综合累积影响的评价研究较为少见。同时,许多研究多侧重于建坝蓄水工程建设对于河流流域水文及生态环境造成的影响,而对于河口及海岸带地区资源环境的影响研究也较为少见。因此,如何综合评价水利工程建设对海岸带资源环境造成的累积影响,将是水利工程建设对海岸带资源环境影响研究领域中迫切需要解决的问题。

2.1.2　围填海工程的资源环境影响

围海是指在海滩或浅海上通过筑围堤或其他手段,以全部或部分闭合的形式围割海域进行海洋开发活动的用海方式,其部分改变了海域的自然属性;填海是指筑堤围割海域填成土地,并形成有效岸线的用海方式,从根本上改变了海域的自然属性(马军,2009)。围填海包括围海造田、造陆,兴建港口、码头、防波堤、栈桥等,用于工农业的生产和城市建设,能够有效缓解当前经济发展过快同工农业用地不足的矛盾。但是,不恰当的围填海工程也将对海岸系统造成扰动,造成新的不平衡,甚至会引发一系列海洋环境灾害,对海洋环境构成不可逆转的影响或损失(郭伟等,2005)。

2.1.2.1 对近岸流场的影响

围填海工程的建设,改变了局部海岸的地形及海岸的自然演变过程,导致围垦区附近海域的水动力条件发生骤变,形成新的冲淤变化趋势(周安国等,2004),进而可能影响工程附近海岸的淤蚀、海底地形、港口航道、海湾纳潮量、河道排洪、台风暴潮增水、污染物运移等。

长期以来,不同的学者运用不同的研究方法针对具体地区围填海工程造成的流场变化进行了不同的研究。从研究方法来看,大多基于水力学或泥沙运动力学,通过建立数学模型或相关的物理模型来模拟或者计算工程前后流场的变化情况(宋立松,1999;姚炎明等,2005;吴创收,2012)。此外,也有基于GIS及RS手段,通过动态监测和目视解译等,从对近岸航运影响的角度来侧面反映围填海工程对近岸流场所造成的影响(周沿海,2004)。

从研究内容来看,李加林等(2007)分别从对河口、港湾、平直海岸、岛屿等四个方面综合阐述了不同类型的围垦工程对水沙动力环境的影响。随着上海经济发展的日益推进,我国学者对围填海造成的长江口流场的变化展开了大量的研究,如曹颖等采用二维潮流数学模型模拟南汇东滩促淤围垦工程实施前后流场的变化,探讨围垦工程对邻近水域水动力产生的影响(曹颖等,2005)。罗章仁(1997)、郭伟和朱大奎(2005)分别研究了近几十年来香港维多利亚港和深圳湾围垦工程对港湾纳潮面积、纳潮量、潮流速度等潮汐特征及港湾回淤的影响。此外,Guo & Jiao(2007)也指出围填海加大了新增土地的盐渍化风险,加重了海岸侵蚀,使得海岸防灾减灾能力大大下降。

2.1.2.2 对近岸海域生态系统影响

围填海改变了海洋的物理化学环境,会引起近岸海域生态系统结构的适应或破坏。围填海工程对近岸海域生态系统的影响一般可以分为对近岸浮游生物的影响和对近岸底栖生物群落的影响两方面。

对浮游动植物的影响主要集中在工程的施工过程中,施工过程中悬浮物浓度的增加将导致水质的浑浊,水体透明度、光照度、溶解氧等下降,从而抑制了浮游植物的细胞分裂和浮游动物的繁殖(孙志霞,2009)。但是,这种影响一般都是暂时性和小区域的,当施工结束时影响也将随之消失。此外,从国外的研究来看,孙丽等(2010)也指出由于韩国新万金围填海工程的实施,使得该海域内连续两年出现多环旋沟藻赤潮。

相对于围填海工程对浮游生物造成的影响而言,工程对底栖生物的影响更为直接,影响面及造成的危害也更广。围填海工程将永久性地改变海域原有的底质和岸线,导致底栖生物被挖起死亡或被掩埋致死,并且这种影响将得不到恢复,从而使得海域生态环境被破坏。陈才俊(1990)指出,在苏北竹港围垦一、二个月内,沙蚕全部死亡,而生命力较强的蛏蜞也在7年内基本死亡。Wu Jihua等(2005)在1998—2000年期间,通过对新加坡Sungei Punggol河口海岸围填海的大型底栖生物群落影响系统调查,指出由于围填海工程的实施,底栖生物的种类和丰度都明显下降。由此可见围填海给底栖生物造成了显著的破坏效应。

2.1.2.3 对滨海湿地影响

围填海工程对海岸带滨海湿地的影响主要包括两方面:其一为侵占湿地,导致湿地景观环境变化;其二是在一定程度上造成湿地沉积环境的变异(李杨帆等,2009)。

张华国等(2005)利用遥感数据,对杭州湾围垦淤涨情况进行了调查,指出自1986年以来,杭州湾地区的累积围垦面积已经达到124.28km²,是围垦最为集中的地区,大面积地占用了原有的滨海湿地,并且改变了滨海湿地的景观环境。Han 等(2006)以我国南部海岸湿地为研究区域,指出南部的潮滩、红树林等湿地都出现了严重的退化,主要原因之一就是大规模、不合理地填海造地造成的。俞炜炜等(2008)以福建兴化湾为例,评估围填海对滩涂湿地生态服务造成的累积影响。指出1959—2000年期间,兴化湾滩涂面积减少了21.35%,生态服务的年总价值损失达8.63×10⁹元,损失幅度为16.35%。

Sato(2004)通过对日本Isahaya湾填海造陆工程对湿地的影响分析,指出由于工程的实施,湿地动物群的种类和平均密度出现了明显下降。与此同时,底栖动物中的多毛类种类迅速上升为优势种类;在湿地表层,过量的磷、氮等营养盐指标促使某些藻类大量滋生,叶绿素a含量大幅升高,形成"赤潮"。潘少明等(2000)通过对香港维多利亚港的Pb、Zn、Cu等重金属在沉积柱状样的分析,表明围填海过程中,沉积速率较快的海域,Pb、Zn、Cu等重金属的污染也较严重。

上述研究多集中于围填海对湿地生态系统结构及功能的影响,研究方法也多局限于对湿地面积缩减程度的估计,对围填海与湿地功能丧失之间的耦合关系缺乏深入的研究。因此,以滨海湿地生态系统为纽带,探索围填海所造成的湿地生态功能损失的过程与机理,同时,将宏观(系统演化过程)与微观(环境要素物质循环过程)结合起来将是未来围填海工程对湿地生态系统影响的重点。

2.1.2.4　对海洋渔业资源的影响

大规模的围填海工程给海岸环境带来影响的同时,也影响到了海洋各类资源,间接对相关海洋产业造成了影响。例如,随着大连凌水综合整治填海工程和小平岛房地产项目的开发,占据了大量海域,影响了鱼类的洄游,破坏了鱼群的栖息环境和产卵地,使得该海域渔业资源不断衰竭(马军,2009)。苏纪兰和唐启升(2002)也指出,环渤海地区20世纪末由于大量的围海养殖,使得河流断流,严重破坏了当地对虾的栖息地,从而导致了当时中国对虾捕捞业的衰退。然而由于不同种类的海洋生物迁徙能力及适应生态环境变化能力的不同,因此,栖息地丧失对于重要海洋生物资源的影响难以进行量化,只有通过对围填海工程附近的生物资源进行长期的动态监测和研究,并结合生物学和生态学实验以及历史数据,才能对围填海影响生物资源的过程、程度和机理有更为准确的认识,这也是今后研究的重点。

2.1.3　滨海旅游的资源环境影响

作为旅游目的地之一,滨海旅游已经越来越受到国内外游客的欢迎,海岸带也成为世界旅游业发展最快的领域之一(Hall C M,2001)。由于海岸带环境具有高度的动态特征,因此,任何对海洋或者海岸带的自然环境及生态系统的干涉都可能对其长期稳定产生严重的后果(Cicin-Sain B 等,1998)。

2.1.3.1　海水污染及生态破坏

世界各地的滨海旅游在开发和运营过程中,均造成了不同程度的海水污染,这些污染尤以加勒比海、地中海更为明显(梁修存等,2002)。

Kuji(Kuji T,1991)对滨海旅游水体污染进行了研究,指出海水污染的来源主要包括两类:海岸带景区化肥池的泄露以及陆源污水处理系统对污染物的排放,特别是高尔夫球场使用的肥料的泄露以及陆源餐馆污水的不合理排放,这些都不同程度地引起了邻近海域水体的富营养化。其次是游船在出游过程中,由于废污水的任意无制度排放以及固体废物的倾倒也将造成近海海域海水的污染。Marsh & Staple(1995)通过对加拿大地区滨海旅游的调查研究发现,特别是在一些生态脆弱地区,游船活动已对其环境造成了重大的威胁。同时,徐勇等(2009)也指出,由于滨海旅游过程中游轮的大量使用,期间产生的各类垃圾、废水、污水被直接排入大海,导致海水污染以及海洋生态的破坏。

2.1.3.2 海岸线侵蚀

滨海旅游的开发也加剧了海岸线的侵蚀和后退。例如,观光海堤的修建,短期内影响了海岸带泥沙的季节分配,而从长期来看,则将引起海岸线后退和陆地面积的损失。同时,Baines(1987)通过对Sids地区的调查研究发现,由于游船航道的修建,导致了岸边礁石爆破,附近泥沙也不断地充塞了航道,从而破坏了海岸带泥沙的循环平衡,更加加剧了海岸带的侵蚀。三亚地区由于滨海大道等的建设,也导致了该区域自2002年以来,海岸线以平均每年1~2m的速度向岸边推移(赵善梅等,2009)。

2.1.3.3 砂质退化

砂质退化也是滨海旅游所引起的较严重的环境问题之一。在滨海旅游过程中,由于污水、垃圾、船舶油类的污染,沙滩的表层颜色已经从白向灰过渡(吴宇华,1998)。同时,由于过多的游客踩踏,以及某些交通工具的随意停留,造成了沙滩紧实度增强,极大地降低了潮间带以及海岸带的生物多样性。

此外,国内外学者还对滨海旅游对海岸带地区的植被、土壤、大气等的自然环境影响做了大量的定性和定量的研究。如加拿大的Waterloo大学地理系的Wall&Wright(1977)利用旅游环境影响的既成事实法、长期监测法和模拟实验法阐明了旅游对生态环境的影响与环境要素间的相互关系。就目前的研究来看,滨海旅游对海岸带资源环境的影响多集中于个案的研究,研究结论也基本以一定的案例为基础而得出。同时,国内的研究多以社会经济统计资料以及环境监测资料为基础数据,还比较缺乏对新技术——如3S技术的应用。因此,如何有效利用先进的技术从定性和定量双方面来研究滨海旅游的资源环境影响,并且如何做好综合性的环境评价将是接下来研究工作所要关注的重点。

2.1.4　海水养殖的资源环境影响

近年来,由于海洋捕捞业长期的过度捕捞造成大部分鱼类资源下降,海水养殖业反而得到了迅猛的发展。海水养殖的生产和发展需要清洁的水域,于是其发展受到了海岸带其他人类活动的影响;反过来,由于某些海水养殖方式的不规范,也对周围海域的生态环境产生了影响(Gowen R J et al.,1987)。

2.1.4.1 对养殖水体自身环境的影响

(1)营养物质污染。世界各地的网箱鱼类养殖都带来了不同程度的饵料浪费和近海水域污染。20世纪80年代,欧洲在网箱养殖鲑鱼过程中,投入的饲料只有1/5被有效利用,其余部分都以污染物的形式排入了海水中(Ackefors H et al.,1990)。据了解,1987年,芬兰由于海水养殖,向沿岸排放了952t的N和14t的P,占芬兰当年沿岸排放N和P的2%和4%(CES,1989)。许多研究表明,海水养殖外排水对邻近水域营养物质负载在逐年增大,排出的N、P营养物质成为水体富营养化的污染源(李文权等,1993)。虽然,就目前而言,海水养殖的排污量与其他人类活动向海洋排污量相比比重并不大,但是已经有研究表明,某些海湾地区高密度的海水养殖与近海赤潮发生具有一定的相关性,从而将威胁到养殖鱼类、虾类和贝类的安全性(ENT STROEM S,1994)。

(2)药物污染。海水养殖中的化学药物主要用于鱼类的治病、清除敌害生物、消毒和抑制污损生物。据了解,1990年挪威在海水养殖上使用的抗生素已经超过了农业上的使用量(刘家寿,1996)。海水养殖中的药物大部分将会直接进入到近海海域海水中,造成该区域海洋环境的短期或者长期退化。例如珠江口流域曾经因为使用大量硫酸铜来治理虾病,从而造成了该地区水环境中存在着相当严重的重金属铜污染(贾晓平等,1997)。同时,一些药物在养殖的生物体内残留和积累也将成为潜在的威胁,进而对整个水体的生态系统乃至人体造成危害。

2.1.4.2 对近海生物的影响

相对于自然生态系统来说,海水养殖这一人工的生态系统比较单一,需要依靠人工的调节来维持其内部的平衡。从可持续发展的角度出发,大量的单物种海水养殖,必然造成浅海或内湾内生物多样性向单一性转化,使得海洋生物"内循环"发生变异,甚至导致物质循环平衡失调。如桑沟湾的研究表明,浮游植物的生物量与贝类滤水率成反比关系(计新丽等,2000)。

当然,海水养殖对海洋生物生态系统的影响并不都是有害的,海水养殖在一定程度上能够缓解由于过度捕捞造成的鱼类资源下降和自然环境变化的局面。海水养殖还能将人工培育、繁殖的苗种释放到渔业资源衰退的自然水域中,使其自然种群得以恢复。然而,海水养殖对自然种群基因多样性的破坏却远远超过了它的正效应。海水养殖过程中许多逃逸的鱼类可能会将自身携带的疾病甚至有害基因扩散到野生群体中,给天然基因库带来基因污染的潜在威胁。Svendrup(1997)通过研究发现经过基因改造的大洋鲑逃逸后与野生鲑鱼交配产生变种鱼类,使得缅因湾和芬迪湾的野生鲑鱼面临着灭种的威胁。此外,也有研究表明,逃逸的物种即使不与野生物种交配,但是也会与之竞争食物和栖息地导致当地物种灭绝。

2.1.4.3 对海岸滩涂、红树林的影响

在养殖对生态环境破坏的众多影响中,养虾业对滩涂、红树林的破坏最为明显。进入21世纪以来,全世界约有1000～1500hm²的沿海低地被改造为养虾池,其中大部分低地都为红树林、盐碱地、沼泽地或农用地,而这些低地曾经对维持生态环境的平衡起着不可替代的作用。

滩涂湿地和红树林在维持生物多样性上更是有着重要的生态学价值,既是海洋生物栖息、产卵场所,又是天然的水产养殖场。但是一系列盲目及缺乏规划的开发措施,破坏了滩涂和红树林这些禁忌种类的自然栖息环境。例如大规模的对虾养殖以及不合理的开发导致了滩涂生态环境的破坏,大量的滩涂贝类也遭到了不同程度的破坏(国家科学技术部,1999)。又如通过对 Patía河口三角洲的研究发现,由于海水养殖等一系列的人为活动影响,导致最大的红树林国家公园受到了毁灭性的打击(Juan D et al.,2012)。同时,丧失了红树林就会丧失由它维持的捕捞产量,并使污染物积累、土壤酸化(Ong J E,1989)。

2.1.5 其他人类活动对海岸带资源环境的影响

除此以外,其他人类活动如海岸采矿、污染物排放等也将对海岸带造成不同程度的影响。

我国海岸带有着丰富的砂矿资源,是建筑材料的重要组成部分之一。合理的开发和利用砂矿资源,能够有效地促进我国社会经济的发展,但是不合理的开采将会破坏海岸的动态平衡从而引起一系列的海洋灾害。李凡(2000)指出,山东省蓬莱市北海岸地区由于某单位的随意采砂,导致浅滩附近水深增加,加剧了海浪侵蚀海岸,导致该岸段的土地、房屋倒塌,造成重大损失。此外,张振克(1995)通过实地考察,也提出近40年来,芝果岛北岸小海湾沿岸砾石堤由于人为的过度采运砾石,使得砾石堤的规模不断缩小,抵抗海浪的能力大大减弱,从而海蚀崖崩塌过程频繁发生。

人类生产生活中不同污染物的排放也将会对海洋的资源环境,甚至对海洋水产品产生影响。首先,大气中二氧化硫、氮氧化物在湿度较大的空气中将形成酸雨,破坏海洋原有的酸碱平衡,而大气中的总悬浮物(TSP)沉降到海面上也将造成海洋生态环境的变化以及鱼类的减产。其次,随着工农业污水以及生活污水不断排入海洋,海洋中溶解氧和悬浮的有机物、无机物不断增多,从而造成

海水富营养化,引发大面积的赤潮。陈玉芹(2002)指出,2001年中国近海赤潮频发,特别是浙江省,两次较大的赤潮造成了渔业损失人民币近3亿元。此外,工业部门、生活垃圾等固体废弃物也会对海洋环境造成影响,各类有害物质和重金属随着河流流入海洋,通过被鱼类吸食而影响海洋环境及水产品的质量。

2.1.6　总结与研究展望

以上综述了近几十年来国内外有关人类活动对海岸带资源环境影响研究的主要进展。在过去的半个多世纪里,国内外学者从大河干流建坝蓄水工程建设、围填海工程、滨海旅游、海水养殖等方面,对人类活动所造成的海岸带资源环境影响的实地检测以及理论模拟分析等取得了许多成就,为更好地构建人地关系的生态过程以及生态环境变化对人类的反馈模式提供了必要的前提和基础。尽管如此,但由于海岸带资源环境系统的庞大性和复杂性,加之不同区域的区域特色显著,因此进行深入研究仍是必要的,今后需要深入研究的方面包括:

(1)已有的各项研究通常是只针对某一地区的某一项工程或人类活动的影响,缺乏综合累积影响的评价研究,而这些海岸带活动通常是共同制约着海岸带资源环境的变化。因此,今后应在海岸带环境组成要素系统分析的基础上,综合探讨不同的人类开发方式对其造成的影响,通过海岸带环境的自然演替与人类活动效应的综合对比,以此来揭示人类活动影响下的海岸带资源环境演化原理和机制,寻求人类活动和海岸带资源环境演化的平衡点。

(2)已有研究大多是以一个地区为例进行研究,而对于同一海岸(大河)工程对不同地域、不同海岸环境所造成的资源环境影响的对比甚少。如中国三峡水坝建设与埃及阿斯旺大坝建设对海岸带资源环境影响的对比等。因此,今后可以加强对同一类人类活动的资源环境影响的对比研究。

(3)此外,对于旅游等第三产业开发活动的海岸带资源环境影响,国内的研究多以社会经济统计资料以及环境监测资料为基础数据,还比较缺乏对新技术——如3S技术的应用。因此,随着高新技术的迅速发展,如何有效利用先进的技术从定性和定量两方面进行深入研究,并且如何做好综合性的环境评价将是接下来的研究工作所要关注的重点。

(4)由于海岸带资源环境的特殊性,还应加强地理学、环境学、海洋生物学、物理学、数学、气象气候学(Rute Pinto et al.,2013)等多学科的综合研究,探讨人类活动对海岸带资源环境的影响机制,寻求土地综合高效利用与海岸带生态环境保护及重建的海岸带可持续发展道路是未来人类活动对海岸带资源环境影响研究的发展趋势(李健,2006)。同时,海岸带的开发管理,还应结合体制与政策等,加快政府职能转变,提高管理和服务质量,从而真正实现海岸带的可持续发展(杨义勇,2013)。

参考文献

[1]Ackefors H. Enell M. Discharge of nutrient s from Swedish fish farming to adjacent sea areas. Amb io,1990,19:28-35.

[2]Ahana Lakshmi,R Rajagopalan. Soci-economic implications of coastal zone degradation and their mitigation:a case study from coastal villages in India. Ocean & Coastal Management. 2000,43:749-762.

[3]Baines J B K. Manipulation of islands and men:sand-cay tourism in the South Pacific. Britton S,Clark W C. Ambiguous Alternative:Tourism in Small Development Countries. Suva: University of the South Pacific,1987,16-24.

[4]Carriquiry JD,Sánchez A,Camacho-Ibar VF. Sedimentation in the northern Gulf of California after cessation of the Colorado River discharge. Sedimentary Geology,2001,144:37-62.

[5]CES. Environmental impacts of mariculture. In:ICES(International Council for the exploration of the Sea)Cooperative Research report. Copenhagen:ICES,1989.

[6]Cicin-Sain B,Knecht R W. Integrated coastal and ocean management:Concept and experiences. Washington,DC:Island Press,1998.

[7]ENT STROEM S,FONSELIUS S. Hypoxia and eutrophication in the soughern katteegat. The Exploration of the Sea. Katteegat:Marine Science of Katteegat,1994,38:115-145.

[8]Fanos AM. The impacts of human activities on the erosion and accretion of the Nile Delta coast. Journal of Coastal Research,1995,11:821-833.

[9]Gowen R J,Bradbury N B. The Ecological impact of salmonid farm ing in coast al w aters:A review. Oceanogr Mar Biol Ann Rev,1987,25:563-575.

[10]Guo H P,Jiao J J. Impact of coastal land reclamation on ground water level and the sea water interface. Ground Water,2007,45(3):362-367.

[11]Hall C M. Trends in ocean and coastal tourism:The end of the last frontier. Ocean & Coastal Management,2001,44:601-618.

[12]Han Q,Huang X,Ship,et al. Coastal wetland in South China:Degradation trends, causes and protection counter m easures. Chinese Science Bulletin,2006,51,(Supplem ent2): 121-128.

[13]Juan D,Restrepo A,Albert Kettner. Human induced discharge diversion in a tropical delta and its environmental implications:The Patía River,Colombia. Journal of Hydrology, 2012,124-142.

[14]Kuji T. The political economy of golf. AMPO. Japan-Asia Quarterly Review,1991, 22(4):47-54.

[15]Marsh J, Staple S. Cruise tourism in the Canadian Arctic and its implication. Hull C M, Johnston M E. Polar Tourism: Tourism in the Arctic and Antarctic Regions. Chichester: Wiley, 1995:63-72.

[16]Ong J E. Man groves and aquaculture in Malaysia. Ambio, 1989, 18:252-257.

[17]Rute Pinto, Filomena Cardoso Martins. The Portuguese National Strategy for Integrated Coastal Zone Management as a spatial planning instrument to climate change adaptation in the Minho River Estuary(Portugal NW-Coastal Zone). Environmental Science & Policy, 2013, 33 (2013)76-96.

[18]Sato S, Kanazawa T. Faunal change of bivalves in Ariake Sea after the construction of the dike for reclamation in Isahaya Bay, Western Kyushu, Japan. Fossils (Tokyo), 2004, 76:90-99.

[19]Svendrup-Jenson S. Fish demand and supply projections. Naga, 1997, 20(9):112-127.

[20]Syvitski JPM, Vorosmarty CJ, Kettner AJ, et al. Impactof humans on the flux of terrestrial sediment to the global ocean. Science, 2005, 308: 376-380.

[21]Wall G. , Wright C. The Environmental impact of outdoor recreation. University of Waterloo, 1977.

[22]WU Jihua, Fu Cuizhang, Fan Lu, et al. Changes in free-living nematode community structure in relation to progressive land reclamation at an intertidal marsh. Applied Soil Ecology, 2005, 29(1):47-58.

[23]曹颖,朱军政. 长江口南汇东滩水动力条件变化的数值预测. 水科学进展, 2005, 16 (4):581.

[24]陈才俊. 围垦对潮滩动物资源环境的影响. 海洋科学, 1990, 14(6): 48-50.

[25]陈奎英. 深海采矿对环境的影响. 海洋信息, 1995, 09:14-3.

[26]陈沈良,陈吉余. 河流建坝对海岸的影响. 科学, 2002, 54(1):12-15.

[27]陈永昌. 水利工程对潮汐河口环境的影响. 东北水利水电, 2010, 11:28-32.

[28]陈玉芹. 赤潮与海洋污染. 唐山师范学院学报, 2002, (02):11-12+40.

[29]龚政,窦希萍,张长宽,丁贤荣,陶建峰. 江苏沿海滩涂围垦对闸下港道淤积的影响. 水利水运工程学报, 2010, 01:73-78.

[30]郭伟,朱大奎. 深圳围海造地对海洋环境影响的分析. 南京大学学报(自然科学版), 2005, 41(3):286-296.

[31]国家科学技术部. 浅海滩涂资源开发. 北京:海洋出版社, 1999.

[32]何宗玉. 深海采矿的环境影响. 海洋开发与管理, 2003, 01:61-65.

[33]计新丽,林小涛,许忠能等. 海水养殖自身污染机制及其对环境的影响. 海洋环境科学, 2000, 19(4):66-71.

[34]贾晓平,蔡文贵,林钦. 我国沿海水域的主要污染问题及其对海水增养殖的影响. 中国水产科学, 1997, 4(4):78-82.

[35]姜翠玲,严以新. 水利工程对长江河口生态环境的影响. 长江流域资源与环境, 2003, 12(06):547-551.

[36]蒋秋飙. 海岸带围垦对海湾环境影响的研究. 中国海洋大学, 2011.

[37]李凡,张秀荣. 人类活动对海洋大环境的影响和保护策略. 海洋科学, 2000, 24(3):

6-8.

[37]李加林,杨晓平,童亿勤.潮滩围垦对海岸环境的影响研究进展.地理科学进展, 2007,26(2):44-46.

[38]李健.海岸带可持续发展理论及其评价研究.大连理工大学,2006.

[39]李萍,李培英,徐兴永,杜军,刘乐军.人类活动对海岸带灾害环境的影响.海岸工程,2004,3(4):45-49.

[40]李天杰,宁大同,薛纪渝等.环境地学原理.北京:化学工业出版社,2004.

[41]李文权,郑爱榕,李淑英.海水养殖与生态环境关系的研究.热带海洋,1993,32(12):33-39.

[42]李杨帆,朱晓东,王向华.填海造地对港湾湿地环境影响研究的新视角.海洋环境科学,2009,28(5):574.

[43]梁亮.海岸工程对近岸水动力影响研究.河海大学,2007.

[44]梁修存,丁登山.国外海洋与海岸带旅游研究进展.自然资源学报,2002,17(6):783.

[45]刘杜娟.中国沿海地区海水入侵现状与分析.地质灾害与环境保护.2004.3.15(1):31-36.

[46]刘家寿.投饵式网箱养鱼对环境的影响.水利渔业,1996,8(1):32-34.

[47]罗章仁.香港填海造地及其影响分析.地理学报,1997,52(3):220-227.

[48]马军.大连围填海工程对周边海洋环境影响研究.大连海事大学,2009,6.

[49]马龙,于洪军,王树昆,姚菁.海岸带环境变化中的人类活动因素.海岸工程,2006,4(25):29-34.

[50]毛龙江,张永战,张振克等.人类活动对海岸海洋环境的影响——以海南岛为例.海洋开发与管理,2009,26(7):96-100.

[51]聂红涛,陶建华.渤海湾海岸带开发对近海水环境影响分析.海洋工程,2008,26(3):44-50.

[52]潘少明,施晓冬,王建业等.围海造地工程对香港维多利亚港现代沉积作用的影响.沉积学报,2000,18(1):22-28.

[53]钱春林.引滦工程对滦河三角洲的影响.地理学报.1994.49(2):158-166.

[54]沈永明,冯年华,周勤,刘咏梅,陈子玉.江苏沿海滩涂围垦现状及其对环境的影响.海洋科学,2006,30(10):39-43.

[55]宋立松.钱塘江河口围垦回淤过程预测探讨.泥沙研究,1999,3:74-79.

[56]苏纪兰,唐启升著.中国海洋生态系统动力学研究.北京:科学出版社,2002.

[57]孙丽,刘洪滨,杨义菊.中外围填海管理的比较研究.中国海洋大学学报(社会科学版),2010(5):40-46.

[58]孙志霞.填海工程海洋环境影响评价实例研究.中国海洋大学,2009,6:68.

[60]王国平,张玉霞.水利工程对向海湿地水文与生态的影响.资源科学,2002,24(3):34-38.

[61]王昊,张志全,胡远满.鸭绿江流域水利工程对河口三角洲的影响.生态学杂志,2011,30(08):1799-1804.

[62]魏少琴.滨海旅游开发的环境影响研究.上海师范大学,2007.

[63]吴创收.华南流域人类活动和气候变化对入海水沙通量和三角洲演化的影响.华

东师范大学,2012,6.

[64]吴丹丹,葛晨东,许鑫,王豪,陈国强. 厦门海岸工程对岸线变迁及海洋环境的影响研究. 环境科学与管理,2011,36(10):67-71+83.

[65]吴宇华. 北海市银滩国家旅游度假区西区的环境问题. 自然资源学报,1998,13(3):258.

[66]吴志峰. 海岸带在地球系统科学研究中的作用. 地球信息,1998,Z1:52-57.

[67]肖常惕,张书颖,陈海军,严国强. 海水养殖对近岸海域环境影响浅析. 现代渔业信息,2009,24(09):9-10.

[68]徐勇,黄欣. 国外大众旅游对海滨环境影响的研究进展. 旅游学刊,2009,24(05):90-95.

[69]杨卫华,高会旺,张永举. 海水养殖对近岸海域环境影响的研究进展. 海洋湖沼通报,2006,01:100-107.

[70]杨义勇. 我国海岸带综合管理问题研究. 广东海洋大学,2013,6.

[71]姚炎明,沈益锋,周大成等. 山溪性强潮河口围垦工程对潮流的影响. 水力发电学报,2005,24(2):25-29.

[72]俞炜炜,陈彬,张珞平. 海湾围填海对滩涂湿地生态服务累积影响研究——以福建兴化湾为例. 海洋通报,2008,27(1):88.

[73]张华国,郭艳霞,黄韦艮等. 1986年以来杭州湾围垦淤涨状况卫星遥感调查. 国土资源遥感,2005(2):50-54.

[74]张永战,朱大奎. 海岸带——全球变化研究的关键地区. 海洋通报,1997,16(03):69-80.

[75]张振克. 人类活动对烟台附近海岸地貌演变的影响. 海洋科学,1995,(03):59-62.

[76]赵善梅,陈扬乐. 浅析海南滨海旅游开发对环境的影响. 第十四届全国区域旅游开发学术研讨会暨第二届海南国际旅游岛大论坛论文集. 2009,11.

[77]郑丰. 阿斯旺高坝的环境影响. 水利水电快报,1997,18(14):19-21.

[78]钟兆站. 中国海岸带自然灾害与环境评估.地理科学进展,1997,3(1):47-53.

[79]周安国,周大成,姚炎明. 海湾围垦工程作用下的动力沉积响应. 环境污染与防治,2004,26(4):281-286.

[80]周沿海. 基于RS和GIS的福建滩涂围垦研究. 福建师范大学. 2004,6.

[81]朱毅. 国内外关于海岛旅游资源开发影响研究综述. 科技广场,2012(11):215-219.

撰写人:徐谅慧、李加林

2.2　潮滩围垦对海岸环境影响的研究进展

潮滩围垦在沿海地区扩展土地资源、防御灾害、发展生产,推进国民经济建设和提高人民生活水平方面起到了很大作用(陈吉余,2000)。但是,围垦工程也可在短时间、小尺度范围内改变自然海岸格局,对生态系统产生强烈干扰,造成新的不平衡,有时甚至会引发环境灾害,对海岸环境构成不可逆转的影响或损失(陈吉余,2000;郭伟等,2005)。长期以来,在港湾开发、河口整治等实践任务的驱动下,不同学科的学者就围垦工程实施对海岸环境的影响开展了大量的工作,并很好地指导了围垦实践(陈吉余,2000)。本节拟在简要回顾国内外围垦史的基础上,就围垦对水沙动力环境、海岸生态环境、潮滩生物生态学和盐沼恢复与生态重建等四方面的主要研究进展进行探讨,以期为全球变化背景下陆海相互作用中潮滩围垦环境效应研究提供借鉴和启示作用。

2.2.1 潮滩围垦史的简要回顾

为谋求生存发展、抵御自然灾害,沿海人民结合海岸自然演变,筑堤修塘,围海造地,取得了巨大的围海成就(陈吉余,2000)。随着围海技术条件的提高和人类欲望的膨胀,围垦的起围高程逐渐从高滩降至中滩、低滩,或在低滩用块石建丁坝,先促淤后围垦(陈吉余,2000)。围海的目的也从传统的发展种植业与渔盐生产,逐渐发展为围区多样化的土地利用。从围垦工程的类型看,主要有河口边滩围垦、平直海岸围垦、港湾围垦和岛屿围垦等(陈吉余,2000;徐承祥等,2003)。

潮滩匡围及其开发利用在中国已经有1000多年的历史,浙东大沽塘、苏北范公堤代表了我国历史围海工程的最高成就(陈吉余,2000)。我国海堤长度居世界第一,仅苏北、苏南、钱塘江河口沿岸海堤长度就达1000km以上。海堤又称海塘、围堤、海堰等。最早的记载是钱塘江防海大塘,据郦道元《水经注》记载为后汉华信所筑,第一次见于正史的为北齐的海堰工程。《嘉庆海州直隶州志》引《北齐书·杜弼传》谓:"显祖敕弼行海州事,弼于州东事海而起长堰。外遏咸潮,内引淡水。"至隋唐,江浙沿海已有系统的海堤工程。我国海塘自古以来约定俗成地划分为苏北海塘、江南海塘、钱塘江河口海塘、浙东海塘、福建和广东海塘等五部分(陈吉余,2000)。钱塘江河口海塘始于五代吴越王钱镠。《咸淳临安志》载:"梁开平四年(910)八月,钱武肃王始筑捍江塘……"杭州湾南岸大沽塘始建于宋庆历七年(1047),元至正元年(1341)改为石塘(徐承祥等,2003;慈溪市地方志编纂委员会),至今杭州湾南岸海堤已筑至十一塘。苏北海堤始于唐代,但均为局部工程,北宋范仲淹于天圣六年(1028)建成范公堤,此后历代有冲有修。闽粤海塘始于隋唐,唐太和年间(827—840),李茸筑闽县海堤和长乐海堤,用障咸潮,并立陡门,调节蓄泄(陈吉余,2000)。据统计,1949年前我国围海造田面积达13万km²,新中国成立后围海造地约1.2万km²。

荷兰、德国、朝鲜、英国等国的潮滩匡围也有几百至近千年的历史(Dijkema,1987；Pethick et al.,2002；胡思敏,1985；Hill M L,1986；Doody. P, 1986）。荷兰地处莱茵河、爱塞河和斯赫德河三条河流入海口，围海造田始于13世纪，并最先用潮间带沉积坝来促淤造陆（M.N. Siddiqui et al.,2004；Wolters et al.,2005）。荷兰1/5的国土面积是通过潮滩和湖泊围垦得到的，其代表性工程是20世纪30年代投资40亿美元修建的须德海围垦工程，所围潮滩占全国国土面积的7%。滩涂围垦也从最初的"圩田围垦"等简单方式，发展到集筑坝、围涂及排水系统于一体的水利工程建设（Dijkema,1987）。德国修建有总长达7500km的沿海堤防；日本利用围海造地建立了多个高新工业区。朝鲜半岛的西南沿海，港湾众多，韩国大多数入海河口已进行围垦，其典型大型围海工程为1970—1977年修建的平泽垦区，总面积达18419hm²；朝鲜已将起围高程定为-5m（胡思敏,1985）。印度尼西亚、马来西亚等东南亚国家也曾大力开展围海造地（陈吉余,2000）。

20世纪五六十年代以来，随着人们对潮滩湿地生态服务功能认识的加深，加强海岸盐沼的保护和恢复引起了世界各国政府和科学界的普遍重视，潮滩围垦的势头逐渐得到控制（A. Cearreta,2002）。西方发达国家也开展了大规模的退垦还海、恢复盐沼湿地活动（Stuyfzand PJ,1995；J. Bartholdy et al., 2004）。在目前的社会经济条件下，我国近期还不可能出现大面积的退垦还海，随着起围高程的降低，中、低滩围垦仍是大势所趋（陈吉余,2000）。

2.2.2　围垦工程对水沙动力环境的影响

围垦工程改变了区域海岸地形和海岸状况，影响到附近海域的潮汐、波浪等水动力条件，导致附近区域的泥沙运移发生变化，并形成新的冲淤变化趋势（周安国等,2004），从而可能对工程附近的海岸淤蚀、海底地形、港口航道淤积、河口冲淤、海湾纳潮量、河道排洪、台风暴潮增水等带来影响。从研究方法看，目前，围垦工程对水沙环境的影响研究大多是基于水力学和泥沙运动力学方法，建立数学模型计算工程前后流场分布，再用经验公式计算淤蚀强度，或辅以必要的物理模型进行（宋立松,1999；姚炎明等,2005）。也有基于RS和GIS手段，从潮滩均衡态角度探讨围海工程对水沙动力环境的影响（李加林等, 2006）。下面分述不同类型围垦工程对水沙动力环境的影响。

2.2.2.1　河口围垦工程

潮汐河口受潮流和径流的双重影响，动力条件和河床演变过程都较为复杂，河口围垦工程对水沙环境的影响范围下至入海口及其邻近地段，上至潮流界甚至潮区间（陈吉余,2000）。此类工程常与河口整治相结合，主要在入海河口的边滩筑堤围涂,也有在河口或河口汊道上筑坝建闸挡潮。河口围垦开发,既要考虑排洪入海尾闾畅通,又要考虑河海港道的维护,以保护河口的潮汐吞吐能力。

钱塘江河口是典型的强潮河口。结合河口整治,我国学者就围垦对钱塘江河口水沙动力环境的影响开展了大量研究。潘存鸿等(潘存鸿等,1999)应用水深平均的二维水流数学模型,提出了尖山河段顺坝促淤围垦方案,用以增加河道弯曲度,并有效减少涌潮对北岸海塘的冲刷。河口围垦使得钱塘江主流及河槽趋于稳定,河宽缩小,提高了杭州出海渔船吨位(毛明海,2002)。在定床潮流计算的基础上,利用河床变形方程、最小能耗原理、灰色模型可探讨钱塘江河口围垦回淤问题(宋立松,1999)。河口围垦后河槽束窄,潮波变形加剧,落潮最大流速和落潮断面潮量减小。上游河段潮汐动力减弱,盐官至澉浦平均淤高1m,场前至金山段深槽沿程有所冲刷(倪勇强等,2003)。从防洪角度看,由于河槽束窄,仓前以上河床虽有所降低,但在洪峰流量$2×10^4m^3/s$时,杭州洪水位仍抬高了$0.2\sim0.4m$(宋立松,1999)。遭遇类似9711台风及特大台风暴潮时,沿程风暴潮水位均不同程度地抬升,一般以盐官段抬升最大,由盐官往上游或下游递减(曹颖等,2000)。

此外,辛文杰(1997)、彭世银(2002)采用平面二维水流泥沙数学模型,分别对珠江口和深圳河河口围垦所引起的潮波变形、沿程水位抬高程度和河床冲淤变化进行了数值模拟。黄健东等(1997)就新津河口围垦工程对汕头港航道防淤及河床演变的影响进行了研究。路兵等(2013)利用1965—2011年间的遥感影像,研究了滩涂围垦对崇明东滩演化的影响。姚炎明等(2005)和王黎等(2013)研究了不同水文条件下山溪性强潮河口鳌江口外南岸边滩围垦前后的区域潮波与潮流变化分布。王顺中等(2001)、李孟国等(2005)、陆永军等(2002)运用定床水流模型、定床悬沙淤积模型及浑水循环系统,就瓯江口促淤围垦及其对河道泄洪、南北分流、港口航道及状元岙深水区等水沙动力环境的影响进行了研究。J. W. Kang(1999)的研究表明,韩国灵山河口木浦沿海围垦,导致潮汐壅水减小,潮差扩大,并使得台风时的洪水灾害加重。

2.2.2.2 港湾围垦工程

港湾围垦或在湾内边滩筑堤圈围,或在湾顶、湾中、湾口或湾内港汊筑坝堵港。边滩围垦多在高滩外缘筑堤造陆,类似平直海岸的小规模围涂。堵港围海则是在堵港之后,将港内高、中滩筑堤造陆,低滩或浅海则多用于蓄淡养殖。港湾围垦主要造成坝内港口废弃,并因纳潮量减少及径流被拦蓄而导致坝外港口航道淤积(陈吉余,2000)。

罗章仁(1997)、郭伟等(2005)、陈彬等(2004)分别研究了近几十年来香港维多利亚港、深圳湾、泉州湾等围垦工程对港湾纳潮面积、纳潮量、潮流速度等潮汐特征及港湾回淤的影响。贺松林等（1997）根据纳潮量的空间配置和规划中工程规模，探讨了湛江湾沿岸工程对水沙环境的正负面影响及主要影响区域。王义刚等（2002）、李孟国等（2005）基于二维潮流数值模型，分别研究了福建铁基湾围垦工程对三沙湾内深水航道的影响和浙江洞头北岙围垦工程对周边海区及围堤根部的影响。秦华鹏等（2002）采用多种数学模型，定量分析了各种围海岸线方案对水沙环境的影响，并通过综合集成模型评判各种围海岸线方案的优劣。Lee，H. J. 等（1999）的研究表明，1984年韩国西海岸的瑞山湾围垦工程在湾口修建长达8km的海堤后，使得低潮滩的沉积过程发生了重大变化。二号海堤前潮流明显增强，潮滩全面侵蚀，侵蚀的泥沙则在曾经是潮流通道入口的一号海堤外沉积。包孝彩等（2010）采用潮流数学模型模拟了工程前后水动力条件的变化，研究结果显示规划方案对铁山湾水动力的影响仅限于工程附近水域，对整个铁山湾潮流动力影响不大。

2.2.2.3 平直海岸围垦工程

平直海岸围垦一般在淤涨型岸段进行，其堤线大体与海岸线平等。围堤之后，潮流条件的变化使得原来相对平衡的海滩剖面遭受破坏。日久之后，随着潮滩均衡态的调整，又能重新塑造新的平衡，即堤外滩地逐渐淤高，并继续向海推进（陈吉余，2000；张忍顺，1995；蒋国俊，1991）。由于围堤切断了潮盆近岸部分的潮沟系统，并改变了潮盆的局地水沙环境。因此，在潮滩均衡态调整过程中，潮水沟的活动可能会危及海堤安全（李加林等，2006）。合理的围堤方案，确保匡围后潮滩均衡态调整不影响海堤安全，是围海工程设计时需要解决的首要问题。李加林等运用潮滩均衡态概念框架，探讨了潮滩演变规律在苏北笆斗、三仓、仓东、蹲门口等多个围海工程围堤选线中的应用（李加林等，2006）。此外，李加林（2005）、张忍顺（1995）通过围垦工程实施后对邻近闸下流槽各种落潮水量组成及其维护闸下排水能力的有效性分析，分别探讨了围垦工程对梁垛河闸、东台河闸排水的影响。结果表明，合理的围堤方案，在平均潮汛及一般大潮汛时对邻近闸下排水能力影响较小，而在风暴潮或秋季大潮汛时有一定影响，但可以通过若干次冲淤保港来解决。陶建峰等（2011）基于江苏近海二维潮汐潮流预报数值模型，以2008年为基准水平年，（现状），对江苏沿海滩涂围垦规划（2010—2020年）的三个阶段进行了数值模拟。从该海域主要分潮潮波分布、潮汐通道流速和单宽纳潮通量变化三个方面探讨了大规模滩涂围垦工程对江苏近海潮汐潮流的影响。此外，匡翠萍等（2009）运用一个已校正的珠江口三维水动力数学模型，研究现存的大规模围垦和进一步最大可能的中环围垦对香港维多利亚港（维港）水动力环流的影响。

2.2.2.4 岛屿围垦工程

海岛一般多基岩岬角海湾,单片滩地围垦面积一般较小。随着起围堤线的降低,再加上海岛风浪较大,一般需促淤围垦,或在岛屿间堵港建坝促淤,条件成熟时再进行边岛围垦工程(陈吉余,2000)。岛屿围垦或连岛围垦会明显改变陆岛附近的水沙环境和底质类型,并给滩涂养殖和原有港口航道带来不同程度的负面影响。我国的岛屿围垦工程除海南岛和崇明岛外,一般规模较小。浙江温岭东海塘工程是个典型的连岛围海工程,因工程可能导致礁山港的严重淤积,曾中途停工。后将礁山港外移至横门山岛建龙门新港,促使该项连岛围垦工程的完成,并增加了滩涂养殖面积。1977年完成的浙江玉环漩门港堵口促淤工程,使玉环岛连陆,由于漩门港的纳潮量仅占乐清湾的纳潮总量的3%,因此对湾内水沙动力环境的影响较小(陈吉余,2000)。此外,黄小燕等(2013)以浙江舟山岛钓梁围垦工程为例,利用数学模型的研究成果,分析了冲淤环境改变对周围环境敏感点的影响。

综观以上研究,各类围垦工程对水沙环境影响的研究有较强的针对性,通过数学模型和物理模型,结合潮滩演变规律,可较好地预测或分析围垦工程实施对周边水沙环境可能带来的影响。实践表明,只要不是大范围的围垦,围垦前做好环境影响评价,单个工程对河口、海岸、港湾和岛屿附近水沙环境的负面影响都是不太明显的,甚至可忽略不计。但是,就某一海岸区域而言,长期大量围垦所产生的累积效却不容忽视。如历次围垦对河道排洪、河口淤积的综合影响如何?垦区附近航道淤积与围垦工程是否有直接关系?多次围垦对港湾纳潮量的累积影响如何?历次围垦工程之间的交叉影响如何?由于围垦项目论证只是对本项目的影响进行评价,不会也不可能对多个项目的累积影响进行评价,这些问题都是一项围垦工程论证所无法解决的。同时,水流泥沙问题的复杂性和当前研究的不成熟性,使得采用泥沙数学模型进行长历时、在区域的模拟受到诸多影响因素制约,而采用物理模型的代价又太大。因此,如何研究并评价围垦对水沙环境的累积影响,将是围垦对水沙环境影响研究领域中迫切需要解决的问题。

2.2.3 围垦对海岸生态环境的影响

2.2.3.1 围垦对堤内垦区生态环境的影响

围垦对堤内生态环境的影响研究主要涉及垦区土地利用对土壤肥力特征、水资源、水土流失、生态系统服务功能的影响等内容。垦区土壤的利用离不开脱盐培肥,新围滩涂脱盐受气候、利用方式、地形高低的影响(林义成等,2004;李艳等,2005),完善排水系统、降低地下水位是脱盐降渍的根本途径。采取必要的工程措施,如控制内河水位,实施暗管排水,开挖排咸河,抬高涂面则可加速脱盐过程(林义成等,2004)。此外,不同的土地利用方式也影响土壤脱盐速度,如水稻种植比旱作更易脱盐(丁能等,2001)。土地的农业利用还引起土壤有机质、N、P、K等养分特征的变化。长江口南岸的东海农场围垦后无机氮含量有增加的趋势,柱状沉积物中无机氮含量的季节性变化明显加剧(欧冬妮等,2002)。土壤肥力特征的变化与土壤利用方式、农业化肥投入、排灌体系等密切相关(丁能等,2001;潘宏等,1996)。由于土壤抗碱性差,加上植被覆盖低,垦区土壤还存在较严重的重力侵蚀、水蚀和风蚀(王资生,2001)。用盐水和淡水轮流灌溉将引起表土层土壤导电性、溶解钠、钠吸收率和交换性钠含量的变化,但对产出的影响并不明显(Moreno et al.,2001)。淡水资源的严重不足和地表水体污染和水质恶化是垦区的水资源与水环境的突出问题(Jiu 等 2006)。潮滩围垦还可改变地下水流系统(任荣富等,2000)。此外,潮滩围垦还引起生态系统服务功能的变化(李加林等,2005)。

2.2.3.2 围垦对堤外潮滩及近海水域生态环境的影响

潮滩围垦对堤外潮滩及近海水域生态环境的影响研究主要集中在潮滩底质和近海水域污染两方面。不同的围垦规模和污水排放体系有着不同的污染物排放通量和输移方式(J. W. Kang,1999;孙长青等,2002)。同时,土地利用方式的差异也造成不同的污染种类和污染程度。如港口、能源、化工、城镇建设等全面开发活动带来的污染远大于以农业开发为主的影响(陈宏友等,2004)。工业废水、海水养殖废水、农田耕作退水和居民生活污水是造成垦区内外水质和潮滩底质污染的主要因素(陈才俊1990)。围垦对海岸生态环境的影响研究表明,围垦后的土地利用不仅使得垦区内潮滩脱盐陆化,形成陆生生态系统。同时,入海物质排放通量的变化也对潮滩及近海水域生态环境产生影响。因此,垦区土地利用及其变化是围垦对海岸生态环境影响的直接驱动力。现有研究缺乏对垦区土地利用环境影响的评价,今后应遵循生态经济学的基本原理,进行垦区土地可持续利用评价,形成合理的土地利用系统,减少对海岸生态环境的影响。

2.2.4 围垦对潮滩生物的生态学影响

2.2.4.1 围垦对潮滩盐生植被演替的生态学影响

潮滩围垦后,围堤内外的潮滩生态环境有着不同的演化特征(陈才俊, 1990)。海堤建设使得堤内潮滩湿地与外部海域全部或部分隔绝,垦区水域盐度逐渐降低,土壤表层不再有波浪或潮汐带来的泥沙沉积,土壤因地下水位下降而不断脱盐。生境条件的变化,导致盐沼植被群落结构的演替。崇明东滩98大堤内芦苇湿地由于人工排水干涸,土壤发生旱化和盐渍化,植被群落表现为明显的次生演替(葛振鸣等,2005)。堤外高滩的快速淤积,为先锋盐沼植被侵入创造了条件,同时植被的促淤作用使得潮滩进一步淤高,盐沼植被逐渐恢复到围前状态(沈永明等,2005)。江苏东台笆斗、金川、三仓、仓东等垦区的围垦论证及跟踪调查表明,潮间带围垦,导致堤前快速淤积,只要在堤外预留适量的盐沼,随着堤前滩地的淤高,原生的盐沼植被群落将在堤外得到恢复(张忍顺等,2003)。杭州湾南岸潮滩围垦后,堤外盐沼的恢复也有类似特点(李加林等, 2005)。

2.2.4.2 围垦对潮滩底栖动物的生态学影响

围垦改变了潮滩高程、水动力、沉积物特性、盐沼植被等多种环境因子,这些生物环境敏感因子的综合作用,导致底栖动物群落结构及多样性的改变。潮滩围垦后,堤内滩涂在农业水利建设和各种淋盐改碱设施的改造下逐渐陆生化,潮滩底栖动物种类丰度、密度、生物量、生物多样性等都明显降低或最终绝迹,陆生动物则逐渐得以发展(李加林等,2005;葛宝明等,2005)。日本九州岛西部Isahaya湾围堤导致了堤内水域底栖双壳类动物大量死亡及淡水双壳类群落的发展(Shin'ichi Sato et al.,2002)。苏北竹港围垦后沙蚕在一、二月内便全部死亡,适生能力较强的蟛蜞7年内也几乎全部消失(陈才俊, 1990)。围垦也使得土壤线虫群落种类多样性和营养多样性明显减少(Jihua Wu,2002;Jihua Wu,2005)。水文环境和沉积环境变化是引起堤外底栖动物群落变化的最重要因素(葛宝明等,2005)。堤外淤积环境的迅速改变,使不适应快速淤埋的潮滩底栖动物发生迁移或窒息死亡(陈才俊,1990)。上海市围海造地使得潮滩及河口地区中华绒螯蟹、日本鳗鲡、缢蛏、河蚬明显减少(陈满荣等,2000)。海水养殖、淡水种植和工业等废水大多通过沿海挡潮闸排入垦区外海域,也对附近潮滩动物产生影响(陈才俊,1990)。同时,马长安等(马长安等,2012)通过研究发现,围垦是大型底栖动物群落结构改变的一个重要因素,围垦造成堤内底栖动物群落结构发生了明显差异,而堤外群落结构变化相对较小。此外,吕巍巍等(2012)、黄少峰等(2011)分别以长江口横沙东滩和珠江口为例,通过研究指出围垦导致河口滩涂大型底栖动物群落结构发生了明显改变。

2.2.4.3 围垦对其他生物的生态学影响

围垦对其他生物的生态学影响研究主要包括陆源动物、水禽和附着生物。围堤对陆源动物的影响较小,但受人为捕猎影响,其消亡速度较快,如獐子在围堤时就可能被捕猎。丁平等(1992,1994)研究了钱塘江河口萧山垦区小型兽类的兽种形态、群落结构、分布格局、种群动态、栖息地特征及其与人口迁居的关系。英格兰东部的沃什湾潮滩栖息的雌麻鸭及其他7种涉禽的数量与盐沼底质类型和盐沼断面宽度之间存在明显的相关关系,潮滩围垦使得潮间带盐沼变窄,最终导致了水禽的减少(JD Goss-Custard et al.,1992)。唐承佳等(2002)的研究表明,鸻鹬生境必须含有水域、植被和裸地三种景观要素,景观异质性的改变引起鸻鹬数量和群落结构的变化。围海工程也引起附近海区浮游植物、浮游动物生物多样性的普遍降低及优势种类和群落结构的变化。受水流不畅影响,围垦区内水域附着生物群落的发展水平明显不及垦区外(周时强等,2001)。同时,林黎等(2014)的研究表明,河口湿地滩涂围垦,增大了土壤微生物的生存压力,显著降低了土壤微生物总PLFA、细菌PLFA、G+PLFA 和 G-PLFA含量,且随着围垦时间的逐步增加,PLFA含量逐步上升。

围垦通过对潮滩生物生境条件的改变,干扰了潮滩盐生植被的正常演替,甚至导致盐生植被的逆向演替,引起底栖动物生物多样性减少,同时还影响着鸟类等其他生物的栖息生境。但是目前还缺乏围垦对潮滩生物生态学影响机理的研究,未能确立潮滩生物生态学与潮滩敏感环境因子的对应关系。今后应加强对潮滩生物生态学调查,探讨围垦引起的潮滩生物种类、数量的时空变化规律,以及人类滥捕或移苗护养对潮滩生物生态学的影响。

2.2.5　盐沼恢复与生态重建

由于其特殊的地理位置,滨海湿地成为自然界中最富生物多样性的生态系统之一。盐沼作为滨海湿地的重要组成部分,在生物多样性保护方面具有不可替代的作用。此外,盐沼植被对海岸防御也具有非常重要的意义,是潮汐和波浪消能的天然屏障(Moller I et al.,1996;李加林等,2003)。经常受潮水影响的盐沼因捕获潮流携带的泥沙而不断淤高,其淤积速率可能赶得上现在和将来的海平面上升速率,海堤前盐沼的存在提高了垦区的安全性并可减少海堤的维护费用(King,S.E. et al.,1995)。围垦使得盐沼面积不断减少,同时海平面上升则引起盐沼侵蚀后退。在英国,地面沉降和海平面上升引起的盐沼侵蚀尤为严重(Cooper, N.J. et al.,2001)。因此,为加强海岸防护,毁堤重建盐沼引起了西方发达国家的普遍重视(Pethick, J.,2002)。

通过毁堤重建盐沼的思想来自于风暴潮引起的海堤决口所导致的盐沼自动演替(French P.W.,1999)。Wolters等(Wolters et al.,2005)对西北欧89处毁堤重建盐沼的调查研究表明,许多面积小于30hm²的盐沼重建区恢复的盐沼物种少于本地目标物种的50%,而物种多样性较高的区域面积大于100hm²,并且其大部分地区的高程范围在小潮平均高潮位和大潮平均高潮位之间。Yosi-hiro Natuhara等(2005)通过在1983年围垦的大阪港潮滩上重建野生鸟类公园,使得鸟类数量明显增加,公园潮滩的蟹类和软体动物的减少,导致大矶鹬丰度的减少。Bernhardt等(2003)针对德国波罗的海沿岸盐沼草甸的退化现象,在毁堤重新引入潮水区进行了长达5年的定位观测,结果表明重新引入潮流与传统的放牧体制,可增加盐沼的平均物种多样性和总物种多样性。5年后75%的区域被典型盐沼植被和盐沼草甸覆盖,并有8%覆盖了先锋植被。近20年来,荷兰垦区完全依靠生态系统自然演替规律,采取少量的人工措施或完全没有人为干预,使曾经荒芜的围垦土地出现了面积达数万hm²的自然保护区,为生态重建提供了成功案例(董哲仁,2003)。

虽然西方发达国家在退垦还海、恢复盐沼湿地方面取得了一定的成功经验。但也有相当一部分盐沼恢复和生态重建最后未能达到理想的效果。这一方面是因为大部分盐沼恢复计划缺乏明确目标,也缺乏对盐沼演变历史的研究;另一方面是因为盐沼恢复区域受海陆交互作用影响,生境干扰因子具有特殊性。因此应加强植物学、生态学、海洋学、海岸地貌学、地理学、水利学、流体力学等多学科的交叉研究,以期对海岸盐沼恢复和生态重建有更深入的认识。

2.2.6　展　望

围垦作为影响淤泥质海岸带环境的最主要人文因素之一,加强围垦对海岸环境的影响研究,对揭示沿海典型区海陆气候相互作用(LOICZ)与人类活动互馈—协调机制,构建人地关系生态过程与生态安全对全球变化的反馈模式具有重要的科学意义。在我国,潮滩是沿海地区土地资源的重要补充来源,潮滩围垦成为实现区域耕地占补平衡的重要举措。潮滩环境自然演替规律和围垦开发造成的环境影响研究,是进行海岸带生态建设最基础的研究和前提。目前围垦开发造成的环境后效的科学研究还很薄弱,远不能适应海岸带生态建设的需要。笔者认为,对于海岸带环境而言,围垦的影响研究需要在海岸带环境组成要素系统分析的基础上,通过海岸带环境的自然演替与围垦效应的综合对比,探讨人类围垦活动影响下的海岸环境演化机制,特别强调围垦对水文、沉积、土壤等关键生态要素和生态系统功能结构演化的影响,以揭示围垦对海岸带关键生态要素和功能演替的影响机制和作用强度(图2-2-1)。

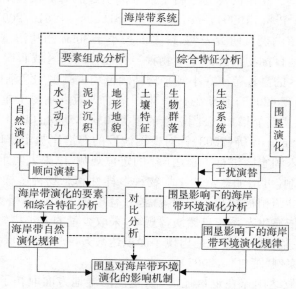

图2-2-1　围垦对海岸带环境演化的影响研究体系

由于海岸带环境的特殊性,加强多学科合作的综合研究,探讨潮滩围垦对海岸环境的影响机制,寻求兼顾土地需求与海岸生态保护的持续发展之路是未来围垦影响研究的必然趋势。结合陆海相互作用研究计划,未来的主要研究问题包括:(1)加强海岸环境自然演变规律研究,通过数值计算或物理模型模拟不同围垦规模和围垦方式下的水沙动力条件,确定适围区域,制定合理的分阶段围垦规划。(2)开展战略环境影响评价,从政策、计划、规划层面上进行围垦的环境影响综合评价,克服围垦工程环境影响评价缺乏整体性,无法进行交叉影响、累积影响评价的缺陷。(3)加强垦区营养元素、污染物、悬浮物和沉积物的入海物质通量研究,探讨垦区土地利用变化对入海物质通量的影响。(4)加强潮滩盐沼植被变化的生态环境效应研究,比较盐沼原生植被群落与围垦后形成的次生植被群落的生态服务价值和生态环境效应的差异。(5)加强围垦工程对附近海域水沙动力环境、海岸生态环境影响的动态监测,建立围垦环境影响监测生态网络。(6)发展围垦环境影响研究的新技术、新方法,如遥感技术的发展和广泛应用为围垦环境影响研究提供了很好的途径。(7)进行围垦湿地生境损失的定量评价,确定合理的生境补偿措施。(8)加强围垦对潮滩生物生态学影响机理研究,确立潮滩生物生态学与潮滩敏感环境因子的对应关系,进行潮滩生境重建。

参考文献

[1]Doody. P. The impact of reclamation on the nature environment（eds P. Doody，B Barnett）. Nature Conservancy Council Peterborough，1986：172-186.

[2]A. Cearreta，M. J. Irabien，I. Ulibarri. Recent salt marsh development and natural regeneration of reclaimed areas in the Plentzia Estuary，N. Spain. Estuarine，Coastal and Shelf Science，2002，54，863-886.

[3]Cooper，N.J.，Cooper，T.，Burd，F.，25 years of saltmarsh erosion in Essex：implications for coastal defence and nature conservation. Journal of Coastal Conservation 2001，9，31-40.

[4]Dijkema，K.S. Changes in salt-marsh area in the Netherlands Wadden sea after 1600. In：Huiskes，A.H.L.，Blom，C.W.P.M.，Rozema，J.（Eds.），Vegetation between land and sea. Dr. Junk Publishers，Dordrecht，1987，42-49.

[5]French P.W. Managed retreat：A natural analogue from the Medway estuary，UK. Ocean & Coastal Management 1999，42，49-62.

[6]Hill M L，Randerson P F. Saltmarsh vegetation communities of the Wash and their recent development，The Wash and its environment（eds P. Doody，B Barnett）. Nature Conservancy Council Peterborough，1986：111-122.

[7]J. Bartholdy，C. Christiansen，H. Kunzendorf. Long term variations in backbarrier salt marsh deposition on the Skallingen peninsula-the Danish Wadden Sea. Marine Geology，2004，203：1-21.

[8]J. W. Kang. Changes in tidal characteristics as a result of the construction of sea-dike/Sea-walls in the Mokpo Coastal Zone in Korea. Estuarine，Coastal and Shelf Science 1999，48，429-438.

[9]JD Goss-Custard，MG Yates. Towards predicting the effect of salt marsh reclamation on feeding bird numbers on the Wash. The Journal of Applied Ecology，1992，29（2）：330-340.

[10]Jihua Wu，Cuizhang Fu，Fan Lu，et al. Changes in free-living nematode community structure in relation to progressive land reclamation at an intertidal marsh. Applied Soil Ecology 2005，29（1）：47-58.

[11]Jihua Wu，Cuizhang Fu，Shanshan Chen，et al. Soil faunal response to land use：effect of estuarine tideland reclamation on nematode communities. Applied Soil Ecology 2002，21：131-147.

[12]Jiu J. Jiao，Xu-Sheng Wang，Subhas Nandy. 2006. Preliminary assessment of the impacts of deep foundations and land reclamation on groundwater flow in a coastal area in Hong Kong，China. Hydrogeology J. 14：100-114.

[13]Karl-Georg Bernhardt，Marcus Koch. Restoration of a salt marsh system：Temporal change of plant species diversity and composition. Basic and Applied Ecology 2003，4（5）：441-451.

[14]King，S.E.，Lester，J.N.，Pollution Economics. The value of saltmarshes as a sea defence. Marine Pollution Bulletin. 1995，30，180-189.

[15]Lee，H.J.，Chu，Y.S.，Park，Y.A. Sedimentary processes of fine grained material and the

effect of seawall construction in the Daeho macrotidal flat-nearshore area, northern west coast of Korea. Marine Geology 1999, 157, 171-184.

[16]M.N. Siddiqui, S. Maajid, 2004. Monitoring of geomorphological changes for planning reclamation work in coastal area of Karachi, Pakistan. Advances in Space Research, 2004, 33: 1200-1205.

[17]Moller I, Spencer T, French J. Wind wave attenuation over saltmarsh surfaces: preliminary results from Norfolk England. Journal of Coastal Research 1996, 12, 1009-1016.

[18]Moreno, Cabrera, Fernandez-boy, et al. Irrigation with saline water in the reclaimed marsh soils of south-west Spain: impact on soil properties and cotton and sugar beet crops. Agricultural Water Management 2001, 48: 133-150.

[19]Pethick, J. Estuarine and tidal wetland restoration in the United Kingdom: policy versus practice. Restoration Ecology. 2002, 10: 431-437.

[20]Shin'ichi Sato, Mikio Azuma. Ecological and paleoecological implications of the rapid increase and decrease of an introduced bivalve Potamocorbula sp. after the construction of a reclamation dike in Isahaya Bay, western Kyushu, Japan. Palaeogeography, Palaeoclimatology, Palaeoecology 2002, 185: 369-378.

[21]Stuyfzand P. J. The impact of land reclamation on groundwater quality and future drinking water supply in the Netherlands. Water Sci Technol, 1995, 31(8): 47-57.

[22]Wolters, Angus Garbutt, Jan P. Bakker. Salt-marsh restoration: evaluating the success of de-embankments in north-west Europe. Biological Conservation, 2005, 123(2): 249-268.

[23]Yosihiro Natuhara, Masaaki Kitano, Kaoru Goto, et al. Creation and adaptive management of a wild bird habitat on reclaimed land in Osaka Port. Landscape and Urban Planning 2005, 70: 283-290.

[24]包孝彩, 阮伟, 黄志扬, 熊志强. 北海铁山港区围垦与航道工程对铁山湾潮流动力的影响. 中国港湾建设, 2010, 165(01): 7-10.

[25]曹颖, 朱军政. 钱塘江河口围垦对台风暴潮影响的数值模拟. 杭州应用工程技术学院学报, 2000, 12(增刊): 24-29.

[26]陈彬, 王金坑, 张玉生等. 泉州湾围海工程对海洋环境的影响. 台湾海峡, 2004, 23(2): 192-198.

[27]陈才俊. 围垦对潮滩动物资源环境的影响. 海洋科学, 1990(6): 48-50.

[28]陈宏友, 徐国华. 江苏滩涂围垦开发对环境的影响问题. 水利规划与设计, 2004(1): 18-21.

[29]陈吉余. 中国围海工程. 北京: 中国水利水电出版社, 2000, 34-109.

[30]陈满荣, 韩晓非, 刘水芹. 上海市围海造地效应分析与海岸带可持续发展. 中国软科学, 2000(11): 115-120.

[31]慈溪市地方志编纂委员会. 慈溪市志. 杭州: 浙江人民出版社, 1992: 83-134.

[32]丁能飞, 厉仁安, 董炳荣等. 新围砂涂土壤盐分和养分的定位观测及研究. 土壤通报, 2001, 32(2): 57-60.

[33]丁平, 鲍毅新, 石斌山等. 钱塘江河口滩涂围垦区人口迁居与农田小兽群落的关系. 兽类学报. 1992. 12(1): 65-70.

[34]丁平,鲍毅新,诸葛阳. 萧山围垦农区小型兽类种群动态的研究. 兽类学报,1994,14(1):35-42.

[35]董哲仁. 荷兰围垦区生态重建的启示. 中国水利,2003,11(A):45-47.

[36]葛宝明,鲍毅新,郑祥. 灵昆岛围垦滩涂潮沟大型底栖动物群落生态学研究. 生态学报,2005,25(3):446-453.

[37]葛宝明,鲍毅新,郑祥. 围垦滩涂不同生境冬季大型底栖动物群落结构. 动物学研究,2005,26(1):47-54.

[38]葛振鸣,王天厚,施文彧等. 崇明东滩围垦堤内植被快速次生演替特征. 应用生态学报,2005,16(9):1677-1681.

[39]郭伟,朱大奎. 深圳围海造地对海洋环境影响的分析. 南京大学学报(自然科学版),2005,41(3):286-296.

[40]贺松林,丁平兴,孔亚珍等. 湛江湾沿岸工程冲淤影响的预测分析Ⅰ:动力地貌分析. 海洋学报,1997,19(1):55-63.

[41]胡思敏. 朝鲜的海涂资源与围海造田. 土壤通报,1985,16(3).

[42]黄健东,江沔,罗岸. 新津河口围垦规划及其对汕头港航道的影响研究. 广东水利水电,1997,3:12-15.

[43]黄少峰,刘玉,李策,黄晋沐. 珠江口滩涂围垦对大型底栖动物群落的影响. 应用与环境生物学报,2011,17(04):499-503.

[44]黄小燕,陈茂青,陈奕. 滩涂围垦冲淤变化及对生态环境的影响——以舟山钓梁围垦工程为例[J]. 水利水电技术,2013,10:30-33.

[45]蒋国俊,冯怀珍. 海塘对潮滩剖面发育的影响. 第四次中国海洋湖沼会议论文集,北京:科学出版社,1991,26-33.

[46]匡翠萍,李行伟,刘曙光. 大规模围垦对香港维多利亚港水动力环流的影响. 同济大学学报(自然科学版),2009,37(02):176-181+252.

[47]李加林,张忍顺. 滩涂匡围海堤选线对邻近涵闸排水的影响分析——以条子泥西侧岸滩仓东片匡围为例. 海洋技术,2005,24(4).

[48]李加林,王艳红,张忍顺等. 潮滩演变规律在围堤选线中的应用——辐射沙洲内缘区为例. 海洋工程,2006,24(2):100-106.

[49]李加林,许继琴,童亿勤等. 杭州湾南岸滨海平原土地利用/覆被空间格局变化分析. 长江流域资源与环境,2005,14(6):709-714.

[50]李加林,许继琴,童亿勤等. 杭州湾南岸生态系统服务功能变化研究. 经济地理,2005,25(6):804-809.

[51]李加林,张忍顺. 互花米草海滩生态系统服务功能及其生态经济价值的评估. 海洋科学,2003,27(10):68-72.

[52]李孟国,秦崇仁,蒋厚武. 多因素数学模型在温州瓯江口浅滩围涂工程研究中的应用. 水运工程,2005,4:62-66.

[53]李孟国,时钟,范文静. 瓯江口外洞头岛北岙后涂围垦工程潮流数值模拟研究. 海洋通报,2005,24(1):1-7.

[54]李艳,史舟,王人潮. 基于GIS的土壤盐分时空变异及分区管理研究——以浙江省上虞市海涂围垦区为例. 水土保持学报,2005,19(3):121-125.

[55]林黎,崔军,陈学萍,方长明. 滩涂围垦和土地利用对土壤微生物群落的影响. 生态学报,2014,34(04):899-906.

[56]林义成,丁能飞,傅庆林等. 工程措施对新围砂涂快速脱盐的效果. 浙江农业科学,2004,6:336-338.

[57]陆永军,李浩麟,董壮等. 强潮河口围海工程对水动力环境的影响. 海洋工程,2002,20(4):17-25.

[58]路兵,蒋雪中. 滩涂围垦对崇明东滩演化影响的遥感研究. 遥感学报,2013,17(02):342-349+335-341.

[59]吕巍巍,马长安,余骥,田伟,袁晓,赵云龙. 围垦对长江口横沙东滩大型底栖动物群落的影响[J]. 海洋与湖沼,2012,43(02):340-347.

[60]罗章仁. 香港填海造地及其影响分析. 地理学报,1997,52(3):220-227.

[61]马长安,徐霖林,田伟,吕巍巍,赵云龙. 围垦对南汇东滩湿地大型底栖动物的影响. 生态学报,2012,32(04):3-11.

[62]毛明海. 杭州湾萧山围垦区环境变化和土地集约利用研究. 经济地理,2002,22(增刊):91-95.

[63]倪勇强,林洁. 河口区治江围涂对杭州湾水动力及海床影响分析. 海洋工程,2003,21(3):73-77.

[64]欧冬妮,刘敏,候立军等. 围垦对东海农场沉积物无机氮分布的影响. 海洋环境科学,2002,21(3):18-22.

[65]潘存鸿,朱军政. 钱塘江北岸尖山一期促淤围垦工程数模研究. 海洋工程,1999,17(2):40-48.

[66]潘宏,严少华,张振华,等. 轻质滨海盐土围垦利用初期土壤环境的化学变化. 江苏农业科学,1996(5):47-50.

[67]彭世银. 深圳河河口围垦对防洪和河床冲淤影响研究. 海洋工程,2002,20(3):103-108.

[68]秦华鹏,倪晋仁. 确定海湾填海优化岸线的综合方法. 水利学报,2002(8):35-42.

[69]任荣富,梁河. 钱塘江南岸萧山围垦地区水资源与水环境问题初探. 浙江地质,2000,16(2):42-48.

[70]沈永明,曾华,王辉等. 江苏典型淤长岸段潮滩盐生植被及其土壤肥力特征. 生态学报,2005,25(1):1-6.

[71]宋立松. 钱塘江河口围垦回淤过程预测探讨. 泥沙研究,1999,3:74-79.

[72]孙长青,王学昌,孙英兰等. 填海造地对胶州湾污染物运输影响的数值研究. 海洋科学,2002,26(10):47-50.

[73]唐承佳,陆健健. 围垦堤内迁徙鸻鹬群落的生态学特性. 动物学杂志,2002,37(2):27-33.

[74]陶建峰,张长宽,姚静. 江苏沿海大规模围垦对近海潮汐潮流的影响. 河海大学学报(自然科学版),2011(02):225-230.

[75]王黎,蒋国俊. 鳌江口江南围垦对径流下泄及余流的影响. 海洋通报,2013,32(05):559-567.

[76]王顺中. 李浩麟. 瓯江杨府山边滩围垦工程试验研究. 海洋工程,2001,19(1):51-58.

[77]王义刚,王超,宋志尧. 福建铁基湾围垦对三沙湾内深水航道的影响研究. 河海大学学报(自然科学版),2002,30(6):99-103.

[78]王资生. 滩涂围垦区的水土流失及其治理. 水土保持学报,2001,15(5):50-52.

[79]辛文杰. 河口边滩围垦的潮波变形数值模拟. 水利水运科学研究,1997(4):310-319.

[80]徐承祥. 俞勇强. 浙江省滩涂围垦发展综述. 浙江水利水电科技. 2003(1):8-11.

[81]姚炎明,沈益锋,周大成等. 山溪性强潮河口围垦工程对潮流的影响. 水力发电学报,2005,24(2):25-29.

[82]袁兴中,陆健健. 围垦对长江口南岸底栖动物群落结构及多样性的影响. 生态学报,2001,21(10):1642-1647.

[83]张忍顺,燕守广,沈永明等. 江苏淤长型潮滩的围垦活动与盐沼植被的消长. 中国人口资源环境,2003,12(7):9-15.

[84]张忍顺. 滩涂围垦对沿海水闸排水的影响. 南京师范大学学报(自然科学版),1995,18(2):89-94.

[85]张忍顺. 淤泥质潮滩均衡态——以江苏辐射沙洲内缘区为例. 科学通报,1995,40(5):347-350.

[87]周安国,周大成,姚炎明. 海湾围垦工程作用下的动力沉积响应. 环境污染与防治,2004,26(4):281-286.

[88]周时强,柯才焕,林大鹏. 罗源湾大官坂围垦区附着生物生态研究. 海洋通报,2001,20(3):29-35.

撰写人:李加林、童亿勤

2.3　中国大洋勘探与海底资源管理研究进展

中国是一个海洋大国,保护蓝色国土,维护国家海洋主权和权益,开发海洋资源,拓展未来生存和发展空间,是实现我国社会经济可持续发展的重要保障。中国从20世纪70年代末开始进行大洋调查,中国大洋协会经过十多年的努力,从无到有,形成了具有自主知识产权的深海采矿技术体系,在集矿、扬矿、遥测遥控方面取得了重大进展;确立了大洋多金属结核商业性采矿系统1:10的深海采矿中试系统;在此基础上完成了大洋多金属结核中试采矿系统的技术设计和样机的加工制造。科技的不断进步为寻找大洋深处其他矿产资源的线索提供了根本的动力。新中国成立以来,党和政府十分重视海洋科技发展,特别是改革开放以来,制定了国家、部门、领域等不同层面的海洋科技发展战略,设立了面向不同需求的国家海洋科技计划,有力地推动了我国海洋科技整体水平的提升,加快了我国由海洋大国向海洋强国的跨越,海洋科技发展进入新时期。文章搜集和整理了80年代以来中国大洋矿产资源(包括滨海砂矿资源、油气资源、天然气水合物、多金属结核、富钴锰结壳、海底热液)勘探的历程及取得的成果,并介绍了几种我国发展深海勘探所需的典型的海洋勘探技术与装备。鉴于海底资源勘探和开发过程中对环境的影响以及海底资源的无止境开采,我国提出了海洋开发的宏观调控和综合管理的总体框架,文章亦总结了我国海底资源勘探与开发过程中资源管理方面的进展,为实现海底资源的可持续发展提供参照标准。

2.3.1　中国大洋勘探研究进展

开展大洋勘探对拓展战略资源及推动海洋科学研究有不言而喻的意义,但其影响却不仅限于此。近日,中国科学院院士、中国地质科学院原院长李廷栋在接受《中国科学报》记者采访时表示,大洋勘探还有一项重大意义容易被忽视,即以大洋研究推动大陆研究,特别是通过大洋矿产资源勘探及其成果,推动陆地成矿地质理论创新,这有望为地质科学研究带来新的突破。随着陆地矿产资源的日益贫乏和人类对海洋认识的日益深化,海底正成为人类进军的下一个领域。深海底极为丰富的矿产资源,被认为是人类 21世纪最重要的接替资源。当前,世界各主要工业国家和新兴工业国家正加紧技术储备,竞相抢占国际海底战略性矿产资源。对于世界新经济体之一的中国来说,开发利用深海矿产资源已是一项关系国家可持续发展和保障国家长远战略利益的重要事业。

中国于80年代(1983—1989年)先后在国际海底区域进行了8个航次调查,并对大洋矿产资源开展的勘查工作,为中国申请国际海底开发先驱投资者打下良好的基础(莫杰,2000)。在这一阶段(8个航次,共994天),其调查面积约335万km²(含多次重复累计面积)、航程26.8万km多。完成主要工作量为:测深9.7万km多、重力测量7万km多、磁力测量1.3万km多、地震反射4500km多、多频探测4.16万km、多道地震487.6km、单道地震1.24万km多;完成678个测站、采集多金属结核3543kg、多金属结壳1175kg、沉积物1638kg、沉积物样品203个、水样162个、XBT直航观测108个站位、海底拍照胶卷180m、有效照片1320幅,圈定多金属结核富矿区15.5万km²,经计算共获湿结核储量约20亿t。

在20世纪90年代,我国在国际海底区域进行了10个航次,共1475天,共调查面积68.3万多km²(含多次重复累计面积)、航程12万km多。完成主要工作量为:测深5.95万km多、多频探测7.3万km、重力测量1.97万km、磁力测量2.31万km、地震5400km多、多波束测深3444.6km、多波束地形测量面积34.3万km²、浅地层剖面测量1950km；采样1937个站位、CTD14个站位、XBT276个站位；采集各种样品3009个、采获多金属结核6395.2kg、多金属结壳3638.4kg、岩石样4943.6kg、沉积物泥样（重）2374.8kg、沉积物泥样（长）67.09m、沉积物柱状样17.85m、沉积物插管样135个、沉积物泥样169袋；海底照相单次站576张、连续站24个、连续照相5345m。通过如此大量的探测和取样，我国在太平洋获得的7.5万km²多金属结核资源专属矿区内，控制干结核量4.2亿t，其中可获锰11175.52万t、铜406.40万t、镍514.42万t、钴98.49万t。这一矿区的资源，经过技术经济评价的结果大体是：年产300万t干结核、开采周期20年，按总回收率25%计，总投资16亿～17亿美元，投资回收期8～10年，总利润45亿美元左右。

进入21世纪，中国大洋协会根据国际海底形势和国家长远利益，及时研究并经国家同意，确立了我国21世纪大洋工作方针，即"持续开展深海勘查、大力发展深海技术、适时建立深海产业"。加大了富钴锰结壳、多金属硫化物资源调查的力度，调查足迹遍布太平洋、印度洋、大西洋，实现了我国大洋工作由勘探开发单一的多金属结核资源扩展、调整为开发利用"区域"内多种资源，调查范围由太平洋向三大洋的战略转移。

2.3.1.1　海底矿产资源勘探进展

海底矿产资源按其产出区域划分为滨海砂矿资源、海底矿产资源和大洋矿产资源。滨海砂矿资源和海底矿产资源皆分布在沿海各国的领海、大陆架和专属经济区内；大洋矿产资源则主要分布于国际公海区域内，部分位于各国的专属经济区内。在海底矿产资源中，以海底油气资源、海底锰结核资源及海滨复合型砂矿资源经济意义最大。中国海洋的底部也埋藏着丰富的矿产资源，现已开采的有石油、天然气、锰结核、滨海砂矿、煤、铁、铜、磷钙石、海绿石等20余种，其中前4种被称为"海底四大矿产"。

（1）滨海砂矿资源勘探进展

砂矿主要来源于陆上的岩矿碎屑，经过水的搬运和分选，最后在有利于富集的地段形成矿床。在某些地区，冰川和风的搬运也起一定作用。河流不但能把大量陆源碎屑输送入海，而且在河床内就有着良好的分选作用。现在陆架上被海水淹没的古河床，便是寻找砂矿的理想场所。海滩上的水动力作用对碎屑物质的分选作用亦强，经波浪、潮汐和沿岸流的反复冲洗，可使比重大的矿物在特定的地貌部位富集起来。冰期低海面时形成的海滨砂矿，已淹没于浅海之下。砂矿中的重矿物一般是来自陆上的火山岩、侵入岩和变质岩。这类基岩在陆地上的展布状况，对寻找海滨砂矿矿床具有一定的指导意义。

我国是一个滨海砂矿资源丰富的国家,近年来发现滨海矿砂20多种,辽东半岛、山东半岛、广东和台湾沿岸均有分布。目前已探明的具有工业储量的滨海矿种主要有锆石、钛铁矿、独居石、磷钇矿、金红石、磁铁矿、砂锡矿、铬铁矿、铌钽铁矿、砂金矿等,此外还发现有金刚石和砷铂矿,其中许多矿产的含量都在工业品位线以上。这样丰富的资源储量是充分开发利用的基础。

但是我国的滨海砂矿开采从20世纪80年代才逐渐开始,到目前为止,我国已开采的海滨砂矿床有30余处,均属小规模开采,滨海砂矿累计开采量仅占探明储量的 5%(于婷婷等,2009;耿晓阳,2011)。开采者既有国家,也有集体和个人。在开采中,普遍存在着采富不采贫,多处于粗放型阶段,采矿、选矿技术水平普遍不高,明显落后于发达国家。同时,我国相关产业立法规范仍不是十分健全,导致海砂开采产业秩序混乱,从开采可行性论证到具体开采过程中都存在不小的漏洞;海砂盗采现象的发生,并且屡禁不止,严重者已使矿产赋存地带生态遭到严重破坏。

(2)油气资源勘探进展及问题

中国海域的油气资源主要包括两大部分,一部分是近海大陆架上的油气资源,另一部分是深海区的油气资源。海底石油和天然气,是有机物在缺氧的地层深处和一定温度、压力环境下,通过石油菌、硫磺菌等分解作用而逐渐形成,并在圈闭中聚集和保存。规模巨大的海底油气田,往往与大陆沿岸区年轻沉积盆地内的大型油田有联系,在地质史上同属于一个沉积盆地或是其延伸部分。

中国近海大陆架面积130万 km^2 余,其中大陆架海区含油气盆地面积近70万 km^2,约有300个可供勘探的沉积盆地,大中型新生代沉积盆地共19个,其中有大型含油气盆地10个,它们是渤海盆地、北黄海盆地、南黄海盆地、东海盆地、台湾西部盆地、南海珠江口盆地、琼东南盆地、北部湾盆地、莺歌海盆地和台湾浅滩盆地。已探明的各种类型的储油构造400余个。1996年,联合国亚洲及远东经济委员会经过对包括钓鱼岛列岛在内的我国东部海底资源的勘察,得出的结论是,东海大陆架可能是世界上最丰富的油气区之一。截至2004年底,全国共计有海上油气田32个,其中渤海16个,东海1个,南海15个。此外,在中国近海还发现了冲绳、台西、管事滩北、中建岛西、巴拉望西北、礼乐太平、曾母暗沙等含油气的沉积盆地(崔木花等,2005)。据专家估算,我国海洋石油资源量约为350亿～400亿 t,天然气资源量约为15.79万亿 m^3。油气主要分布在南海、东海、渤海和黄海,其中南海的开发前景更为广阔。

我国海上油气勘探工作主要集中在渤海、黄海、东海及南海北部大陆架。由于我国海洋油气储量分布区域不均衡,所以在勘探开发中存在严重的"重北轻南"现象。目前海洋油气开发力量主要集中在北部的渤海湾地区,东海只有一个春晓油田在开采中,而占我国领海面积3/4的南海地区,油气开发几乎是空白,不多的几口油井均集中在离陆地和海南岛不远的区域。而周边国家每年却从南海开采5000万t以上的石油,相当于大庆油田的年产量。因此,加快南海油气资源开发已刻不容缓。

我国石油资源的平均探明率为38.9%,海洋仅为12.3%,远远低于世界平均73%的探明率和美国75%的探明率;我国天然气的平均探明率为23.0%,海洋为10.9%,而世界平均探明率在60.5%左右。近年来,我国的海上石油工业确实有了长足的发展。从短期来看,目前我国海上已有1.8亿t净石油可采储量,足以保证今后五年海洋油气产量以每年20%的速度递增,海洋油气产量大约可占到石油总产量的11%,占我国原油进口量的29.7%。总体来说,勘探程度处于早中期阶段,除渤海的探明率达到约10%外,其他海区的探明率仅约为5%～6%。

业内人士认为,在中国海域油气总资源中,南海中南部油气当量地质资源量占53%,可采资源量占66%(李金蓉等,2014)。在中国南海断续线以内(包括其附近)分布有14个含油气沉积盆地,总面积约41万km²,其中全部或部分在中国断续线以内的新生代含油气盆地有8个,主要包括曾母盆地、万安盆地、文莱-沙巴盆地、礼乐盆地、巴拉望盆地等(南海巨大油气资源成各国争夺焦点,2011)。

来自有关部门的调研数据显示,南海南部海域油气资源极其丰富,被称为世界四大油区之一,据了解,南海南部14个盆地总资源量:石油230亿t、天然气33.9万亿m³、油当量569亿t;其中可采资源量,石油33亿t、天然气10.9万亿m³、油当量142亿t。中国南海断续线内地质资源量:石油120亿t、天然气32.9万亿m³、油当量349亿t;其中可采资源量,石油14亿t、天然气6.6万亿m³、油当量80亿t。

根据中海油公布的在南海的石油招标区块,在2011年及以前,我国在南海的油气勘探开发主要集中在南海北部我国沿岸(李金蓉等,2014),而在2012年,在南海的石油招标取得突破,所公布的第一批招标区块位于南海中南部。

为了维持南海地区的和平与稳定,我国率先提出"主权属我,搁置争议,共同开发"的政治主张,这也是为维护和平、解决南海争端的现实选择。2004年11月,中国海洋石油总公司与菲律宾国家石油公司在部分争议区签订了合作勘探南海油气的协议,拉开了共同开发南海油气的序幕。2005年3月,中国海洋石油总公司、菲律宾国家石油公司以及越南石油和天然气公司签署了为期3年的《在南中国海协议区三方联合海洋地震工作协议》,将在一个总面积为14.3万km²的协议区内研究评估石油资源状况。但这一协议结束后,并没有后续发展。

由于勘探开发技术滞后,对许多含油气盆地的地质构造、油气富集规律尚不清楚,亟须运用高科技手段,尽快掌握地层构造和油气的生成、运移、富集规律;此外,在海外油气勘探方面也比较薄弱,与美国、日本等发达国家存在很大的差距。此外,各部门对有关海洋油气的研究成果重视程度不够,在油气开发方面缺乏较科学的全面规划和总体协调的机制。

(3)天然气水合物勘探进展

天然气水合物,也称气体水合物,是由天然气与水分子在高压、低温条件下合成的一种固态结晶物质。因天然气中80%~90%的成分是甲烷,故也有人称天然气水合物为甲烷水合物。它多呈白色或浅灰色晶体,外貌类似冰雪,可以像酒精块一样被点燃,故也有人叫它"可燃冰"。在标准条件下,$1m^3$的甲烷水合物可产生$164m^3$甲烷气和$0.8m^3$的水。它主要分布于洋底之下$200\sim600m$的深度范围。其能量密度约是煤、黑色页岩的10倍,是常规天然气的2~5倍,储量则是现有石油天然气储量的2倍。

加入WTO以后,我国发展生物技术产业对具有独立知识产权的生物基因资源有着广泛的需求,目前,海底"区域"是新的生物基因资源的重要来源;而世界各大洋中天然气水合物的总量换算成甲烷气体大约相当于全球煤、石油和天然气储量总和的两倍,因此天然气水合物被认为是一种潜力巨大、可供21世纪开发的新型能源。

有关资料已表明,在中国近海中(东海、南海和台湾以东海区)的部分地区具备天然气水合物稳定存在的水深条件和海底温度条件(唐瑞玲等,2011)。ODP184航次在南海的钻探结果显示出天然气水合物的化学异常,南海北部陆缘多处地震剖面上均识别出BSR(崔木花等,2005)。专为天然气水合物研究而在南海布设的地震测量剖面上也发现有明显的BSR显示。据有关人士测算,仅南海的天然气水合物的资源量就达700亿t油当量,约相当于我国目前陆上油气资源量总数的1/2。最近,东海及邻近海域的天然气水合物研究与勘探工作正在进一步展开。

中国在水合物的室内研究及海上和陆地调查方面起步较晚,20世纪90年初才开始关注国外有关的报道和研究成果,并由中国科学院兰州地质所和中国石油大学等单位率先开始水合物实验室合成研究工作(赵生才,2001)。1995年,在中国大洋协会、地质矿产部和国家科委的支持下,中国地质科学院矿产资源研究所曾先后在南海、东海和太平洋国际海底开展了天然气水合物的调查研究工作,并发现了一系列与天然气水合物有关的地球化学和自生矿物异常标志。在中国地质调查局的资助下,1999年10月,广州海洋地质调查局在我国南海海域开始了一系列有关天然气水合物地质、地球物理和地球化学调查,在神狐等有关海洋发现了重要的地球物理标志——BSR及其他异常标志,显示出良好的寻找天然气水合物的前景。

在国家"863"计划资助下,研发了水合物勘探关键技术,包括水合物高精度地震、原位及流体地球化学、热流原位、海底电磁、保压取芯等探测技术,弥补了我国水合物探测技术的不足,提高了我国水合物资源勘探的整体水平。

自21世纪初以来,依据天然气水合物资源调查及评价专项工程需求,我国采用引进与自主研制相结合的方式,尝试性地组合水合物相关探测技术,主要包括各种地震勘探、浅层剖面调查、海底表层地质和地球化学取样、多波束、海底摄像及海底热流探测等,这些组合技术应用于勘探实践,形成了适合于南海的独特工作程序,取得了勘探成果突破和探测技术的快速发展。同时,依托国外水合物钻探船在我国南海实施水合物钻探工程,基本了解水合物钻探工作及其相关配套的各种测井、取芯及样品测试分析技术。2007年5月,中国地质调查局租用挪威Fugro公司的深水钻井船及取样工艺方法在我国南海北部神狐海域实施了中国首次海洋天然气水合物钻探取样调查评价工作,使我国海洋天然气水合物调查取得了突破性进展。

然而,服务于水合物目标勘探的高精度地震、旁侧声呐微地貌探测、水合物钻探船、保压取芯、ROV、海底原位探测等主要技术装备尚属空白。地震和地球化学探测技术较为单一,没有集成为水合物综合探测系统,尚不能对天然气水合物进行全方位多层次的立体探测。有些技术成果先天不足,海试不充分,难以转化和推广应用。

(4)大洋矿产资源勘探进展

大洋矿产资源主要包括多金属结核、富钴锰结壳以及海底热液矿床。多金属结核也称锰结核,是20世纪70年代才大量发现的一种深海矿产。它几乎已成为深海的一种标志性矿产。分布于80%的深海盆地表面或浅层,分布的典型水深为5000m。它是一种铁、锰氧化物的集合体,含有锰、铁、镍、钴、铜等20余种元素,颜色常为黑色或褐黑色。世界各大洋底储藏的多金属结核约有3万亿t。其中,锰的产量可供世界用1.8万年,镍可用2.5万年,其经济价值很高。

①多金属结核研究进展

我国对大洋多金属结核的科学研究,是从20世纪70年代末开始的。先是从汇集国外动态、资料、数据开始,到1983年国家海洋局首次进行了试验性专门调查。1985—1990年对中太平洋和东太平洋海盆进行了较大规模的勘查研究,并引进了国际上比较先进的仪器设备和手段,如多频探测和深海照相系统以及无缆取样器、GPS全球定位系统等。同时还改装了远洋科学调查船"向阳红16号",为我国进行深海矿产资源的调查研究创造了条件。1986—1989年,地质矿产部利用较先进的科学考察船"海洋四号",在中太平洋和东太平洋海盆进行了四次大规模的探查,取得了极其丰富的地质、地球物理和多金属结核的数据资料和样品。通过对近200万km²的调查,圈定了30多万km²的远景矿区。在上述工作基础上,1990年8月,中国大洋矿产资源研究开发协会正式向联合国海底管理局提出矿区申请,经联合国技术专家组审查后,于1991年2月联合国第九届海底筹委会春季会议上,一致同意将中国登记为深海采矿先驱投资者,并在1991年8月纽约会议上由联合国秘书长向我国颁发了登记证书。从此,我国就成了继印度、苏联、法国、日本之后的第五个先驱投资者国家。

2013年8月8日,"蛟龙"号在东北太平洋中国多金属结核勘探合同区开展了第63次下潜作业,这也是本航段首次下潜作业。经过结核覆盖率调查,科学家初步测算出此处多金属结核覆盖率约50%,主要包括锰、铁、镍、铜、钴等元素。

②富钴锰结壳调查进展

富钴锰结壳是裸露生长于洋底硬质基岩(玄武岩或其他火山碎屑岩等)之上的多金属壳状沉积物。它是一种多金属矿物原料,成分与多金属结核相近,含钴、镍、锰、铁、铜、铂等,并含有其他有色金属、贵金属以及稀有元素和稀土元素。它一般分布在400～4000m深的洋底的海山和洋中脊上。据估计,一个海山的一个矿点钴的产量就可达每年全球钴需求量的25%。在南海的海山上也发现有富钴锰结壳。由于富钴锰结壳分布水深较浅,所以相对容易开采,越来越引起人们的关注,美国、日本等国已设计了一些开采系统。

我国对富钴锰结壳的调查起步较晚,1987年"海洋4号"科学考察船首次采取了富钴锰结壳样品。此后,我国于90年代(1990—1999年)先后在国际海底区域对获得申请的东太平洋克拉里昂-克利帕顿断裂带(简称CC区)中国开辟区(7°45′～14°N、134°～157°W共5个区块,其中2块为新辟区、1块为备选区)进行了10个航次的调查。在1997—1999年DY95-7、DY95-8、DY95-9、DY95-10航次调查中同时开展了东太平洋和中太平洋海山区富钴锰结壳资源的前期探索性调查和目标靶区的初探工作。1997—1998年"大洋1号"和"海洋4号"两艘科考船从海底拖出3t富钴锰结壳样品,随后科研人员对富钴锰结壳的物质组成、金属品位及丰度、物理参数等做了初步分析研究(简曲,1999;孙裕军等,1999)。结果表明所选目标靶区具有良好的结壳资源前景。第二阶段的多金属结核详勘为完成开辟区50%的区域放弃奠定了基础。同时对产出在水深较浅(3800～4500m)海山区的富钴锰结壳资源有了进一步的了解。为"十五"重点开展结壳资源的调查提供了可靠的选区。

1997年以来,中国大洋协会(COMRA)组织"大洋1号"和广州海洋地质调查局"海洋4号"调查船在中、西太平洋进行了8个航次、数十座海山的富钴锰结壳前期调查工作,在麦哲伦海山区和中太平洋海山区都已发现资源前景较好的富钴锰结壳矿区。浙江大学、国家海洋局第二海洋研究所及国家海洋局海底科学重点实验室等单位对中太平洋海山区富钴锰结壳地质特征、地球化学特征及富钴锰结壳与基岩的关系等做了详细研究(马维林等,2002;赵宏樵等,2003;陈建林等,2004)。1999年我国获得了位于东太平洋中部克拉里昂-克林帕顿断裂带(Clarion-Clipperton Frac-ture Zone)海域、面积为7.5万 km² 的国际海底矿区专属勘探权和优先开采权,并初步圈定出部分富钴锰结壳申请的候选区。

2013年7月19日国际海底管理局核准了中国"大洋协会"提出的西太平洋富钴锰结壳矿区勘探申请(中央政府门户网站,2013)。中国成为世界上首个就3种主要国际海底矿产资源均拥有专属勘探矿区的国家。中国此次获得专属勘探权的富钴锰结壳区位于目前所知的富钴锰结壳资源分布最为富集的西太平洋海山区域,面积为3000km²。

③海底热液勘探进展

海底热液区中的热液硫化物是日益受到国际关注的一种海底矿藏。它的成因在于海水从地壳裂缝渗入地下,遇到熔岩被加热,溶解了周围岩层中的金、银、铜、锌、铅等金属后又从地下喷出。这些金属经过化学反应形成硫化物沉积到附近海底,像"烟囱"的形状堆积起来,因此,被形象地叫做"黑烟囱"。

我国海底多金属硫化物研究起步较晚,1988年7—8月中德科学家合作So-57航次对马里亚纳海槽区热液多金属硫化物的分布情况和形成机理进行调查和研究,获得非活动性的热液多金属硫化物和硅质"烟囱"。这是我国科学家首次参加的热液活动调查。1988年9月至1989年1月期间,中国科学院海洋研究所组队参加了苏联科学院组织,为期5个月的太平洋综合调查,沿太平洋海岭采到热液沉积物样品。1992年6月受国家自然科学基金委员会(NS-FC)资助,中国科学院海洋研究所赵一阳教授组织对冲绳海槽中部热液活动调查,这是我国首次独立组队进行热液活动的调查,取得了一些重要成果。2005年,我国执行首次环球大洋科学考察任务,在大西洋进行海底热液多金属硫化物前期调查,获得了超过200 kg热液多金属硫化物和海底沉积物样品(公衍芬,2008)。2007年,中国"大洋1号"深海考察船在水深2800m西南印度洋中脊,发现了新的海底热液活动区("黑烟囱")。2008年5月22日至2009年3月17日,"大洋1号"船两度横跨太平洋和印度洋,共发现了11个海底热液区和4个热液异常区。2009年7月18日至2010年5月28日中国第二次环球大洋科学考察远涉太平洋、大西洋和印度洋三大洋,在大西洋发现了新的热液活动区。中国大洋22航次(2010年12月8日至2011年12月18日)第二航段在南大西洋洋中脊新发现3个热液区和4个热液异常区。

我国已于2010年向联合国国际海底管理局提交了位于西南印度洋的硫化物矿区申请,这是国际上首例对多金属硫化物矿区的申请。我国在世界上按照相关规章第一个提出矿区申请,是建立在长期对海底热液硫化物科考调查的基础上,2011年11月18日,中国大洋矿产资源研究开发协会与国际海底管理局签署《国际海底多金属硫化物矿区勘探合同》。

2.3.1.2　海底资源勘探开发技术进展

科技的不断进步为寻找大洋深处其他矿产资源的线索提供了根本的动力。

海洋油气与矿产资源勘探开发利用技术,是现代海洋技术的高度集成,是沿海国家科技水平、工业化水平、综合国力的重要标志。目前我国已开发利用的海洋油气与矿产资源,主要有海洋石油天然气、滨海砂矿和煤等,而大洋多金属结核、钴结壳、多金属热液硫化物、天然气水化合物(可燃冰)等深海底矿产资源,尚处于资源勘查、储量评估、开采技术装备研发和海上试验阶段。对于起步较晚的中国大洋事业来说,一系列深海技术难题仍需要在实践勘探过程中逐步解决。深海开采技术研发周期时间较长,深海采矿试验又往往一波三折。中国大洋协会经过十多年的努力,从无到有,形成了具有自主知识产权的深海采矿技术体系,在集矿、扬矿、遥测遥控方面取得了重大进展;确立了大洋多金属结核商业性采矿系统1:10的深海采矿中试系统;在此基础上完成了大洋多金属结核中试采矿系统的技术设计和样机的加工制造。

(1)几种典型的海洋勘探技术与装备

在中国大洋矿产资源研究开发协会的组织领导和国家"863"计划的支持下,我国大洋矿产资源勘查、海底环境探测和成像等技术取得了长足的进步,初步形成了大洋矿产资源勘探技术系统和应用能力。

①大洋矿产资源调查深海彩色立体摄像系统。实现了通过万米铜芯同轴电缆进行7Mbps数字信号传输和同缆从甲板向水下设备供电,水下彩色图像的解析度为720×576(单路)或352×288(双路),向甲板传输速率25帧/s,滞后时间不大于0.5s;集成的深海照相和摄像系统可在甲板控制,获得更高解析度的海底图像;深海双目立体视频摄像机,使用深海彩色数字立体摄像系统采集到的双目立体视图像对,仿照人类双目感知深度(距离)的原理计算探测对象的深度和三维尺寸,实现了海底立体实时监控,并可随时采集感兴趣的立体图像对;通过左右视图像的匹配,获得视差,反演计算探测对象的深度和三维尺寸。该系统是在模块化结构,性能可靠稳定,在DY105-2、14、16、17航次以及大洋首次环球航次中投入实际使用,达到实用化要求,已成为我国大洋矿产资源主要的调查手段。

②多次取芯富钴锰结壳潜钻。该潜钻在多点取芯、多视角彩色电视监控和全数字彩色视频+测控混合信号万m同轴电缆无中继传输、深海大功率均衡充

电锂电池等新技术方面获得突破。采用了世界首创的岩芯内管插拔更换式多次取芯技术，成功实现了一次下水多次取芯功能。自主研发了全部关键部件，包括深海岩芯钻进动力头、薄壁金刚石可换管式多次取芯钻具、深海大功率DC/AC逆变器、深海多摄像头和多传感器长距离同轴缆通信控制系统、充电锂电池驱动深海专用液压动力系统及多个机载专用传感器（转速传感器、行程位置传感器等）。在"大洋1号"船2004年DY105-16等常规调查航次和2005年DY105-17大洋环球航次中大量应用，并成功实施了"一次下水两次取芯"和"一次下水三次取芯"作业，取得较好的应用效果。改进后的样机已装备"大洋1号"船，2003年以来已在大洋调查中成功钻孔和取得岩芯300多个。

③6000m海底有缆观测与采样电视抓斗系统。研制成功大容积深海液压油箱、高密封耐压执行油缸、大功率深水电机等关键部件，解决了万m缆彩色数字视像传输技术和水下抓斗状态测控技术难题，开发了形象、直观的水下抓斗甲板监控系统，在太平洋CL海山斜坡地带（水深1826 m）成功抓取重达500 kg的巨大砾状结壳样品。

2004年，抓获大量锰结核样品和富钴锰结壳样品。2005年，在我国首次环球科学考察中，分别在东太平洋、中大西洋、西南印度洋区域成功抓获大量热液硫化物；利用所搭载传感器，在西南印度洋区域首次自主发现一处热液异常。2006年，多次成功抓取结核、结壳样品，并在南海试验中抓到了大量天然气水合物成因的烟囱体。2008年，首次尝试采用甲板供电方式以及搭载CTD传感器，获得成功。

④大洋固体矿产资源成矿环境及海底异常条件探测系统。对现代海底热液活动环境（水深：1000～4000m；温度：40～400℃），研发了适用于大洋主要固体矿产资源成矿环境探测低温高压化学传感器（Fe^{2+}、Mn^{2+}、$\sum s$参数的FIA技术）和pH、H_2、H_2S高温高压传感器系列及其检测校正平台。通过多传感器集成和信息记录储存系统的研制，实现了深海定点长期观测和走航式多参数探测。

⑤大洋矿产资源探测技术系统集成。以大洋科学考察船"大洋1号"为平台，将"十五""863"计划主题所形成的大洋探测技术成果与"大洋1号"船现有的探测设备进行了系统集成。重点进行了深海液压、深水电力供给、保真采样以及声光光电混合信号传输四个通用单元设计和研发，制定了技术标准，构成了一个相对完整的大洋矿产资源立体探测体系，基本具备极端条件下（高温、高压）"看、听、抓、钻、嗅、扫"等技术能力。系统具有定位、船上信息网络共享与融合、地形地貌和浅层结构探测及成矿环境联合探测等功能，以及可视化探测、采样和保真取样等功能。

⑥超宽频海底剖面仪。自主研制的超宽频海底剖面仪，突破了深水密封结构设计、去耦材料的选择、低频稀土换能器压力补偿方式、中频换能器双激励液

压补偿和高频换能器耐压密封结构等关键技术;在信号处理方面,利用了国际上最先进的脉冲压缩和频率缝补技术以及多界面人机交互处理跟踪技术,研发的超宽频浅地层剖面仪样机通过湖上试验、拖曳模拟和浅海性能测试以及"大洋1号"船DY105-17航次综合海上试验,取得了良好的效果。

⑦海洋勘察船钻井取样技术。2011年10月,由宝鸡石油机械有限责任公司为"海洋石油708"勘察船研制的深水勘察钻井及取样系统(杨红刚等,2011),作为我国深水重大科技攻关的综合配套项目之一,可适应3000m水深、海底最大钻深600m的钻探取样作业需求。

不足的是,海底钻机的工作深度较浅,还不能实现"一机多用",不具备既能取岩芯也可取沉积物芯的功能;对热液硫化物等新的大洋矿产资源相关基础研究不足,严重制约了大洋勘探高技术的发展;已有的技术成果还没有形成产品系列,不能满足勘探要求。

⑧载人潜水器。中国科技部于2002年将"蛟龙号"深海载人潜水器研制列为国家高技术研究发展计划(863计划)重大专项,并启动"蛟龙号"载人深潜器的自行设计、自主集成研制工作。"蛟龙号"载人潜水器设计最大下潜深度为7000m,工作范围可覆盖全球海洋区域的99.8%,代表着深海高技术领域的最前沿。经过6年努力,在国家海洋局组织安排下,"蛟龙号"载人潜水器项目组包括中国大洋协会等约100家中国国内科研机构与企业。项目组联合攻关,完成了载人潜水器本体研制、水面支持系统研制和试验母船改造,完成了潜航员选拔和培训,从而具备开展海上试验的技术条件。从2009年8月开始,"蛟龙号"载人深潜器先后组织开展1000m级和3000m级海试工作。

2010年5月31日至7月18日,"蛟龙号"载人潜水器在中国南海3000m级海上试验中取得巨大成功,共完成17次下潜,其中7次穿越2000m深度,4次突破3000m,最大下潜深度达到3759m,超过全球海洋平均深度3682m,并创造水下和海底作业9小时零3分的纪录,验证了"蛟龙号"载人潜水器在3000m级水深的各项性能和功能指标。2012年6月24日,"蛟龙号"载人潜水器7000m海试在西太平洋马里亚纳海沟进行了第四次下潜试验(新华网,2013)。此次"蛟龙号"成功突破7000m深度,意味着它将可以在全球99.8%的海底实现较长时间的海底航行、海底照相和摄像、沉积物和矿物取样、生物和微生物取样、标志物布放、海底地形地貌测量等作业。

未来"蛟龙号"的使命包括运载科学家和工程技术人员进入深海,在海山、洋脊、盆地和热液喷口等复杂海底有效执行各种海洋科学考察任务,开展深海探矿、海底高精度地形测量、可疑物探测和捕获等工作,并可以执行水下设备定点布放、海底电缆和管道的检测以及其他深海探询及打捞等各种复杂作业。

（2）我国海底矿产资源开采技术研究进展

我国的深海固体矿产资源开采技术研究在国务院大洋专项支持下于"八五"期间正式展开。"八五"期间的研究对象为深海多金属结核的开采,这段时间,原冶金部和中国有色金属工业总公司所属的长沙矿冶研究院和长沙矿山研究院在中国大洋协会的组织下,对水力式和复合式两种集矿方式和水气提升与气力提升两种扬矿机理、工艺和参数方面的一系列研究成果与经验进行了总结。"九五"期间,在此基础上进一步改进与完善,完成了部分子系统的设计与研制,研制了履带式行走、水力复合式集矿的海底集矿机,并于2001年在云南抚仙湖进行了部分水下系统的135m水深湖试。

"十五"期间,我国深海采矿技术研究以1000m海试为目标,完成了"1000m海试总体设计"和集矿、扬矿、水声及测检等水下部分的详细设计,研制了两级高比转速深潜模型泵,采用虚拟样机技术对1000m海试系统动力学特性进行了较为系统的分析。同期,结合国际海底区域活动发展趋势,中国大洋协会还组织开展了钴结壳采集关键技术及模型机研究,进行了截齿螺旋滚筒切削破碎、振动掘削破碎、机械水力复合式破碎三种采集方法实验研究和履带式、轮式、步行式及ROV式四种行走方式的仿真研究。

然而,我国深海固体矿产资源开采技术的研究与发展,不论与目前先进工业国家的水平还是未来商业开采的要求相比都存在很大的差距:我国多金属结核开采系统虽然已进行过湖试,但实际上对其采集和行走技术的验证并不充分。由于湖试之后没有再进行过大的工程试验,因此,对湖试中暴露的一些问题是否已完全解决并未得到验证。此外,新研制的扬矿泵等亦有待进行典型工况的试验和改进研究。在钴结壳开采技术研究方面,所提出的一些采集和行走技术方案仅进行了一些原理验证性实验或尚未进行实物试验,特别是就钴结壳开采的特殊性而言,其采集装置和行走装置对复杂地形的适应性等问题还需要深入的研究。我国对海底热液硫化物资源的勘查和了解甚少,自然对其开采技术的研究基本上还是空白。同时,我国对钴结壳和海底硫化物矿开采方式的研究亦尚未进行。

①多金属结核资源开采技术进展

我国专家在充分吸收国外研究成果和国内相关技术成果的基础上,经充分论证,确定了将流体提升采矿技术作为我国多金属开采系统研制的主攻方向。

"八五"期间,我国开始多金属结核开采技术研究,分别对水力式和复合式两种集矿方式和水气提升与气力提升两种扬矿方式进行研究;"九五"完成部分子系统的设计与研制,研制了履带式行走、水力复合式集矿的海底集矿样机(蒋开喜等,2011)。1999年,中国大洋协会采矿总设计师组完成了大洋多金属结核矿产资源研究开发中试采矿系统总体设计。该设计首次以技术成果的形式,确定了我国多金属结核采矿系统由履带自行式集矿机—水力管道提升—水面船等部分组成,系统的主要技术指标即单套采矿系统的年生产干结核的能力为150万t。至此,基本完成了我国第一代深海采矿技术原型的构建。根据总体设计,"十五"期间,中国大洋协会采矿总设计师组完成了中试采矿系统的技术设计。中试采矿系统生产能力与商业采矿系统生产能力的比例为1:10,即年产量为15万t,小时生产能力30t。2001年,开展了中试采矿系统的部分子系统综合湖试。湖试系统由集矿子系统、软管输送装置、动力及测控子系统、水面支持保障系统的部分功能单元组成。该系统成功地完成了130m水深的模拟结核采集、输送试验。此后,完成了1000m海上试验总体设计、1000m海上试验总体系统技术设计。同时开展了集矿、扬矿、测控及水声等系统各组成部分的关键技术的详细设计。"十一五"期间,我国继续深化了多金属结核开采技术模型完善工作;研制了深海矿产分散式局部试采系统;开发了水力提升与水面支持联动模拟试验系统;开展了230m水深的提升试验。

近20年来,我国技术人员在开展系统技术研发的同时,系统装备及试验装备的研制工作、水面支持系统设备的选型及改造设计工作,均取得了较大进展。已经成功研制的具有自主知识产权的单体设备及模型机构主要有履带自行式复合式集矿机、水力式集矿机、水下阿基米德螺线模型行驶机构等。据2014年2月13日国家海洋局消息,我国近日首次在西南印度洋1万km²的多金属硫化物勘探合同区成功实施水下机器人——"海龙"号无人缆控潜水器作业(中国政府网,2014)。国家海洋局表示,通过水下机器人的观测,中国大洋科考扩大了两个热液区硫化物的分布范围,并了解到了碳酸盐区的分布特征。这些精细资料将对我国在多金属硫化物勘探合同区的后续科考工作起到重要参考作用。

②富钴锰结壳和海底热液开采技术进展

至目前为止,有关富钴锰结壳开采技术研究基本上是在多金属结核采矿系统研究基础上进行的拓展,主要集中在针对富钴锰结壳赋存状态的采集技术和行走技术方面。"十五"以来,我国广泛开展了富钴锰结壳开采技术研究工作,包括基础技术研究、设备研制及实验室建设等方面的工作(石海林,2000)。其中,关键技术的研究取得了突破,为构建我国的富钴锰结壳开采系统奠定了基础。主要开展了模拟富钴锰结壳的试制及相关基础的工作,完成了富钴锰结壳采集模型车的方案设计和样机试制,研制了摇臂悬架结构轮式实验车,以及基于复杂地形条件的铰接式履带模型原理机构。

③海底热液硫化物开采技术进展

相比海底多金属结核而言,海底热液硫化物由于赋存于水深较浅,金属品位高,且一般在近海区域,因此更容易实现开采,同时开采海底热液硫化物的成本也将大大低于多金属结核。在"十一五"期间,取得了较大进展。构建了具有自主知识产权的二个热液硫化物开采系统的技术模型,分别是仓储式开采系统及连续开采系统。研制了双反螺旋截齿滚筒模型机,开发了行星轮—履带复合行走机构技术设计模型,及深海复合轮式作业车模型原理机构。

④海洋天然气水合物探测技术进展

天然气水合物开采技术处于预研阶段。天然气水合物是水和天然气在高压和低温条件下混合时产生的一种固态物质,形成机理有别于其他几种海底固体金属矿产资源。开采活动将改变温度、压力等赋存环境,极易诱发天然气水合物的分解,进而产生一系列的环境问题。天然气水合物开采技术与环境评估研究,当前主要限于形成机理的研究、开采方法研究及小尺度的试采。如重点开展的前期基础工作,包括天然气水合物理化学性质及其成藏机理研究、天然气水合物地球化学化探测与资源综合评价技术、天然气水合物的钻探和保真取样及测试技术、天然气水合物的水下空间站工业开发技术、天然气水合物储存和运输技术预研等。

(a)地震方法

地震勘探技术是应用最为广泛的天然气水合物勘探研究方法,其实质是发现海底反射层BSR,通过该方法可确定大面积分布的天然气水合物(江怀友等,2008)。目前在秘鲁海槽、中美洲海槽、北加利福尼亚海槽和南海海槽以及南极大陆等地发现了BSR的存在(Hinz et al.,1989;金庆焕等,2006),通过深海钻探已经证实这些BSR地层确实存在天然气水合物(Collett,2002)。但BSR代表的是天然气水合物稳定带与其下出现的游离气间的界面,倘若沉积物孔隙中充填少量气体,也会产生强烈的地层反射,形成BSR,因此天然气水合物与BSR并不存在对应的关系(Paull et al.,2000)。BSR的出现只能证明有甲烷出现;此外BSR还受到构造作用、沉积作用、沉积物的含碳量以及水合物含量等因素影响,岩石的物性和地震资料处理因素对地震属性分析也有影响(辛广柱等,2007),所以在天然气水合物赋存区也未必一定会有BSR存在,利用BSR作为天然气水合物存在的唯一标识有很大的局限性。

(b)地球化学方法

利用地球化学方法勘探天然气水合物在国内外尚属空白。根据气体烃类微渗漏理论,水合物分解后必然会像常规油气一样向上垂直运移到上方的沉积物中,因此可以通过测定沉积物中烃类气体含量来确定水合物赋存的区域。

流体地球化学方法。孔隙水中 Cl^- 含量的异常是天然气水合物存在的重要标志(Hesse et al.,1981)。由于天然气水合物的笼状结构不允许离子进入,造成水合物赋存层段含盐度降低,而周围的海水盐度升高。Cl^- 浓度高的流体向上运移到沉积物顶部,从而形成浅层沉积物中 Cl^- 含量高而水合物附近 Cl^- 含量低的现象。大洋钻探计划（Open Directory Project，即ODP）164航次在Blake海脊发现从浅层沉积物到水合物稳定带Cl⁻含量急剧减小的现象（辛广柱等，2007）。Cl⁻浓度可以作为勘查水合物赋存的一个重要指标。值得注意的是，单纯的沉积物孔隙水的Cl⁻浓度在垂向上的降低并不能完全指示水合物的存在。如果沉积物形成于淡水向海水依次变迁的环境，同样可以引起孔隙水氯度（盐度）在垂向上的降低，这是识别水合物存在的关键。

海洋沉积物中含有大量溶解性硫酸盐，在微生物作用条件下沉积物中硫酸盐与甲烷发生化学反应，造成沉积物孔隙水中硫酸盐含量下降。其反应式如下：

$$CH_4 + SO_4^{2-} \rightarrow HCO_3^- + HS^- + H_2O$$

对全球孔隙硫酸盐梯度的研究显示，陡峭的硫酸盐梯度和相应浅的硫酸盐-甲烷界面（Sulfate-Methane Interface，即SMI）与世界范围内的水合物产地有着密切的关系（Borowsk et al.，1999）。所以，SMI浅和硫酸盐梯度大，可以作为指示天然气水合物可能存在的标志。

甲烷异常。由于天然气水合物极易随温压条件的改变而分解，因此在浅层沉积物中常常形成天然气水合物的地球化学异常，这些异常可以指示天然气水合物可能存在的位置（刘小平等，2007）。近年来，利用油气化探方法进行天然气水合物的勘探取得了诸多进展，成为一种有效预测水合物赋存的手段（卢振权等，2002）。在深海钻探计划（Deep Sea Drilling Project，即DSDP）和大洋钻探计划发现天然气水合物的航次中，均存在甲烷的异常高值（Kvenvo lde et al.，1990）。

海面增温异常。甲烷等烃类气体经微渗漏扩散到海面．在瞬变大地电场或太阳辐射作用下产生激发增温（卢振权等，2002）。这些温度异常可以被卫星热红外传感器所接收并记录下来。因此可以利用卫星热红外扫描技术，对海面低空大气的温度进行大面积、长时间的观测，圈定甲烷浓度异常区，从宏观上研究其与水合物或油气藏分布的关系。Brooks等（1991）通过对南海卫星图像的长期观测，发现海面增温异常与地震有着密切的关系，通常在临震前震区海面温度比周围海域高5～6℃，由此可以推测地震是水合物分解的诱发因素之一。

稳定同位素化学方法。在天然气水合物的研究中，同位素地球化学方法发挥了十分重要的作用，并已成功地应用于示踪天然气水合物的形成或分解，它对于天然气水合物产出的地质构造条件、形成环境和成矿（成藏）机理等方面的研究也是必不可少的手段之一（蒋少涌等，2001）。目前，研究的内容多集中在$\delta^{13}C$，δD，$\delta^{18}O$，$\delta^{34}S$和$^{87}Si/^{86}Si$等常规同位素地球化学方法。

2.3.2　海底资源管理研究进展

我国是参与开发深海底资源的国家之一,也是世界上最早开发和利用海洋的国家之一。西汉时期,我国就开辟了"海上丝绸之路";明朝则有郑和"七下西洋"的伟大创举。可以说,我国在传统的海洋渔业、海洋盐业和海洋运输业等方面曾有过辉煌的历史。后来,由于实行闭关锁国的错误政策,导致我国海洋事业走上落后之路。新中国成立以后,特别改革开放以来,我国海洋事业迎来了蓬勃发展的大好时机。我国先后制定了《90年代我国海洋政策和工作纲要》、《海洋技术政策》、《全国海洋开发规划》、《全国海洋功能规划》和《中国海洋21世纪议程》。至此,我国对海洋开发的宏观调控和综合管理的总体框架基本形成。

海底资源勘探和开发过程会对周围环境造成一定的影响。一方面影响该海底区域的海水质量,使海水浑浊度增加,扩展后影响临近海域的清洁度,将开采的各种海底矿物带入海水中,增加海水中各种矿物的含量;另一方面开采过程中产生的噪声和放射性矿物质会直接影响海底区域及周围海域生物的生长环境;此外,开采过程中伴随着机械、化学、电解、激光等,会把各类污染物带入海域,许多矿物含有放射性元素或重金属(砷、镉、铬、汞等),开采或破碎后,有毒有害物质大量扩散,导致周围沿海国家受到污染。

海底矿物除了在勘探和开采过程中会影响周围海域环境外,其加工过程中同样会对周围环境造成影响。譬如,开采后运往陆地加工的过程中,船舶生成的废油、废气及固体废弃物等未经净化处理就排入海中,以及海底加工来自加工机械的油污、废物、噪声污染等完全排入水体,都会给海洋环境造成污染。

水文循环系统并不受国界或其他由国家间人为划定的领土管辖界限的影响,在水中流动的污染物也是如此。为此,我国必须实行海底开发与海洋环境保护并重的制度(江伟钰,2002)。只有在符合《海洋法公约》规定的各项条件时,先驱投资者才有权利进行深海区域的勘探和开采。开发者在深海底资源开发活动中,应当尽量与各国对其自然资源享有永久主权的原则与睦邻关系原则和国际合作原则相一致。这应成为勘探和开发深海区域的行为指南。

2.3.2.1　建立健全海洋环境保护和保全制度

深海区域开发的两个基本原则,即公平使用原则和防止水污染原则是建立在"公平分享自然资源"的这一基础概念之上的。公平使用原则应按具体的每一开采国的具体情况、具体需要和水文地质条件及其会对周围环境产生的影响而言。

环境保全包括环境的保护、保存、改善、再构成等含义。防止水污染原则,首先要对使用水资源的环境标准应根据各国水环境保护的立法和国际海底区域的实际情况加以规定。海洋资源开发包括深海底资源开发,必须建立在无污染和持续发展基础上,坚持《斯德哥尔摩宣言》第21条规定:"各国根据《联合国宪章》和国际法原则享有按照其环境政策开发本国资源的主权以及保证其管理或控制范围内的活动,不得对其他国家的环境以及国家管辖范围之外的地区造成损害的义务。"这一原则同样适用于深海区域及深海底资源开发活动。

当今世界,环境问题已成为人类最关心的问题之一,能源、粮食、环境、人口和资源,环境排第三位。解决人类各种问题必须依靠科学技术和人类智慧。人类能够改变环境,也必须治理环境。人类开发海洋(包括深海底资源开发),开发宇宙空间,为的是改善和提高不断增长的各种物质需要和拓展人类活动空间。因此,各国包括参与开采和勘探海底区域的国家,必须建立健全各种保护海洋环境及海洋、海底生物资源的国内和国际法律制度,维护参与国和未参与国的合法权益。即使遭到局部污染也能够有效治理、赔偿和恢复。比如深海底区域开采,工业生产的废水、废气、废渣及水污染应妥善处理;对周围环境产生负作用应正确评价。损害赔偿的标准应高于治理标等。

2.3.2.2　实行海洋建设项目管理制度和环境影响评价制度

在进行勘探海底矿物资源时,对海底区域的矿址做详尽的环境影响评价与研究,科学测定水系统的走向,开采区周围的海洋动植物的分布和生长、生命周期和活动循环、繁殖和新陈代谢情况。评价开采区会给生物造成的不利影响,以及可能利用的污染水的净化和管理,特别要评价矿区开采工作会带来的对水系统的质量变化和由此引起的水的浊度,化学物质和有毒有害物质会在水中遗留的时间、破坏力和危害。还应当评价由于水的流向和物理运动会造成对采矿区附近的地区和国家及上、下游地区和国家利益的危害。在评价中,还应把取得矿产的经济利益与给海洋环境造成的损害进行分析权衡,正确处理好局部利益和整体利益的关系。凡是会造成水资源、海洋生物资源和海洋生态环境及对周围国家和地区造成巨大影响、危害和经济损失的,应禁止开采。在开发的同时,应分别评价开采的是何种矿物,这种矿物是否含有毒性及放射性化学反应。凡是给海体及海洋生物带来严重损害的,也应予以禁止开发。在有科学技术严格控制其毒性或放射性化学反应的条件下,才能进行开发。人类必须通过统筹协调,力求找到发展、资源、环境共同发展的最佳平衡点,在海洋环境管理中正确运用整体效益原理、层次能级原理、统筹补偿原理、定向诱导原理,实行"谁污染谁治理"和"三同时"(同时设计、同时施工、同时投产)制度。在建设项目环境影响评价制度实施中,坚持经济效益、社会效益、环境效益相统一的原则,局部利益服从全局利益,眼前利益服从长远利益的原则。只有实行严格的建设项目管理制度和环境影响评价制度,才能规范海底资源的开发行为。

"九五"期间在总结和借鉴国内外深海环境项目成果和经验教训的基础上,经过反复论证,我国向国际海底管理局提出了适合中国国情和实际需要的"基线及其自然变化(Natural Variability of Baseline Study-NAVABA)"计划。NAVABA计划安排了6个课题,它们分别是大洋环境基线调查技术规程研究、中国开辟区海洋生物生态基线研究、中国开辟区化学基线研究、开辟区及邻域物理基线和羽状流研究、中国开辟区地质基线综合评价和研究、现有深海采矿环境影响实验方法和结果的评价。组织实施NAVABA计划的目的在于,通过对同一区域不同时间深海环境数据以及同一时间不同区域深海环境数据的收集和对比研究,了解和掌握中国开辟区环境基线的变化规律,为今后采矿实验对环境影响的评价分析提供可靠的依据。

我国在海洋矿产的勘探开发及相关影响因素的立法管理,从20世纪70年代至今,做了大量的工作,先后颁布了多个法规。如《对外合作开采海洋石油资源条例》(1982)、《矿产资源法》(1986)、《矿产资源勘探登记管理暂行办法》(1987)、《矿产资源监督管理暂行办法》(1987)和《海洋石油勘探开发环境保护管理条例》(1983)等。但这些法律法规都是关于我国领土内的矿产资源的勘探开发,不适用于我国在大洋深海"区域"的勘探开发活动(候贵卿,1998)。基于大洋多金属矿产资源勘探开发管理立法工作的现状,应加快我国在这方面的工作进度。

2.3.2.3 健全海洋环境责任制度

海洋环境责任主要是指海洋开发者的行为。开发者的行为责任可分为过失责任和故意责任。海洋污染有两个方面的问题:一是海底区域污染标准。国际法对海底区域水质污染损害应在多大程度上加以限制,什么程度的损害才引起有关国家的国家责任。这种标准应该在联合国环发大会通过,并确定为海底区域的控制污染标准。《海洋法公约》缔约国和非缔约国均应严格遵守有关海底采矿规则、生产政策、履行有关义务。二是环境保护与合理开发并重原则。合理开发与环境保护并重原则是符合可持续发展要求的。人类要生存与发展,必须发展经济、文化、科学、技术,必须保护生态环境。如果人类家园破坏了,人类生存受到极大威胁,那么开发海洋资源开发还有什么用?所以,必须坚持环境保护和合理开发并重原则。

开发者如果违背国际法原则,应承担海洋保护责任,对周围国家造成损害,必须承担国家责任。例如1978年苏联的核动力源宇宙卫星954号因故坠入加拿大领土,造成大面积核污染,苏联向加拿大进行了必要赔偿。建立健全海洋环境责任制度是实施可持续发展的一种制度保障,也是保护生态系统良性循环的必由之路。

2.3.2.4 深海底资源开发前的培训制度

经批准的先驱投资者必须遵守国际规定,严格进行开发前的培训。主要培训计划应按国际海底筹委会文件规定的要求,即在五种工程专科(化学、冶金、电气、电子、机械和采矿),议及海洋地质学、海洋地球物理学和海洋生态学等优先培训课程的范围内。在专业技术上保证深海底资源开发的可行性技术优势。未经培训或草率培训即进行资源勘探和开发给海洋环境造成严重污染的,或经培训仍在勘探和开发中造成严重海洋环境污染的,根据具体情况,各国可按本国法律严格追究行政责任、民事责任和刑事责任。若给周围国家环境造成损害,则同时承担本国和受害国处以的法律责任。若对国际海域造成严重污染的,应同时承担对国际海底委员会、周围受害国和本国的损失的法律责任。

2.3.2.5 大洋矿产资源信息管理

大洋矿产资源信息管理一直是大洋事业发展的长期基础性工作。早在20世80年代,国家海洋信息中心就开始了大洋锰结核资料的信息化工作。大洋协会成立之后,历经"八五""九五""十五"和"十一五",大洋矿产资源信息管理、数据库建设和大洋矿产资源信息综合应用服务系统建设取得了丰硕的成果。

"八五"时期,在资料整理分析的基础上,建立了国内第一个直接为大洋矿产资源开发研究服务的综合性数据库并形成了应用服务系统,基本实现了大洋矿产资源信息的综合管理,初步具备了信息查询检索、数据维护、统计计算功能,为我国的大洋矿产资源勘探开发和多金属结核开辟区的管理工作提供了支撑服务,但应用系统和产品的开发还处于初期探索阶段。

"九五"时期,在大洋综合数据库的基础上,开展了大洋矿产信息系统建设。建设目的由对数据的综合管理转移到大洋开发研究的需要。这一时期,数据的应用和产品的开发得到了重视。大洋矿产信息系统包括综合信息管理系统、基础信息查询检索系统、资源评价系统、环境评价系统和图形图件管理应用系统。大洋矿产信息系统引入了成熟的结核资源量分析计算模型,在多金属结核区域圈定和放弃等工作中发挥了重要作用。

"十五"时期,大洋矿产资源信息系统建设的重点在信息管理和服务。在"九五"工作的基础上,制订和完善了大洋资料管理规定及有关数据标准。开发建设了大洋矿产资源基础数据库群及管理系统,主要包括:大洋矿产调查资料数据库、大洋调查研究成果数据库、大洋样品属性数据库和大洋资料元数据库。集成各类信息和产品,实现了多源大洋信息资源的有效管理。采用元数据导航技术和信息网络发布技术,建成基于Internet的可视化在线查询检索服务系统,同时广泛收集整理国内外大洋矿产资源研究开发综合信息,开发建设大洋协会门户网站,形成大洋各类信息发布的统一平台和窗口。最终建成集大洋矿产信息资源管理与共享服务的综合信息支持系统,为我国大洋研究与开发提供信息与技术保障。

"十一五"时期,大洋矿产资源信息管理工作主要目标是实现大洋矿产资源信息管理的业务化运行。该时期,继续加强航次调查资料,尤其是"十五"时期获取的调查资料及研究成果的收集、整理和处理。对大洋基础数据库及管理系统进行了升级和改造,建立了全球国际海底区域背景数据库,设计开发了微机版大洋数据及产品光盘查询检索系统(V2.0版),完善了数据库网络发布系统,基本实现了大洋矿产资源信息管理的业务化运行。

大洋矿产资源数据库及管理信息系统历经20多年的发展建设,在大洋矿产资源信息处理、管理与服务领域取得了一定成果,并为我国大洋矿产资源评价、矿区圈定、海洋权益维护等领域提供了可靠信息保障和技术支撑。近年来,随着大洋航次调查次数增加、调查手段的提高,调查海域不断扩大,调查的精度越来越高,数据量也迅猛增长。当前的大洋矿产数据库及管理信息系统已无法满足国际海底区域资源勘查开发、深海相关领域科学研究对大洋矿产信息保障能力和服务效率的需求。因此,完善大洋矿产资源信息管理运行体系,建立大洋资料管理和共享服务平台,进一步提高大洋矿产资源信息处理和管理技术水平,才能满足社会各界对大洋矿产资源信息的使用需求,更好地实现大洋矿产资源信息共享。

2.3.2.6 海底矿产资源可持续利用的对策建议

随着工业化进程的加速,人类对矿产资源的需求与日俱增,而陆地上许多矿产资源正面临着枯竭的危险,且很难满足人们的需求。人类势必要把开发矿产资源的目光从陆地转向海洋。因此,把海洋作为人类探求新的矿产资源基地已成为许多国家的共识。我国正处在迅速推进工业化阶段,对能源、原材料矿产需求持续扩大,矿产资源紧缺矛盾日益突出。我国海洋矿产资源无论品种还是储量都很丰富,加强海底矿产资源的勘查开发和管理,实现可持续利用已成为必然的战略选择。

(1)加强海洋公益性地质工作,不断增强海洋地质矿产勘探水平和力度,摸清我国海底矿产资源家底。海洋矿产资源开发必须要以海洋地质工作为先导,我国海洋地质工作应坚持以"国家利益与环境保护"并重,以国家需求为导向,努力改善装备,吸纳培养人才,按照"精干高效、装备精良、专业全面、水平一流"的发展方向,在国家基础性、战略性和公益性的综合海洋地质调查和研究工作上不断增强我国海域地质矿产勘探水平和力度,尤其是资源评价和普查勘探力度,努力扩大找矿领域(王永生,2007)。此外,海洋公益性地质调查工作要与商业性矿产勘查开发相结合,做好基础资料的服务工作。2005年5月14日,新中国成立55年以来规模最大的海洋综合调查与评价工作——"中国近海海洋综合调查与评价"专项全面启动。计划投入经费近20亿元,调查范围将涉及67.6万 km^2 的我国内水、领海和部分领海毗连海域。

(2)制定海洋矿产资源开发利用规划,不断增强海洋矿产资源管理水平。在对我国海域矿产资源调查摸底的基础上,要尽快制定我国海洋矿产资源开发利用规划。在规划中要对我国海域的优势矿种加以保护,根据国民经济发展需要合理安排各类矿产资源的开发利用,特别是要对全国各类海区进行统筹规划。我国海洋矿产资源管理中要加强有偿使用、持证开采、落实环境保护责任等措施,如在海砂开采中,要根据《中华人民共和国矿产资源法》、《国家海域使用管理暂行规定》、《海砂开采使用海域论证管理暂行办法》等法律法规,规范海砂管理程序,明确要求取得矿产资源勘查证、海砂开采海域使用证、海砂开采许可证三证齐全的才是有效的、合法的开采行为。

(3)加强海洋矿产资源开发利用的宏观调控与政策引导。我国海洋矿业是一个新兴的产业,正处于不断发展壮大过程中。除了海洋油气开发规模稍大一些外,海洋固体矿产勘探开发正在不断深入。政府部门应该加强对海洋矿业的宏观调控与政策引导,鼓励、促进该行业健康、有序地发展。可以通过加强矿产资源国家所有以制止海洋矿业中的无偿、无序开采;可以通过统一规划、区划和采取因地制宜的措施以构建合理海洋矿业布局;可以制定合理的财税政策促进此类高风险、高投入行业的加快发展;坚持开发与整治相结合的原则,在鼓励资源开发的同时努力保护海洋生态环境;制定并实施国家的海洋矿产资源开发战略;加强海洋法规建设,维护海洋资源开发秩序,维护国家海洋资源权益。

(4)加强海洋矿产资源开发利用高新技术的研究与开发,加强国际合作,努力推广实施清洁生产。对于我国海洋矿业企业而言,要围绕提高资源开采利用水平、降低开采成本、努力保护环境等采取多方面的措施。第一,要加强海洋矿产资源开发利用高新技术研究与开发,如油气开采中要研究开发一批海底探查、油气资源勘探技术,重点发展深海遥控油气开发技术;海滨砂矿开采要加强高精度、高质量和高分辨率的探测仪器和测试技术的攻关与引进开发。第二,要加强国际合作。海洋矿业是高科技产业,科技、资金投入高,风险也高,要坚持走自我开发与国际合作并举的道路,努力吸收国外的先进技术和资金。第三,要树立保护海洋环境的意识,努力在企业中推广实施清洁生产,尽可能地减少对周围海域环境的污染和破坏。

2.3.3 总结与研究展望

2.3.3.1 深海矿产资源开采技术与装备展望

世界各国对国际海底区域蕴藏的丰富矿产资源的需求,以及巨大的利益预期,是深海开采技术发展的牵引力和推动力。未来应用资源开采的技术与装备,将是与海洋生态和谐的深海底矿产资源开采技术与装备。从当前的技术基础及发展趋势考察,未来15~20年内,实现安全、环保、经济地获取深海矿产资源的技术创新与突破,或将在以下几方面取得成果。

(1)开采作业生态化、装备制造绿色化。继完成深海底多金属结核开采技术与装备可行性试验验证后,发达国家已广泛开展了基于海底环境控制、修复、保护,面向多矿种资源开采的技术创新。不以海洋生态环境受损为代价的、安全可靠的开采技术与装备研发将成为主攻方向。生态开采技术与绿色装备制造的研究设计理念,将得到不断强化,进而创立标准和规范。深海开采储备技术的进步,将主要体现在可通过技术标准和规范,约束开采活动,实现有效地减少、预防、控制深海底开采活动对开采海域环境及生态破坏。

(2)技术创新升级、矿产开发规模化。基于数字化、信息化技术开发的自适应(具有感知、认知、用知)、自制智能矿石采集及输运等装备将成功开发并应用。面向多种矿产资源开采的共性技术,如多金属结核、富钴锰结壳、热液硫化物的智能采掘装备和提升运输系统等,将实现系列化标准化设计。先进成熟的海洋油气开发平台技术等相关技术成果,将创新移植应用。热液硫化物的工业开采有望率先实施。有资料预测,包括天然气水合物在内的天然气资源将在未来25年扮演主角,被重点开采利用,造福人类。我国在已获得的国际海底区域的多金属结核资源储备基础上,近期有望获得热液硫化物、富钴锰结壳等多种资源储备。在全球日益激烈的通过技术手段等,争夺海底资源的背景下,切实维护好我国深海战略资源储备量全面拓展的权益需求,将为深海底矿产开采技术与装备智能化水平提升注入新的驱动力。具有我国技术特点的多金属结核水力提升开采系统将取得工程化、实用化的成果;具有自主知识产权的热液硫化物仓储式开采系统及连续开采系统工程化试验研究将取得突破;基于多金属结核水力提升开采系统成果开发的富钴锰结壳工业开采系统将得到应用。

(3)资源开采技术成果产业化。海洋工程装备是高端装备制造产业的重要领域,我国在未来较长的时间内,将重点发展海上作业与辅助服务装备等,重点扶持海底矿产资源装备的研发和创新。在国家政策的引导下,我国将描绘出崭新的发展深海装备技术路线图,构建更加科学的深海底矿产资源开采技术与装备研发体系、试验体系、制造体系。以产业化为目标的深海底矿产开采技术与装备研制的成果,将孕育并催生出深海矿产资源开采及深海装备制造等对经济社会发展具有重大影响力的新兴产业。

2.3.3.2 大洋矿产资源信息管理展望

纵观大洋数据库建设20多年来的发展历程,可以看出,大洋矿产资源信息的管理工作虽然取得了一定的进展,但大洋矿产资源信息的管理始终以项目的形式开展,随着大洋矿产资源信息的不断更新,并没有真正实现大洋矿产资源信息的业务化运行。

鉴于目前我国大洋工作面临向国际海域拓展的重要历史机遇,为开展新一轮资源矿区的申请,推进我国大洋工作的整体性发展,大洋矿产资源信息管理应与时俱进,通过建立行之有效的信息管理与共享服务机制、大洋矿产资源信息综合数据库以及结构完整、技术先进、高速高效的大洋矿产资源信息共享服务网络平台,实现大洋矿产资源信息的科学化管理与应用,为大洋矿产资源的研究与开发工作提供长期、全面和多层次的共享服务。

(1)建立良好的大洋矿产资源信息共享机制。大洋矿产资源信息是由国家出巨资调查获取,应归国家所有。但目前国家没有制定专门的海洋信息管理法律和法规,大洋矿产资源信息管理体制、机制不健全,导致大洋矿产资源信息资源现状不清、共享程度低。为加强对大洋矿产资源信息的统一、规范化管理,大洋协会应加强大洋矿产资源信息主管部门职能作用的发挥,组建大洋矿产资源信息管理委员会,制定完善的大洋矿产资源信息管理制度,使大洋矿产资源信息的管理有法可依,有法必依,确保信息的统一汇集和管理(刘志杰等,2013)。在大洋协会的领导下,建立良好的信息共享机制和共享服务模式,从而提高大洋矿产资源信息利用率,实现科学数据应有的价值。

(2)建立大洋矿产资源信息管理与服务标准规范体系。信息标准化是信息资源共享和互操作的基础(姚艳敏等,2003)。为实现大洋矿产资源信息资源的综合、规范化管理,更好地满足大洋事业发展的需要,必须把大洋矿产资源信息管理纳入标准化、规范化管理的轨道上来,建立完善的大洋矿产资源信息标准规范体系和标准更新维护机制,加强大洋矿产资源信息标准和规范的研制、贯彻与应用,进一步提高大洋矿产资源信息的收集、管理、利用、交换和分发水平。大洋矿产资源信息管理与服务标准规范体系贯穿于大洋整个业务化的过程,包括信息收集、存储、管理、处理与研发以及信息资源的共享与服务,也是数据库建设的重要支撑。

(3)关注国际海底动态,积极参与国际合作。近年来,海洋信息领域国际合作范围和信息交换渠道进一步拓宽(刘志杰等,2008),但关于大洋矿产资源信息处理和管理方面的合作交流机会很少。随着国际海底地形特征命名工作的推进,越来越多的国家对海底地形特征命名高度关注,并将其作为争夺海洋权益的重要手段。2011年我们审时度势,通过对海底海山地形特征的研究,首次向国际海底地名分委会(SCUFN)提交了7个海底地名提案,并全部获得通过,使太平洋海底有了中国地名,充分体现了我国对海底地名国际合作事务的积极参与和贡献。我们应以此为契机,抓住机遇,加强大洋矿产信息领域的国际交流与合作,密切关注国际海底动态和大洋调查新技术研究进展,通过技术交流与合作,学习国外先进的管理模式和经验,从而促进大洋矿产资料信息化管理更快更好地发展。

参考文献

[1]Borowski W S,Paull K,Ussler W. Global and loeal variations of intemtitial sulfate gradients in deep-water,continental margin sediments:Sensitivity to underlying methane and gas hydrates. Marine Geology,1999,159:131-154.

[2]Brooks J M,Field M E,Kennicutt M C. Observations of gas hydrates in marine sediments,offshore northern California . Marine Geology,1991,96:103-109.

[3]Collett T S. Energy resource potential of natural gas hydrates. AAPG Bulletin,2002,86(11):1971-1992.

[4]Hesse R,Harrison WE. Gas hydrates(clathrates)causing pore-water freshening and oxygen isotope fractionation in deep-water sedimentary sections ofterrigenous continental margins. Earth and Planetary Science Letters,1981,11:453-562.

[5]Hinz K,Fritseh J,Kempter E H K. Thrust tectonics along the north-western continental margin of Sabah/Bomeo. Geologisehe Rundschau,1989,78:705-730.

[6]Paull C K,Matsumoto R. Leg 164 Overview//Paull C K Matsumoto R,Wallace P J,et a1. Proceedings of the Ocean Drilling Program,Scientific Results. College Station,Texas,2000,164:3-12.

[7]陈建林,马维林等. 中太平洋海山富钴锰结壳与基岩关系的研究. 海洋学报,2004,26(4):71- 79.

[8]崔木花,董普,左海凤. 我国海洋矿产资源的现状浅析. 海洋开发与管理,2005,22(5):16-21.

[9]耿晓阳. 浅谈海洋采矿及对我国海洋矿产开发的指导. 山西焦煤科技,2011(7):37-40.

[10]公衍芬. 胡安德富卡海脊玄武岩地球化学及其热液硫化物成矿作用. 中国海洋大学,2008.

[11]侯贵卿,周立君,李日辉等. 深海矿产资源勘探开发法规及开发前景分析. 海洋地质与第四纪地质,1998,18(4):121-124.

[12]简曲. 中太平洋富钴锰结壳的研究. 矿业研究与开发,1999,19(1):26.

[13]江怀友,乔卫杰,钟太贤等. 世界天然气水合物资源勘探开发现状与展望. 中外能

源,2008,13(6):19-25.

[14]江伟钰. 21世纪深海海底资源开发与海洋环境保护. 华东理工大学学报,2002(4):88-96.

[15]蒋开喜,蒋训雄. 大洋矿产资源开发技术发展. 有色金属工程,2011,1(1):3-9.

[16]蒋少涌,凌洪飞,杨竞红等. 同位素新技术方法及其在天然气水合物研究中的应用. 海洋地质动态,2001,17(7):24-29.

[17]金庆焕,张光学,杨木壮等. 天然气水合物资源概论. 北京:科学出版社,2006:7-9.

[18]"蛟龙号"通过验收 中国跻身世界载人深潜先进国家. 战略网. 2013-04-28 [引用日期2013-04-28].

[19]李金蓉,朱瑛,方银霞. 南海南部油气资源勘探开发状况及对策建议. 海洋开发与管理,2014,4:12-17.

[20]刘小平,杨晓兰. 海底天然气水合物地球化学方法勘探进展. 天然气地球科学,2007,2:312-316.

[21]刘志杰,陈奎英. 海洋地质资料信息化管理模式探析. 海洋信息,2008(4):4-6.

[22]刘志杰,殷汝广,程永寿等. 大洋矿产资源信息管理现状与发展设想. 海洋开发与管理,2013,3:18-23.

[23]卢振权,强祖基,吴必豪等. 利用卫星热红外遥感探测天然气水合物. 地质学报,2002,76(1):100-106.

[24]马维林,金翔龙等. 中太平洋海山区富钴锰结壳地质特征. 东海海洋,2002,20(3):11-23.

[25]南海巨大油气资源成各国争夺焦点[EB/OL]. (2011-11-28)[2012-09-15]. http://news.gasshow.com/pages/20111128/104147156.html.

[26]沈裕军,钟祥,贺泽全. 大洋富钴锰结壳资源研究开发现状. 矿冶工程. 1999,19(2):11-12.

[27]石海林. 我国富钴锰结壳矿床开采技术研究分析(上). 矿业快报,2000(345):1-2.

[28]唐瑞玲,孙忠军,张富贵. 天然气水合物勘查技术及环境效应研究进展. 岩性油气藏,2011,23(4):20-28.

[29]王永生. 海洋矿产开发:现状、问题与可持续发展. 资源论坛,2007:18-22.

[30]辛广柱,刘赫,彭建亮等. 地质因素和资料因素对地震属性的影响. 岩性油气藏,2007,19(1):105-108.

[31]杨红刚,陈雪娟,刘小卫等. 水下勘察基盘用海底钳系统设计与分析. 石油机械,2011,39(10):45-48.

[32]姚艳敏,姜作勤,赵精满. 国土资源信息标准现状和对策. 遥感信息,2003(4):51-53.

[33]于婷婷,张斌. 浅议海洋矿产资源的可持续发展. 海洋开发与管理,2009(2):21-25.

[34]赵宏樵,姚龙奎. 中太平洋富钴锰结壳Co元素地球化学特征. 东海海洋,2003,21(4):34-40.

[35]赵生才."可燃冰"的稳定性及其环境效应. 科学中国人,2001(4):32-33.

[36]中央政府门户网站. 我国首次在西南印度洋使用水下机器人勘探作业. 探矿工程-岩土钻掘工程,2014,41(2):26.

[37]中央政府门户网站. 中国获得西太平洋富钴锰结壳矿区专属勘探权. 探矿工程-岩土钻掘工程，2013,40(7):107.

撰写人：李冬玲

2.4　中国海域生态环境及其管理研究进展

　　我国有着丰富的海洋资源，拥有大陆岸线约18000km，管辖海域面积约300多万km²，随着我国经济的发展，陆源资源逐步紧缺，海洋资源的重要性与日俱增。随着海洋经济地位在我国经济总量中的提升，我国海域生态环境问题也日益突出。当前我国海域环境的污染已经严重破坏了海域生态系统，并影响到了沿海居民的生产生活，成了制约海洋经济乃至我国经济总量进一步发展的瓶颈。同时，面对海洋经济的迅速发展，我国海域管理体制仍有不少缺陷，本节在总结了我国海域生态环境及海域管理体制现状的基础上，提出了一系列完善海域管理体制的创新措施。

2.4.1　我国海域生态系统

　　海洋生态环境是由海洋中各种生态关系组成的环境的简称，是海洋生物生存和发展的基本条件。与陆地生态环境不同，海水的流动交换等物理、化学、生物、地质的有机联系，使海洋的整体性和组成要素之间密切相关，形成了海洋生态环境特有的性质，即任何海域某一要素的变化（包括自然的和人为的），都有可能对邻近海域或者其他要素产生直接或者间接的影响和作用。

　　海洋生态环境与海洋生物群落互相联系影响，组成有机的统一体即海洋生态系统。海洋生态系统由不同的子系统构成，子系统的范围可大可小，相互交错，是开放系统。为了维系自身的稳定，海洋生态系统需要不断输入能量和物质，许多基础物质在海洋生态系统中不断循环，成了全球物质循环的重要组成部分。

　　我国海域自北向南由渤海、黄海、东海和南海构成，由于气候水文地形等自然条件的差异，各海域生态系统也有较大差异。其基本子系统，可分为海湾生态系统、河口生态系统、滨海湿地生态系统、浅海生态系统、深海生态系统等。

2.4.1.1 海湾生态系统

海湾是海洋伸入陆地的部分,湾口两个对立岬角的连线是海湾与海的分界线。根据联合国海洋法公约,"海湾是明显的水曲,其凹入程度和曲口宽度的比例,使其有被陆地环抱的水域,而不仅为海湾的弯曲。但水曲除其面积等于或大于横越曲口所划的直线作为直径的半圆的面积外,不应视为海湾"。海湾独特的地形及地表径流等因素,使得海湾海水和沉积物中营养盐、有机物碎屑含量相对较高,为生物的繁衍创造了良好的条件,并就有较高的生产力水平。但海湾水体环境条件变化剧烈,动植物区系组成比较简单,生物种类不如陆架中下部丰富。同时,海湾特殊的地理位置决定了其海域及相邻陆域的人类活动较为活跃,大部分海湾都有入湾河流,这些河流带来的流域内污染物、陆源排污口的直接排放、围海造田工程、港口开发以及不合理的养殖活动都给海湾生态系统带来了巨大的压力。我国主要海湾的生物多样性,生产力等均受到人类活动较大的影响,在过去的20年间有一定程度的下滑。

我国有众多的海湾,根据海湾的开放程度可分为开放型海湾、半开放型海湾、半封闭型海湾和封闭型海湾。按海域分,渤海沿海地区主要有三个海湾:北部的辽东湾、西部的渤海湾和南部的莱州湾。黄海地区面积大于 $10km^2$ 的重点海湾共24个,其中北黄海共10个,包括辽宁省东部5个,山东省北部5个;南黄海共14个,主要集中在山东省东南部。东海地区29个海湾,差异巨大,较大的海湾有杭州湾、温州湾、宁波-舟山湾、台州湾、三门湾、象山湾、乐清湾等,面积均超过 $500km^2$,不同的海湾面积、海岸线、水深、地质、水文条件都有较大差异。南海北部沿海,海湾众多,且拥有较好的环境,集中在广东、广西和海南三省,如海南的三亚湾、凌水湾;广东的大亚湾、湛江港;广西的钦州湾、防城港等(中国百科大全书•中国地理)。

2.4.1.2 河口生态系统

河口区是河流与海洋的结合地带,是海岸带的重要组成部分,联系陆地河流与海洋两大生态系统的交汇地带。它是一个半封闭性质的水体,与海洋自由沟通,全流域的人类活动最终通过影响河口的水体特性影响着近海,最终影响海洋。按照动力条件和地形地貌的差异,可以将河口分为近口段、河口段和口外海滨。该区最基本的环境特征是潮汐的影响和咸淡水的汇合,正是这两点导致了河口生态系统与其他生态系统的显著差异:盐度方面受咸淡水交汇的影响,盐度范围广,且受控于入海径流的季节性变化和潮汐的变化,同时盐度存在着明显的周期性的变化;温度方面,受入海径流的影响,季节性的温差变化较周围海域明显,冬冷夏暖;在营养盐方面,除了有来自地表径流的营养盐补充,其自身还具有拦截营养盐的河口过滤器效应和生物机制,使得在河口远岸处形成生物繁殖的良好营养环境。同时,由于河口特殊的环境,河口生物具有较高的盐度适应性、温度适应性和耐低氧等特征,形成了特殊的相对稳定的系统。

我国河流众多,其中黄河、长江、珠江是最重要的三大河口,这三条河流,长度长,流域面积宽广(占我国陆地面积31%),径流量大,结合各自的河口地区的海洋环境、海洋动力、地形地貌等特征,形成了独特的生态系统。除这三大河流以外,还有一些较大的河流,在沿海地区形成了十分有特色的生态系统,较大的有渤海海域的辽河口、滦河口;北黄海的鸭绿江河口;南海海域的北沦河口、韩江河口;东海沿岸有较多的河流入海,著名的河口有浙闽沿岸的钱塘江口、瓯江河口、椒江河口、闽江河口、九龙江河口,以及台湾西岸的淡水河口、浊水溪河口等(金元欢等,1988)。

2.4.1.3 滨海湿地生态系统

滨海湿地是指地表过湿或常年积水,覆盖湿地植物的地区,是水陆相互作用形成的特殊生态体系。滨海湿地生物多样性丰富、生产力高,即有庞大的水文、营养盐循环功能,又具有巨大的食物网和多样性的生物,在调节气候、涵养水源、调节洪水、促淤造陆、净化环境、维持生物多样性等方面均起着重要的作用,被称为地球之肾,是海洋生态系统的重要组成部分。湿地一般分布在潮间带和河口三角洲地区,盐度、水分变化显著,其特殊的地形及植被使其能有效地缓冲潮浪的冲击力,对海岸带有良好的保护作用。

我国滨海湿地类型众多,有浅海水域、潮滩(包括潮间带基岩海滩、沙石海滩和淤泥质海滩)、盐水沼泽、河口、泻湖和三角洲湿地等。湿地主要分布在滨海和河口区域,我国滨海湿地除辽东半岛部分地区为基岩性海滩,其他地区多为砂质或淤泥质海滩,该生态系统植物生长茂盛,为鸟类繁殖提供了良好的栖息地,无脊椎动物特别丰富,鱼类较多,为鸟类提供丰富的食物来源,因此许多沿海湿地都成了水禽的过境或繁殖地。我国环渤海的重要湿地有黄河三角洲、辽河三角洲、莱州湾湿地、秦皇岛-唐山滨海湿地以及北-南大港湿地等。黄海沿岸湿地大部分为盐沼湿地,主要分布在辽东半岛东侧、山东半岛东南侧以及苏北沿岸,如鸭绿江口湿地、大连湾湿地、日照滨海湿地、盐城滨海湿地等。随着海岸带经济的发展,我国湿地生态系统也面临了较大的环境压力,主要包括湿地面积的丧失、环境质量的下降以及生物多样性的丧失等方面的威胁。

2.4.1.4 浅海生态系统

浅海生态系统是指低于海滨低潮滩潮下带,至200m等深线大陆架边缘之间的海域的生态系统。因此,我国渤海、黄海、东海三大海域,除海湾、河口、滨海湿地生态系统外的所有空间,均属于浅海生态系统。由于地形的差异,三大浅海生态系统各有特色。

渤海是我国内海,平均水深仅18m,最大水深85m,20m以内浅海域占全海域面积一半以上。由于本海域为近似封闭浅海,其水文条件受陆地影响明显:一方面,环渤海诸河带来大量泥沙,改变海底地形地貌;另一方面,表层水温受大陆影响季节变化显著,冬冷夏热,冬季普遍结冰。从生态角度看,渤海实际上是附属于黄海的大型浅水海湾,影响本海域的主要海流是黄海暖流,黄海暖流进入渤海向西流动分为南北两支,南支进入渤海湾,与黄河冲淡水混合,形成逆时针流,北支与辽河冲淡水混合,形成顺时针流。本区浮游植物以硅藻甲藻为主,生态类型为温带近岸型(孙军等,2002),浮游动物以近岸广温种为主,有少量暖水性种类(毕洪生等,2000)。在中东部及渤海海峡区域小型底栖生物种类较多,以海洋线虫为主,桡足类为辅(慕方红等,2001);大型底栖生物种类以甲壳类最多,生物量以棘皮类最多,集中在水深较浅区域和渤海海峡口等地(韩洁等2001)。

黄海属于陆架边缘海,以山东半岛成山角至朝鲜长山丰之间的连线为界,分为南北两部分,影响本海域的海流以沿岸流系统和黄海暖流为主。其中沿岸流包括黄海北岸沿岸流、鲁北沿岸流和苏北沿岸流。鲁北沿岸流源自莱州湾,流入南黄海,苏北沿岸流源自苏北沿岸水,黄海暖流为风成补偿流,冬季势力强,夏季弱,是季节性暖流。黄海浮游植物以广温近岸种硅藻为主,代表种为中肋骨条藻;浮游动物季节性变化明显,以寒温带低盐种、暖水种和热带种交替分布,板块性明显。底栖动物以软体动物门为主,其次为多毛类,大多属于广温低盐种,且春季生物量最大。

东海面积广阔,为开放性边缘海,本海域内水动力复杂,除了沿岸有长江、钱塘江、闽江等河流注入外,还有强盛的黑潮过境,形成了浙闽沿岸流、黄海沿岸流、台湾暖流、对马暖流、黑潮、南海高温高盐水等混合交汇的复杂局面。近岸海域水质肥沃,饵料丰富,为不同类型生物提供了良好的生存空间,舟山、吕泗、大沙、闽东等渔场分布,是我国海洋渔业重要的产地;在水深大于150m的海域,远离大陆,受大洋水影响,透明度大,生物种类贫乏,种群密度低。

2.4.1.5　深海生态系统

深海区涵盖范围包括大陆架以外的整个大洋水体,环境相对稳定。就我国而言,仅南海具有深海生态系统,与渤海、黄海、东海显著不同,南海有宽广的陆坡和海盆区,平均水深1212m,最大水深5559m。南海有半封闭的特征,北太平洋水是进入南海的主要大洋水来源,整个南海深海系统受到了沿岸流体系、南海暖流、中尺度涡流、黑潮分支等海流的影响,这些海流通过水动力和水化学等因素影响了整个南海深海系统的生物种群结构和数量。南海深海系统中细菌次级生产过程是基础营养阶段碳循环不可缺少的环节,细菌生产力占水柱初级生产力的比值明显高于浅海生态系统。本系统中浮游植物属于热带生物区系,以亚热带、热带性为主,四季保持高盐高温性质,群落结构稳定,以硅藻为主,甲藻次之,其中甲藻的多样性明显高于我国其他海域,南部甲藻种类数量甚至接近于硅藻(孙军等,2007;李涛等,2010)。浮游动物组成以桡足类为优势种,另外磷虾类丰富,特别是在中部深水区,本区季节变化不受温度因素控制,而是与季节性水动力水化学有关。深海底栖生物以多毛类为主,主要由热带、亚热带暖水种和热带广温种构成。本区有较多深海鱼类,种类繁多,且生态类群显示多样性特点,主要种群包括陆架浅水鱼类、深海鱼类和珊瑚礁鱼类(钟智辉等,2005)。

2.4.2 我国海域生态环境研究进展

我国海域面临着严重的生态环境污染问题,包含了富营养化、陆源污染物入海、渔业开发过度、大规模人工建设、全球环境变化等若干方面。对这些方面,我国学者做了较多的研究。

2.4.2.1 海域富营养化研究进展

海域富营养化主要是指在流域及沿海人类活动影响下,大量营养盐以河流汇入和沿海水产养殖等形式入海。过量营养盐的输入,改变了海水中的营养盐浓度和结构,导致海域生态系统正常的结构和功能发生变化,使海域生态系统服务功能和价值受到损害。随着我国大河流域和海岸带入口的聚集以及人类生产生活方式的转变,我国营养盐入海的通量逐年增加。

我国海域面临的富营养化问题,在空间分布和结构上,主要特点是:(1)营养盐超标海域面积广。自2000年以来,我国近海未达到清洁海域水质标准的面积均超过13万 km²,约占我国近岸海域(水深10m以内)面积的一半,2010年污染最严重(统计2000—2010年资料),水质为三类或劣三类水质的海域总面积达10.7万 km²,其中污染最重的劣四类水质面积达到4.8万 km²,超过此前历年平均值50%以上。我国近海水质超标的主要指标是溶解无机氮和活性磷酸盐(中国海洋发展报告2012)。(2)重污染区域中,我国海域中河口和海湾区域营养盐污染最为严重。辽东湾、渤海湾、莱州湾、长江口、杭州湾以及珠江口都是营养盐污染问题严重的海域。(3)我国近岸海域营养盐超标又以溶解无机氮超标最为严重。大多数沿海省份近岸海域海水中的溶解无机氮平均浓度均超过国家一类海水水质标准,其中上海和浙江两省市尤为严重,该区域近岸海域溶解无机氮平均浓度连年超过四类海水水质标准(中国海洋环境质量公报,2001—2009),这与长江流域过量氮输入与浙江沿海海岛水产养殖业有密切联系。

近年来,我国近海的营养盐超标问题还呈现出了不断加剧的趋势,具体表现在:(1)营养盐超标海域范围扩展。溶解无机氮超第三类海水水质标准的区域除长江口和珠江口邻近海域外,还包括了渤海湾、辽东湾、莱州湾、江苏沿岸和厦门近岸海域。(2)海水中营养盐浓度和组成发生显著变化。海水中溶解无机氮年平均浓度明显上升,氮磷比和氮硅比不断升高(Shan et al.,2000;Zhang et al.,2004;Lin et al.,2005)。其中,长江口及其邻近海域的营养盐变化趋势最为显著(Wang,2006;Zhou et al.,2008)。近40年以来,长江口硝酸盐和活性磷酸盐的浓度都有上升,其中硝酸盐浓度由11μmol上升到97μmol,活性磷酸盐浓度由0.4μmol上升到0.95μmol。20世纪80年代,在长江口及其邻近海域,海水硝酸盐浓度超过国家一类海水水质标准的海域面积为0.59万km²;本世纪初,硝酸盐浓度超过国家一类海水水质标准的海域面积达到了1.3万km²。海水中硝酸盐的浓度增加显著,磷酸盐浓度增加程度不明显,使得水体营养盐结构发生变化,氮磷比大幅升高,其比值从30增加到100。

海域营养盐增加和结构的变化直接导致的生态环境问题主要是赤潮的增加和水体溶解氧的降低,除此以外,渔业资源衰退等生态环境问题也在一定程度上受到近海富营养化的影响。就我国海域而言,从20世纪70年代至今,我国近海的赤潮发生频率不断提高,赤潮发生次数以每十年约增加3倍的速率上升(Zhou et al., 2001),至2010年,共观测到赤潮69次,累积面积10892km²,与营养盐超标对应,东海赤潮规模最大,共出现39次,累计面积6374km²(中国海洋发展报告,2012),在富营养化最为严重的长江口及其邻近海域尤为明显,该区20世纪70年代有记录的赤潮事件共2次,80年代有8次,90年代共发生33次,以1993年最为频繁,该年口外海域共发生13次,不过面积均小于50km²,2000—2009年,共记录126次赤潮的爆发(刘录三等,2011)。同时,由亚历山大藻、凯伦藻、裸甲藻、东海原甲藻等有毒、有害甲藻所形成的有害赤潮不断出现,其分布区域、规模和危害效应也在不断扩大(Wang,2006)。2005年浙江沿海的米氏凯伦藻赤潮导致大量网箱养殖鱼类的死亡,造成了数千万元的损失;2008年,特大规模浒苔绿潮在黄海海域出现,影响海域面积近3万km²,总生物量约数百万吨,直接经济损失达13亿元。同时,日渐增多的有毒赤潮所产生的藻毒素加剧了贝类等水产品的污染问题,对人类健康和养殖业的持续发展构成了潜在的威胁。海水富营养化的另一表现是水体溶解氧的缺失,以长江口邻近海域为例,其底层水体缺氧问题也出现了加剧的迹象。20世纪90年代后,该区域夏季缺氧区出现的可能性提高到90%,并且多次观测到大范围的缺氧区(Wei et al.,2007;Wang,2009;李道季,等2002)。

在近海富营养化驱动下,我国近海生态系统正处于演变的关键时期。可以预见,在我国当前经济高速发展、城市化水平不断提高和能源消耗不断增长的模式下,近海富营养化问题在未来一段时间内仍会不断加剧,并仍将是一个突出的海洋环境问题。未来有害赤潮和水体缺氧等灾害性生态问题将更加突出,这将对我国近海生态系统健康和资源可持续利用构成更为严重的威胁。

2.4.2.2　陆源污染研究进展

影响我国海域生态环境的主要污染指标,都是陆源人类生产生活过程中产生的,其中陆源营养盐我国近岸海域的贡献占70%以上(Chen et al.,2008)是导致我国近岸赤潮灾害频发的主要原因之一。陆源污染物进入海洋,直接导致海洋水体、沉积物和生物质量下降,已严重影响了海洋生态环境质量,成为中国海洋环境恶化的关键因素。以海洋渔业为例,历年因污染造成的损失平均达其总产值的2.3%(中国渔业生态环境状况公报,2001—2010);海洋污染还造成重要生境退化、生物多样性减少和生态系统提供服务的功能丧失等更多难以量化的经济损失。

入海主要方式包括河流携带、污染口直接排放和大气沉降等。

我国流域人类经济活动活跃,在生产生活中产生大量的污染物,由河口直接入海,河流排污成为我国海域污染物的主要来源。至2013年,全国入海主要72条河流中,超过半数入海时水质为劣五类地表水,主要超标污染物为总磷、化学需氧量、氨氮和石油类。各主要大河入海污染物成分差异较大,总体上看,长江、珠江入海污染物超标严重,尤以长江污染最为严重,2005—2013年间,长江年平均入海化学需氧量、总磷、各形态氮、石油类、重金属等均超过全国河流入海污染物的50%以上,且年际变化大,除化学需氧量总体稳定外,其他指标均在波动中上升;珠江入海污染物也较为严重,但自2005年以来各主要指标均呈波动中稳定或下降的趋势(中国海洋环境质量/状况公报,2005—2013)。河流入海污染物在流域内来源可分为城市生活污水、工业废水等为代表的点源污染,和以农业化肥、畜牧业以及降水为代表的面源污染。近年来,随着点源污染治理取得成效,通过河流输入到海洋的陆源污染中,面源污染尤其是化肥施用所占的比重越来越大。全国第一次污染源普查结果表明,全国农业污染源2007年排放的化学需氧量是工业源排放量的两倍以上,来源于农业、农村的污染物通过径流输送,更影响到下游沿海地区水质和海洋环境。因此,农业污染源已经成为我国陆地和海洋水污染控制的突出问题,流域农村环境问题的治理已经刻不容缓。

入海排污口带来的污染物也不容小觑,国家海洋局每年对我国海岸通过入海排污口的废水进行主要环境指标及其周围海域的海水质量进行监测。至2013年全国实施监测的陆源入海排污口共431个,其中工业排污口占34%,市政排污口占38%,排污河占23%,其他类排污口占5%,入海排污口的主要污染物为总磷、悬浮物、化学需氧量、和氨氮。入海排污口周围海水质量总体较差,80%以上无法满足所在海域海洋功能区的环境保护要求,超标排放问题严重,大部分排污口附近海域为劣四类海水,主要超标污染指标为无机氮、活性磷酸盐、石油类和化学需氧量,个别海域重金属、粪大肠菌群超标(中国海洋环境状况公报,2013)。

除上述两大陆源污染物以外,大气沉降分为干沉降和湿沉降两类,是营养物质和重金属向海洋输送的重要途径之一。尤其是在人类活动影响较大的近岸海区,大量的营养盐(特别是氮)随大气输入海洋,会对浮游植物生长和组成产生重要影响,甚至会引发赤潮。Zhang(1999)研究表明,大气沉降是陆地溶解无机氮输入到黄海西部地区的主要途径,黄海海域由大气沉降输入海洋的氨氮甚至超过了沿海各河流的输入总量(Chung et al.,1998)。目前我国的气溶胶和降水的常规性监测主要集中于部分城市和地区,对海洋大气沉降还处于研究阶段,缺乏长时间大范围的常规性监测。2009年,国家海洋局在大连海域、青岛海域、长江口海域和珠江口海域四个重点海域开展大气污染物沉降入海量监测。评价结果表明,2002—2009年期间,长江口海域大气中铜、铅和总悬浮颗粒物的沉降通量、珠江口海域大气中铜的沉降通量均呈上升趋势,其他海域大气中重金属沉降通量无明显变化或呈下降趋势(国家海洋局,2010)。

到2020年,中国国内生产总值将比2000年翻两番,预计各类陆源污染物的产量是2000年的2倍以上,而沿海地区污染物源的增长将高于全国平均增幅水平,在未来给我国近岸海域的生态环境带来巨大的压力。

2.4.2.3　工程建设对海洋生态环境影响研究进展

(1)我国围海造陆历史特点及现状

作为向海洋拓展生存和发展空间的重要手段,自新中国成立至今我国沿海已经历了四次围海造田的热潮。第一次始于建国初期,目的是围海晒盐,主要范围从辽东半岛到海南岛我国沿海12个省、市、自治区均有分布。该阶段的主要以顺岸围割为主,围海造陆的环境效应主要表现在加速了岸滩的促淤。第二次大规模的围海造陆始于20世纪60年代中期,至70年代,主要目的是围垦海涂,扩展农业用地。这一时期各地围海面积均较大,如汕头港至1978年已围垦总面积58km²;福建省约2000km²;上海市也有333km²(中国围海工程,2000)。这一阶段也以顺岸围割为主,但围垦的方向已从单一的高潮带滩涂扩展到中低潮滩,同时农业利用也趋向于综合化,对环境的影响主要表现在大面积的近岸滩涂消失。第三次大规模的围海造陆是发生在20世纪80年代中后期到90年代初,这一阶段围垦目的是滩涂养殖,围海的区域主要发生在低潮滩和近岸海域。由于围海养殖需投入大量饲料,营养物质等,这一阶段的人工养殖使得附近水体富营养化出现,海域生态环境问题开始突出,我国近海赤潮大规模的爆发也始于这一阶段。这三个阶段我国沿海各省市共围海造陆1.2万km²,超过现有滩涂面积的一半以上。

进入21世纪,随着我国经济快速持续增长,特别是第二次工业化浪潮和土地紧缩情势下,我国正掀起第四轮大规模的围海造陆。这次热潮波及的区域更大,北至辽宁,南到广西,我国东、南部沿海省市均在积极推行围填海工程,如天津港的围海造陆工程计划分期造陆50km²,大连长兴岛的围海造陆已成陆30km²等,甚至此次热潮中一些县、乡一级行政区也进行了各式的小规模围海造陆工程。这一阶段我国围填海总面积约5000km²,平均每年新增围填海面积285km²(付元宾等,2010)。不仅如此,预计随着新一轮沿海开放战略的实施,到2020年我国沿海地区发展还有超过5000km²的围填海需求,这将给沿海生态环境带来更为严峻的影响。

目前我国的围填海呈现出如下特点:①围填海的利用方式从过去的围海晒盐、农业围垦、围海养殖转向了目前的港口、临港工业和城镇建设,围填海所发挥的经济效益在逐渐提高;②围填海规模持续扩大,速度不断加快且需求逐渐增加。1990—2008年,平均每年新增围填海面积285km²,2009—2020年的围填海需求甚至平均在每年500km²以上;③围填海集中于沿海大中城市临近的海湾和河口,对生态环境影响大。

(2)我国围海造陆对海域生态环境影响的研究进展

大规模填海造地对我国海洋生态环境造成了巨大损害,主要表现在近岸海域生态系统破坏,渔业资源枯竭和环境污染加剧等方面。

①围海造陆对近岸生态系统的影响主要是指对滨海湿地、红树林、珊瑚礁、河口、海湾等,大规模围填海活动致使这些重要的近岸生态系统严重退化,生物多样性降低。近年来的围海造陆工程使我国滨海湿地面积锐减,生态服务价值大幅降低,40年以来,我国红树林面积由483km²锐减到151km²(刘伟等,2008)。此外,海岸带系统尤其是滨海湿地系统在防潮削波、蓄洪排涝等方面起着至关重要的作用,是内陆地区良好的屏障,大规模的围填海工程可以改变原始岸滩地形地貌,破坏滨海湿地系统,湿地面积减少使湿地调节径流的功能大大下降,削弱了海岸带的防灾减灾能力,使海洋灾害破坏程度加剧。

近岸生态系统的破坏导致了沿海生物种群的锐减。其中包括鸟类栖息地和觅食地消失和底栖生物多样性的降低。如自1988以来，深圳围填海占用了大批红树林，使得栖息鸟类种类由87种锐减至1998年的47种（徐友根等，2002）。又如上海崇明东滩经过了多次围垦，使滩涂面积不断缩小，湿地鸟类的生活空间大部分被围占，食源大量丧失，与1990年相比，2001年东杓鹬，斑赤足鹬和蒙古沙鸻的数量明显减少，1986—1989年冬季，小天鹅每年迁来越冬的数量在3000～3500只之间，而2000—2001年冬季仅发现51只小天鹅（Ma等，2002）。围填海工程，海洋取土、吹填、掩埋等造成相应海域沉积环境、水动力等条件的改变，造成了底栖生物生存条件剧变，导致了其数量上减少，群落结构改变，生物多样性降低。如1998年开建的长江口深水航道治理造成2002年5—6月底栖生物种类比1982—1983年减少87.6%，平均密度下降65.9%，生物量下降了76.5%。2002—2004年在长江口新建的南北导堤投放了共15t底栖生物进行修复实验，底栖生物的种类、总生物量和总栖息密度虽然得到提高，群落结构却已经发生改变，从以甲壳类为主演变为软体类为主（沈新强等，2006）。胶州湾由于围海造地工程的影响，河口附近潮间带生物种类从20世纪60年代的154种减少至80年代的17种，原有的14种优势种仅剩下一种，而胶州湾东岸的贝类己几近灭绝（刘洪滨等，2008）。

②围海造陆造成了近岸渔业资源的衰竭。近岸海域是海洋生物栖息、繁衍的重要场所，大规模的围填海工程改变了水文特征，影响了鱼类的洄游规律，同时大型围填海工程施工时造成的高浓度悬浮颗粒扩散场会对相当大范围内的鱼卵、幼鱼造成伤害。鱼类产卵场的破坏使很多鱼类生存的关键生态环境遭到破坏，鱼类资源难以补充，对渔业资源的可持续发展极为不利。例如，舟山群岛是我国的四大渔场之一，近年来渔业资源急剧衰退，大面积的围填海是其原因之一。辽宁省庄河市蛤蜊岛附近海域生物资源丰富，素有"中华蚬库"之称，但连岛大堤的修建彻底破坏了海岛生态系统，由此引发的淤积造成生物资源严重退化。福建沿岸很多小型海湾河口，都是大黄鱼、蓝点马鲛、香鱼等鱼类的主要产卵场，滩涂筑堤围垦后，这些港湾、滩涂变为陆地，港湾水文和滩涂底质状况改变，导致这些产卵场、渔场和仔稚鱼育肥场被破坏，渔业资源难以恢复（周沿海，2004）。

③围海造陆导致海洋环境污染加剧。大规模的围填海工程不仅直接造成大量的工程垃圾入海，加剧海洋污染，而且大规模的围填海工程使海岸线发生变化，海岸水动力系统和环境容量发生急剧变化，大大减弱了海洋的环境承载力，减少了海洋环境容量。近年来厦门西港海域赤潮频发，仅2000—2002年间厦门周边的厦门西港和同安湾海域就发生了8次赤潮，造成了巨大的经济损失；香港维多利亚港海域填海活动造成污染物积累，加重了海洋环境污染，破坏

了有价值的自然生态环境,2004年9月期间更是由于填海挖泥在1周之内引发
5次赤潮,海洋环境进一步恶化(刘伟等,2008)。填海造陆还加大了新增土地的
地面沉降风险,加重海岸侵蚀,削弱海岸防灾减灾能力,海洋灾害损失加剧。

此外,海洋和滨海湿地在全球碳循环中起着重大作用,填海造地侵占大
面积近海海域,将湿地围垦转化为农田、城市或工业等其他用途,导致了原有
湿地的碳库作用减弱,造成碳储存的损失,使近岸系统由碳汇转变为碳源。同
时围海造田导致人工景观取代自然景观,很多有价值的海岸景观资源和海岛
资源在围填海过程中被破坏,并导致生态环境脆弱性加强。韩振华(2010)对
辽宁省、山东莱州湾等地区的研究,观察到由于人类活动干扰强烈,滨海湿地
总面积萎缩、湿地斑块数量减少、湿地景观多样性和均匀度指数下降,景观破
碎化指数增高。

(3)流域大型水利工程对河口生态环境影响的研究进展

中国大型水利工程数量高居世界第一,世界坝高15m以上的大型水库50%
以上在我国,绝大部分分布在长江和黄河流域(贾金生等,2004)。我国南多北
少的水资源分布特征造成了我国南北大型水利工程对入海物质影响的差异。
北方水利工程的拦水效应导致了北方河流入海径流量下降了90%以上(戴仕宝
等,2007);除了北方入海径流的影响外,就全国范围而言,水利工程导致河流入
海泥沙的锐减,其中8条主要大河年均入海泥沙通量从20世纪70年代的约20
亿t减至21世纪初的约4亿t。例如曾是世界第一泥沙大河的黄河入海泥沙减
少了87%;辽河、海河和滦河入海泥沙量几乎为零;长江减少了67%(戴仕宝等,
2007;刘成等,2007;杨作升等,2008)。

流域入海泥沙通量的减少直接导致河口三角洲侵蚀后退,土地与滨海湿地
资源减少。黄河三角洲在20世纪80年代前是世界最快造陆地区,年均造陆面
积达23km²,至上世纪末已经转变为年均蚀退1.5km²;长江河口水下三角洲与部
分潮滩湿地也已出现明显蚀退(Yang et al.,2006;李鹏等,2007)。除此直接
影响外,流域建坝拦沙对河口及近海生态环境产生显著的负面效应,主要表现
在,流域入海水沙的变化,导致了河口环境的改变,如河口过滤器效应的削弱、
咸潮入侵的加剧等,这些问题导致了河口与近海的一系列生态环境的恶化,如
浮游生物组成及种群结构改变、生物多样性降低及初级生产力下降、有毒赤潮
种类增加、鱼虾产卵场和孵化场的衰退或消失等。随着今后流域大型水利工程
的持续增加,例如长江流域已计划在上游大量建坝,未来将新建50座库容超过
0.1km³的水库,新增库容约120km³(Li et al.,2007)。未来大量建坝对河口生
态环境的负面效应将进一步凸显。

2.4.2.4　过度捕捞对我国海域环境影响研究进展

我国海域有着丰富的渔业资源,据估算,我国海域的海洋渔业资源最适年可捕量为280万~330万t,其中黄、渤海域为55万~65万t,东海海域为140万~170万t,南海海域为100万~120万t(程庆贤等,1991)。实际上,全国海域的总捕捞量在1979年就已经达到308万t,远远超过各海域合适捕捞量,至1999年已经增长到了1203万t,在20年内增长了近4倍,尤其是1988年(505万t)到1999年之间的快速增长,年平均增长率达到8%;1999年起,出于对渔业可持续性发展的考虑,农业部推出海洋捕捞量零增长的政策,使得2000年以后我国渔业捕捞出现了负增长的局面(年均−1.43%)。尽管如此,2011年我国海域捕捞量仍达到1242万t,远远超过最适捕捞量(中国渔业统计年鉴,1990—2012),过度捕捞使我国近海渔业资源呈现全面崩溃的趋势,使我国海洋生态环境面临着严重的问题。

过度捕捞使我国海域的渔获物组成和种群生态渐趋恶化,例如,我国海域的鱼群分布密度已经比50年代降低了80%,主要经济鱼类趋于低龄早熟化及个体小型化(如小黄鱼体长由70年代20厘米下降至目前10厘米左右),未成熟幼鱼和产卵前亲鱼被过度捕捞,导致生长型和补充型鱼类捕捞过度(张波等,2004;金显仕等,2005)。总之,我国各个海区的沿岸和近海的底层、近底层传统经济鱼类资源因捕捞过度而造成资源严重衰退甚至濒临枯竭的境地,各海区原有的食物链遭到破坏,这样就为低食级鱼类的大量繁衍创造了良好的生态环境,使水产资源结构向低质鱼转化。生命周期短,食性级低,生殖力强的低质鱼、虾类及头足类的资源量相应上升,渔业资源的群聚结构发生了显著的变化,导致海洋生态环境效益、经济效益乃至社会效益均呈下降趋势(金显仕等,2000;唐启升,2006)。另外,海洋捕捞活动中的垃圾、污水对海洋环境也造成一定的损害。

同时,海水养殖的发展也对近海的生态环境产生一定影响,主要表现在三个方面:一、我国水产养殖鱼虾类等投饵性种类的养殖虽在海水养殖产量仅占10%左右的比例(中国渔业统计年鉴,2009),但却是海水养殖污染的主要来源,大量的营养盐因此直接排放入海,给邻近海域生态环境带来了极大的压力。二、在以小杂鱼或鱼粉为主要饵料的养殖过程中,大量的排泄物和残饵致使水体中氮、磷等营养要素和有机物含量明显增加(崔毅等,2005),也促进了海域的富营养化。三、规模化养殖对沿岸潮间带生态系统构成很大的压力,引起滩涂湿地、海草床或珊瑚礁等生境的改变,直接破坏了渔业生物的产卵场和栖息地,进一步影响渔业资源的再生能力。

2.4.2.5 全球环境变化对我国海域环境影响研究进展

据IPCC2007年气候变化综合报告,全球变化对海洋生态环境产生了众多影响,其中海平面上升、水温升高以及海洋酸化是为已知气候变化对海洋环境发生变化的重要驱动因素。上述影响将对海洋生态系统的健康和人文社会的可持续发展产生深远的作用。在海岸带与近海地区,由于其特殊的地理环境和与人类活动的重要关联,气候变化产生的后果可能会被放大。过去的数十年以来,气候变化引发的海平面上升、海洋酸化等因素对人类的可持续发展构成威胁,而未来全球的气候很可能继续变暖,由此导致的影响会更加严重。

1980—2013年间,我国沿海地区的海平面总体上呈波动上升的特点,平均上升速率为2.9mm/年,高于全球海平面的平均上升速率。其中,在1985年以前平均上升速率为1.6mm/年,1992年以前平均上升速率为2.1mm/年,说明近几十年来中国沿岸相对海面上升速率有加快倾向(中国海平面公报,2000—2013)。根据预测,在未来的30年中,我国沿海地区海平面的平均升高幅度约为80～130mm(中国海平面公报,2010),其中长江三角洲、珠江三角洲、黄河三角洲、京津地区的沿岸等将是受海平面上升影响的主要脆弱区。影响我国海平面的主要因素有温室效应、地壳垂直形变和地质沉降、厄尔尼诺、黑潮大弯曲以及河流入海径流量等。

海平面上升作为一种缓发性海洋灾害,其长期的累积效应将对我国东部地区产生重要影响,特别是辽东湾、渤海湾、黄河三角洲、珠江三角洲等地区,一方面社会经济发达,另一方面地势低洼,是对海平面上升反映最敏感的脆弱地区,海平面变化产生的环境影响与灾害效应,对城市发展、港口建设、资源开发造成严重危害。如台风和风暴潮灾害不断加剧;河口和沿海平原积洪滞涝,洪涝灾害加重;潮水沿江河上溯范围扩大,加剧咸水扩侵;滨海潮滩湿地减少,生态环境改变,危害养殖业;海岸侵蚀活动加剧;城镇、企业排污系统效能降低,或完全失效等。海平面上升对近岸生态系统最直接的影响是滨海盐沼湿地和热带珊瑚礁、红树林等生境的大面积丧失。此外,海平面上升的长期变化趋势将使中国东部的重要经济发达地区逐渐成为沿海的低地,发展空间变小,受来自于海洋和陆地的自然灾害的影响程度增加。

近几十年来对中国各海区海温的观测结果表明,我国各海域海温总体呈上升趋势,20世纪80年代以后增暖明显,90年代至今最暖。渤海、黄海、东海年平均和1月海温、东海7月海温变化基本呈阶梯型,20世纪初至30年代冷、50年代较暖、60年代略有下降、80年代上升;7月渤海、黄海海温呈2波型,20世纪第一个10年和80年代冷,30—50年代和90年代暖;南海20世纪初至70年代海温变化不显著。除东海年平均海温外,各海区年、季海温均具有2～4年的显著变化周期和准7年的变化周期(张秀芝等,2005)。

海水表层温度的上升对中国近海生态系统产生的重要影响,包括重要生物资源(例如:鱼类的栖息地)的分布范围改变、红树林人工栽培范围北扩和热带海域珊瑚白化等现象。中国近海鱼类的分布有明显的地理分带性特征,海水的温度升高将导致海洋生物的地理分布和物种组成格局发生改变,也会引起海洋生态系统的功能和提供的服务发生改变,同时又会通过社会与经济关系以及食物链等途径影响到人类社会本身。

工业革命以来,人类活动产生的巨量CO_2进入大气层,人类现在一年中产生释放的碳量约为71亿t,不仅产生严重的温室效应,也使得全球海洋出现酸化现象,其中人类释放的CO_2约25~30%(约20亿t)被海洋吸收。在过去200年里,海洋从大气中吸收的CO_2约有5250亿t。海洋中氢离子浓度在最近200年里已经上升了30%,21世纪内将再增加3倍,到22世纪海洋将处于极端酸性环境(Riebesell,2004)。

随着大气中CO_2浓度的不断升高,其对海洋酸化的影响也越来越明显。首先,海洋酸化会对石灰化过程产生影响,受石灰化过程影响的海洋生物包括珊瑚虫、软体动物、棘皮动物、有孔虫类和含钙的藻类等。例如,海洋酸化将致使我国珊瑚的生态景观及经济价值降低,进而严重影响珊瑚礁的资源分布、食物产出和旅游产业。此外,贝类及虾、蟹类这些生物的代谢过程与生活史也易受海洋酸化的影响。另一方面,海洋酸化对海洋生物具有潜在的毒性作用。比如,一些鱼类会因为体液中碳酸增加而导致死亡,研究表明,提高CO_2浓度,将导致日本琥珀鱼和褐牙鲆的死亡率上升(Ishimatsu et al.,2004)。海洋pH值下降0.5或更多,海胆体内的酸基平衡将被干扰,导致海胆的死亡。头足类生物(如鱿鱼)特别容易受海洋中CO_2浓度上升的影响,因为它们的血液需要非常高浓度的氧气以补充游泳时耗费的能量,当pH值下降0.25的情况下氧容量将减少50%,过低的pH值将降低这些物种的供氧能力(陈清华等,2009)。

东部沿海是我国人口稠密、经济活动最为活跃的地区。其中,长江三角洲、珠江三角洲、环渤海地区已成为三大都市经济区;沿海地区是中国的基础产业聚集区,沿海重点经济发展区域是我国经济发展的重要引擎。沿海地区也是受气候变化影响的脆弱区,在未来由海平面上升、水温升高和海洋酸化等引发的各种海洋灾害的频率及强度将会有不同程度加剧的情况下,应对气候变化所带来的影响,事关我国经济发展和人民群众的切身利益。

2.4.3　我国海域生态环境管理进展

2.4.3.1　海洋管理现状

自20世纪50年代以来,我国的海洋管理工作经历了重大的发展与变革。我国的海洋管理体制经历了从行业性管理到行业管理加海洋环境复合管理,再向到海洋综合管理过渡的发展历程。尤其是20世纪70年代末起,我国实行了改革开放,随着对外贸易的逐渐增多和国家整个经济的发展,自80年代以来,我国逐步开始了海洋方面立法,相关法律法规和政策陆续出台,在一定程度上改变了海洋制度建设薄弱的问题。我国已经加入和签署的国际海洋公约,成为我国海洋法规法律体系的基础。根据国情我国制定了多个海洋法制体系的主要规章。一是海洋规章资源类法律,我国颁布的《中华人民共和国海域使用管理法》、《中华人民共和国渔业法》等,确立了海洋功能区划、海域权属管理、海域有偿使用、海洋资源利用等基本制度。在这一体系下,国家海洋局和各级地方政府实施海洋功能区划制度、海域权属制度和海域有偿使用制度,制定海岛保护规划,对海岛生态保护、无居民海岛权属、特殊用途海岛保护和监督检查;农业部和各级地方政府对海洋生物资源开发利用的系列法律制度实施管理。二是海洋环境保护类法律,《中华人民共和国海洋环境保护法》及其附属法规和规章,《海洋倾废管理条例》、《海洋石油勘探开发环境保护条例》、《海洋自然保护区管理办法》等。在这一法律体系下,环保部、国家海洋局及其他相关机构实施海洋环境管理,制定了一系列有关中国海洋生物多样性保护和生态环境保护的国家和地方专项规划,将海洋生态环境保护纳入国家和沿海地区社会经济发展规划中,提升了海洋生态环境管理效力。三是涉外海洋活动管理类法律,有《涉外海洋科学研究管理规定》、《铺设海底电缆管道管理规定》等。四是国家基本行政程序性法律,《中华人民共和国行政处罚条例》、《海洋行政处罚实施办法》等(王琪等,2002)。

在涉海法律体系建设的同时,我国各涉海管理部门经过几十年的演变,逐步形成了以海洋综合管理与分部门、分行业管理相结合的分散管理体制形式。目前,国家海洋局是管理海洋事务的直属职能部门,代表国家对全国海域实施管理。同时由于海洋开发利用涉及多个部门,因此,行业管理一直作为我国海洋管理制度中的一个重要组成部分,发挥着重要的作用。《中国海洋21世纪议程》中指出:"综合管理与行业管理有相辅相成的作用,都是海洋管理体系不可缺少的组成部分,而且不能互相代替。"目前我国的主要涉海行业管理部门包括:渔业、矿产、交通、海事、环保、外交、科研等部门及各沿海省市地方政府,行业化的海洋管理,对于组织海洋特定资源的勘探和开发利用活动、提高专业管理的水平,有积极意义(中国海洋21世纪议程,1996)。

2.4.3.2　海洋管理问题

我国的海洋综合管理制度建设还很落后,存在诸多问题。首先,海洋法律体系不健全,在海洋的基本法律还处于空白,一些海洋领域如海岸带还没有立法,一些法律、法规也缺乏相应的配套细则,同时现行的有关法律法规都是针对单项海洋资源的开发利用、保护和管理而制定的。这些单项法规过分强调所管理的某种海洋资源及其开发利用的重要性和特殊性,而对其他产业部门及其他海洋资源开发利用的利益和需要考虑不足,造成中国海洋管理的法律法规虽然多,但行业性突出,缺乏统筹,法出多门、政出多门,缺少统一的国家海洋政策。同时,我国海洋制度的有些规定虽然比较详尽,但因管理体制等原因,在落实过程中实际执行效果距离立法目标甚远。例如,我国很多海洋环境保护法律关注一般的原则而缺少必要的法律实施机制和程序,如监督、监测、报告、评估以及相应的惩罚措施等,使得环境法律和法规虽然制定但难以实施。

其次,我国的海洋管理法律和政策多为部门制定,部门利益突出,缺少综合统一性。目前我国的海洋管理是陆地各种资源开发与管理部门职能向海洋的延伸,而行政管理部门条块分割的管理体制将统一的海洋生态系统人为分解为不同领域由不同部门来监管,使得不同海洋自然资源或生态要素及其功能被分而治之,不能根据海洋生态系统的整体性进行综合管理。与此相对应,海洋资源利用与环境管理实行单项和部门管理,各部门如海洋、交通、农业、石油、旅游等职责平行,缺乏综合协调和联合执法的机制和手段,各部门之间的协调成为海洋管理的顽疾,致使跨行政区域、跨行政部门的海洋生态环境保护问题难以解决。

第三,缺乏包括流域和海洋的战略规划。虽然我国先后颁布实施了《中国海洋21世纪议程》、《全国海洋经济发展规划纲要》等具有海洋战略性质的文件,国家也不断加大对海洋调查和海洋管理的力度,但从整体上看,尚未对海洋的战略地位有清醒的认识,还没有把海洋事务纳入到国家发展战略、国家安全战略等国家层面的战略规划中。已经制定和实施的某些规划或战略仅是部门性的、区域性的或事务性的,有些只能称之为战略框架。

第四,缺乏信息共享机制。一方面是目前我国环境监督管理工作并不能完全满足环境保护的需求,监管水平仍有待提高,监管力度也有待加强。另一方面,在流域和近海地区有多个监管部门在监测海域环境质量,包括环保、海洋、水利、渔业、建设等部门。各个部门监测标准不一,得出的数据也不一样,甚至互相矛盾,各个部门的数据不能共享,矛盾的数据对正确管理决策的制定提出了挑战。监控机构的重叠和部门的分割导致了资源浪费并影响了决策的正确制定。

2.4.3.3 海洋管理的完善

(1)海洋法制体系的完善

目前我国虽然已制定了多部海洋法律、法规,并加入和签署了有关国际海洋公约和条例,但与发达国家相比,我国的海洋法律法规体系还存在诸多问题(见2.4.3.2)。海域各类问题有内在联系且密切相关,因此我国海洋法制建设有必要作为一个整体在立法中加以考虑,无论是从借鉴国外的环境立法实践出发、还是从海洋环境在国家社会、经济发展中的重要程度出发,我国都有必要制定一部高位阶的基本法来指导和统领单项海洋法律法规。

其次,健全公众参与制度。我国目前还没有公众参与的制度规定。公众参与环境管理是环境保护的需要,同时也是一个国家是否重视和保护公民权利的一个重要标志。公众出于对自身利益的权衡和对自我生存质量的关注,必然会积极的、主动的参与海洋环境保护相关的活动。另外,由于海洋环境问题的极其复杂,涉及多方面,仅仅依赖政府防治海洋环境问题也是低效、甚至无效的。海洋环境突发事件因其性质的特殊性,更需要公众的积极参与,以便突发事件的信息沟通更及时,应对工作更完善。

最后,加强海洋执法力度。我国目前海洋管理体制比较混乱,职责不清,执法队伍素质不高等因素造成了涉海法规难以完全实施的现状。为逐步缓解和进一步改善这一问题,首先,改革现有的国家海洋管理的体制,打破原有各部门各自为政的局面,在国家层面设立统率全国海洋管理工作,并且通过立法明确和细化海洋行政主管部门的职责。对现有各个涉海部门的执法、监测力量整合,强化执法力度,赋予更大的海洋行政执法权限。2013年7月,新的国家海洋局成立,将原国家海洋局及其中国海监、公安部边防海警、农业部中国渔政、海关总署海上缉私警察五个执法队伍和职责进行整合,由国土资源部管理,向统一管理我国海域迈出了重要的一步。职能统一之后,还需进一步加强海洋行政执法能力建设,才能应对未来复杂的海洋问题(齐从飞,2009)。

(2)海区功能制度健全

我国海域分布广,情况复杂,受不同洋流、气候、地形、沿岸径流等的影响形成了明显的地域差异。这种差异的存在,决定了不同海域所具有的功能也不同,因而其开发利用的价值也不相同。为充分了解不同海域自然条件的差异,合理地、因地制宜地利用海域资源,应对海洋环境尽快实施分类管理。

海域功能区划,一是按照海域不同的自然属性,研究其在不同气象条件下海水长期形成的结构及其发生发展规律;二是按照社会发展的需要,制定社会经济发展规划,确定海水的保护目标。它需要由国家环保部门组织多学科专家,根据各海域的自然条件和经济社会发展规划,选择出最佳海区利用方案,以便对近岸海域实施科学的管理。

我国近岸海域进行环境功能区划后,对我国的海洋环境管理将会起到积极的作用。首先,高低功能,区别对待。分区后,高要求环境功能区按高级别的海水水质要求,使高功能区确实从严管理;而对低功能区可适度放宽管理,更合理地利用了海水的净化作用。其次,职责更明确,便于执法检查。近岸海域环境功能区一旦被当地政府审批后即具有法律效力,可随时按环境功能区管理办法进行控查,管理十分方便且具体化。最后,便于解决环境纠纷。近年来污染事故不断增加,环境纠纷案时有发生。将已审批过的近岸海域环境功能区划方案及管理方法作为仲裁依据,可以较容易地处理各类环境纠纷(赵元章,1999)。

(3)健全海洋环境突发事件应急管理制度

海洋环境突发事件的应对是海洋管理中的重要难题。海洋环境突发事件形成的危机状态通常具有突发性、不确定性和灾害性,这就需要较完善的管理体系来应对此类危机。我国虽然建立了对海洋环境突发事件的应急管理制度,但仍存在诸多问题,需要在立法等方面加以完善。针对海洋突发事件的现实需要,首先要建立常设性的应急管理机构。在全国整体战略层面上,建立健全具有决策功能、常设性的应急管理综合协调机构和地方应急中心。其次,完善各部门联动机制,协调应对。再次,在省、市、县地方各级政府层面上,根据各地不同的发展状况,实事求是地设置相关部门,明确具体的组织形式及职能。

此外,由于全球海洋环境是一个统一的有机体,应对海洋环境突发事件,还需加强国际合作。目前,国际社会已经承认国际组织和个人在国际海洋环境法中的主体地位。国际海洋环境保护法律关系主体的变化要求国内法律法规作出相应的回应,而我国现行的海洋环境保护的国内相关法律法规没有明确规定社会团体和个人的法律主体地位,更没有明确规定国家、社会团体、个人作为海洋环境保护的法律主体各自所应负的相应的权利义务。在新的全球体系下,国家不能单独地、独断地、任意地决定本国的对内、对外政策及政府行为,超越国界的别国政府及非国家主体的行为和决定制约着一国政府的行为。别国和其他行为主体的决定以及国际问题的解决较之一国作出的决定和行为更为重要。因此,我国应顺应国际海洋环境保护的趋势,与国际海洋环境保护法律制度相适应,及早在国内海洋环境保护相关法律法规中明确规定社会团体和个人的法律主体地位,并规范相应的权利和义务(全永波,2008)。

(4)完善海洋生态补偿制度

为了保护海洋生态环境,实现海洋资源的可持续开发利用,我国必须完善尚处于起步阶段的海洋生态补偿制度。其手段可以包括市场经济调节、制度管理、行政处罚和政府补贴,其实现方式可以包括自然养护与人工修复。我国的海洋生态补偿内容应概括为四个方面:一、对海洋环境本身的补偿,即生境补偿和资源补偿;二、对个人、群体或地区因保护海洋环境而放弃发展机会的行为予以补偿;三、对海洋工程、海岸工程建设和海洋倾废等合法开发利用海洋活动导致海洋生态环境改变征收相应的费用;四、对海洋污染事故、违法开发利用海洋资源等导致海洋生态损害征收的费用(万军等,2005;崔凤等,2010)。

完善我国海洋生态补偿机制,首先要明确责任主体,按照"谁开发谁保护,谁受益谁补偿"的原则,海洋开发活动在占用和利用海域空间、海洋资源、海洋环境容量过程中,开发主体应该履行对海洋生态系统造成不利影响的补偿与修复责任。实行陆海统筹、污染溯源,明确责任主体。应从国家层面建立海洋生态补偿的综合管理机构,理顺部门间、行业间的利益关系,明确各相关部门的权责,完善监督管理体系。其次,要保障海洋生态补偿的资金来源,在国家实行财政补贴的基础上,逐步完善生态税制度,对环境破坏者或资源使用者严格征收税或费,并将所得税费用于生态修复的支出或对生态建设者的付出予以补偿。建立统一的生态补偿基金,由国家和地方财政按比例投入,实现生态补偿的稳定支出。加大对污染海洋环境和违法开发利用海洋资源的处罚力度,并建立健全监督审计体系,保障所得资金能够悉数用于海洋生态补偿(曲艳敏等,2014)。

2.4.4　结论与展望

我国海域面积广阔,生态系统复杂,由海湾、河口、滨海湿地、浅海、深海等子系统构成。自改革开放以来,我国海域生态环境随着海岸带经济的发展有整体恶化的趋势,主要包括海域富营养化、陆源污染物入海、渔业开发过度、大规模人工建设、全球环境变化等若干方面,这些问题已经引起了政府、科研工作及社会各界人士的广泛关注。其中海域富营养化成为我国海域环境的主要问题,我国海域营养盐的主要来源包括化肥施用、畜牧业、生活工业废水、废气等,主要输入方式包括河流携带、污染口直接排放和大气沉降等,过量营养盐的输入,改变了海水中的营养盐浓度和结构,导致海域生态系统正常的结构和功能发生变化,使海域生态系统服务功能和价值受到损害。人类活动,包括沿岸工程、填海造陆、流域建坝等,对我国近岸海洋环境也有较大的影响,其中沿岸工程和填海造陆对海洋环境的破坏主要表现在近岸海域生态系统破坏,渔业资源枯竭和环境污染加剧等方面;而流域建坝对河口环境影响较大,主要表现在流域入海水沙的变化,导致了河口环境的改变,削弱了河口过滤器效应、加剧咸潮的入侵等。此外,海洋渔业的过度捕捞,以及全球环境变化导致的海平面上升、水温升高以及海洋酸化等对我国海洋环境产生了较大的影响。

随着环境科学的发展和技术手段工具的革新,目前对于我国海域环境污染的监控及防治已经取得了初步的成效,但仍存在一定的问题,其中我国海洋管理体制仍有待于进一步完善。目前,我国海域管理主要问题包括海洋法律体系的不健全、部门利益突出,缺少综合统一性、缺乏包括流域和海洋的战略规划、缺乏信息共享机制等。因此完善我国海域管理制度,首先要完善海洋法制体系,包括制定一部高位阶的基本法来指导和统领单项海洋法律法规、健全公众参与制度、加强海洋执法力度。其次,健全海区功能制度,充分了解不同海域自然条件的差异,合理地、因地制宜地利用海域资源。第三,健全海洋环境突发事件应急管理制度。最后,完善海洋生态补偿制度,包括对海洋环境本身的补偿,对个人、群体或地区因保护海洋环境而放弃发展机会的行为予以补偿;对海洋工程、海岸工程建设和海洋倾废等合法开发利用海洋活动导致海洋生态环境改变征收相应的费用;以及对海洋污染事故、违法开发利用海洋资源等导致海洋生态损害征收的费用。只有打破"条块分割"、"九龙治水"式的海洋环境保护体制,并进一步完善涉海环境政策法规,实现海洋污染的快速反应,海洋环境的综合法制管理,才能应对新形势下我国海域环境管理面对的主要问题。

参考文献

[1]Chen N, Hong H, Zhang L, Cao W. Nitrogen sources and exports in an agricultural watershed in Southeast China. Biogeochemistry, 2008, 87: 169-179.

[2]Chung C, Hong G, Kim S. Shore based observation on wet deposition of inorganic nutrients in the Korean Yellow Sea Coast. The Yellow Sea, 1998, 4: 30-39.

[3]Ishimatsu A, Kikkawa T, Hayashi M. Effects of CO_2 on marine fish: Larvae and adults. Journal of Oceanography, 2004, 60: 731-741.

[4]Ma Z, Jing K, Tang S, Chen J. Shorebirds in the Eastern Intertidal Areas of Chongming Island During the 2001 Northward Migration. The Stilt, 2002, 1: 6-10.

[5]Li M, Xu K, Watanabe M, Chen Z. Long-term variations in dissolved silicate, nitrogen, and phosphorus flux from the Yangtze River into the East China Sea and impacts on estuarine ecosystem. Estuarine, Coastal and Shelf Science, 2007, 71(1-2): 3-12.

[6]Lin C, Ning X, Su J. Environmental changes and the responses of the ecosystems of the Yellow Sea during 1976-2000. Journal of Marine Systems, 2005, 55(3): 223-234.

[7]Riebesell U. Effects of CO_2 enrichment on marine phytoplankton. Journal of Oceanography, 2004, 60: 719-729.

[8]Shan Z, Zheng Z, Xing H. Study on eutrophication in Laizhou Bay of Bohai. Transactions of Oceanology and Liminology, 2000, 2: 41-46.

[9]Wei H, He Y, Li Q, Liu Z, Wang H. Summer hypoxia adjacent to the Changjiang Estuary. Journal of Marine Systems, 2007, 69: 292-303.

[10]Wang B. Cultural eutrophication in the Changjiang（Yangtze River）plume：History and perspective. Estuarine Coastal and Shelf Science, 2006, 69(3-4): 471-477.

[11]Wang B. Hydromorphological mechanisms leading to hypoxia off the Changjiang estuary. Marine Environmental Research, 2009, 67: 53-58.

[12]Yang, S, Li M, Dai S, Liu Z, Zhang J, Ding P. Drastic decrease in sediment supply from the Yangtze River and its challenge to coastal wetland management. Geophysical Research Letters, 2006, 33: doi: 10.1029/2005GL02550.

[13]Zhang J, Chen S, Yu Z, Wang C, Wu Q. Factors influencing changes in rain water composition from urban versus remote regions of Yellow Sea. Journal of geophysical research, 1999, 104: 1631-1644.

[14]Zhang J, Su J L. Nutrient dynamics of the Chinese seas: The Bohai Sea, Yellow Sea, East China Sea and South China Sea. In Robinson A. R. and Brink K. H. (eds), The Sea, 2004, 14: 637-671.

[15]Zhou M, Zhu M, Zhang J. Status of harmful algal blooms and related research activities in China. Chinese Bulletin of Life Sciences, 2001, 13(2): 54-59.

[16] Zhou M, Shen Z, Yu R. Responses of a coastal phytoplankton community to increased nutrient input from the Changjiang（Yangtze）River. Continental Shelf Research, 2008, 28(12: 1483-1489.

[17]毕洪生,孙松. 渤海浮游动物群落生态特点 I. 种类组成与群落结构. 生态学报, 2000, 20(5): 715-721.

[18]陈清华,彭海君. 海洋酸化的生态危害研究进展. 科技导报, 2009, 27(19): 108-110.

[19]程庆贤,肖兰芳. 我国海洋生态环境面临的严峻问题. 海洋通报, 1991, 10(6): 68-72.

[20]崔凤,崔姣. 海洋生态补偿:我国海洋生态可持续发展的现实选择. 鄱阳湖学刊, 2010, 6: 76-83.

[21]崔毅,陈碧鹃,陈聚法. 黄渤海海水养殖自身污染的评估. 应用生态学报, 2005, 16(1): 180-185.

[22]戴仕宝,杨世伦,郜昂,刘哲,李鹏,李明. 近50年来中国主要河流入海泥沙变化. 泥沙研究, 2007(2): 49-58.

[23]付元宾,曹可,王飞,张丰收. 围填海强度与潜力定量评价方法初探. 海洋开发与管理, 2010, 27(1): 27-30.

[24]韩洁,张志南,于子山. 渤海大型底栖动物丰度和生物量的研究. 青岛海洋大学学报, 2001, 11(1): 20-27.

[25]韩振华,李建东,殷红,申屠雅瑾,徐聪. 基于景观格局的辽河三角洲湿地生态安全分析. 生态环境学报, 2010, 19(3): 701-705.

[26]国家海洋局,中国海平面公报, 2000-2013.

[27]国家海洋局,中国海洋环境质量/状况公报, 2001-2013.

[28]国家海洋局. 中国海洋21世纪议程. 北京,海洋出版社, 1996.

[29]国家海洋局海洋发展战略研究课题组,中国海洋发展报告, 2012: 169-170.

[30]贾金生,袁玉兰,李铁洁. 2003年中国及世界大坝情况. 中国水利, 2004, 14(13):

25-33.

[31]金显仕,赵宪勇,孟田湘.黄渤海生物资源与栖息环境.北京,科学出版社,2005.

[32]金显仕,邓景耀.莱州湾渔业资源群落结构和生物多样性的变化.生物多样性,2000,8(1):65-72.

[33]金元欢.我国入海河口的基本特点.东海海洋,1988,6(3):1-11.

[34]李道季,张经,黄大吉,吴莹,梁俊.长江口外氧的亏损.中国科学(D辑),2002,32(8):686-694.

[35]李鹏,杨世伦,戴仕宝,张文祥.近10年长江口门区水下三角洲的冲淤变化——兼论三峡工程蓄水影响.地理学报,2007,62(7):707-716.

[36]李涛,刘胜,王桂芬,曹文熙,黄良民,林秋艳.2004年秋季南海北部浮游植物组成及其数量分布特征.热带海洋学报,2010,2:65-73.

[37]刘成,王兆印,隋觉义.我国主要入海河流水沙变化分析.水利学报,2007(12):1444-1452.

[38]刘洪滨,孙丽.胶州湾围垦行为的博弈分析及保护对策研究.海洋开发与管理,2008,25(6):80-87.

[39]刘录三,李子成,周娟,郑丙辉,唐静亮.长江口及其邻近海域赤潮时空分布研究.环境科学,2011,32(9):2448-2504

[40]刘伟,刘百桥.我国围海造田现状、问题及调控对策.广州环境科学,2008,23(2):26-30.

[41]慕芳红,张志南.渤海底栖桡足类群落结构的研究.海洋学报,2001,23(6):120-127.

[42]农业部.中国渔业统计年鉴,1990-2012.

[43]农业部,国家环境保护总局.中国渔业生态环境状况公报.2001-2010.

[44]齐丛飞.我国海洋环境管理制度研究.西北农林科技大学,2009,硕士学位论文.

[45]曲艳敏,张文亮,王群山,马志华.海洋生态补偿的研究进展与实践.海洋开发与管理,2014,4:103-106.

[46]全永波.论我国海洋环境突发事件的应急管理.海洋开发与管理,2008,25(1):120-127.

[47]沈新强,陈亚瞿,罗民波,王云龙.长江口底栖生物修复的初步研究.农业环境科学学报,2006(2):373-376.

[48]孙军,刘东艳,杨世民,郭健,钱树本.渤海中部和渤海海峡及邻近海域浮游植物群落结构的初步研究.海洋与湖沼,2002,33(5):461-471.

[49]孙军,宋书群,乐凤凤.2004年冬季南海北部浮游植物.海洋学报,2007,29(5):132-145.

[50]唐启升.中国专属经济区海洋生物资源与栖息环境.北京,科学出版社,2006.

[51]万军,张惠远,王金南.中国生态补偿政策评估与框架初探.环境科学研究,2005,18(2):1-8.

[52]王琪.海洋环境问题及其政府管理.中国海洋大学学报:(社会科学版),2002(4):91-96.

[53]徐友根,李崧.城市建设对深圳福田红树林生态资源的破坏及保护对策.资源产

业，2002(3)：32-35.

[54]杨作升，李国刚，王厚杰等．55年来黄河下游逐日水沙过程变化及其对干流建库的响应．海洋地质与第四纪地质，2008，28(6)：9-17.

[55]张波，唐启升．渤、黄、东海高营养层次重要生物资源种类的营养级研究．海洋科学进展，2004，22(4)：393-404.

[56]张秀芝，裘越芳，吴迅英．近百年中国近海海温变化．气候与环境研究，2005，10(4)：799-807.

[57]赵章元．中国近岸海域环境分区管理方法探讨．环境科学研究，1999，12(6)：50-53.

[58]中国水利学会围涂开发专业委员会．中国围海工程．北京，中国水利水电出版社，2000.

[59]钟智辉，陈作志，刘桂茂．南沙群岛西南陆架区底拖网主要经济鱼获种类组成和数量的变动．中国水产科学，2005，12(6)：796-800.

[60]周沿海．基于RS和GIS的福建滩涂围垦研究．福建师范大学硕士学位论文，2004.

撰写人：徐皓

2.5 中国海洋资源环境遥感研究进展

海洋覆盖了地球表面面积的71%，是全球生命支持系统的重要组成部分，"21世纪将是海洋开发时代"已成为全球的共识。海岸带是人口密集、资源丰富、开发程度较高，但生态环境又往往相对脆弱的地区。随着我国沿海地区经济高速发展，海洋区域的环境状况发生显著变化，海洋资源环境系统是进行海洋资源开发和海洋环境管理的有力工具。在过去的十几年中，无论是发达国家还是发展中国家都进行了大量的研究工作，建立了数十个海洋资源环境信息系统。而随着因特网、超级计算机、全球定位系统以及遥感的广泛应用，高性能的海洋资源环境系统将得到更快发展。

遥感技术是一项包含宏观、动态、快速、准确等特点以及相应优势的高科技技术方法，其在资源环境调查中可以提供有效的研究手段以及技术方法。目前，遥感技术已形成多星种、多传感器、多分辨率共同发展的局面。遥感卫星包括资源卫星、环境卫星、海洋卫星、气象卫星等，所获取的遥感信息具有cm到km级的多种尺度，通过环境遥感技术，可以动态地监测资源以及环境等。遥感技术所具有的高度空间概括能力，有助于对区域的完整了解，采用遥感技术对资源环境进行监测，有利于研究区域中的水土流失情况、土地沙漠化、土壤盐碱化以及生态环境状况等各个方面，从而成功地从定性转变为定量研究，遥感技术在资源以及环境领域将会起到越来越重要的作用。本文通过对海洋资源环境遥感传感器及处理技术的研究,对现代海洋资源环境在各方面的应用进行了研究综述。

2.5.1　海洋资源环境遥感传感器

海洋传感器种类繁多,发展迅猛,应用广泛。海洋卫星传感器根据地物电磁辐射原理获取海洋信息,传感器按工作方式可分为主动式和被动式两种,被动式传感器主要有辐射计、扫描仪、散射计、高度计,按工作波段可分为可见光、红外、微波遥感器(表2-5-1)。

表2-5-1　海洋资源环境遥感主要传感器列表

类别	传感器名称	分辨率	用途	全称	国家
辐射计	AATSR 高级沿轨扫描辐射仪	1000m×1000m,500m×500 m	测海面温度	Advanced Along Track Scanning Radiometer	欧空局
	SR 扫描辐射仪	1143、5173 km	气象方面	Scanning Radio-meter	中　国
	AMR 测高微波辐射计		观测海洋表面特征	Airborne Microwave Radiometer	美　国
	AVHRR 甚高分辨率辐射计	1100 m (星下点)	测量海面温度等	Advanced Very High Resolution Radiometer	美　国
	MODIS 中等高分辨率成像光谱辐射仪	250m,500m,1000m	海洋水温、水色方面	Moderate Resolution Imaging spectro Radiometer	美　国
	SROM 海洋监测光谱辐射仪	600 m (星下点)	检测海洋叶绿素,生物生产率等		中/俄
	ATSR 纵向扫描辐射仪	1000m×1000m	云、海面温度	Advanced-Track Scanning Radiometer	欧空局
	RM-08 被动式微波扫描辐射仪		水气,海水,海温监测		乌克兰/俄罗斯
扫描仪	CCD 相机、十波段水色扫描仪	250 m	海洋水色探测	Charge Couple Ddeice	中　国
	OCTS 海洋色温扫描仪	700 km	海洋水色、海气交换	Ocean Color And Temperature Scanner	日　本
	MSU-M 多光谱低分辨率扫描仪		海面温度		乌克兰/俄罗斯

类别	传感器名称	分辨率	用　途	全　称	国　家
	多波段微波辐射扫描仪 SSM/I		获取全球海面风速分布、降雨、云中水量	Special Sensor Microwave Imager	美　国
散射计	ASCAT 散射计	50 km	测量海风向量	Advanced Scatterometer	中　国
高度计	Altimeter 高度计		观测海洋表面特征		美　国
	HY-2 雷达高度计	2m，100 m	监测和调查海洋环境		中　国
可见光传感器	多光谱扫描仪 TM 和 ETM9	30 m	探测叶绿素、绘制海岸线等	Thematic Mapper	
微波传感器	微波辐射计		海面温度、海况等		
	微波散射计		海面风、波浪、海冰监测		
	微波高度计		海流、海啸、潮高		
	合成孔径雷达 SAR		海岸地形、水深	Synthetic Aperture Radar	
其　他	AMI 主动式微波仪器成像方式	30 m	冰川		欧空局
	WFI 海洋宽视场成像仪	260 m	低分辨率制图	Wide Field Imager	中国/巴西
	DORIS 卫星集成的多普勒轨道成像及无线电定位仪		监测海洋表面特征，风力		美　国
	EOS-Color，EOS 海面颜色仪	1100-4500m	确定海洋颜色	Embedded Operating System	
	MERRIS 中等高分辨率成像光谱仪	250-10000m	海洋观测		
	PRARE 精密测距及测距速率设备	250-10000m	海洋测量	Precise Range And Range-rate Equipment	
	SeaWiFS 海洋宽视场传感器	1120m	海洋生物、生态监测	Sea-viewing Wide Field-of-view Sensor	美　国

2.5.2　海洋资源环境遥感处理技术

2.5.2.1　海洋遥感影像预处理技术

在海洋水色遥感中,关键是如何准确地去除大气对传感器探测到的辐射率的影响,这一过程通常被称为大气校正。吴培中等(2000)介绍了同步测量海面离水辐射率需要的设备以及大气校正的重要性和困难所在。潘德炉等(2011)利用蓝色通道(412nm)与近红外通道对二类水体辐射敏感程度建立校正模式的技术对不同悬浮泥沙、叶绿素和黄色物质浓度的水体进行测试,并采用865nm近红外波段的气溶胶反照率进行了中国海区大气校正。何贤强等(2005)提出了海洋一大气耦合矢量辐射传输模型,将其应用于我国自主卫星的HY-1A和HY-1B的COCTS大气校正;杨文波等(2005)并通过总结沿海多站点实测光谱分析结果,提出了利用412nm蓝波段的离水辐射率对近红外波段进行大气校正的方法。史丰荣等(2006)选取不同的近岸二类水体大气校正方法进行了分析和比较,然后得出了适用于近岸二类水体尤其是近岸高泥沙含量的混浊水体的大气校正方法。张民伟等(2008)对水色大气校正算法进行了系统的总结,对未来水色大气校正的算法进行了展望。陈晓翔等(2004)提出了适用于二类水体的大气校正算法-小区域扩展算法。廖迎娣等(2005)针对NASA开发的处理SeaWiFS数据的软件(SeaDAS)运用于中国东部沿海这一高浓度泥沙含量区域所出现的问题,提出了一种新的更加简单的大气校正方法pw(λ),并与SeaDAS已有方法进行了比较。

2.5.2.2　海洋遥感信息提取技术

(1)信息提取技术。邵宝民(2011)将智能方法和图像信息、海洋卫星遥感相结合,对抽象的海洋卫星图像信息层次模型和具体的海洋卫星图像信息智能提取技术进行了探索。吴奎桥等(2005)用Windows平台下的组件式开发技术对海洋遥感信息提取技术进行了集成。

(2)数据融合技术。数据融合技术是利用计算机对按时序获得的若干观测信息,在一定准则下加以自动分析、综合,以完成所需的决策和评估任务而进行的信息处理技术。刘汉杰等(2010)利用Terra和Aqua MODIS卫星数据均值融合算法分析了2006年热带风暴"PRAPIROON"前后海表温度的变化。曲利芹等(2006)利用小波变换方法对SeaWIFS和MODIS叶绿素浓度数据进行了融合。李先涛等(2012)提出对目标区域图像进行融合处理的集群体系下的任务分配算法处理模型。

（3）分类及特征提取。高精度的自动遥感图像分类方法是实现其他各种实际应用的前提和基础方法之一。王晶晶等（2005）对监督分类法和神经网络分类法进行了介绍，并说明了其在连云港台北盐田水体遥感分类中的具体应用，最后对两种分类方法进行了比较。申力等（2012）对赤潮期长江口及邻近东海海域水体的三种不同遥感分类方法进行了研究，并对水体类别进行了提取。栗小东等（2010）利用改进的BP算法和主成分分析方法，对崇明岛东滩湿地进行了分类。李欢等（2012）建立了削弱水分影响的潮滩表层沉积物组分含量反演模型，并结合Shepard三角分类法实现了潮滩表层沉积物的自动分类。

2.5.3　海洋资源环境遥感应用

海洋遥感主要应用于调查和监测大洋环流、近岸海流、海冰、海洋表层流场、港湾水质、近岸工程、围垦、悬浮沙、浅滩地形、沿海表面叶绿素浓度等海洋水文、气象、生物、物理及海水动力、海洋污染、近岸工程等方面（王长耀，1998）。海洋遥感的探测内容主要包括四个方面：即海洋基础地理资源监测、海洋动力监测、海洋水色遥感监测、海洋环境污染与灾害监测。海洋动力要素监测的主要内容包括：海面风场、浪场、流场、潮汐、水团等；海洋水色探测通常指海水中叶绿素浓度、悬浮泥沙含量、污染物质、可溶有机物、油膜等要素的探测；海洋环境污染与灾害监测主要包括溢油、赤潮、气溶胶、风暴潮、热带风暴、海冰监测等。谢文君等（2001）以海洋及海岸带为研究对象，介绍了海洋遥感在海洋资源环境调查、动态监测以及海洋污染等方面的应用，然后提出了海岸带遥感动态监测技术的精确化和定量化研究等是未来海洋遥感研究和应用的重点。朱君艳等（2000）重点介绍了海洋冰清监测、海洋风场监测、海洋水色监测、海岛遥感监测、渔海况因子及其中心渔场测报等海洋遥感方面的应用，然后对海洋遥感的研究重点和未来发展方向进行了评述。

2.5.3.1　海洋基础地理资源监测应用

（1）海岸线提取及变迁研究。海岸线是多年平均大潮高潮所形成的海水和陆地分界的痕迹线，是划分海洋与陆地行政管理区域的基准线，是确定领海内水和陆地的分界线，也是区分海洋深度基准和陆地高程基准的分界线。学者们对海岸线的变迁及提取进行了研究。

①海岸线变迁：海岸带地质环境的演化集中表现是海岸线的变迁。王祎萍等（2011）通过对海岸线变迁的影响、演化方式、危害、防治对策等因素的分析，建立了影响—状态—结果（CSR）的海岸线变迁的调查指标体系，然后抽取压力、

状态、应对(PSR)指标,建立了中国海岸线变迁的监测指标体系。周相君等(2014)利用Landsat卫星遥感影像和HJ1B卫星遥感影像,分析了近40年来防城湾海岸线的变化特征。楼东等(2012)根据卫星遥感图片的各阶段资料以及浙江省围垦工程的实际进展情况,定量定性分析了浙江海岸线变动的时空特征以及成因,然后根据海岸线的保护利用功能类型,对浙江省海岸线的开发现状进行了评价。杨智翔(2013)用5个时相的多源遥感影像对江苏盐城-南通段海岸线的变迁进行了动态监测,并对获得的每个时期发生变化的岸段信息进行了定量分析。朱小鸽(2002)采用神经网络分类方法,对海岸线的变化进行监测并计算了增长的陆地面积,最后得出人为的围海造田,香港、澳门机场及相关高速公路、港口等设施的建设是海岸线变化的最主要原因。

②海岸线提取:申家双等(2009)提出了基于潮间带DEM和潮汐模型的海岸线提取方法,并分析了各种提取方法的优缺点。黄海军等(2014)使用三个年代阶段的TM图像对黄河三角洲地区海岸线的变化进行了动态分析,并根据图像中水边线的位置和潮位高度计算出海岸的坡度,并确定了海岸线位置。沈芳等(2008)采用GIS技术和验潮站潮位观测推算技术对提取的水边线赋予高程值,然后构建了DEM与实测资料进行比对。王琳等(2005)运用直接光谱对比法对厦门岛海岸线进行了提取。孙美仙等(2004)使用人工目视解译与计算机分类相结合的方法对福建省海岸线进行了调查,完成了福建省海岸线信息解译工作。张永继等(2005)利用遥感卫星IKONOS所提供的高分辨率全色影像,提出了一种利用邻域相关信息快速自动提取海岸线方法,实现了对整幅图像的二值化处理。贾明明等(2013)根据1983—2011年的多源遥感数据,对杭州湾海岸线进行了提取,然后分析了其变迁的位置、长度,以及增加和减少的陆地面积。常军等(2004)以1976年以来多时相遥感影像为主要数据源,运用平均高潮线法对20景时间序列影像分类处理后提取了海岸线,又通过叠加分析,对现行黄河河口、钓口河口地区海岸线的演变过程及其规律进行了剖析。张辛等(2013)提出了南极冰架变化连续监测的系统方法,获取了2002年初至2011年初每年一幅的动态的全南极海岸线数据,最后计算出近10年间南极海岸线扩展增加的总量。梁建(2010)提出一种基于多时相影像的海岸线及潮间带范围提取方法。

(2)海岸带提取及变迁研究。海岸带是人口密集、资源丰富、开发程度较高,但生态环境又往往相对脆弱的地区。学者们对海岸带进行了动态监测及对潮间带进行了研究。温伟等(2013)提出了海南海岸带动态监测的指标体系。梁建等(2011)利用HY-1B卫星搭载的4波段海岸带成像仪(CZI)获取的数据,对海岸带进行了动态监测。张春桂(2007)以2001—2005年MODIS数据为信息源,运用波段比值算法对福建省海岸带的滩涂面积进行了监测,并将监测结果与

Landsat-7/ETM+影像进行了验证分析。高义等(2011)运用遥感和地理信息系统技术,对海岛海岸带土地利用变化及其驱动因子进行了分析。谢宏全等(2011)利用3期TM/ETM遥感影像(1987年、2000年、2009年),采用目视解译方法获取了连云港海岸带土地利用、覆盖变化的数据,并对其结构变化和景观格局变化进行了详细分析。张慧霞等(2010)利用2000年、2006年东莞市ETM和SPOT遥感影像数据,基于RS,GIS技术和统计分析方法,对东莞市海岸带土地利用变化对土地生态系统造成的风险进行了分析。

(3)海岛提取及变迁研究。海岛是四面环海水并在高潮时高于水面的自然形成的陆地区域,包括有居民海岛和无居民海岛,是海洋中宝贵的土地资源和人类赖以生存的天然空间,我国沿海有650多个岛屿,随着沿海地区经济发展战略及对外开放的需要,利用卫星资料对海岸带和海岛进行调查,编制植被、地貌、地质和土地利用图,能有效地为海岸与海岛的开发、利用和管理提供服务。(恽才兴等,1991)以长江河口沙岛和斯里兰卡及马尔代夫两岛国为例,介绍了遥感技术在海岛冲淤监测、土壤养分评价、海岸工程效益分析、土地利用调查、岩岛地质构造与地貌、浅海水深制图及近海初级生产力评价等方面的应用效果。张华国等(2010)利用P5卫星遥感的2.5m空间分辨率,对海岛现状进行了监测,获得了海岛岸线、潮间带、植被、土地利用等海岛现状信息。吴琼(2013)创造性地提出了海岛及其周围海域监视监测指标体系构建需要遵循的几个原则,构建了较为全面系统的海岛及周围海域监视监测指标体系。崔丹丹等(2013)分析了无人机遥感系统在海域动态监视监测中的应用优势,提出了将无人机遥感用于江苏海域和海岛的动态监测。徐文斌(2013)运用最大自然分类法对钓鱼岛进行了监视监测,然后对监测信息图像进行监督分类,较为准确地提取出了钓鱼岛基本地物类型,并引用了主次要分析去噪法进一步提高了分类精度。余国华等(2012)利用国产CBERS-02BCCD遥感影像,对广东省粤西6个主要海岛的功能区划执行情况进行了监测。吴金华等(2008)对2000—2006年舟山海岛地区的出生缺陷进行了监测,然后对监测数据进行了回顾性分析。王小龙等(2005)利用空间分辨率为10m和1m的SPOT和IKONOS影像,采用相似三角形原理进行了海岛潮间带的确定;用克里格(Kriging)插值方法界定了海岛湿地的范围,提取了各自的面积,并对结果进行了分析。

(4)海湾提取及变迁研究。海湾是一片三面环陆的海洋,有U形、圆弧形等,通常以湾口附近两个对应海角的连线作为海湾最外部的分界线。学者们对海湾监测的内容、方法及手段进行了研究。曹映泓等(2007)提出了分布式海湾大桥健康监测系统的原理,并介绍了湛江海湾大桥分布式健康监测系统的内容。岳青等(2006)介绍了湛江海湾大桥健康监测系统中评估体系的设计方法,提出了实时监测、定期监测及人工检查相结合的监测手段。

　　(5)滩涂等提取及变迁研究。作为海岸带的重要组成部分,沿海滩涂是位于海陆交接地带并不断演变的生态系统,本身蕴藏着各种矿产、生物及其他海洋资源,是我国重要的后备土地资源。一些学者对滩涂进行了提取及动态监测。韩震等(2003)以伶仃洋大铲湾为研究区,使用美国陆地卫星MSS、TM及ETM三类数据源,利用多时相卫星遥感图像水边线高程反演技术,确定了大铲湾岸线变化,并进行了滩涂分带及面积的估算,滩涂利用状况及淤涨速度的确定、不同部位潮滩坡度及淤积速度的反演。陈亨霖等(2003)将空间分辨率为3m的"资源二号"影像和Landsat / TM影像采用主成分变换的方法进行融合,对滩涂信息进行了提取。

　　(6)海洋水深。海洋水深及水下障碍物测量是海洋测绘的重要内容,目前主要以船为平台,采用声呐技术进行现场测量。学者们对海洋水深都进行了相关研究。施英妮等(2008)利用人工神经网络方法进行了高光谱遥感反演浅海水深的初步研究。王冰等(2012)利用GPS—RTK技术进行了海洋水深测量。胡光海等(2004)提出将趋势面分析理论应用于埕岛油田海区水深数据处理。方兆宝等(2001)探讨了海洋测深中的波浪效应问题,提出了波浪效应改正技术。李肖霞(2007)利用微分和人工神经网络两种信息提取方法,对浅海海底类型及水深、赤潮藻类分类和反演问题做了定性和定量研究。叶小敏等(2009)将胶州湾20m以内浅水域按照水深进行分区,利用Landsat-5TM数据进行了水深遥感测量。付军(2011)研究了高分辨率遥感影像的水深探测方法。吴春节等(2013)对测线布设、无验潮模式测深、与潮位改正精度评定三种提高水深测量精度与效率的方法和技术进行了阐述。党福星等(2003)利用我国南海永暑礁景区的TM数据和实测水深资料,建立了浅海水深反演模型,并计算了浅海岛礁的实际水深。董庆亮等(2011)利用数据后处理中海洋重力数据和水深数据的相互参照作用来判断测量数据的准确性。刘方兰等(2013)对海洋六号船就马里亚纳海沟最深海域"挑战者深渊"进行的多波束水深测量资料数据进行分析处理,得到了高精度海底地形图。范开国等(2012)运用浅海地形SAR遥感成像机理,提出了星载SAR图像浅海水深遥感探测的新技术。滕惠忠等(2009)分析了多光谱遥感水深反演数学模型的机理和特点。林珲等(2005)通过计算机模拟出了波浪效应是引起水深熨量误差的主要因子。金久才等(2010)通过比较几种水深测绘手段的优缺点,设计出了将一种小型自动表面船用于岛礁水深测绘。李泽军等(2012)采用AH模型带入迭代模型进行优化的方法,利用1景ERS-2和1景ENVISAT数据反演了某海域的水深。

　　(7)浅海地形。水下地形是海洋环境的一个重要因子,浅海海域的水下地形测绘对于浅海油气勘探与开采、海洋捕养业、近海海域经济和军事活动等有着重要的意义。国内很多学者对其进行了研究探讨。傅斌(2005)对浅海水下地形的星载合成孔径雷达遥感中的模拟仿真计算和探测技术进行了研究和分析,并探讨了浅海水下地形的多波段多极化特征。范开国等(2008)基于SAR浅海水下地形成像机理和M4S海面微波成像程序,建立了SAR浅海水下地形成像仿真模型,通过仿真研究和分析重新认识了风速风向与浅海水下地形SAR图像特征的关系。王珂(2012)提出了浅海水下地形特征变化方向的提取方法,研究了采用不变矩来描述浅海水下地形的区域特征。周燕(2010)利用海洋高光谱遥感数据进行了浅海水深反演的研究。李伟等(2005)分析了海底地形变迁对海上平台动力特性所产生的影响。金永德等(2005)研究分析了海洋动力与水深地形变化的成因。黄韦艮等(2000)建立了浅海水下地形和水深雷达后向散射截面仿真模型,模拟了浅海水下地形的雷达后向散射截面,分析了流速、流向、风速和风向与SAR水下地形观测之间的关系。

(8)海洋水准面。海洋水准面是指仅受重力和地转偏向力作用的无运动的均匀海洋表面,如果有了水准面,则对海流,潮位,波高和风暴潮等都可以从实测水面与水准面的偏差算出,因此精确测出海洋水准面具有很重要的意义。近年来,用卫星测高数据计算海洋大地水准面的一些方法得到重视,学者们还探讨了一些新的方法。陈俊勇等(2003)分析了陆地大地水准面和海洋大地水准面之间存在拼接差的主要原因,并提出了新的拼接技术。王正涛等(2005)提出了将海洋重力似大地水准面与区域测高似大地水准面拟合的处理方法,并利用当前最新的海面地形模型和测高平均海面模型做了数值估计。李建成等(2003)应用二维平面坐标形式和一维卷积严格公式计算了我国海域及其邻区的大地水准面,并进行了比较和自校核。

(9)海洋渔业研究。渔业遥感技术是海洋渔业科学的高技术前沿领域。近年来,海洋渔业遥感技术的研究和应用,受到各渔业相关科研单位和大学的广泛关注和重视。我国从20世纪80年代初开始海洋渔业遥感技术研究,对海洋渔业渔情的提取、分析和监测从没断过。杨文波等(2005)通过描述遥感技术在海洋生态系统相关要素和渔场变动、大型动植物分布、海况监测、海洋生态污染及灾害监测等方面的应用与研究进展,对海洋遥感信息在我国海洋渔业领域的应用研究前景进行了分析。潘德炉等(2004)在舟渔1301渔船上安装了一套船载实时渔场速报产品制作系统,完成了北太平洋鱿鱼渔场速报产品的制作共33期,取得了明显的社会和经济效益。沈新强等(2004)结合水温、盐度数据对北太平洋鱿鱼渔场表层叶绿素a浓度的分布特点进行了分析。胡奎伟等(2012)运用主成分分析法和预报模型对HSI模型中各因子的权重进行了评估,并将预测结果与几何平均法建立的栖息地指数模型,预测结果进行了比较。陈红波等(2011)基于分位数回归利用SST和Chl-a浓度建立栖息地模型,评价了黄海冬季小黄鱼索饵渔场的栖息地环境质量。苏奋振等(2002)针对海洋环境的时空要素和渔场资源的互动性及非线性关系建立了基于海洋环境要素时空配置的渔场形成机制的发现模型,然后以大沙区中上层渔场为实例进行了研究。张建华等(1996)首次将南海航空红外测温试验应用于南海海洋渔业,比较准确地预测出了渔发旺区。杨纪明等(1994)应用卫星遥感对海州湾和马海区远东沙瑙鱼的适温、渔期、中心渔场进行了研究,然后提出了渔场的快速测报方法。毛志华等(2003)对船载的北太平洋渔场海温速报系统、海表温度遥感反演算法和渔场海温速报产品制作进行了研究。

2.5.3.2　海洋水色遥感应用

海洋水色是海洋光化学、海洋生物作用、海气界面生物地球化学通量及对全球气候变化影响研究的重要内容。海洋水色遥感是利用机载或星载遥感探测与海洋水色有关的参数的光谱辐射,经过大气校正,根据生物光学特性求得海水中叶绿素等海洋环境要素的一种方法。海洋水色遥感涉及的内容相当丰富,如叶绿素浓度、悬浮泥沙含量、可溶有机物含量、真光层深度、油膜覆盖等。吴培中(2000)介绍了海洋水色探测的基本原理,然后重点介绍了海洋遥感—海洋水色、海面地形、海面风场以及波浪、溢油和海冰监测等方面的技术进步和应用研究进展。唐军武等(1997)确定进行水体光谱分析所必需的关键参数,最后提出了不同于以往的一种算法,反演一种物质成分模式的基于局域水体的多成分同时反演的算法。曹文熙等(1999)对南海海水反射率光谱特征进行了理论分析,用叶绿素、黄色物质和无机悬浮颗粒等要素的光学特征正演了光谱反射率,利用主成分分析方法,通过对光谱反射率数据的特征向量变换和主因子回归,建立了反演南海海水叶绿素和溶解有机碳的遥感算法,最后得出了叶绿素和溶解有机碳的相对误差。吴培中(1994)使用气象卫星(NOAA)和陆地卫星(Landsat)探测了海洋水色参数,此外对海洋水色探测做了大量基础研究工作。潘德炉(2000)论述了利用我国的FY-IC卫星以及美国的SeawiFS和AVHRR卫星资料可以监测我国沿海的水色环境。唐军武等(2005)利用遥感反射比和所建立的水体成分反演算法,获得了区域的水色要素和悬浮泥沙、叶绿素浓度的分布情况,建立了提取三大水色要素的算法,并应用于HY-1A与HY-1B的COCTS和CZI的水色要素产品制作。

(1)叶绿素浓度。海洋叶绿素是光合作用的主要光合色素,海洋叶绿素存在于浮游植物中,它能吸收太阳光,进行光合作用,合成制造有机物。叶绿素a的浓度是评价海洋水质、有机污染程度和探测渔场的重要参数。一些学者对叶绿素进行了遥感反演及对浓度信息进行了提取。祝令亚等(2006)利用MODIS对太湖水体叶绿素a浓度的变化进行了监测。马泳等(2008)基于生物光学算法,构建了机载蓝绿激光雷达后向散射信号检测的叶绿素质量浓度监测模型,并通过仿真计算证明了该模型能够有效探测出叶绿素质量浓度的大小。潘德炉等(2004)在多因子反演法和主成分分析法的基础上,运用神经网络法对叶绿素浓度的提取进行了研究。黄海清等(2004)利用神经网络方法反演了海水叶绿素浓度,并将结果与SeaBAM经验算法进行了比较及分析。陈楚群等(2001)利用SeaWiFS数据和SeaDAS的叶绿素a浓度估算模式,对南海海域表层海水叶绿素浓度分布的时空变化特征及其与营养物质和南海环流的关系进行了初步分析。陈晓翔等(2004)以珠江口为例,用经过改进算法处理后的SeaWIFS数据对叶绿素信息进行了提取,并与实测数据进行了对比。丛丕福等(2006)通过包路线法分析叶绿素的光谱特征,构造了一种指数NDPI算法,再根据实测数据建立了叶绿素a浓度反演模型,获得了大面积的叶绿素a的浓度。邹斌等(2005)以2003年MODIS数据为数据源,进行了海温与叶绿素浓度的空间相关分析。

(2)悬浮泥沙含量。悬浮泥沙遥感研究方面,早在Landsat1刚刚发射成功时,外国学者就提出了用Landsat-1 MSS遥感数据定量计算水体悬浮泥沙含量的统计模型,这无疑是最早采用陆地卫星影像进行的遥感定量工作之一,此后很多学者在这方面进行了很多实验,采用了各种遥感手段及方法。吴培中等(2000)介绍了悬浮泥沙含量的反演原理。李京等(1886)建立了反射率与悬浮物含量间的负指数模型,并将其用于杭州湾水域悬浮物的调查。李炎等(1999)提出了以大气部分斜率传递现象为基础的悬浮泥沙遥感算法——αR1-R2算法(斜率法)。刘小平等(2005)推导出了悬浮泥沙定量遥感的综合模式。邓明等(2002)利用基于海面-遥感器光谱反射率斜率传递现象的悬浮泥沙遥感算法,对悬浮泥沙浓度分布和变动规律的特征累积频率悬浮泥沙浓度、均值与均方差进行了统计。李四海等(2002)在长江口基于AVHRR、SeaWIFS数据对泥沙进行了监测,建立了长江口区悬浮泥沙遥感定量模式。廖迎娣等(2005)利用海洋水色卫星SeaStar/SeaWiFS数据,建立了中国东部沿海悬浮泥沙浓度定量模式,并运用新的大气校正方法pw(λ),得出了悬浮泥沙含量的公式和长江口的泥沙监测图。刘灿德等(2006)等利用MODIS250波段反演了长江中游悬浮泥沙的质量浓度。汪小钦等(2000)对悬浮物质、叶绿素等水环境要素遥感监测及国内外进展进行了重点介绍,并对目前近岸环境遥感监测中存在的问题和未来的发展趋势提出了个人看法。

(3)可溶有机物含量。潘德炉等(2004)建立了黄色物质浓度与最佳波段组合光谱反射率值之间的反演模式。并且利用该模型,提取了近海河口的黄色物质信息。郭金家等(2011)利用ICCD研究了CDOM水下有色可溶有机物荧光光谱探测系统。

(4)真光层厚度。真光层是指能够进行有效光合作用的水层,真光层深度(Zeu)是指光合有效辐照度下降到表层量值的1%时的深度,直接影响水体中浮游植物的分布和初级生产力以及水体生态环境,海水真光层深度的反演有利于对海洋初级生产力的估算。李国胜等(2003)通过建立遥感反演模型获得了我国东海海域逐月真光层深度的时空分布,并总结了东海真光层深度的季节性变化特征。唐世林等(2007)介绍了真光层深度的遥感反演算法,并与其他通过叶绿素估算真光层深度的算法进行了比较。乐成峰等(2008)建立了真光层深度与水面以下遥感反射率的关系模型和水体富营养化真光层深度评价模型。方芳等(2010)通过对回水区5个断面水下光合有效辐射与常规水质指标进行监测,分析了真光层深度的时空特征及其影响因素。张运林等(2006)分析了PAR真光层深度的影响因素,并获得了太湖典型湖区真光层深度的时空变化以及光谱分布。张运林等(2008)分析了真光层深度的空间分布及其影响因素,并利用实际测得的叶绿素a浓度、真光层深度等估算了全湖秋季浮游植物初级生产力。李云亮等(2009)根据在太湖建立的真光层深度与非色素颗粒物、叶绿素a浓度之间的关系模型,计算得到了太湖冬、夏两季真光层深度的空间分布。邱辉等(2011)对太湖水体中不同太阳高度角对真光层深度变化的影响进行了研究。

　　(5)油膜覆盖。在诸多海洋石油污染产生原因中,其中最常见的便是海上溢油污染,发生溢油事故后,油膜漂浮于海面,会造成一系列的危害。当海洋表面被油膜覆盖后,会使海表面的温度、黏性、光学性质等物理性质发生变化。污染性海洋溢油一旦发生,快速获取油膜信息对有效控制溢油危害具有重要意义。可见光航空遥感不仅可以测定海面油膜的存在,而且还可以测定油膜扩散的范围、油膜厚度及污染油的种类。李琼(2011)对SAR图像海面油膜提取和分类方法进行了研究,并介绍了油膜提取的业务流程以及污染油膜和渗漏油膜的辨别方法。吴爱琴(2011)对SAR图像海面油膜信息滤波提取方法进行了探讨和改进。武腾腾(2012)探讨了海面油膜识别的关键技术,重点讨论了基于模糊分割法的油膜识别技术与辅以纹理特征的面向对象方法在油膜精确识别中应用的可行性与优越性。刘丙新(2013)分析了不同厚度油膜的光谱特征,探讨了轻柴油、原油油膜光谱特征随厚度的变化趋势,然后对不同风化时间油膜的反射率光谱曲线进行了分析。陆应诚等(2008)以海洋石油污染中的海面较薄油膜为研究对象,测量并分析了油膜光谱的变化特征及其与油膜厚度的相关关系。刘杨等(2010)利用溢油期间的连续风场信息和连续SAR数据对油膜的扩散趋势以及扩散过程中油膜尺度的变化进行了对比研究。原君娜等(2010)利用海面烃类油膜雷达遥感图像监测系统提取出了油膜及低风速区等暗目标的特征参数,并进行了统计分析,区分出了是否为油膜。

2.5.3.3 海洋动力观测应用

风力，波浪，潮流等是塑造海洋环境的动力，利用RS，GPS等现代海洋观测技术，可以大范围、快速、准确、直接地获得海洋动力信息。

(1)海面风场观测。海面风场要素是海洋学和气象学的基本参数，它调节海气热通量、湿度、水蒸气及气溶胶等，进而影响区域及全球气候变化。遥感所获得的海面风数据有助于台风，大风预报和波浪预报。王珂(2012)首先提出了邻近岸海面风向估计方法，然后给出了使用ENVISAT/ASAR的IM成像模式PRI数据反演邻近岸海面风速的方法，并通过比较地球物理模型函数模型性能，提出了海面风速分段反演算法。白伟华(2009)采用Elfouhaily模型来求解海面均方斜度，进而建立了GNSS-R反演海面风场的理论模型和系统地阐述了GNSS-R海面风场遥感的原理和方法。齐义泉(1998)指出了卫星微波遥感信息的复合分析知数值同化是获取海面风场的两个主要方法。徐丰等(1996)对散射计测风模型做了深入而有意义的探索。林明森等(1996)研究出了一种从SASS测量的后向散射强度的数据中反演大尺度海洋风场的新方法。齐义泉等(1997)利用卫星高度计提供的风速信息分析了8708号台风影响下的海面风速和海浪断面分布特征。杨俊钢等(2007)基于仿真SAR影像与真实SAR影像之间的相关性提出了一种确定海面风向的方法——最大相关系数法。高山红等(2001)给出了一种动力诊断获取渤海海面风场的简便方法。高山红等(2001)还对渤海海面风场及邻域海面风场的演变过程进行了模拟分析和24h预报。周兆明等(2006)对GPS反射信号的功率波形以及GPS信号在海面的散射区域进行了阐述，并具体介绍了海面风场反演的原理和方法。杨劲松等(2001)根据海面微波散射原理提出了星载合成孔径雷达图像海面风场反演的方法。艾未华等(2013)研究出了一种适用于C波段机载SAR的海面风场反演新方法，并分别对仿真SAR数据和实测C波段机载SAR数据进行风向、风速的反演误差分析及试验验证。张鹏等(2011)运用第三代浅水波浪模式SWAN对渤海风浪过程进行模拟，将结果与T/P、Jason卫星高度计观测得到的有效浪高数据进行了比较分析。吕柯伟等(2012)利用QuikSCAT月平均数据研究了南海及邻近海域海面风场季节性变化的空间差异。赵喜喜等(2006)对1992年至2005年连续13年中国海海区ERS-1、Ers-2和QuikScAT散射计海面风场资料进行了插值平均处理和矢量经验正交函数分解，得到中国海海面距平风场的两个主要经验模态。石慧等(2011)利用聚类分析方法实现了风区域划分和风场的自动分类，得到了风区域和风场类型。

(2)海浪观测。海浪是海上生产作业和军事活动都特别关注的海洋环境要素之一，大洋上的灾害性海浪一般是指海上有效波高达到6m及以上的波高，灾害性海浪主要是由热带气旋、温带气旋和冷空气等天气系统引起的。李苏军等（2008）主要从计算机图形学的研究角度对海浪建模和绘制技术进行了综述。任福安等（2006）首次在国内采用船载雷达对海面波浪进行了测量，并运用数字图像模式对海浪图像数值化进行了处理。俞幸聿等（1993）比较全面地探讨了采样时距对观测结果如波浪要素值及分布、波语形状、波群特性以及波浪方向分布等的影响。俞幸聿等（1994）还通过观测渤海平台上的四次风浪过程，对风浪的变化过程进行了描述和分析，给出了波高和周期分布等海浪信息。任鸿翔等（2008）提出了一种实时绘制高真实感海浪的方法来解决计算机图形学中大规模海浪场景绘制的难题。孙建（2005）将SAR的海浪谱反演模式——参数化初猜谱模式应用到了多种海浪状况的SAR影像的反演中。吕金库，2012研究了海水运动中的海浪运动对磁场测量的影响。高艳波等（2011）介绍了美国国家业务化海浪观测计划，对我国海浪观测现状进行了分析。张薇等（2012）利用渤海1962—2007年间共46年海浪观测资料，对渤海的灾害性海浪特征和各海区灾害性海浪的产生原因进行了分析，运用天气学分析了海浪灾害致灾原因。姚琪等（2013）对2009年一次冷空气所致的中国海海浪场进行了数值模拟，首次利用来自朝鲜半岛的观测资料对模拟数据的有效性进行了检验。

（3）海流观测。海流又称洋流，是海水因热辐射、蒸发、降水、冷缩等而形成密度不同的水团，再加上风应力、地转偏向力、引潮力等作用而大规模相对稳定的流动，海洋中的海流主要受风力、引潮力和密度分布不均匀所驱动，在旋转着的地球上，运动流体表面相对于水准面产生倾斜，而坡度的大小与流速成正比。大面积的混浊水域是中国海洋环境的重要特征，对海域的潮流观测和研究工作一直不断。

①海流计算：袁耀初等（2005）运用改进逆方法对吕宋海峡海域进行了海流计算。王凯等（2007）运用短期资料的潮流准调和分析方法对3测站6个主要分潮的北、东分量潮流调和常数进行了计算。张静等（2014）运用短期资料的潮流准调和分析方法对后水湾网箱养殖区五测站海流资料进行了分析，对五个测站6个主要分潮的潮流调和常数进行了计算。袁耀初等（2002）对南海东北部450m以浅及2000与2300m处深层的测流资料进行了谱分析与计算。

②对海流观测结果分析：刘恒魁等（2006）以大连30万t级进口原油码头工程为例，对海流观测在码头工程总平面设计、水下施工、投产后引航等方面的应用进行了总结。王刚等（2008）在海南岛东部水深约120m的陆架上对海水温度、盐度和海流进行了连续观测。杨庆轩等（2008）利用2000年在南海北部陆架海区一点75天的ADCP流速观测资料，对海流的观测结果和潮流变化进行了分析研究。严金辉（2005）对粤西茂名竹岛附近海域的ADP海流观测资料、风场观测资料和多站海流同步周日观测资料进行了统计分析。段文义等（2006）对

ADCP定点海流观测与传统流速仪海流观测进行了对比分析,提出对ADCP海流观测资料进行整理的一种方法。杜岩等(2003)运用快速离散傅立叶变换、潮流调和分析以及小波变换等方法,对位于大陆架边缘海域定点连续观测站上的海流记录进行了分析。何琦等(2012)利用2006—2009年期间南海北部陆架陆坡区3个站ADCP海流连续观测资料,采用功率谱分析、潮流调和分析方法,对陆架陆坡区100m,200m和1200m水深海域海流的垂向结构进行了重点分析。云升军等(2010)对运用座底式轻型仪器架进行30m以内浅水深海流观测的两种系统布放方法进行了介绍。

(4)潮汐观测。潮汐是地球上的海洋表面受到太阳和月球的潮汐力作用引起的涨落现象。潮汐造成海洋和港湾口积水深度的改变,并且形成震荡的潮汐流,因此对潮汐流进行预测是很重要的。孙和平等(2001)利用FG5绝对重力仪在武汉重力潮汐基准站上的同址测量资料和已知潮汐参数,对超导重力仪标定因子及其精度进行了详细研究。田晋(2014)利用潮汐观测数据内插工具软件方便地实现了原始观测数据的内插加密,应用结果数据绘制了潮汐变化曲线图。吕品姬等(2011)运用经验模态分解方法,对定点倾斜和应变固体潮观测数据的长趋势变化进行了提取,并分析了青海玉树的应变潮汐长趋势变化。喻节林等(2007)根据M2波潮汐因子的月变化曲线及加卸载响应比对印尼Ms8.7地震引起的重力趋势性变化进行了讨论。石雪冬等(2014)对短期潮汐观测提出了利用内插法、水准测量法确定深度基准面的方法。李家明等(2010)等利用井下全方位潮汐观测系统观测了重力和倾斜固体潮汐。徐建桥等(2002)对利用LaCoste-Romberg ET21高精度弹簧重力仪在南极中山站的重力潮汐观测资料进行了综合分析,并采用Schwiderski、Csr3.0和Fes96.2全球海潮模型研究了中山站重力潮汐观测的海潮负荷改正问题。孙和平等(1999)对潮汐观测资料中海潮模型的适应性问题进行系统研究。陈晓东等(2004)对目前国际上广泛使用的两种重力潮汐观测数据分析方法——Etema和Baytap-G进行了比较和研究。于天龙等(2007)对长春双阳的2001—2006年倾斜潮汐观测资料作了质量评定。孙伶俐等(2011)对十堰台的数字化水管仪测得的2007—2010年倾斜潮汐观测资料进行了全面质量评定。

(5)水团观测。海洋水团与洋流、海洋渔场、海洋军事密切相关,是海洋学最早研究的对象之一。海洋水团分析研究的主要内容是对海洋水体进行宏观的划分和分析。李磊等(2002)运用聚类分析、判别分析和模糊分析方法对南海的水团进行了分析。于非等(2006)对黄海冷水团的形成和演变过程做了系统分析,揭示了黄海冷水团演变的机理。刘增宏等(2011)利用在吕宋海峡附近海域观测的温盐度资料,探讨了该海域的水团分布及季节变化特征。

2.5.3.4　海洋环境污染与灾害监测应用

利用卫星传感器不仅可以监测陆源污染水体的迁移、扩散等动态变化,还能探测海洋污染和灾害。

（1）海洋污染

①赤潮。赤潮是因海水富营养化加上适宜的其他环境条件,海洋浮游植物短期内大量繁殖、聚集而引起海水变色的一种现象。赤潮既可发生在远海大洋,也经常发生在河口、内海、港湾等沿海海域。发生在远海或大洋的赤潮可促进海洋生产力,使更多的碳从大气转移进入海洋,因而对全球碳平衡产生有益影响,而沿海出现的赤潮则往往对海洋环境造成不同程度的负面影响。

监测赤潮的原理是在了解赤潮发生的生态学及光谱特性的基础上,通过对赤潮水体的相关因子进行构建模型从而实现监测并预报赤潮的发生。1998年以来,准确实时监视发生在我国黄海渤海、东海、福建和香港沿海的赤潮,并及时通过国家遥感中心办公室往国务院信息化工作办公室发报,取得了很好的社会效益。此后,大量学者对赤潮的相关问题进行了研究。杨文波等（2005）试验过用 AVHRR 的 1、2 波段和 CZCS 的 4、5 波段的反射率之比探测赤潮。马泳等（2008）通过检测海洋中叶绿素的质量浓度实现对海洋赤潮消长信息的获取,并通过生物光学算法机载海洋赤潮进行了监测。黄韦艮等（1998）根据赤潮水体光谱特征和赤潮环境要素,提出了赤潮卫星遥感监测与实时预报的方法,并利用多要素赤潮预报方法,对 7 月 24—30 日的一次夜光藻赤潮的发生、发展和消亡全过程作了正确预报。潘德炉等（2000）通过一特定算式,判别得到了 1997年 7 月初发生在渤海海域的赤潮面积。赵冬至（2003）以 1998 年渤海赤潮过程中的现场实测资料和同步的 NOAA-14 的 AVHRR 数据,建立渤海叉角藻赤潮生物细胞数遥感探测模型。

②溢油。海面油污染的探测方法很多,包括肉眼观察、航空照相、MSS、CZCS、用 SMMR 和 SAR 进行的微波探测、用雷达进行的荧光探测、用红外扫描仪进行的热探测。石油与海水在光谱特性上有许多差别,如油膜表面致密、平滑、反射率较水体高但发射率远低于水体等特点,遥感通常是根据这些差别对溢油进行监测。另外,某些特殊的雷达能探测和识别烃的荧光特性,有些传感器还能鉴别油的基本种类（重油、轻油等）和油膜的厚度。热传感器通过海面和油对太阳光吸收和辐射的差异来鉴别油,也能监测出油膜的厚度。

何执兼等（1999）利用美国发射的水色卫星 SeaWiFS 在广东珠江口、大亚湾等近海海域近海监测了海水 COD 及油污染状况及其分布,然后进行了水体波谱测试与分析,建立了与水色卫星相应波段的 COD 及油的质量浓度信息提取模型,成功获取了珠江口、大亚湾近岸 COD 及油分布的专题图。张煜洲等（2013）

运用可见光近红外遥感技术、高光谱遥感技术、微波雷达遥感技术等监测了溢油类型、溢油量、溢油范围等,并对结果进行了分析。沈亮等(2010)通过对比不同时段的MODIS和HJ-1卫星数据,对墨西哥湾漏油面积变化与走向趋势进行了监测。李栖筠等(1994)用TM和NOAA-AVHR资料监测了老铁山水道溢油,确定了溢油污染面积、扩散方向及扩散速度。雷震东等(1996)提出了无源微波遥感海上石油污染的优选方案,并成功地进行了航空微波遥感试验。郑全安等(1986)研究了利用航空遥感监测海面溢油的方法。

张永宁等(1999)通过分析总结海上溢油波谱特征的测试结果,利用AVHRR和TM资料对几次海上溢油事故的油膜图像进行了处理和解译,得到了较为清晰的溢油图像。张永宁等(2000)提出遥感监测煤油、轻柴油、润滑油、重柴油和原油等的最佳波段,并利用NOAA-AVHRR和TM资料对几次海上溢油事故的油膜图像进行处理和解译,得到了与事故现场调查结果吻合的较为清晰的溢油图像。安居白等(2002)对加拿大环境技术中心做的一个卫星遥感和航空遥感在溢油应急处理的应用现状做了相关调查,发现大约有一半国家运用卫星遥感监测海上溢油,最后分析了发达国家海上溢油遥感监测现状。安居白等(2002)还通过对航空遥感探测海上溢油的技术进行汇总和比较,推荐了三种溢油探测遥感器:红外摄像机、激光遥感器和雷达。

(2)海洋灾害

海洋灾害的主要内容包括:风暴潮、热带风暴、海冰等。

①风暴潮。风暴潮指由于强烈的大气运动,如台风和气压聚变所招致的海面的异常升高现象,又称"风暴增水"或"气象海啸"。即指在大气强力作用下局部海面的异常升降现象,是影响我国沿海地区最严重的海洋灾害。吴少华等(2002)运用球坐标系下的二维风暴潮模式对引起渤海最大温带风暴增水过程进行了数值模拟。梁海燕等(2005)建立了适用于海口湾沿岸风暴潮风险区的损失评估模型,并对海口湾沿岸风暴潮的风险区域和淹没范围进行了分析。张俊香等(2008)根据1949—2005年广东沿海地区灾害资料,分析了台风暴潮灾害的地理特征。孙志林等(2014)基于ECOMSED模型,模拟分析了不同登陆点的6次台风影响下浙江沿海风暴潮位的过程。王斌飞等(2014)根据1884—2012年辽宁省沿海地区气象站观测资料,结合辽宁沿海地区的地理环境,对辽宁沿海地区的风暴潮特征及灾害进行了分析。结果表明辽宁各地风暴潮的出现次数及灾害损失程度会因地理位置不同而存在差异。陈沈良等(2007)对黄河三角洲风暴潮灾害的成因和特征进行了研究。滕骏华等(2007)提供了基于Oracle和GIS技术的风暴潮减灾信息化、网络化的实现框架,对风暴潮减灾数据库设计、风暴潮数值预报模型集成、基于GIS的减灾辅助决策分析、基于3S技

术的灾害监测和调查以及基于GIS的灾损评估等5个方面内容进行了阐述。余东华等(2009)探讨了广东沿海风暴潮灾害的主要成因和一般规律。黄锦林等(2010)对广东沿海风暴潮灾害应急管理中存在的问题进行了探讨,并提出了相应的建议和对策。端义宏等(2005)利用河口海岸海洋模式(ECOM-Si)建立了一个适用于长江口区风暴潮的数值预报模式。谭丽荣等(2011)运用沿海脆弱性指数方法的评估思路,构建了风暴潮灾害脆弱性指数SSVI,采用加法模型对中国沿海11个省区风暴潮灾害的物理脆弱性进行了评价。

②热带风暴。热带风暴是指中心附近地面最大风力达8-9级(17.2-24.4米/秒)的热带气旋,是"台风编号"的起始级。很多学者对热带风暴进行了分析和评估。段丽等(2005)运用PSUNCAR的中尺度模式对热带"风暴菲特"和MCS作了模拟研究。孙璐等(2011)对2009年热带风暴GONI("天鹅")南海上层热结构的变化以及广东省台山市广海湾内风暴潮和灾害性海浪的产生发展过程进行了研究。刘桐义等(2012)运用高空地面资料、雷达资料、数值预报资料、加密自动站以及NCEP提供的再分析资料,对2011年第5号强热带风暴"米雷"影响辽宁形成大暴雨过程的成因进行了分析。尹东屏等(2000)对发生在南海登陆的热带风暴"狮子山"过程进行了分析。孙伟等(2011)介绍了0907号热带风暴"天鹅"的过程和历史上相似路径的台风,并利用海南省台风灾害评估业务系统对热带风暴"天鹅"进行了灾前和灾后评估。

③海冰。卫星遥感是获取大范围海冰运动信息的一种有效方法。海冰是一切出现在海上的冰的统称,包括由海水冻结而成的咸水冰,以及由江河人海或大陆冰川、山谷冰川崩裂滑入海中的淡水冰。海冰是海洋的重要参数之一,是影响地球热循环的重要因素。目前,利用卫星遥感资料,对海冰冰情进行监测,已达到业务使用阶段。吴奎桥等(2005)利用MODIS卫星遥感数据研究了渤海海冰的变化,获得了海冰厚度、密集度和外缘线等海冰信息。袁本坤等(2013)结合单因子海冰灾害指标体系对我国的海冰灾害等级进行了初步划分。国巧真等(2008)以渤海海冰为例,提出一种海冰灾害风险等级划分方法,将海冰灾害风险程度分为零风险、低风险和高风险3个等级。孙劭等(2012)以渤海和黄海北部海岸带上17个地级市的71个县区作为评价单元,选取了几个指标对海冰灾害风险进行评估,并绘制了风险等级图。

2.5.4　结论与展望

随着科学技术的发展,对海洋的探测技术越来越先进,资源环境遥感,既要监测分析全球和区域性的资源开发与利用、破坏、更新状况,也要同时研究由此引发的环境变化及趋势。本章对遥感技术在资源调查与环境监测等领域进行了归纳综述,可以看出我国在海洋校正和海洋遥感信息提取、融合与分类方面的研究较少,海洋遥感在这些方面的技术还不是很成熟,在陆地方面相对研究较多,而海洋遥感在各方面的监测应用很多学者进行了相关研究,尤其是在海岸带、海岛、潮汐、赤潮、溢油、海面风场、叶绿素浓度等方面的监测,不同学者采用了不同的方法和理论进行了研究。

遥感技术在海洋资源环境监测中的应用展示了其巨大的应用潜力和常规监测方法所不具有的优势。利用遥感技术在海洋资源环境监测方面的研究成果与实践经验也为海洋资源环境管理提供了有益的经验,21世纪遥感技术将在全球资源环境中起到更重要的动态监测、业务预报、灾害预警等作用。目前应用遥感技术监测海洋资源环境还存在着诸多问题,但传感器技术、高空间分辨率、高光谱分辨率和多极化遥感数据的发展,为利用遥感信息进行海岸带资源环境管理提供了数据保证。遥感技术本身将得到进一步发展完善,为经济、社会可持续发展的决策提供客观准确的资料数据,成为指导政府行为的重要依据。遥感监测技术应该朝着下列方向发展:一是积极拓宽可用的遥感数据源,二是加强多源数据的融合。只有这样才能为海洋资源环境研究提供大量必要的数据源,同时也最大限度地发挥遥感技术的优势。

参考文献

[1]安居白. 航空遥感探测海上溢油的技术. 交通环保,2002(1):24-26.

[2]安居白,张永宁. 发达国家海上溢油遥感监测现状分析. 交通环保,2002(3):27-29.

[3]艾未华,严卫,赵现斌等. C波段机载合成孔径雷达海面风场反演新方法. 物理学报,2013(6):463-471.

[4]白伟华. GNSS-R海洋遥感技术研究. 中国科学院研究生院(空间科学与应用研究中心),2008.

[5]丛丕福. 海洋叶绿素遥感反演及海洋初级生产力估算研究. 中国科学院研究生院(遥感应用研究所),2006.

[6]常军,刘高焕,刘庆生. 黄河三角洲海岸线遥感动态监测. 地球信息科学,2004(1):94-98.

[7]崔丹丹,吕林,方位达. 无人机遥感技术在江苏海域和海岛动态监视监测中的应用研究. 现代测绘,2013(6):10-11.

[8]曹文熙,钟其英,杨跃忠. 南海水色遥感的主因子分析. 遥感学报,1999(2):29-32.

[9]曹映泓,Ming L.Wang,朱利明. 湛江海湾大桥分布式健康监测系统开发研究. 公路,2007(1):56-62.

[10]陈沈良,谷国传,吴桑云. 黄河三角洲风暴潮灾害及其防御对策. 地理与地理信息科学,2007(3):100-104.

[11]陈红波,李继龙,杨文波等. 东黄海小黄鱼秋季索饵环境栖息指数的研究. 大连海

洋大学学报,2011(4):348-351.

[12]陈亨霖,汪小钦.基于"资源二号"卫星和TM影像的滩涂信息提取.遥感专业委员会、第十四届全国遥感技术学术交流会论文选集.遥感专业委员会,2003(5).

[13]陈俊勇,李健成,晁定波等.我国海域大地水准面的计算及其与大陆大地水准面拼接的研究和实施.地球物理学报,2003(1):31-35.

[14]陈楚群,施平,毛庆文.南海海域叶绿素浓度分布特征的卫星遥感分析.热带海洋学报,2001(2):66-70.

[15]陈晓东,孙和平.重力潮汐观测数据分析方法的比较和研究.《大地测量与地球动力学进展》论文集,2004

[16]陈晓翔,丁晓英.利用SeaWiFS数据估算珠江口海域表层叶绿素浓度的研究.中山大学学报(自然科学版),2004(1):98-101.

[17]段丽,陈联寿.热带风暴"菲特"(0114)特大暴雨的诊断研究.大气科学,2005(3):343-353.

[18]段文义,张坚樑.河口、浅海ADCP定点海流观测资料的比较与整理.浙江水利科技,2006(5):15-18.

[19]杜岩,齐义泉,陈举等.东海定点连续观测站海流资料分析.海洋工程,2003(1):94-100.

[20]党福星,丁谦.利用多波段卫星数据进行浅海水深反演方法研究.海洋通报,2003(3):55-60.

[21]端义宏,朱建荣,秦曾灏等.一个高分辨率的长江口台风风暴潮数值预报模式及其应用.海洋学报,2005(3):10-19.

[22]董庆亮,欧阳永忠,杨建宇等.利用海洋重力数据和水深数据的相关性剔除粗差.海洋测绘,2011(4):26-28.

[23]邓明,黄伟,李炎.珠江河口悬浮泥沙遥感数据集.海洋与湖沼,2002(4):341-348.

[24]范开国,黄韦艮,贺明霞等.风速风向对SAR浅海水下地形成像影响的仿真研究.遥感学报,2008(5):743-749.

[25]范开国,黄韦艮,傅斌等.台湾浅滩浅海水深SAR遥感探测实例研究.地球物理学报,2012(1):310-316.

[26]方芳,周红,李哲等.三峡小江回水区真光层深度及其影响因素分析.水科学进展,2010(1):113-119.

[27]方兆宝,赵宝勋.海洋测深中的波浪效应改正技术.海洋测绘,2001(3):19-26.

[28]傅斌.SAR浅海水下地形探测.青岛:中国海洋大学,2005.

[29]付军.基于高分辨率遥感影像的水深探测方法研究.中国地球物理学会、中国地球物理学会第二十七届年会论文集.中国地理物理学会,2011(1).

[30]胡光海,周兴华.趋势与分析在水深测量数据处理中的作用.测绘工程,2004(03)23-25.

[31]高艳波,朱光文,白毅平等.美国国家业务化海浪观测计划及其对我们的启示.海洋技术,2011(4):118-122.

[32]高义,苏奋振,孙晓宇等.近20a广东省海岛海岸带土地利用变化及驱动力分析.海洋学报,2011(4):95-103.

[33]国巧真,顾卫,李京等. 基于遥感数据的渤海海冰灾害风险研究. 灾害学,2008(2):10-14.

[34]郭金家. 海中有色可溶有机物荧光光谱现场探测技术研究. 青岛:中国海洋大学,2011.

[35]高山红,张新玲,吴增茂. 渤海海面风场的一种动力诊断方法. 海洋学报,2001(6):51-58.

[36]高山红,谢红琴,吴增茂等. 台风影响下渤海及邻域海面风场演变过程的MM5模拟分析. 青岛海洋大学学报(自然科学版),2001(3):325-331.

[37]何琦,魏泽勋,王永刚. 南海北部陆架陆坡区海流观测研究. 海洋学报,2012(1):17-28.

[38]何贤强,潘德炉,朱乾坤等. 海洋水色及水温扫描仪精确瑞利散射计算. 光学学报,2005(2):145-151.

[39]何执兼,邓孺孺,王兴玲. 应用水色卫星对海水油及COD的遥感探测. 中山大学学报(自然科学版),1999(3):82-85.

[40]韩震,恽才兴. 伶仃洋大铲湾潮滩冲淤遥感反演研究. 海洋学报,2003(5):58-64.

[41]胡奎伟,许柳雄,陈新军等. 海洋遥感在渔场分析中的研究进展. 中国水产科学,2012(6):1079-1088.

[42]黄锦林,杨光华,曾进群等. 广东沿海风暴潮灾害应急管理初探. 灾害学,2010(4):139-142.

[43]黄韦艮,毛显谋,张鸿翔等. 赤潮卫星遥感监测与实时预报. 海洋预报,1998(3):110-115.

[44]黄韦艮,傅斌,周长宝等. 星载SAR遥感浅海水下地形的最佳海况模拟仿真. 自然科学进展,2000(7):68-75.

[45]黄海清,何贤强,王迪峰等. 神经网络法反演海水叶绿素浓度的分析. 地球信息科学,2004(2):31-36.

[46]黄海军,李成治,郭建军. 卫星影像在黄河三角洲岸线变化研究中的应用. 海洋地质与第四纪地质,1994(2):29-37.

[47]金久才,张杰,王岩峰等. 自动表面船用于岛礁水深测绘. 海洋技术,2010(2):5-8.

[48]金永德,冯守珍,周兴华等. 强冲刷侵蚀岸段水深地形变化成因分析. 海洋测绘,2005(6):54-57.

[49]贾明明,刘殿伟,王宗明等. 面向对象方法和多源遥感数据的杭州湾海岸线提取分析. 地球信息科学学报,2013(2):262-269.

[50]楼东,刘亚军,朱兵见. 浙江海岸线的时空变动特征、功能分类及治理措施. 海洋开发与管理,2012(3):11-16.

[51]林珲,吴立新,方兆宝等. 水深测量的误差因子分析. 海洋测绘,2005(2):1-5.

[52]梁建. 基于HY-1B CZI数据的海岸带监测系统及应用. 青岛:国家海洋局第一海洋研究所,2010.

[53]梁建,宋平舰,崔廷伟等. HY-1B CZI海岸带动态监测系统设计与实现. 海洋通报,2011(1):94-99.

[54]刘方兰,杨胜雄,邓希光等. 马里亚纳海沟"挑战者深渊"最深点水深探测. 海洋测绘,2013(5):49-52.

[55]刘汉杰,付东洋. MODIS 3A遥感图像的均值融合研究与应用. 信息技术,2010(9):44-46.

[56]刘小平,邓孺孺,彭晓鹃. 悬浮泥沙定量遥感综合模式及其在珠江口的应用. 中山大学学报(自然科学版),2005(3):109-113.

[57]刘桐义,姚文,张晶等. 1105号热带风暴"米雷"造成辽南大暴雨过程分析. 安徽农业科学,2012(21):10987-10990.

[58]刘灿德,何报寅,李茂田,任宪友等. 利用MODIS反演长江中游悬浮泥沙含量的初步研究. 地质科技情报,2006(2):99-102.

[59]刘丙新. 基于高光谱特征的水上油膜提取与分析研究. 大连:大连海事大学,2013.

[60]刘杨,邵芸,于五一等. 基于ENVISat的海洋污染性油膜雷达散射特征与扩散趋势分析. 遥感技术与应用,2010(3):311-317.

[61]刘恒魁,魏昌理. 海流观测在水运工程中的应用. 水运工程,2006(6):9-10.

[62]刘增宏,许建平,孙朝辉等. 吕宋海峡附近海域水团分布及季节变化特征. 热带海洋学报,2011(1):11-19.

[63]李伟,杨永春,王津. 浅海海底地形变迁对海上平台动力特性的影响. 海洋科学进展,2005(3):363-367.

[64]李欢,张东,张鹰. 削弱水分影响的潮滩表层沉积物遥感分类方法研究. 海洋学报(中文版),2012(6):84-93.

[65]李京. 水域悬浮固体含量的遥感定量研究. 环境科学学报,1986(2):166-173.

[66]李炎,李京. 基于海面-遥感器光谱反射率斜率传递现象的悬浮泥沙遥感算法. 科学通报,1999(17):1892-1897.

[67]李四海,恽才兴,唐军武. 河口悬浮泥沙浓度SeaWiFS遥感定量模式研究. 海洋学报(中文版),2002(2):51-58.

[68]李琼. SAR图像海面油膜提取与分类研究. 北京:中国地质大学,2011.

[69]李云亮,张运林,刘明亮. 太湖真光层深度的计算及遥感反演. 湖泊科学,2009(2):165-172.

[70]李国胜,梁强,李柏良. 东海真光层深度的遥感反演与影响机理研究. 自然科学进展,2003(1):92-96+115.

[71]李苏军,杨冰,吴玲达. 海浪建模与绘制技术综述. 计算机应用研究,2008(3):666-669.

[72]李磊,李凤岐,苏洁等. 1998年夏、冬季南海水团分析. 海洋与湖沼,2002(4):393-401.

[73]李家明,姚植桂,温兴卫等. 井下全方位潮汐观测技术研究. 大地测量与地球动力学,2010(5):149-152.

[74]李栖筠. 卫星遥感技术在老铁山水道溢油监测中的应用. 中国航海,1994(1):28-32.

[75]李肖霞. 海洋高光谱数据在浅海海底探测及赤潮藻类信息提取中的应用. 中国海洋大学,2007.

[76]李泽军,王小青,于祥祯等. SAR图像反演浅海地形的一种改进方法. 电子测量技术,2012(4):86-89.

[77]李先涛,曾志,张丰等.基于集群的海洋遥感图像融合并行计算策略.计算机应用与软件,2012(1):84-87.

[78]李建成,宁津生,陈俊勇等.中国海域大地水准面和重力异常的确定.测绘学报,2003(2):114-119.

[79]栗小东,过仲阳,朱燕玲等.结合GIS数据的神经网络湿地遥感分类方法:以上海崇明岛东滩湿地为例.华东师范大学学报(自然科学版),2010(4):26-34.

[80]廖迎娣,张玮,P.Y.Deschamps.运用Sea WiFS遥感数据探测中国东部沿海悬浮泥沙浓度的研究.水动力学研究与进展(A辑),2005(5):558-564.

[81]乐成峰,李云梅,查勇等.真光层深度的遥感反演及其在富营养化评价中的应用.生态学报,2008(6):2614-2621.

[82]林明森,郑淑卿,孙瀛.一种新的海洋风场反演中风向模糊排除方法研究.台湾海峡,1996(3):243-254.

[83]吕柯伟,胡建宇,杨小怡.南海及邻近海域海面风场季节性变化的空间差异.热带海洋学报,2012(6):41-47.

[84]吕金库.海浪对有限深海水磁场影响的研究[D].哈尔滨工程大学,2012.

[85]吕品姬,赵斌,陈志遥等.基于经验模态分解的潮汐观测长趋势分析.地震研究,2011(4):453-456.

[86]雷震东,王雷,钟仕荣.无源微波遥感海上石油污染的研究.电子科学学刊,1996(5)::496-500.

[87]陆应诚,田庆久,王晶晶等.海面油膜光谱响应实验研究.科学通报,2008(9):1085-1088.

[88]梁海燕,邹欣庆.海口湾沿岸风暴潮风险评估.海洋学报(中文版),2005(5):22-29.

[89]马泳,林宏,艾青等.基于生物光学算法的海洋赤潮监测.光学学报,2008(1):7-11.

[90]毛志华,朱乾坤,潘德炉等.卫星遥感速报北太平洋渔场海温方法研究.中国水产科学,2003(6):502-506.

[91]潘德炉,毛天明,李淑菁等.卫星遥感监测我国沿海水色环境的研究.第四纪研究,2000(3):240-246.

[92]潘德炉,王迪峰.我国海洋光学遥感应用科学研究的新进展.地球科学进展,2004(4):506-512.

[93]潘德炉,龚芳.我国卫星海洋遥感应用技术的新进展.杭州师范大学学报(自然科学版),2011(1):1-10.

[94]潘德炉,毛天明,李淑菁等.卫星遥感监测我国沿海水色环境的研究.第四纪研究,2000(3):240-246.

[95]齐义泉,施平,王静.卫星遥感海面风场的进展.遥感技术与应用,1998(1):59-64.

[96]齐义泉,施平,毛庆文.一个异常的台风海面风、浪结构的遥感分析.遥感学报,1997(3):214-219.

[97]邱辉,赵巧华,孙德勇等.太阳高度角对太湖水体真光层深度变化的影响分析.中国环境科学,2011(1):1690-1696.

[98]曲利芹,管磊,贺明霞.Sea WiFS和MODIS叶绿素浓度数据及其融合数据的全球可利用率.中国海洋大学学报(自然科学版),2006(2):321-326.

[99]任福安,邵秘华,孙延维. 船载雷达观测海浪的研究. 海洋学报(中文版),2006(5):152-156.

[100]任鸿翔,尹勇,金一丞. 大规模海浪场景的真实感绘制. 计算机辅助设计与图形学学报,2008(12):1617-1622.

[101]邵宝民. 海洋图像智能信息提取方法研究. 中国海洋大学,2011.

[102]史丰荣,刘美娟,周维华等. 利用Sea WiFS资料对二类水体辐射大气校正方法的研究. 内蒙古师范大学学报(自然科学汉文版),2006(4):424-427.

[103]苏奋振,周成虎,刘宝银等. 基于海洋要素时空配置的渔场形成机制发现模型和应用.海洋学报(中文版),2002(5):46-56.

[104]沈芳,郜昂,吴建平等. 淤泥质潮滩水边线提取的遥感研究及DEM构建——以长江口九段沙为例. 测绘学报,2008(1):102-107.

[105]沈新强,王云龙,袁骐等. 北太平洋鱿鱼渔场叶绿素a分布特点及其与渔场的关系. 海洋学报(中文版),2004(6):118-123.

[106]石慧,蔡旭晖,宋宇. 中国近海海面风场的分类. 北京大学学报(自然科学版),2011(2):353-362.

[107]石雪冬,钟焕良. 短期潮汐观测深度基准面确定研究. 测绘科学,2014(1):24-27.

[108]申力,许惠平,吴萍. 赤潮期东海水体不同遥感分类算法应用分析.海洋环境科学,2012(1):102-106.

[109]申家双,翟京生,郭海涛.海岸线提取技术研究.海洋测绘,2009(6):74-77.

[110]施英妮,张亭禄,周晓中等. 基于神经网络方法的高光谱遥感浅海水深反演. 高技术通讯,2008(1):71-76.

[111]孙美仙,张伟.福建省海岸线遥感调查方法及其应用研究. 台湾海峡,2004(2):213-218.

[112]孙建. SAR影像的海浪信息反演. 中国海洋大学,2005.

[113]孙和平,陈晓东,许厚泽等. GWR超导重力仪潮汐观测标定因子的精密测定. 地震学报,2001(6):651-658+672.

[114]孙璐,黄楚光,蔡伟叙等. 热带风暴GONI活动期间南海上层热结构变化及海浪、风暴潮特征分析. 海洋通报,2011(1):16-22.

[115]孙和平,许厚泽,罗少聪等. 用超导重力仪的潮汐观测资料研究海潮模型. 测绘学报,1999(2):24-29.

[116]孙伶俐,罗俊秋,吕品姬等. 十堰台数字化水管仪倾斜潮汐观测质量评定. 大地测量与地球动力学,2011(S1):59-63.

[117]孙劭,史培军. 渤海和黄海北部地区海冰灾害风险评估. 自然灾害学报,2012(4):8-13.

[118]孙志林,卢美,聂会等. 浙江沿海登陆台风风暴潮特性分析. 浙江大学学报(工学版),2014(2):262-267.

[119]沈亮,苏玮,付东洋等. 利用MODIS和HJ-1卫星数据监测墨西哥湾溢油事件. 广东海洋大学学报,2010(6):50-53.

[120]滕骏华,吴玮,孙美仙等. 基于GIS的风暴潮减灾辅助决策信息系统. 自然灾害学报,2007(2):16-21.

[121]谭丽荣,陈珂,王军等. 近20年来沿海地区风暴潮灾害脆弱性评价. 地理科学, 2011(9):1111-1117.

[122]孙伟,高峰,朱乃海. D907号热带风暴"天鹅"灾害评估及农业生产应对措施. 安徽农业科学,2010(07):3636-3637+3681.

[123]滕惠忠,马福诚,李海滨等. 卫星遥感水深反演技术发展与模型分析. 中国测绘学会海洋测绘专业委员会:第二十一届海洋测绘综合性发展研讨会论文集. 中国测绘学会海洋测绘专业委员会,2009(07).

[124]滕俊华,吴玮,孙美仙等. 基于GIS风暴减灾辅助决策信息系统. 自然灾害学报, 2007(02):16-21.

[125]谭丽荣,陈珂,王军等. 近20年来沿海地区风暴灾害脆弱性评价. 地理科学,2011 (09):1111-1117.

[126]田晋. 潮汐观测数据内插处理工具软件的编写. 电脑编程技巧与维护,2014(8): 35-36.

[127]唐世林,陈楚群,詹海刚等. 南海真光层深度的遥感反演. 热带海洋学报,2007 (1):9-15.

[128]唐军武,田国良. 水色光谱分析与多成分反演算法. 遥感学报,1997(4):252-256.

[129]唐军武,马超飞,牛生丽等. CBERS-02卫星CCD相机资料定量化反演水体成分初探.中国科学E辑:信息科学,2005(S1):156-170.

[130]温伟,赵书轩,王春晓等. 海南海岸带动态监测指标体系的研究. 测绘与空间地理信息,2013(7):177-179.

[131]王刚,乔方利,侯一筠等. 海南岛东部陆架近底层的强海流观测. 自然科学进展, 2008(5):587-590.

[132]王冰,魏志强,李兆均等. GPS-RTK在海洋水深测量中的应用. 矿山测量,2012 (4):3-4.

[133]王凯,叶冬. 东海三定点周日海流观测的准调和分析. 海洋科学,2007(8):18-25.

[134]王珂,洪峻,张元等. 浅海水下地形检测算法. 红外与毫米波学报,2012(1):85-90.

[135]王琳,徐涵秋,李胜. 厦门岛及其邻域海岸线变化的遥感动态监测. 遥感技术与应用,2005(4):404-410.

[136]王长耀,布和敖斯尔,狄小春. 遥感技术在全球环境变化研究中的作用. 地球科学进展,1998(3):63-69.

[137]王斌飞,翟晴飞,敖雪等. 辽宁风暴潮灾害分析.安徽农业科学,2014(6):1765-1768+1835.

[138]王晶晶,张鹰,陶菲. 盐田水体遥感分类方法研究. 海洋技术,2005(1):67-71.

[139]王祎萍,李瑞敏,王轶等. 海岸线变化的地质指标体系. 地质通报,2011(11): 1752-1756.

[140]王正涛,李建成,晁定波. 海洋重力似大地水准面与区域测高似大地水准面的拟合问题. 武汉大学学报(信息科学版),2005(3):234-237.

[141]王小龙,张杰,初佳兰. 基于光学遥感的海岛潮间带和湿地信息提取——以东沙岛(礁)为例. 海洋科学进展,2005(4):477-481.

[142]汪小钦,陈崇成.遥感在近岸海洋环境监测中的应用. 海洋环境科学,2000(4):72-76.

[143]吴琼. 海岛及其周围海域监视监测指标体系研究. 中国海洋大学,2013.

[144]吴春节,王智明,吕楚男. 近岸海洋水深测量中几个问题的探讨. 城市勘测,2013(5):135-136.

[145]吴培中. 中国海洋水色遥感十年. 国土资源遥感,1994(2):5-14.

[146]吴培中. 世界卫星海洋遥感三十年. 国土资源遥感,2000(1):2-10.

[147]吴少华,王喜年,戴明瑞等. 渤海风暴潮概况及温带风暴潮数值模拟. 海洋学报(中文版),2002(3):28-34.

[148]吴奎桥,徐莹,郝轶萌. MODIS数据在海冰遥感中的应用. 海洋预报,2005(S1):44-49.

[149]吴金华,陈海兰,陈坤等. 浙江省舟山海岛地区出生缺陷监测研究. 疾病监测,2008(8):504-507.

[150]吴爱琴. SAR图像海面油膜信息提取方法研究. 中南大学,2011.

[151]武腾腾. SAR影像海面油膜识别关键技术研究. 中国石油大学(华东),2012.

[152]徐建桥,孙和平,周江存. 南极中山站重力潮汐观测的海潮负荷效应. 测绘学报,2002(3):228-233.

[153]徐丰,贾复. 适用于不同频率的微波海面散射计算方法. 遥感技术与应用,1996(3):27-31.

[154]徐文斌,林宁,卢文虎等. 基于最大似然法的钓鱼岛航空遥感监视监测信息提取. 海洋通报,2013(5):548-552.

[155]谢宏全,高祥伟. 连云港海岸带土地利用/覆盖变化与驱动力分析. 海洋科学,2011(11):52-57.

[156]谢文君,陈君.海洋遥感的应用与展望.海洋地质与第四纪地质,2001(3):123-128.

[157]原君娜,邵芸,田维等. 利用SAR图像识别海面油膜的方法介绍. 遥感技术与应用,2010(1):97-101.

[158]尹东屏,张备,姚丽娜等. 远离热带风暴中心的大暴雨个例分析. 气象科学,2011(6):747-754.

[159]杨劲松,黄韦艮,周长宝等. 合成孔径雷达图像的近岸海面风场反演. 遥感学报,2001(1):13-16.

[160]杨智翔. 利用遥感技术监测江苏海岸线变迁与滩涂围垦. 人民黄河,2013(1):85-87.

[161]杨俊钢,张杰,孟俊敏. 利用浅水地形及其SAR影像确定海面风向的一种方法.海洋学报(中文版),2007(6):40-44.

[162]杨纪明,顾传成,李丽云等. 黄东海远东沙瑙鱼渔场卫星遥感测报研究. 中国科学B辑,1994(8):845-851.

[163]杨庆轩,梁鑫峰,田纪伟等. 南海北部海流观测结果及其谱分析. 海洋与湖沼,2008(6):561-566.

[164]姚琪,郑崇伟,苏勤等. 基于WAVEWATCH-Ⅲ模式的一次冷空气过程海浪场模拟研究. 海洋预报,2013(2):49-54.

[165]袁耀初,楼如云,刘勇刚等. 2002年春季吕宋海峡海流:观测与改进逆模式计算. 海洋学报(中文版),2005(3):1-10.

[166]袁耀初,赵进平,王惠群等. 南海东北部450m以浅水层与深层海流观测结果及其谱分析. 中国科学D辑,2002(2):163-176.

[167]严金辉. 粤西长期海流观测揭示的低频流特征及其动力机制分析. 中国海洋大学,2005.

[168]杨文波,李继龙,罗宗俊. 海洋遥感技术在海洋渔业及相关领域的应用与研究. 中国水产科学,2005,03:362-370.

[169]云升军,王冠琳,熊学军. 一种浅水型海流定点观测系统布放方法. 海岸工程,2010(4):83-87.

[170]喻节林,王晓权,张新林等. 从中国大陆重力潮汐观测看印尼Ms8.7地震的重力效应. 大地测量与地球动力学,2007(S1):67-69.

[171]于非,张志欣,刁新源等. 黄海冷水团演变过程及其与邻近水团关系的分析. 海洋学报(中文版),2006(5):26-34.

[172]于天龙,陈耿琦,李海燕等. 长春双阳地震台数字水管仪倾斜潮汐观测质量评定. 大地测量与地球动力学,2007(S1):89-92.

[173]俞聿修,柳淑学. 采样时距对海浪观测结果的影响. 港工技术,1993(4):1-10.

[174]俞聿修,柳淑学. 海浪的现场观测及其统计特性. 港工技术,1994(3):1-11.

[175]恽才兴,胡嘉敏. 海岛遥感. 遥感技术与应用,1991(3):54-58.

[176]余国华,马毅,李晓敏等. 粤西主要海岛功能区划执行情况监测. 海洋开发与管理,2012(1):21-26.

[177]余东华,吴超羽,吕炳全等. 广东沿海地区风暴潮灾害及其防御. 浙江海洋学院学报(自然科学版),2009(4):440-444.

[178]叶小敏,郑全安,纪育强等. 基于TM影像的胶州湾水深遥感. 海洋测绘,2009(2):12-15.

[179]岳青,朱利明,何任远. 湛江海湾大桥健康状态评估体系设计. 中外公路,2006(5):106-111.

[180]袁本坤,郭可彩,王相玉等. 我国单因子海冰灾害指标体系及海冰灾害等级划分方法初步探讨. 海洋预报,2013(1):65-70.

[181]邹斌,邹亚荣,金振刚. 渤海海温与叶绿素季节空间变化特征分析. 海洋科学进展,2005(4):487-492.

[182]朱小鸽. 珠江口海岸线变化的遥感监测. 海洋环境科学,2002(2):19-22+80.

[183]朱君艳,沈琼华,王珂. 海洋遥感的研究进展. 浙江海洋学院学报(自然科学版),2000(1):77-80.

[184]周燕. 基于Hyperion数据的浅海地形和海洋光学参数反演方法研究. 中国海洋大学,2010.

[185]周相君,李晓敏,马毅等. 基于遥感的广西防城湾海岸线变迁分析. 海洋学研究,2014.32(1):47-55.

[186]周兆明,符养,严卫等. 利用GPS反射信号遥感Michael飓风海面风场研究. 武汉大学学报(信息科学版),2006(11):991-994.

[187]赵冬至. AVHR遥感数据在海表赤潮细胞数探测中的应用. 海洋环境科学,2003(1):10-14.

[188]赵喜喜. 中国海散射计风、浪算法研究及海面风场、有效波高的时空特征分析. 中国科学院研究生院(海洋研究所),2006.

[189]祝令亚,王世新,周艺等. 应用MODIS监测太湖水体叶绿素a浓度的研究. 遥感信息,2006(2):25-28.

[190]郑全安,孙元福,师元勋等. 海面油溢航空遥感监测方法研究——波谱特性及实验结果分析. 海洋学报(中文版),1984(4):531-541.

[191]张薇,高山,阎忠辉等. 渤海灾害性海浪特征分析. 海洋预报,2012(5):73-77.

[192]张静,王忠良,汤保贵等. 后水湾网箱养殖区五测站两周日海流观测的准调和分析. 海洋通报,2014(1):56-61.

[193]张永宁,丁倩,李栖筠. 海上溢油污染遥感监测的研究. 大连海事大学学报,1999(3):1-5.

[194]张永宁,丁倩,高超等. 油膜波谱特征分析与遥感监测溢油. 海洋环境科学,2000(3):5-10.

[195]张煜洲,陈志莉,胡潭高等. 遥感技术监测海上溢油现状及趋势. 杭州师范大学学报(自然科学版),2013(1):81-88.

[196]张俊香,黄崇福,刘旭拢. 广东沿海台风暴潮灾害的地理分布特征和风险评估(1949—2005). 应用基础与工程科学学报,2008(3):393-402.

[197]张慧霞,庄大昌,娄全胜. 基于土地利用变化的东莞市海岸带生态风险研究.经济地理,2010(3):489-493.

[198]张民伟,唐军武,丁静. 水色大气校正算法综述. 海洋技术,2008(3):110-114＋126.

[199]张春桂.MODIS遥感数据在福建省海岸带滩涂资源监测中的应用研究.海洋学报(中文版),2007(4):51-58.

[200]张永继,闫冬梅,曾峦等. 基于邻域相关信息的海岸线提取方法.装备指挥技术学院学报,2005(6):88-92.

[201]张建华,王志珍,彭永红. 南海近海渔场航空测温. 海洋预报,1996(4):66-71.

[202]张鹏,陈晓玲,陆建忠等. 基于CCMP卫星遥感海面风场数据的渤海风浪模拟研究. 海洋通报,2011(3):266-271.

[203]张运林,秦伯强,胡维平等. 太湖典型湖区真光层深度的时空变化及其生态意义. 中国科学D辑,2006(3):287-296.

[204]张运林,冯胜,马荣华等. 太湖秋季真光层深度空间分布及浮游植物初级生产力的估算.湖泊科学,2008(3):380-388.

[205]张辛,周春霞,鄂栋臣等. 基于多源遥感数据的南极冰架与海岸线变化监测. 地球物理学报,2013(10):3302-3312.

[206]张华国,黄韦良,宋爱琴等. 基于EP度P5卫星遥感数据的海岛监测应用. 浙江省海洋学会、浙江省海洋与渔业局、国家海岛开发与管理研究中心. 2010年海岛可持续发展论坛论文集. 浙江省海洋学会、浙江省海洋与渔业局、国家海岛开发与管理研究中心,2010(8).

撰写人:孙伟伟

3　中国海洋科教建设研究

国家海洋科技事业规划提出推动海洋科技与涉海教育的全面跨越式发展，为海洋经济发展提供技术支撑与创新之源。本章利用文献计量方法，重点梳理中国涉海学科区域差异及海洋高等教育、海洋科教机构的知识生产、海洋科技管理三个领域的研究文献，阐释中国海洋科教研究的历程、特色、贡献，以期引导海洋科技与海洋教育研究新趋势。

3.1　中国涉海学科区域差异及其高等教育研究进展

海洋是人类生存的基本空间，中国拥有广袤的海洋国土，海洋在促进中国经济社会发展的作用日益显著。改革开放以来，中国对海洋开发愈发重视，特别是1996年在"九五"计划中首次提出"加强海洋资源调查，开发海洋产业，保护海洋环境"，2006年国家"十一五"规划首次将海洋列为专章进行规划，"十二五"规划提出"海洋强国"战略，2011年批准设立中国首个以海洋为主题的国家级新区——浙江舟山群岛新区，标志着中国海洋开发进入了快速发展的阶段。随着中国海洋开发的快速推进，对海洋人才的需求日益多样化与高端化。海洋资源开发、海洋环境保护、海洋工业发展等，都需要科技支撑和引领。海洋人才的培养、海洋科学研究、海洋技术研发等各类海洋人才培育，亟待通过加快中国海洋高等教育发展得以实现，涉海学科的建设无疑是海洋高等教育的重要抓手。

2010年中国涉海就业人员达3350万人，其中专业技术人员所占比例不到10%。快速发展的中国海洋经济，需要加快建设涉海学科与海洋类院校，培养更多高素质的海洋专业技术人员。2010年，教育部和国家海洋局共同推进17所高校涉海学科建设及科技创新平台建设,但涉海学科或院校建设是否符合区域海洋经济社会发展需求,是否能支撑与引领战略性新兴海洋产业的发展等战略问题亟待系统梳理中国涉海学科区域发展现状与高等教育研究动态予以阐释。

3.1.1 中国涉海学科的现状特征

3.1.1.1 中国涉海学科发展现状

《普通高等学校本科专业目录(2012年)》(教高[2012]9号)设有12个学科门类、92个专业类、506种专业,仅在海洋科学类、海洋工程类、水利类、交通运输类、水产类、公共管理类等6类下设17种专业,占总数的3.36%,较《全国普通高等学校本科专业目录和专业介绍(1998年)》的3.21%增加了0.15个百分点(表3-1-1)。2011年,中国有260多家海洋科研院所和大中专院校,全国普通高等教育海洋专业本专科在校生308798人、招生100316人,分别是2005年的5.28倍和5.46倍,毕业生数从2005年的11109人增加到2011年的97469人(表3-1-2)。目前,中国涉海学科建设已达到一定规模,沿海、沿江地区数所院校设立了海洋类本科专业/硕博学位点,个别省份成立了综合性的海洋大学或研究院。全国范围内,已有大连海洋大学、中国海洋大学、上海海洋大学、浙江海洋学院、广东海洋大学等5所以海洋命名的高校;其他有涉海类专业的高校60所,其中浙江6所、山东5所、上海6所、辽宁5所、广东6所、江苏10所、福建4所、天津4所、海南1所,河北3所、广西1所、湖北6所、黑龙江1所、重庆1所、湖南1所(表3-1-3)。此外,还有中国科学院海洋研究所、中国科学院南海海洋研究所、中国科学院三亚深海科学与工程研究所、中国科学院烟台海岸带研究所、国家海洋局的3个研究所、海洋环境预报中心、海洋技术研究所、海洋战略研究所等海洋高等教育科研机构。

表3-1-1 普通高等学校本科专业目录(2012年)设立的涉海本科专业目录

门　类	学科专业类	基本专业	特设专业	国家控制布点专业
理　学	0707海洋科学类	070701海洋科学 070702海洋技术 (注:可授理学或工学学士学位)	070703T海洋资源与环境 070704T军事海洋学	————

门　类	学科专业类	基本专业	特设专业	国家控制布点专业
工学	0811 水利类	081103 港口航道与海岸工程	——	——
	0815 矿业类	——	081506T 海洋油气工程	——
	0818 交通运输类	——	081807T 救助与打捞工程 081808TK 船舶电子电气工程	081803K 航海技术 081804K 轮机工程
	0819 海洋工程类	081901 船舶与海洋工程	081902T 海洋工程与技术 081903T 海洋资源开发技术	——
农学	0906 水产类	090601 水产养殖学 090602 海洋渔业科学与技术	——	——
管理学	1204 公共管理类	——	120406TK 海关管理 120408T 海事管理	——

表 3-1-2　普通高等院校 2005—2011 年海洋专业本、专科毕业生及在校学生数

年	2005	2006	2007	2008	2009	2010	2011
毕业生/人	11109	13203	15364	17757	37245	44653	97469
招生/人	18375	20197	23042	25471	49699	50169	100316
在校学生数/人	58438	63834	72826	80784	160717	164246	308798

数据来源:《中国海洋统计年鉴(2006—2012 年)》

表 3-1-3　中国省份开设有涉海本科专业的院校

省份(院校数)	院校名称	开设本科专业	开设硕士研究生专业	开设博士研究生专业
辽宁 5 所 http://zy.upln.cn/	大连海洋大学	海洋科学类(含海洋科学、海洋技术专业)、海洋资源与环境、水文与水资源工程、航海技术、轮机工程、港口航道与海岸工程、船舶电子电气工程、船舶与海洋工程、水产养殖、海洋渔业科学与技术、水族科学与技术、水生动物医学	物理海洋学、海洋化学、海洋生物学、水生生物学、生态学、环境科学与工程、生物医学工程、水工结构工程、港口海岸及近海工程、水产养殖、捕捞学、渔业资源、水产品加工及贮藏工程、水利工程、渔业	无

续表3-1-3

省份(院校数)	院校名称	开设本科专业	开设硕士研究生专业	开设博士研究生专业
辽宁5所 http://zy.upln.cn/	大连海事大学	航海技术、海事管理、轮机工程(海上方向)、轮机工程(陆上方向)、船舶电子电气工程、船舶与海洋工程、救助与打捞工程、环境工程、海洋科学、海洋资源与环境	航海科学与技术、海上交通工程、轮机工程、船舶与海洋工程(专业学位)、海洋化学、环境科学与工程学、载运工具运用工程、船舶与海洋结构物设计制造、救助与打捞工程	航海科学与技术、海上交通工程、轮机工程、船舶电气工程、控制理论与控制工程、环境科学与工程学、载运工具运用工程、船舶与海洋结构物设计制造、救助与打捞工程
	大连理工大学	水利类、船舶与海洋工程、环境科学与工程类	船舶与海洋结构物设计制造、轮机工程、水声工程、水工结构工程、港口海岸及近海工程、水科学与技术、环境科学与工程学、船舶与海洋工程(专业学位)	船舶与海洋结构物设计制造、水声工程、水工结构工程、水利水电工程、港口海岸及近海工程、水科学与技术
	辽宁师范大学	环境科学、水文与水资源工程、人文地理与城乡规划、自然地理与资源环境保护、地理信息科学	生态学、环境科学、水文学及水资源、海洋生物学、人文地理学、自然地理学、地理信息系统	人文地理学(海洋经济地理方向)、自然地理学(海洋资源环境方向)、地理信息系统(海洋GIS)
	海军大连舰艇学院	军事海洋学、航海技术、地图学与地理信息工程、兵器科学与技术、仪器科学与技术	物理海洋学、交通信息工程及控制导航、制导与控制	交通信息工程及控制
天津4所 http://www. zhaokao.net/	天津大学	港口航道与海岸工程、船舶与海洋工程、环境科学与工程、水利水电工程	风能工程、水利工程、船舶与海洋工程、水利工程(专业学位)、船舶与海洋工程(专业学位)、环境能源工程	环境能源工程、船舶与海洋工程、风能工程、水利工程
	天津科技大学	海洋科学、化学工程与工艺(海洋化工)、海洋技术(遥感与信息处理)	物理海洋学、海洋化学、海洋生物学、化学工程、盐科学与工程	盐科学与工程、水产品加工及贮藏工程
	天津理工大学	船舶电子电气工程、轮机工程、航海技术	无	无
	天津城建大学	港口航道与海岸工程	无	无
河北3所 http://www. hebeea.edu.cn/	河北农业大学	水产养殖学、海洋渔业科学与技术、海洋科学类、水环境监测与保护	水产品加工及贮藏工程、水工结构工程、水利水电工程	农业水土工程
	河北联合大学	海洋技术、石油工程	无	无
	河北工业大学	化学工程与技术	海洋化学工程与技术	海洋化学工程

省份(院校数)	院校名称	开设本科专业	开设硕士研究生专业	开设博士研究生专业
山东6所 http://www.sdzs.gov.cn/	中国海洋大学	海洋科学、海洋技术、生物科学、生物技术、海洋资源开发技术、海洋生物资源与环境、海洋渔业科学与技术、港口航道与海岸工程、船舶与海洋工程、环境科学、环境工程	气象学、大气物理学与大气环境、物理海洋学、应用海洋学、海洋资源与权益综合管理、自然地理学、海洋探测技术、海洋化学、海洋化学工程与技术、海洋地质、海洋地球化学、水生生物学、水产养殖、捕捞学、渔业资源、水生动物医学、水产动物营养与饲料学、增殖养殖工程、渔业经济与管理、海洋生物学、生态学、水产品加工及贮藏工程、海洋机电装备与仪器、水文学及水资源、水力学及河流动力学、港口海岸及近海工程、海洋能利用技术	港口海岸及近海工程、水产品加工及贮藏工程、海洋生物学、生态学水生生物学、捕捞学、渔业资源、水生动物医学、水产动物营养与饲料学、增殖养殖工程、渔业经济与管理、海洋地质、海洋地球化学、海洋地球物理学、海洋化学、水产养殖、海洋化学工程与技术、海洋探测技术、气象学、大气物理学与大气环境、物理海洋学、应用海洋学、海洋资源与权益综合管理、海洋数学技术
	青岛科技大学	海洋科学、环境科学、船舶与海洋工程、环境工程	化学工艺、生物化工、化学工程与技术化学、海洋化学	化学工程与技术
	烟台大学	水产养殖学、海洋渔业科学与技术、航海技术、轮机工程、能源与动力工程、食品质量与安全	海洋化学、海洋生物学、动物学、生物化工、海洋渔业资源、水生生物学	无
	山东大学威海分校	海洋资源与环境、海洋资源开发技术、生物科学类	海洋生物学、生态学	海洋生物学、生态学
	青岛农业大学	水产养殖学、海洋资源与环境、水族科学与技术	水产品加工及贮藏工程、水产养殖、渔业	无
	哈尔滨工业大学威海分校	船舶与海洋工程、食品科学与工程、焊接技术与工程	船舶与海洋工程、海洋科学	海洋生物工程、海洋化学工程和海洋环境工程
江苏10所 http://www.jseea.cn/index.html	南京大学	化学类、生物科学类、环境科学类、水文与水资源工程、地球化学、海洋科学、生物技术	海洋地质、自然地理学、环境科学、环境工程、水文学及水资源、生态学、生物化学与分子生物学	环境科学与工程、地理与海洋科学、生命科学

续表3-1-3

省份(院校数)	院校名称	开设本科专业	开设硕士研究生专业	开设博士研究生专业
江苏10所 http://www.jseea. cn/index.html	河海大学	船舶与海洋工程、港口航道与海岸工程、海洋科学、海洋技术	物理海洋学、港口海岸及近海工程、海岸带资源与环境	物理海洋学、港口海岸及近海工程、海岸带资源与环境
	江苏科技大学	船舶与海洋工程、港口航道与海岸工程、海洋工程与技术、轮机工程	船舶与海洋工程、船舶与海洋结构物设计制造、水声工程、轮机工程	无
	淮海工学院	海洋资源开发技术、海洋技术、水产类、食品科学与工程类、海洋科学、港口航道与海岸工程	海洋科学、化学工程、生物化工	无
	南京信息工程大学	海洋科学、大气科学、应用气象学	海洋气象学、应用气象学、3S集成与气象应用、环境科学与工程	气象学、应用气象学、海洋气象学、3S集成与气象应用
	江苏大学	食品科学与工程、食品质量与安全	生态学、水利水电工程、环境科学、环境工程、食品科学与工程	环境科学与工程食品科学与工程
	苏州大学	化学类、生物科学类	水产养殖、化学工程与技术、生态学、渔业	化学
	东南大学	港口航道与海岸工程、道路桥梁与渡河工程	港口海岸及近海工程	无
	盐城师范学院	海洋资源开发技术	无	无
	盐城工学院	海洋技术、海洋科学	无	无
上海6所 http://www. shmec.gov.cn/ web/gjjl/ jyjx_show.php? id=17021	上海交通大学	船舶与海洋工程、港口航道与海岸工程、资源环境科学	船舶与海洋工程、养殖	船舶与海洋工程、生物学、环境科学与工程
	上海海洋大学	水产养殖学、生物科学、生物技术、海洋渔业科学与技术、海洋科学、海洋技术、轮机工程、水族科学与技术	海洋科学、捕捞学、渔业资源、渔业环境保护与治理、渔业(专业学位)、渔业经济与管理、水产养殖	水产养殖、捕捞学、渔业资源、渔业环境保护与治理、渔业经济与管理、食品科学与工程
	上海海事大学	港口航道与海岸工程、船舶与海洋工程、航海技术、轮机工程、航运管理	轮机工程、船舶与海洋结构物设计制造、港口海岸及近海工程、水工结构工程、海洋环境与工程学、海洋运输工程材料与防护、船舶与海洋工程	交通运输规划与管理、交通运输工程经济与管理、轮机工程、航运管理与法律、海洋运输工程材料与防护
	同济大学	海洋科学、海洋科学类、生物技术、生物科学、港口航道与海岸工程、地质工程	海洋化学、海洋生物学、海洋地质	生物学、海洋科学

省份(院校数)	院校名称	开设本科专业	开设硕士研究生专业	开设博士研究生专业
	华东师范大学	自然地理与资源环境保护、人文地理与城乡规划、生态学	人文地理、自然地理、地理信息科学、生态学、河口海岸学、第四纪地质学	河口海岸学、自然地理学、第四纪地质学
	上海海关学院	海关管理	税务硕士	无
浙江6所 http://www.zjks.net/app/portal/index.html	浙江大学	水资源与海洋工程、海洋工程与技术、生物技术、环境科学、环境工程、海洋科学、海洋技术	海洋科学、水利工程、船舶与海洋工程、水产	海洋资源与环境、船舶与海洋工程装备、海洋信息科学与工程、港口海岸及近海工程、海洋药物学、水资源利用与保护
	宁波大学	海洋科学、航海技术、轮机工程、生物科学、食品科学与工程、水产养殖学、海洋生物资源与环境	船舶与海洋工程、船舶与海洋结构物设计制造、轮机工程、港航技术与管理工程、海洋生物学、食品科学、水产品加工及贮藏工程、食品工程、水产养殖、渔业资源、渔业	水产养殖、渔业工程与材料、渔业资源、渔业经济管理
	温州医科大学	海洋科学、生物技术、生物科学	无	无
	浙江海洋学院	海洋技术、海洋工程类、海洋工程与技术、生物科学、海洋渔业科学与技术、轮机工程、水产养殖学、海洋资源与环境、船舶与海洋工程、船舶电子电气工程、航海技术、港口航道与海岸工程、海洋油气工程	海洋科学、水产学、船舶与海洋工程、养殖、渔业、食品加工与安全、设施农业	无
	浙江万里学院	食品质量与安全、食品科学与工程、生物工程、生物技术	生物工程、物流工程	无
	公安海警学院	航海技术(海警舰艇指挥)、治安学(海上治安管理)、法学(海警法制)、武器发射工程(海警舰载武器指挥)、轮机工程(机电技术指挥)、电子科学与技术(公安机要)、电子信息工程(海警信息指挥)、通信工程(海警通信指挥)、管理科学(海警后勤管理)	无	无

续表3-1-3

省份（院校数）	院校名称	开设本科专业	开设硕士研究生专业	开设博士研究生专业
福建（4所）http://www.eeafj.cn/	厦门大学	海洋科学、海洋技术	物理海洋学、海洋化学、海洋生物学、海洋地质、海洋物理、海洋事务、海洋生物技术、水生生物学	水生生物学、物理海洋学、海洋化学、海洋生物学、海洋地质、海洋物理、海洋事务、海洋生物技术
	福建农林大学	水产养殖学	养殖、水产品加工及贮藏工程	水产品加工及贮藏工程
	集美大学	交通运输（国际航运管理方向）、交通运输（航海保障方向）、航海技术、轮机工程、船舶与海洋工程、船舶电子电气工程、水产养殖学、海洋渔业科学与技术	船舶与海洋工程、水产、渔业	水产、船舶与海洋工程
	福州大学	物流工程（港口物流方向）、水利水电工程（近海工程方向）、机械设计制造及其自动化（海洋工程装备设计制造方向）、生物技术（海洋生物方向）、法学（海洋法方向）	港口、海岸及近海工程、水产品加工及贮藏工程	无
广东（6所）http://www.eeagd.edu.cn	广东海洋大学	港口航道与海岸工程、海洋渔业科学与技术、海洋科学、海洋技术、船舶与海洋工程、水产养殖学、航海技术、轮机工程、轮机工程（陆上）	水产养殖学、渔业资源、捕捞学、水产品的加工及贮藏工程、海洋生物学、物理海洋学、海洋化学、海洋地质	物理海洋、海洋化学、海洋生物、水产品加工及贮藏工程、水产养殖、渔业资源
	华南农业大学	水产养殖学	水生生物学	水生生物学
	华南理工大学	船舶与海洋工程	船舶与海洋工程	船舶与海洋工程
	广州航海学院	轮机工程、船舶电子电气工程、航海技术、海事管理、港口航道与海岸工程	无	无
	深圳大学	海洋科学	无	无
	中山大学	海洋科学（方向：海洋生物资源与环境专业）海洋地质（方向：海岸海洋科学与海岸工程）	海洋科学	海洋科学
海南（1所）http://202.100.202.56/index_c.html	海南大学	水产养殖学、海洋科学	海洋生物学、水产养殖学	水产养殖学、海洋生物学
广西（1所）http://www.gxeea.cn/	钦州学院	轮机工程、航海技术、海洋科学、水产养殖学	无	无

省份（院校数）	院校名称	开设本科专业	开设硕士研究生专业	开设博士研究生专业
湖北（6所）http://www.hbea.edu.cn/	中国地质大学（武汉）	船舶与海洋工程、海洋科学、海洋管理、海洋技术	海洋科学	海洋科学
	中国人民解放军海军工程大学	轮机工程、船舶与海洋工程、舰船与海洋工程	轮机工程、舰船安全技术与工程、海洋结构物运用工程	轮机工程、舰船安全技术与工程、海洋结构物运用工程
	华中科技大学	船舶与海洋工程、轮机工程	船舶与海洋工程	船舶与海洋工程
	武汉理工大学	海事管理、海洋工程类、航海技术、轮机工程	海洋科学、船舶与海洋工程	船舶与海洋工程
	华中农业大学	水产养殖学	水产养殖、渔业资源、捕捞学	水产养殖、渔业资源、捕捞学
	长江大学	海洋油气工程、水产养殖学	海洋科学、船舶与海洋工程	无
黑龙江（3所）http://www.hlje.net/	东北石油大学	海洋油气工程	无	无
	哈尔滨商业大学	药学、生物工程	海洋化学、海洋生物学	无
	哈尔滨工程大学	船舶与海洋工程、港口航道与海岸工程、船舶与海洋工程（中俄）、轮机工程	船舶与海洋结构物设计制造、港口海岸及近海工程、轮机工程、船舶与海洋工程	船舶与海洋结构物设计制造、轮机工程
重庆（1所）http://www.cqksy.cn/site/default.html	重庆交通大学	港口航道与海岸工程、航海技术、轮机工程、船舶电子电气工程、船舶与海洋工程	港口海岸及近海工程	港口海岸及近海工程
湖南（1所）http://www.hneao.edu.cn/	长沙理工大学	港口航道与海岸工程	水产品加工及贮藏工程、港口海岸及近海工程	港口海岸及近海工程、水产品加工及贮藏工程

资料来源：宁波大学蒋亚梅、李飞、崔小鹏整理，整理过程参考了《中国海洋年鉴2013》。

纵观现有开设涉海学科的高等学校可分为如下类型：一是全国综合性大学中开设的基础海洋学科专业，学科基础研究很强、实力雄厚，如北京大学的物理海洋学、同济大学开设的海洋生物学与海洋地质、中山大学的海洋科学与海洋地质学、南京大学的海洋地学类、宁波大学的轮机工程与水产养殖等。二是海洋类院校，全国以海洋命名的5所大学是中国海洋大学、广东海洋大学、上海海洋大学、大连海洋大学、浙江海洋学院，其中中国海洋大学学科门类最为齐全，科研设施齐全，综合实力最强，4所海洋大学则侧重不同区域。三是以行业为背景发展的院校，如在工科类院校中船舶与海洋工程学科较强，哈尔滨工程大学的港口海岸及近海工程、水声工程、轮机工程以及船舶与海洋结构物设计制造，长沙理工大学的港口海岸及近海工程；还有航运院校的轮机工程、航海技术专业和师范院校的海洋地理学、海洋地质学等，如大连海事大学、上海海事大学、集美大学和广州航海学院的轮机、航海专业，南京师范大学、辽宁师范大学的海洋地理专业等。

3.1.1.2　涉海学科的区域差异

全国范围看，中国海洋高等教育主要分布在山东、上海、江苏、浙江、广东、辽宁、福建、天津、海南、河北等10个沿海省市，以及湖北省、湖南省、黑龙江省等内陆省份。涉海高等院校主要分布在两个区域：渤海湾和长三角，总体呈现北多南少的格局。

（1）学科及研究领域差异。处于沿海各省份的涉海高校研究领域基本涵盖了涉海学科的各个专业，但是博士点，尤其是一级博士学位点主要分布在辽宁、山东、江苏、上海、浙江、福建、广东等省份为数不多的高校，其中山东省海洋高等教育实力最强，有6个博士后流动站、16个博士点、13所涉海类高等院校，其中中国海洋大学、中国科学院海洋研究所、国家海洋局第一研究所、农业部中国水产科学研究院黄海水产研究所、山东大学、哈尔滨工业大学威海分校、中科院烟台海岸带研究所等综合实力比较强的海洋高等教育科研机构。山东省涉海学科建设涵盖了涉海学科的各个领域，尤其在海洋科学、水产、海洋环境、海洋地质等方面处于领先地位，但在港口海岸及近海工程及轮机工程等方面相对较弱。

长三角地区的江苏省、上海市的涉海高等教育实力较强，涉及涉海学科的各个领域，如海洋科学类、海洋工程类、水产、海洋管理等，而且各个学科发展较为平衡，并且涉海学科的产学研链式转化领先全国。珠三角地区主要有中山大学、广东海洋大学、广州航海学院、中国科学院南海海洋研究所、海南大学等综合实力较强高校，其中中山大学以海洋科学、海岸工程为优势学科、广东海洋大学与海南大学以水产为优势学科、中国科学院南海海洋研究所以海洋科学与海洋地质工程为优势学科。

处于内陆省份的高校，涉海学科涵盖多以地方需求或全国性行业院校为发展背景。如处于湖北武汉的武汉理工大学、华中科技大学、中国地质大学等在海洋工程、船舶与海洋结构物设计制造、轮机工程、海洋地质等学科实力较强；处于黑龙江哈尔滨市的哈尔滨工程大学以军事制造为背景建设船舶与海洋工程、水声工程等学科。

（2）院所研究的目标区域差异。中国海洋高等教育院所受地域限制，集中体现为院所处于的海岸海域的水文气象条件、海洋生物资源以及海洋地质等各方面的差异。由此导致各院所研究的主要区域所存在如下差异:①处于内陆省份的各高校,由于远离海洋只能开设工程性或理论性的学科专业,如水声工程、轮机工程、船舶与海洋结构物设计制造等;②滨海地区院校以海区研究为显著特色。位于北京、天津、辽宁、山东等环渤海湾省市的高校,主要研究区域是渤海与黄海,如中国海洋大学、中科院海洋研究所与海岸带研究所;位于上海市各高校研究区域则面向东海,如上海海洋大学的水产养殖、渔业资源、捕捞学等学科,同济大学和华东师范大学主要研究长江口及东海的海洋物理化学性质与海洋地质等。而位于广东省的中科院南海海洋研究所和广东海洋大学及位于海口市的海南大学的研究区域集中于南海,研究南海海域的理化性质、海洋生物资源、海洋地质、港航条件及国际海洋地缘政治等领域。

3.1.2 中国海洋高等教育的研究动态

中国对海洋高等教育的探索始于1912年的江苏省立水产学校,但是将海洋高等教育作为研究对象却始于改革开放之后,如1979年温保华的《日本海洋科学的教育与科研概况》、陆文发1983年著《有关海洋工程硕士研究生课程设置讨论要点——联合国教科文组织海洋工程高等教育讨论会》,为此重点梳理以海洋高等教育为研究对象的中国知网文献,诠释中国海洋高等教育的研究历程、研究领域和未来趋势。

3.1.2.1 中国海洋高等教育研究的相关文献

利用"中国学术期刊全文数据库(CNKI)",检索自1979年至2014年7月31日,以"主题=教育"在CNKI的期刊、硕博士论文数据库首次检索,并以"篇名/题名=海洋"在首次检索结果中进行二次检索。经过初步浏览,剔除名不副实的文献,得到期刊文献250篇、硕博士学位论文共16篇(表3-1-4)。

表3-1-4 中国知网"题名 = 海洋 and 主题 %= 教育(模糊匹配)"硕博论文

论文名称	作 者	培养单位	发表时间	学位层次
我国海洋教育政策分析	周甜甜	中国海洋大学	2013/6/1	硕士
高等海洋教育生态及其承载力研究	何培英	中国海洋大学	2010/12/1	博士
海洋史视野下明清闽台区域的教育发展与社会变迁	周惊涛	厦门大学	2008/11/1	博士
国内外海洋管理人才培养对比分析	孙敬文	中国海洋大学	2013/6/13	硕士
广东省高校海洋环境通识教育的研究	李 华	广州大学	2007/5/1	硕士

续表3-1-4

论文名称	作者	培养单位	发表时间	学位层次
我国海洋环境教育体系探讨	于　蓉	南京师范大学	2005/6/30	硕士
高中历史教学中的海洋意识教育	段桂霞	东北师范大学	2005/5/1	硕士
以"海洋文化"为特色的初中美术设计应用领域教学研究	王增星	山东师范大学	2013/12/6	硕士
连山山区中学如何开展海洋教育的研究	郭来秋	广州大学	2011/5/1	硕士
高中地理教学中海洋意识的教育研究	李　明	福建师范大学	2012/6/1	硕士
我国海洋环境道德教育建设的探讨	邢　君	大连海事大学	2007/2/1	硕士
海洋生态损害赔偿范围研究	李会兰	海南大学	2013/5/1	硕士
我国高等学校海洋环境教育通识教材研究	张　骦	广州大学	2009/5/1	硕士
实施海洋人才战略,加强海洋科技人才需求预测——海洋领域人才战略研究	叶　强	中国海洋大学	2004/12/1	硕士
我国海洋人才有效供给分析	王　璇	中国海洋大学	2013/6/2	硕士
山东省海洋渔业科技推广体系研究	陈　娟	中国海洋大学	2013/5/29	硕士

注:检索时间截至2014年7月22日

　　纵览1980年代以来国内对海洋高等教育的相关研究文献增长趋势,可以发现2000年之前国内仅有个别单位的学者关注海洋高等教育,主要是中国海洋大学、大连理工大学、广东海洋大学、浙江海洋学院分别以本校为案例探讨校级或本省海洋高等教育发展的专业建设、师资、社会服务等方面问题(宋玲等,1999;胡志刚,1998;佘显炜等,1998;乔松灵等,1998;陈茂海等,1998;龚源海等,1998)。2001年以来,国内海洋高等教育研究年度文献增长仍然缓慢,直到2007年才突破10篇,表明国内对海洋高等教育问题研究正处于萌芽阶段;而2009年后随着国家海洋意识觉醒与区域海洋战略逐步实施,推动了科研机构对海洋高教、海洋人才、海洋专业与课程建设研究的繁荣(潘爱珍等,2009;何培英,2009;王学锋等,2009;曹叔亮,2009)。但与海洋科学其他领域相比,近30年来我国以海洋为主题的期刊《海洋学研究》、《海洋通报》、《海洋科学》、《海洋开发与管理》、《中国海洋大学学报(社会科学版)》、《高等农业教育》、《航海教育研究》、《中国成人教育》等刊物所发文总量与以海洋教育为主题研究文献的比重看(不足0.1%),显然没有受到应有的重视和投入。

中国海洋高等教育研究文献呈现如下特点:(1)起步晚发展缓慢,处于起步阶段。现有可查的第一篇相关论文是发表于1979年,随后海洋高等教育研究增长缓慢,1990—2006年间每年文献量在10篇以内。文献增长趋势显示中国海洋高等教育研究可分为二阶段:一是1980—2006年为零星研究;二是2007年以来受国家海洋战略与海洋经济增长的人才需求步入研究的起步期。(2)高层次论文非常少且增长缓慢,亟待提高文献质量。CSSCI源刊论文仅有19篇,占全部文献的4.22%,发表在《中国大学教学》、《河北学刊》、《高教探索》等刊物,可见高影响因子刊物介入海洋高等教育研究领域非常迟。因此,国内海洋高等教育研究的总体研究水平亟待提高。(3)以个别院校/涉海专业的案例研究为主体,侧重海洋教育的策略研究,理论研究亟待加强。国内对海洋教育研究文献中,就关键词出现频率而言海洋高等教育、海洋意识、海洋教育、海洋经济、大学生最受关注;其次是涉海学科专业群、人才培养、海洋文化、航海教育、高校、海洋意识教育、海洋人才培养、高职教育、海洋观等;再次是案例研究中以浙江海洋学院、中国海洋大学、广东海洋大学、上海海洋大学、广州航海学院、淮海工学院、大连海洋大学、海军大连舰艇学院等出现频次较高。

3.1.2.2 中国海洋高等教育研究核心作者群

表3-1-5统计了样本论文的第一作者单位,发文量前10位的机构是浙江海洋学院、中国海洋大学、广东海洋大学、上海海洋大学、广州航海学院、淮海工学院、大连海洋大学、大连海事大学、青岛远洋船员学院等。前10位研究机构共发表海洋高教论文131篇,淮海工学院的刘平昌(4篇)、广州航海学院的李宪徐(3篇)、海军大连舰艇学院的殷晓冬(3篇)、浙江海洋学院的吴高峰(3篇)、广东海洋大学的林年冬(3篇)。他们产出的海洋高教研究论文占期间总论文数的7.6%;统计结果显示近30年海洋高教研究核心作者人数及其论文数都处于增长趋势,这说明中国海洋高教研究队伍规模在持续扩大,学科发展开始进入一个良性循环。

表3-1-5　第一作者单位发文量前10位

量/篇	机　构	作　者　群
34	浙江海洋学院	陈小庆、崔旺来、高建平、顾协国、刘明、潘爱珍、王征、吴高峰、殷文伟、钟伟良、王鸳珍、张艳春、蔡丽娜、孙静亚、李百齐、叶云飞、游家胜、朱巧蓓、王健鑫、林静、吴海学、季超
26	中国海洋大学	王琪、宋宁而、李莉、卜凡静、马勇、卞秀瑜、何培英、王刚、陈凯泉、乔宝刚、范其伟、刘邦华、王淑芳、宋文红、孙晓东、王璇、蔡礼彬、高艳、冯士筰　、孙莉、宋玲

续表3-1-5

量/篇	机　构	作 者 群
21	广东海洋大学	林年冬、金光磊、何真、袁路、曹叔亮、郑汉波、陈万灵、刘国华、杨建华、蒋昕、许国炯、孔沛球、徐以国、王佩弦、张建刚、王学锋
15	上海海洋大学	陈艳红、刘智斌、石华中、李琼、吴文惠、石华中、胡松、任和平、郑卫东、蓝蔚青、张建敏、冯永玖、王学锋、沈雪达
9	广州航海学院	李宪徐、黄丽红、杨雁、尹伶俐、陈丹涌、何立居
6	淮海工学院	刘平昌、王吉春、吴明忠、张会霞
6	大连海洋大学	李明秋、吴卫卫、申天恩、王涛、赵鹏云
5	海军大连舰艇学院	李树军、王琪、梁开龙、殷晓冬
5	大连海事大学	张俏、姜秀敏、庞福文、简俊
4	青岛远洋船员学院	於健、尹相达、赵晓玲

注：发文量是指在（该时段）该作者单位发表海洋高教研究论文数量，CNKI查询时间截至2014年7月22日

　　进一步对各时期核心作者的发表论文进行统计，受篇幅限制不列出具体数据，但利用中国引文数据库的索引功能，对数据库所有论文的引文频率进行了确认，并列出了其中被引频率最高的前15篇论文（表3-1-6），可发现其中绝大多数都是源自核心作者，从另一侧面说明了核心作者对我国海洋高教研究发展的重要性。

表3-1-6　海洋高教研究论文被引频率前15位

排名	论文题目	论文作者	发表刊物/刊期	被引频次
1	海洋经济崛起与我国海洋高等教育发展	勾维民	高等农业教育 2005年第5期	20
2	我国海洋教育发展与海洋人才培养研究	潘爱珍、苗振清	浙江海洋学院学报(人文科学版) 2009年第3期	18
3	大学生海洋意识及其教育的思考	吴青林	理论观察2010年第4期	14
4	我国海洋高等教育现状分析与发展思考	钟凯凯、应业炬	高等农业教育 2004年第11期	14
5	关于进行海洋意识教育的思考	马九轩	山西财经大学学报(高等教育版) 2001年第2期	14
6	发展海洋文化的关键在于海洋意识教育	陈艳红	航海教育研究 2010年第12期	12

排名	论文题目	论文作者	发表刊物/刊期	被引频次
7	经济全球化背景下海洋高等教育的改革与发展	高艳、潘鲁青	高等理科教育 2002年第10期	12
8	发展海洋经济,建立海洋高等教育体系	郑卫东	高等农业教育 2001年第3期	12
9	加强大学课堂中的海洋意识教育	郭渊、陈广政	教育与考试 2009年第5期	10
10	适应新形势,加快海洋科学教育的发展	冯士筰、王修林、高艳	中国大学教学 2002年第3期	10
11	澳大利亚的海洋教育及其启示	崔爱林、赵清华	河北学刊 2008年第2期	9
12	我国海洋教育在海洋人才培养中的不足及对策	王琪、王璇	科学与管理 2011年第6期	9
13	试论我国海洋跨学科教育及其发展趋向	马勇、朱信号	中国海洋大学学报(社会科学版) 2010年第2期	9
14	发展海洋高等教育优化海洋人才结构	卜凡静、王茜	科技信息(学术研究) 2007年第11期	9
15	在创新中促进海洋高等教育与海洋经济的互动发展	林年冬	中国高校科技与产业化 2009年第9期	7

注:被引频次数据源于CNKI中国引文数据库(http://ref.cnki.net),最后查询日期2014年7月22日。

3.1.2.3 中国海洋高等教育研究主要领域的动态

(1)海洋高等教育体系研究探讨了海洋高等教育的构成层次(郑卫东,2001;曹叔亮,2008;吴高峰,2010;申天恩等,2011;陈万灵等,2007),研究认为中国海洋高等教育应该包括高等职业教育、普通本科教育、研究生教育与成人继续教育,而且海洋高等教育要实施区域均衡发展,要确立海陆平衡的高等教育理念、创新海洋教育人才培育制度等;此外认为海洋高等教育应囊括的学科(专业)是自然科学类的海洋物理、海洋化学、海洋地学、海洋环境与海洋生态等专业,工程技术类的船舶与海岸工程、轮机工程、航海技术、船舶及海工构造物设计制造、海岸港口航道工程等专业,社会科学类主要是海洋经济管理、海洋资源环境利用与保护的法律规范、海洋人才培养与海洋科技研发等专业(吴高峰,2010;刘邦凡,2013;季超等,2013)。

(2)区域海洋高等教育及其与地方经济社会发展互动研究(林年冬,2009;赵红,2013;刘会勇,2008;黄家庆,2011;何真等,2010;吴明忠等,2008;吴忠彩等,2009),研究发现海洋高等教育能够促进区域海洋经济发展,传导路径是海洋人才、海洋科技等,建设海洋强国/强省,必须建设适宜地方海洋经济发展的高等海洋院校或海洋学科、专业群,但是对于如何建设海洋院校或专业尚不能完全借鉴国外政府或私人资助模式(荣艳红,2008),需要采取适宜省域经济实力和人才需求速度的跨越式路径,如依托区域现有院校进行学科群培育或院校-研究所整合等(高艳等,2002;吴明忠等,2008;刘平昌,2011;王刚等,2013)。

(3)重点学科/专业教育(庞福文,2001;尹相达等,2005;简俊等,2013;张俏等,2013;吴海学等,2014)与海洋意识/海洋观的通识教育研究(杨海萍,2012;何海伦等,2014;刹国庆,2006;吴青林,2010;陈艳红,2010;姜秀敏等,2013;康佳宁等,2013;李明秋,2014),研究发现航海教育作为中国现代海洋教育的限制因素必须从教学模式与实习实训课程设置等方面全面突破,而海洋通识教育和海洋意识教育必须通过高校相关选修课程的设置、课程教学内容与教学方法创新、海洋类专业的课程传承等路径才能实现。此外,海洋意识教育可以通过海洋文化、海洋权益、思想政治等方面予以落实在课程教学或实践教学中,并且应针对当代学生接受特征适当创新海洋观与海洋权益的教学。

(4)涉海专业的某一门或课程群的教学改革探索(杨亚新,2007;王学锋等,2009;史云峰等,2011;吴文惠等,2010;冯永玖等,2012),研究认为现代涉海专业的课程教学或课程群教学的独特之处在于海洋类专业的实践性强、变化快等特征,因此涉海专业的课程或课程群改革都必须围绕海洋经济发展探索适宜的产—学—研相结合的方法,推动课程体系优化、教师科研发展、跨学科协同、学生实践创新等四位一体的新型课程教学模式。然而,囿于海洋自然学科、工程技术学科、社会学科的差异,涉海专业的课程教学创新,必须围绕学生就业的职业技能与职业素养需求、专业或学科的国际发展动向、学校或地方的专业实习实践进行创新等。

3.1.3　结论与展望

通过对中国沿海及内陆各省份涉海学科所在普通高等学校分布及其高教研究动态的梳理,得出如下结论:

(1)涉海学科专业群及隶属院校区域差异。中国海洋高等教育机构主要集中于环渤海湾地区和长三角地区,而华南地区海洋高等教育机构分布相对较少。沿海各省市海洋高等教育涉及的海洋类学科专业较为全面,内陆个别省市虽有高校涉及海洋类学科专业,但领域多限于船舶与海洋工程、船舶设计制造、港口海岸近海工程等。沿海各省份地方涉海高等院校研究的主要区域以周边海洋为依托、分工明确,位于中国北方各涉海高校研究涵盖的领域全面、系统,位于中国南方的各高校涉及研究领域局限在南海及周边。

(2)1980年代以来中国海洋高等教育的相关研究起步晚、发展缓慢,高层次论文非常少且增长缓慢,以个别院校/涉海专业的案例研究为主体,且侧重海洋教育的策略研究,理论研究亟待加强。中国海洋高等教育研究的高产单位是浙江海洋学院、中国海洋大学、广东海洋大学、上海海洋大学、广州航海学院、淮海工学院、大连海洋大学、大连海事大学、青岛远洋船员学院等,核心作者是钦州学院的黄家庆、淮海工学院的刘平昌、广州航海学院的李宪徐、海军大连舰艇学院的殷晓冬、浙江海洋学院的吴高峰、广东海洋大学的林年冬。

(3)中国海洋高等教育研究主要涉及四个领域:一是海洋高等教育体系研究,研究认为中国海洋高等教育应该包括高等职业教育、普通本科教育、研究生教育与成人继续教育,而且海洋高等教育要实施区域均衡与海陆平衡的高等教育理念、创新海洋教育人才培育制度,海洋高等教育的学科/专业群应跨学科发展海洋自然科学类、海洋工程技术类和海洋社会科学类共计70多个本科专业。二是区域海洋高等教育及其与地方经济社会发展互动研究,研究认为海洋高等教育能够促进区域海洋经济发展,传导路径是海洋人才、海洋科技等,建设海洋强国/强省,必须建设适宜地方海洋经济发展的高等海洋院校或海洋学科、专业群,但是对于如何建设海洋院校或专业尚不能完全借鉴国外政府或私人资助模式,需要采取适宜省域经济实力和人才需求速度的跨越式路径,如依托区域现有院校进行学科群培育或院校-研究所整合等。三是涉海重点学科/专业教育与海洋意识/海洋观的通识教育研究,研究发现航海教育作为中国现代海洋教育的限制因素必须从教学模式与实习实训课程设置等方面全面突破,而海洋通识教育和海洋意识教育必须通过高校相关选修课程的设置、课程教学内容与教学方法创新、海洋类专业的课程传承等路径才能实现。四是涉海专业的某一门或课程群的教学改革探索,研究认为现代涉海专业的课程或课程群教学的独特之处在于海洋类专业的实践性强、变化快等特征,因此涉海专业的课程(群)改革都必须围绕海洋经济发展探索适宜的产—学—研相结合的方法,推动课程体系优化、教师科研发展、跨学科协同、学生实践创新等四位一体的新型课程教学模式。

目前正值国家海洋战略实施和《国家中长期人才发展规划纲要(2010—2020年)》实施的窗口期,现有海洋高等教育现状远不能适应国家海洋战略、经济社会发展的需要,为此需要从涉海高校建设、海洋学科专业建设、师资队伍建设,以及涉海平台、产学研协同、海洋人才特殊监管、涉海高校院所协同创新等领域探索中国海洋高等教育的未来。

参考文献

[1]申天恩,勾维民,赵乐天. 中国海洋高等教育发展论纲. 现代教育科学,2011(11):47-49.

[2]虞聪达,俞存根. 发展海洋经济背景下水产特色专业学科建设的战略思考. 中国大学教学,2012(7):25-27.

[3]黄孙庆,银建军. 广西沿海高校涉海类学科专业群构建的SWOT分析. 高教论坛,2011(5):31-34.

[4]黄家庆,银建军. 广西高等教育涉海学科专业发展的生态学思考. 学术论坛,2012(7):223-226.

[5]钟凯凯,应业炬. 我国海洋高等教育现状分析与发展思考. 高等农业教育,2004(11):13-16.

[6]黄家庆,银建军. 新形势下广西沿海高校涉海学科专业群的构建. 广西社会科学,2011(8):21-24.

[7]潘爱珍,苗振清. 浙江省海洋人才培养的实践与研究. 高等农业教育,2009(11):39-41.

[8]季超,刘煜,谢建军. 海洋经济背景下的浙江涉海学科建设研究. 赤峰学院学报(自然科学版),2013(11):193-195.

[9]朱琳,方守湖. 海洋经济背景下的涉海人才培养研究. 黑龙江高教研究,2012(10):136-138.

[10]黄家庆. 论广西海洋产业群发展与涉海学科专业群构建的契合. 广西社会科学,2011(12):24-27.

[11]陈林敏. 高等教育区域差异化发展的选择. 南京大学,2011.

[12]乔松灵,唐定兴. 论海洋与水产业的高等职业教育. 齐鲁渔业,1998,15(1):42-45.

[13]陈茂海. 海南发展海洋教育事业的紧迫性. 琼州大学学报(社会科学版),1998(3):19-20.

[14]龚源海,何真. 面向21世纪广东海洋科技教育的探讨. 高教探索,1998(4):44-47.

[15]潘爱珍,苗振清. 我国海洋教育发展与海洋人才培养研究. 浙江海洋学院学报(人文科学版),2009,26(2):101-109.

[16]何培英. 基于高等海洋教育系统可持续发展的生态承载力分析. 山东大学学报(哲学社会科学版),2009(5):146-151.

[17]王学锋,张静,卢伙胜. 海洋渔业科学与技术专业教学改革初探. 茂名学院学报,2009,19(6):13-21.

[18]曹叔亮. 试论我国海洋高等教育宏观结构的战略调整. 海洋信息,2009(3):28-31.

[19]郑卫东,李杲,程彦楠,张建敏. 国家人才战略视野下海洋人才培养策略探析. http://dwgk.shou.edu.cn/,2014-07-23.

撰写人:马仁锋、倪欣欣

3.2　中国海洋科教机构的知识生产计量

海洋科学是研究海洋的自然现象、性质及其变化规律，以及与开发利用海洋有关的知识体系（中国大百科全书编委会，1987）。早在19世纪40年代，海洋科学在基础学科中衍生并逐渐发展。作为地球科学的重要组成部分，海洋科学的基础研究包括海洋的物理、化学、生物和地质过程，而其应用研究包括海洋资源开发利用、海上军事活动等及其管理。20世纪70年代后，隶属于自然科学的海洋科学，受海洋经济、海洋社会、海洋文化、海洋管理等新兴分支学科先后萌生的影响，演化成为一个介于自然科学、工程技术科学、哲学社会科学之间的交叉学科（王续琨等，2006）。学界尚未界定海洋科教机构，申天恩认为海洋高等教育是依靠海洋学科和专业发展平台，培养和造就国家、社会需要的海洋领域高素质专业人才活动的大学（学院）、高职院校和科研院所等（申天恩等，2011）；马勇从人—海关系视角指出海洋教育包括海洋人文社会科学子系统、海洋自然科学子系统以及海洋哲学（马勇，2012）。因此，本节中海洋科学将囊括海洋自然科学、海洋经济社会科学等分支，且海洋科教机构包括提供海洋高等教育和专供海洋领域研究的院、所。全面梳理中国海洋科教机构的沿革与分布，运用文献计量方法诠释中国海洋科教机构的研究领域与特色，重点阐释国家海洋局第一、二、三研究所和中国科学院海洋研究所及5所行业性海洋大学的涉海科研特色与热点领域，以期全面总结中国海洋科教机构的海洋研究动态与前沿，助力国家海洋战略的实施。

3.2.1　中国海洋科教机构的历程与分布

3.2.1.1　中国海洋科教机构的历程

中国高等海洋科学教育发展以1980年为界分为两阶段：艰难起步、停滞不前到改革发展、全面推进（申天恩等，2011；吴高峰，2010）。20世纪初逐渐发展的水产教育是中国海洋教育的前身，如张謇在1910年左右先后开设了河海工程专门学校（今河海大学）、江苏省立水产学校（今上海海洋大学）等，开启了中国正规高等海洋教育之门（刘邦凡，2013）；同时，一些学者在厦门大学举办暑期海洋生物讲习班，开展海洋生物学研究。20世纪30年代起中国学者开始发表海洋研究学术论文（蒋丙然，1930；E. W. Barlow，1936），重点关注海洋气象、海洋生物、海洋知识等；1946年中国最早的海洋系在厦门大学成立（中国海洋报，2007），同年在青岛成立了中国最早且唯一的海洋科研机构——中国海洋研究所（现为中国科学院海洋研究所）。1949年后苏联科学院的生物学家乌沙可夫、海洋学家曾可维奇、地质学家别兹茹可夫等先后到中国科学院海洋研究所学术交流，发表了多篇俄文学术文章，有力地推动了中国海洋科学研究所的领头羊作用。1952年全国高校院系调整，厦门大学海洋系部分专业并入山东大学水产系，部分专业并入原大连海运学院、上海海运学院。1958年原山东大学水产系组建了山东海洋学院（后更名为青岛海洋大学、中国海洋大学），是中国最早的海洋高等学府。20世纪80年代，国家提出了建设海洋经济强国的战略性设想（勾维民，2005）；20世纪80年代后期部分水产高等教育学府先后更名为海洋大学（学院）（宁波，2011；吴卫卫等，2014）；至2014年已建有大连海洋大学、中国海洋大学、上海海洋大学、广东海洋大学、浙江海洋学院等5所专门海洋类院校（钟凯凯等，2004）。目前，除专门海洋类院校外，中国开设有海洋高等教育的综合院校有50余所，其中设立海洋专业的普通高等院校37所，高等专科学校14所，海洋研究机构38个（表3-2-1）。

表3-2-1　中国海洋科教机构

类　型		单位名称	数　量
高等本科院校		中国海洋大学、广东海洋大学（湛江水产学院）、上海海洋大学（上海水产大学）、大连海洋大学（大连水产学院）、浙江海洋学院、青岛大学、青岛农业大学、山东大学、天津大学、天津科技大学、大连理工大学、大连海事大学、中国人民解放军海军工程大学、中国人民解放军海军潜艇学院、海军大连舰艇学院、海军广州舰艇学院、广州航海学院、哈尔滨工程大学、中国地质大学（武汉、北京）、浙江大学、同济大学、宁波大学、南京大学、上海海事大学、上海交通大学、中国石油大学（华东）、厦门大学、中山大学、汕头大学、暨南大学、武汉大学、武汉理工大学、海南大学、淮海工学院、河海大学、华中科技大学、海南大学	37
高等专科学校		大连海洋大学职业技术学院、厦门海洋职业技术学院、天津海运职业学院、渤海船舶职业学院、大连航运职业学院、上海海事职业技术学院、南通航运职业技术学院、江苏海事职业技术学院、浙江国际海运职业技术学院、福建船政交通职业学院、山东海事职业学院、青岛港湾职业技术学院、青岛远洋船员职业学院、武汉船舶职业技术学院	14
专门研究机构	专门性研究机构	国家海洋局：第一海洋研究所、第二海洋研究所、第三海洋研究所、海洋发展战略研究所、天津海水淡化与综合利用研究所、海洋科技情报研究所、海洋环境保护研究所、中国极地研究中心、海岛研究中心 中国科学院：海洋研究所、南海海洋研究所 农业部中国水产科学研究院：东海水产研究所、黄海水产研究所、南海水产研究所	38

类 型		单 位 名 称	数 量
研究机构	管理机构	省级：山东省海洋资源与环境研究院、江苏海洋水产研究所、浙江省海洋水产养殖研究所、海南省水产研究所、浙江省水利河口研究院	
		国土资源部：青岛海洋地质研究所、宁波市海洋与渔业研究院	
		国家海洋局：国家海洋局极地考察办公室、国家海洋局学会办公室、中国大洋矿产资源研究开发协会办公室	
		省级：浙江省海洋与渔业局对外经济联络办公室、山东省海洋与渔业厅外经项目办公室、山东省渔政监督管理处等	
	办事机构	国家海洋局：国家海洋信息中心、国家海洋环境预报中心、国家海洋技术中心、国家海洋局宣传教育中心、国家海洋局环境监测中心、国家卫星海洋应用中心、国家海洋标准计量中心、国家深海基地管理中心、国家海洋局海洋咨询中心、国家海洋局海洋减灾中心、国家海洋局海岛研究中心	
		省级：浙江省海洋监测预报中心、浙江省海洋渔业船舶安全救助信息中心、山东省海洋与渔业厅机关服务中心、山东省海洋与渔业信息宣传中心	

3.2.1.2 中国海洋科教机构的分布

中国海洋科教机构主要分布在中国沿海地区，少量分布在内地，沿海地区又以环渤海和长三角地区海洋科教机构分布最多。中国海洋科教机构分布差异成因：(1)区域资源环境本底差异，决定了科教机构研究对象与区域分布，因此远离海洋的内陆腹地没有任何海洋科教机构。(2)中国海洋高校和科研院所的管理政策。1954年，海洋高教学科/专业过于分散，加之教育部学习苏联管理经验将全国海洋高等教育系科按集中办学的原则进行调整；撤销了内陆部分水产学校，如1953年撤销河北省水产专科学校，该校师生分别并入山东大学和上海水产学院。同时，在沿海相继成立了山东海洋学院、上海海运学院、广东水产学校、浙江水产学院等，相关调整使海洋高等教育学科门类、招生规模得到了发展(吴高峰，2010)。(3)沿海地区海洋经济快速发展，对各类海洋专业人才需求量迅速增加，诱发沿海地区相关院校转型为海洋科教机构或改造旧学科/专业开设涉海专业。如江苏省连云港作为江苏省集中布局临港产业的"东方桥头堡"，淮海工学院相继增设涉海专业(王淑军等，2013)。

3.2.2　中国海洋科教机构研究领域的文献计量数据源与方法

以5所海洋类专门高等本科院校以及国家海洋局第一海洋研究所、第二海洋研究所、第三海洋研究所、中国科学院海洋研究所为例,采用文献内容分析法定量统计1915—2013年9个代表性海洋科教机构发表的期刊论文及硕博论文,统计文献的关键词词频及其变化,揭示中国海洋科学研究的热点和动态。

3.2.2.1　数据来源

鉴于其他本科院校和海洋研究机构的文献数据较分散且多,文中仅统计分析如表3-2-2的9个海洋科教机构所发表海洋类文献,研究选取的文献学科领域界定为"基础学科",文献类型限定为期刊、硕博论文,发表时间界定为1915—2013年,以"题名=海洋"进行精确查找,9个海洋科教机构共查出海洋类研究文献1856篇,占CNKI"基础学科"领域海洋类文献总数的11%。如表3-2-3是各时期9个海洋科教机构发表的海洋类论文总量情况,对照样本的本科与研究生学专业(表3-2-4与表3-2-5),可知成立最早的中国科学院海洋研究所与国家海洋局第一研究所的文献产出较高。

表3-2-2　样本机构基本情况

单位名称	所在地	创立时间	期刊论文数量(1915—2013)	硕士论文数量(1915—2013)	博士论文数量(1915—2013)	文献总量(1915—2013)
中国海洋大学	山东青岛	1924	146	302	125	573
广东海洋大学	广东湛江	1935	34	5	0	39
上海海洋大学	上海市	1912	14	11	0	25
大连海洋大学	辽宁大连	1952	10	1	0	11
浙江海洋学院	浙江舟山	1958	38	13	0	51
国家海洋局第一海洋研究所	山东青岛	1958	364	15	0	379
国家海洋局第二海洋研究所	浙江杭州	1966	175	0	0	175
国家海洋局第三海洋研究所	福建厦门	1959	162	7	0	169
中国科学院海洋研究所	山东青岛	1950	430	1	3	434

表3-2-3　各个时期的文献数量情况

单位名称	1999年前	1999—2006	2007—2013
中国海洋大学	0	120	453
广东海洋大学	0	1	38
上海海洋大学	0	0	25
大连海洋大学	0	0	11
浙江海洋学院	0	6	45
国家海洋局第一海洋研究所	128	89	162
国家海洋局第二海洋研究所	70	53	52
国家海洋局第三海洋研究所	82	32	55
中国科学院海洋研究所	248	137	49

表3-2-4　样本海洋高等院校本科、硕博学位点

单位名称	本科海洋类专业（方向）	海洋类硕士学位点	海洋类博士学位点
中国海洋大学	海洋科学、应用海洋学、海洋管理、大气科学、应用气象学、海洋化学、海洋生物、海洋生物技术、海洋资源开发技术、海洋工程、海洋地质、海洋地球物理、海洋测绘	海洋生物学、港口海岸及近海工程、水文学及水资源、水力学及河流动力学、海洋能利用技术、海洋机电装备与仪器、海洋地质学、海洋地球化学、海洋地球物理	物理海洋学、气象学、环境科学、大气物理学与大气环境、应用海洋学、海洋资源与权益综合管理、海洋生物学、港口海岸及近海工程、海洋地质学、海洋地球物理学、海洋地球化学
广东海洋大学	水产养殖、海洋渔业科学与技术、海洋科学、大气科学、海洋技术、港口航道与海岸工程、船舶与海洋工程、航海技术、船舶动力、轮机管理	水产养殖、海洋生物、渔业资源、捕捞学、海洋科学、船舶与海洋工程	水产学、海洋科学
上海海洋大学	生物科学、水产养殖、水族科学与技术、海洋渔业科学与技术、海洋科学、海洋技术、生物技术	水生生物学、海洋生态学、水产养殖学、海洋生物学、水产动物营养与饲料学、水产动物营养繁殖学、水产动物疾病学、水产动物遗传育种学、海洋环境保护、渔业、水产学、海洋科学、捕捞学、渔业资源学、渔业水域治理与保护、物理海洋学、海洋生物学、海洋化学	水产养殖学、水生生物学、水产学、水产品加工及贮藏工程

续表3-2-4

单位名称	本科海洋类专业（方向）	海洋类硕士学位点	海洋类博士学位点
大连海洋大学	水产养殖学	水产学、水产养殖、海洋生物学、物理海洋、海洋化学、海洋生物学、港口海岸及近海工程	无
浙江海洋学院	海洋工程与技术、船舶与海洋工程、船舶电子电气工程、航海技术、港口航道与海岸工程、海洋油气工程、水产养殖学、海洋渔业科学与技术、海洋科学、海洋技术、海洋资源与环境	海洋科学、船舶与海洋工程、水产	无

表3-2-5　样本海洋研究所硕博学位点

单位名称	海洋类硕士学位点	海洋类博士学位点
国家海洋局第一海洋研究所	物理海洋学、海洋化学、海洋生物学、海洋地质、环境科学、环境工程	无
国家海洋局第二海洋研究所	物理海洋学(含海洋遥感)、海洋化学、海洋生物学、海洋地质、地球探测与信息技术、港口海岸及近海工程	无
国家海洋局第三海洋研究所	物理海洋学、海洋化学、海洋生物学、海洋地质、微生物学、环境科学	无
中国科学院海洋研究所	气象学、物理海洋学、海洋化学、海洋生物学、海洋地质、海洋生态学、海洋腐蚀与保护、环境科学与环境工程、地质工程、环境工程、生物工程、水产养殖	物理海洋学、海洋化学、海洋生物学、海洋地质、海洋生态学、海洋腐蚀与防护、环境科学、环境工程、水产养殖

3.2.2.2　定量文献计量方法

文献内容分析法本质上是文献计量学方法，它是从定性的问题假设出发，应用定量的统计分析工具处理研究对象，根据统计数据得出有价值的定性结论。内容分析法实质上是一种半定量研究方法，是一种基于定性研究的量化分析(李倩，2008)；内容分析法的对象不仅包括文献中显性内容信息，也包括"潜在的或隐含的信息"(郭星寿，1984)。文中拟通过对样本关键词词频的统计，并与表3-2-4与表3-2-5中9个样本机构的本、硕博专业进行比对，寻找中国海洋科教机构研究态势。

3.2.3 中国海洋学研究领域的定量统计分析

3.2.3.1 文献数量的时期分布情况分析

将各样本机构1999年前、1999—2006年,2007—2013年三个时期检索到的文献量,按照时期分布得到如图3-2-1的,不同时期文献量变化。

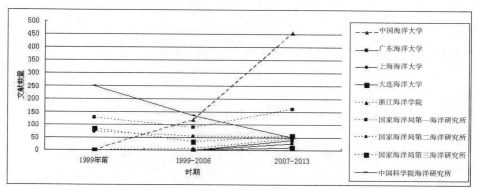

图3-2-1 各样本机构文献数量的时期分布

图3-2-1显示出样本在三个时期文献数量的变化,第一时期到第二时期文献数量呈平稳下降的态势,到第三时期文献数量呈现出质的发展。可知海洋科教机构曾经历了长期的停滞不前和1980年后的海洋科教机构的研究成果迅速增长,其中中国海洋大学和中国科学院海洋研究所三个时期的文献数量变化与其他机构不同。中国科学院海洋研究所文献数量变化总体呈下降态势,而中国海洋大学呈上升态势。这进一步表明,中国科学院海洋研究所在海洋基础学科领域方面研究热度持续下降,而中国海洋大学在海洋基础学科领域方面研究热度在持续上升。

3.2.3.2 关键词统计分析

关键词是指那些出现在文献的标题以及摘要中,对表征文献主题内容具有实质意义的语词,它们能够反映研究成果的核心内容。关键词的变化是某类学科研究发展趋势的直接反映,分析关键词的变化可以全面把握某学科发展的动态过程、特点和规律。对9个海洋科教机构1915—2013年在CNKI"基础学科"领域海洋类文献的关键词进行统计分析,并分成三个时期统计(表3-2-6),以此表征海洋科教机构"海洋基础学科"研究领域的热点和发展趋势。

表 3-2-6 三个时期样本的科研论文关键词词频

排序	1999年前		1999—2006年		2007—2013年	
	关键词	频次	关键词	频次	关键词	频次
1	海洋沉积物	39	海洋沉积物	17	海洋经济	38
2	海洋生物	34	海洋环境	13	海洋	28
3	海洋环境	32	海洋平台、浮游植物	12	海洋产业	23
4	海洋	28	营养盐	11	海洋资源	22
5	浮游植物	27	海洋微藻	10	海洋沉积物、海洋微藻	19
6	初级生产力、海洋研究所	20	海洋资源、海洋生态系统、海洋细菌、南海	9	可持续发展	14
7	海洋生物学	18	冲绳海槽、古海洋学、海洋生物技术	8	海洋功能区划	13
8	海洋研究	17	海洋真菌、初级生产力	7	海洋管理、指标体系	11
9	沉积物	13	东海、海洋生物地球化学、海洋生物资源	6	海洋生态系统、浮游植物、海洋平台、海洋环境、数值模拟	10
10	海洋生物资源、浮游动物、海域	12	胶州湾、渤海、生态系统	5	海洋科技、生物多样性、生态系统服务、基因克隆	9
…	…	…	…	…	…	…

表 3-2-6 可以看出：(1)1999 年之前，海洋沉积物的词频最高，且词频前十位均涉及海洋生物领域，同时期海洋环境词频也较高。(2)1999—2006 年，海洋沉积物的词频仍最高，此外出现了海洋微藻、海洋真菌等高频词，说明这个时期海洋基础学科研究已经拓展至海洋微观领域；海洋生物地球化学也出现在前 10 位的高频词里，说明该时期海洋研究积极借鉴其他基础学科研究方法与原理促进海洋物理学、海洋化学等新兴分支学科发展。(3)2007—2013 年间，最高频词由海洋沉积物转变为海洋经济；此外出现了很多新的高频词，如海洋产业、海洋功能区划、海洋科技、海洋管理等，这说明 2007—2013 年海洋研究逐渐从学术理论研究走向实用型研究。

对比三个时期的前十高频关键词,可以发现:(1)出现词频高的关键词60%的都与海洋生物、海洋物理环境有关,说明海洋生物、海洋物理一直是中国海洋研究的热点领域。这也被表3-2-4和表3-2-5的科教院所专业、学科点分布所印证,如样本海洋科教机构的本科专业、硕士和博士学位点中,海洋生物、水产类、海洋物理等专业开设院所最多。(2)同时,也可以看出,随着中国海洋基础科研的日益成熟和沿海省份海洋经济的快速发展,海洋经济、海洋功能区划、海洋可持续发展等关键词日益被学界相关研究领域所重视。

3.2.3.3 各样本机构研究领域分析

选取的9个样本机构在海洋基础科学领域的研究侧重点略有不同,以期刊文献为例,将CNKI中检索到的各样本机构1915—2013年在"基础科学"领域的海洋类文献按被引频次排序,选出被引频率前30的文献,通过分析其摘要,希望以此找到各样本机构研究领域的特色和不同。

(1)中国海洋大学

检索发现被引频率前30的文献基本上属于实证研究、问题研究和关系研究型文献,而综述型文献极少;且发表时间集中在2006—2012年间。

从研究主题上看,海洋经济和海洋产业的研究较多。任品德等在分析广东海洋资源条件、其他相关社会条件和海洋产业发展现状的基础上,对海洋产业发展中存在的问题进行了详细阐述,并提出相应的对策(任品德等,2007)。方景清等探求了海洋高新技术产业集群,并分析其演化机理(方景清等,2008)。此外他还基于循环经济理念对海洋产业集群发展作了问题研究(方景清等,2009)。高艳等研究指出海洋作为我国重要的战略资源,是21世纪我国实现经济可持续发展的重要组成部分,海洋资源作为公共资源的一种,同样需要用循环经济理念和基本原则作为发展指导(高艳,2005)。姜秉国等界定了海洋战略性新兴产业的概念内涵并对其发展趋势作了分析,认为科技创新是海洋战略性新兴产业发展的原动力,海洋战略性新兴产业发展带有明显的"外部"特征,在遵循市场经济规律基础上,要充分发挥政府调控机制的引导和促进作用(姜秉国,2011)。刘大海等对中国沿海省市的区域海洋产业竞争力进行定量评估和比较,并提出相关政策建议(刘大海,2011)。高乐华等对中国海洋经济空间格局及产业结构演变作了研究,发现1995—2009年多个省(市、区)海洋产业结构尚有较大调整空间(高乐华,2011)。殷克东等系统地提出了21世纪我国的海洋强国战略(殷克东,2009)。毕晓琳分析了海洋科技发展在现代海洋经济发展中的作用,并指出我国应借鉴国际经验,普及全民海洋意识,积极发展海洋科技,带动海洋经济发展(毕晓琳,2010)。

　　其次是海洋环境、海洋生态和海洋功能区划的研究。罗续业等提出了区域性海洋环境立体监测系统的设计原则和设计方法(罗续业等,2006)。刘学海等就中国典型的海湾进行尺度分析,量化物理模拟时因地转缺失引起的偏差程度,讨论在这些海域是否可以付诸物理模型试验。同时还导出了潮流泥沙试验和潮流污染物扩散试验的相似比尺关系(刘学海,2006)。陈尚等介绍了国家海洋局于2005年启动的为期5年"海洋生态系统服务功能及其价值评估"研究计划(陈尚,2006)。徐惠民等对海洋国土主体功能区划规划若干关键问题作了思考,从区划指导思想、类型、范围、指标体系、分区和管理六个方面讨论了海洋主体功能区划的特殊性及要求,并从整体上给出解决方案(徐惠民,2008)。金振辉等根据我国近海海洋环境质量现状,探讨了生物修复技术在海洋环境污染治理中的应用,并提出了工程海藻培育技术研究的有关建议(金振辉,2008)。马彩华等利用海域承载力与海洋生态补偿两种理论;对如何在获取最大利益的情况下能保持海洋的可持续发展问题进行了初步探讨(马彩华,2009)。

　　此外还有海洋生物微观领域的研究。赵亮等实验研究了不同条件下海洋光合细菌的混合菌种对五种活性染料的脱色效果,结果表明海洋光合细菌耐盐性较好,对五种染料都有很好的脱色效果(赵亮,2006)。郭玉清等研究了渤海自由生活海洋线虫多样性,结果表明黄河输入的泥沙对渤海自由生活海洋线虫多样性的变化有一定的作用(郭玉清,2003)。姚雪等研究了UPA片段、cox1基因片段、rbcL三个基因片段在我国常见大型海藻扩增效果和序列特征(姚雪等,2011)。孟范平等运用实验生态学和生物化学的方法,研究了BDE-47对4种海洋微藻抗氧化酶活性的影响,结果表明在实验设定质量浓度范围内,4种微藻的超氧化物歧化酶和过氧化氢酶均能出现一定的应激活性,以减少BDE-47胁迫对藻细胞自身的危害,但是酶活性增加的幅度却有很大不同(孟范平,2009)。

　　表3-2-7整理了中国海洋大学海洋环境学院、海洋生命学院和水产学院的教授们主持的国家自然科学基金名录及完成情况。从国家自然科学基金类型上看,几乎涵盖了所有基金类型,且以面上项目基金居多。从项目名称上看,涉及海洋物理学、海洋生物学、海洋气象等学科。从个体上看,在很多教授主持的项目名称上就体现出其研究的连续性和深度,如宋微波教授,主持了25项国家自然科学基金,且基本都是以海洋纤毛虫研究为主题,足可见他对海洋纤毛虫研究之深。

表3-2-7 中国海洋大学部分教授的海洋类国家自然科学基金

院系	项目主持人 （职称限定教授）	项目名称（编号）	完成情况
海洋环境学院	文圣常	面上项目：浅水风浪频谱和方向谱的研究（49576278）； 风浪频谱与方向谱的进一步改进研究（49276268）； 理论风浪方向谱的研究（48970261）	在　研
	冯士筰	重大项目：海—气界面物质、能量交换过程和耦合机制 （40490263）；上层海洋—低层大气生物地球化学与物理 过程耦合研究（40490260）	已结题
		面上项目：强非线性河口和近海中的长期输运过程的研究（40276007）	在　研
		国际合作与交流项目：亚洲沙尘和海洋生态系统研讨会 （40510340588）	在　研
	吴立新	国际合作与交流项目：边界流动力学与大洋及近海之间的联系以及对气候变化的响应（41010304024）	在　研
		创新研究群体科学基金：海洋动力过程的演变机理及其在气候变化中的作用（41221063、40921004）	已结题
		面上项目：北太平洋海洋环流调整在气候年代际变化中的作用（40576009）	已结题
		重大项目：低纬度西边界环流系统对暖池低频变异的关键调控过程（40890155）	已结题
		重点项目：太平洋年代际涛动的机理及可预测性研究 （41130859）	在　研
		国家杰出青年科学基金：物理海洋学（40788002）	已结题
	罗德海	面上项目：近似可积的大尺度包络孤立子系统的动力学研究及其应用（49775266）；阻塞行星波与天气尺度波相互作用的动力学和观测资料研究（40175011）；尺度相互作用与中高纬度地区大气低频模态的动力学（41075042）；北大西洋涛动的动力学研究（40575016）	在　研
		国家青年杰出科学基金：物理海洋学（40325016）	已结题
	吕咸青	面上项目：密度分层模型的内潮数值模拟与同化研究 （41076006）	在　研
	傅　刚	面上项目： 西北太平洋上爆发性气旋发展机理的研究（41275049）； 西北太平洋及日本海上极地低压的研究（40275033）	在　研
		面上项目：渤海黄海海雾的观测分析与数值模拟研究 （40675060）	已结题

续表3-2-7

院系	项目主持人 （职称限定教授）	项目名称（编号）	完成情况
海洋环境学院		国际合作与交流项目：西北太平洋及日本海上极地低压的研究（40240420564）	在　研
	鲍献文	面上项目：黄海层化过程对初级生产力的影响研究（40076001）	在　研
		面上项目：渤海盐度分布结构的变化及其对环流的影响研究（40976001）； 渤海海峡季节性环流结构及其流量的年际变化研究（40576005）	已结题
	高山红	青年科学基金项目： 黄海平流海雾形成机制的数值研究（40706004）	已结题
		面上项目：黄海平流海雾大气边界层云微物理机制的数值研究（41276009）	在　研
	郭佩芳	国家基础科学人才培养基金： 海洋学（J0130048；J0530041；J0230048）	在　研
		面上项目：台风浪空间结构的卫星遥感研究（49376255）	在　研
	赵栋梁	面上项目：基于现场观测和海洋遥感的气体交换速率研究（41076007）；波浪破碎对大气海洋间二氧化碳交换的影响（40276005）；波浪和降雨对海洋冷皮层和混合层的影响（41276015）	在　研
		面上项目：降雨对海面粗糙度和波浪成长的影响机制研究（40676014）	已结题
	刘秦玉	国际合作与交流项目： 北太平洋副热带逆流形成机制的研究（40114059）； 北太平洋副热带逆流形成机制的研究（40210204164）；	在　研
		面上项目：北太平洋副热带模态水及其形成机制（40276009）；北太平洋副热带逆流的气候特征及形成机制的研究（49976004）；西北太平洋近赤道海域上层海洋季节内振荡的研究（49776286）；热带印度洋、大西洋对热带太平洋海-气耦合系统的调制作用（40676010）；吕宋海峡黑潮流套与副热带环流关系的研究（49476269）	已结题
		重点项目：台湾以东黑潮低频变异形成机制及其对气候系统的影响（40333030）；北太平洋中纬度海洋-大气耦合系统近50年演变特征与机制（40830106）	已结题
		面上项目：南、北太平洋副热带东部模态水对全球变暖响应的差异（41176006）	在　研

院系	项目主持人 （职称限定教授）	项目名称（编号）	完成情况
	史久新	面上项目：艾默里冰架边缘冰间湖的成因、变化及冰-海相互作用（40676011）；北冰洋盐跃层的演变及其热力学效应研究（40976111）	已结题
	王　启	国际合作与交流项目：太平洋热带和副热带水交换的年际、年代际变化与ENSO（40210404189）	在　研
		面上项目： 南海暖水季节和年际变化机制（40476009）； 太平洋北赤道流分叉的年际和年代际变化（40876004）	已结题
		面上项目：太平洋热带和副热带水交换的年际、年代际变化与ENSO（40176003）	在　研
海洋环境学院	吴德星	面上项目：渤海盐度年际变化的成因及相应的环流变化（40576008）；倾斜侧边界及海底大地形对赤道区深海环流的动力效应（49276267）；热带太平洋三维混沌运动和海洋大屏障研究（49876011）；热带海区波致环流及长期输运过程的研究（49576276）	在　研
		国际合作与交流项目、NSFC-TAMU合作交流项目：近几十年来中国和美国东部海区海温快速升高的动力学机制研究（41211120434）；黄海暖流变化特征与机制（40711240488）	在　研
		专项基金项目： 渤黄海海洋学综合科学考查实验研究（41049901）； 南海海洋学综合科学考查实验研究（41049902）	在　研
		重点项目：近30年我国近海及邻近洋区时均海面温度持续升高的动力学过程与机制（40930844）	在　研
		重大研究计划：基于有效位能变异探讨热带太平洋年代际变化及成因（90411010）	已结题
	张苏平	面上项目：黄东海大气边界层高度的变化机理及其与层云-海雾的关系（41175006）	在　研
		面上项目：黄海海洋大气边界层层结变化机理及其对海雾生消的影响（40975003）	已结题
	黄　菲	面上项目：南海季风系统的1990s年代际转型及机理研究（40975038）；南海天气尺度季风与准定常地形强迫波的相互作用研究（40775042）	已结题
		青年科学基金项目：南海季风型-海气耦合系统与跨赤道行星季风相互作用研究（40305009）	在　研

续表3-2-7

院系	项目主持人（职称限定教授）	项目名称（编号）	完成情况
海洋生命学院	刘振辉	青年科学基金项目：文昌鱼类CD19蛋白的鉴定与基因克隆、表达研究（30500256）	已结题
		专项基金项目：脂肪酸受体CD36在鱼类摄食脂类的味觉感知中的作用研究（31340034）	在　研
	臧晓南	青年科学基金项目：龙须菜高温胁迫响应基因的克隆、鉴定与表达模式分析（30700608）	已结题
	刘伟治	青年科学基金项目：新型海洋生物纤溶酶溶栓活性分子机理研究（81302684）	在　研
	许恒龙	面上项目：胶州湾周丛原生动物群落特征及在水质评价中的应用（41076089）	在　研
	周　红	面上项目：砂质滩底栖生态系统对人为干扰的功能响应（41076090）；海洋底栖动物关键功能群DNA条形码及分子生物多样性研究（41376146）	在　研
	汪　岷	面上项目：北黄海浮游病毒多样性及其与宿主、环境因子的关系（41076088）	在　研
	刘成圣	国际合作与交流项目：用于保护功能纳米生物材料研究与技术（40911140282）	在　研
		面上项目：温敏水凝胶技术构建海洋生物细胞三维培养体系（40876065）	已结题
	赵呈天	青年科学基金项目：抑癌基因blu与纤毛发生、细胞周期的关系研究（81301718）	在　研
		面上项目：斑马鱼纤毛动力蛋白Kinesin2的功能研究（31372274）	在　研
	张全启	面上项目：利用种间杂种构建牙鲆和石鲽遗传连锁图谱（30671624）	已结题
		面上项目：鲆鲽鱼类原始生殖细胞和精原细胞识别的分子基础及其分离和鉴定（31172385）	在　研
	陈西广	面上项目：6-O-CM-氨基多糖促进成纤维细胞生长机理的研究（39970212）；壳聚糖固相分散体系的抑菌性与机理（30770582）；生物材料微观软结构对皮肤组织再生修复过程的作用（81271727）；皮肤组织再生修复复方水凝胶体系的构建（81071274）	在　研
		国际合作与交流项目：生物聚合物的纳米自组装技术研究（30811140330）	在　研
		面上项目：氨基多糖脂复合物纳米胶囊构建及其生物学效应（30370344）；一种天然聚合物界面抑菌机理和基团协同作用（30670566）	已结题

院系	项目主持人 （职称限定教授）	项目名称（编号）	完成情况
海洋生命学院	胡国斌	面上项目：牙鲆细胞对淋巴囊肿病毒感染应答基因的鉴定与克隆（30671604）	已结题
		青年科学基金项目：建立对虾永生细胞系的研究（30400334）	已结题
	郭华荣	面上项目：对虾细胞的分子重编程与永生性转化研究（31172391）	在　研
	王　师	面上项目：虾夷扇贝自交家系近交衰退效应的遗传调控机制分析（31272656）	在　研
		优秀青年科学基金项目：贝类功能基因组学与分子遗传育种（31322055）	在　研
	胡晓丽	面上项目：栉孔扇贝抑肌素myostatin及其信号途径基因的表达调控研究（30972239）	已结题
		面上项目：引种日本皱纹盘鲍对我国本土种质资源遗传结构影响的研究（41176118）	在　研
	隋正红	面上项目：龙须菜琼胶代谢基因研究及其调控分析（30771647）	已结题
		青年科学基金项目：龙须菜藻红蛋白基因旁侧序列特征及其功能的研究（30000126）	已结题
		面上项目：基于转录水平的亚历山大藻赤潮爆发的分子机理研究（41176098）；龙须菜遗传连锁图谱的构建及其在育性控制研究中的应用（31372529）	在　研
	朱丽岩	面上项目：利用桡足类世代培养体系研究POPs污染对近海生态系统的影响（31172412）	在　研
	张志峰	国际合作与交流项目：单环刺螠早期发育的研究（30311140357）；单环刺螠早期发育的研究（30411140604）	在　研
		面上项目：单环刺螠虫在不同浓度硫化物环境中的呼吸代谢机制（30570223）	已结题
		面上项目：单环刺螠早期发育的研究（30271039）；单环刺螠硫化物氧化代谢的分子特征及硫醌氧化还原酶基因的转录调控（31072191）；单环刺螠硫化物代谢关键基因的分离鉴定和功能分析（40776074）；参与单环刺螠应对环境硫化物的重要信号通路鉴定和功能分析（31372506）	在　研

续表3-2-7

院系	项目主持人 （职称限定教授）	项目名称（编号）	完成情况
海洋生命学院	池振明	面上项目：季也蒙毕氏酵母菌菊糖酶合成和调控的研究（31070029）	在　研
		面上项目：肌醇和磷脂酰肌醇在不同酵母种的不同胞外酶分泌调控中的作用（30370015）；海洋嗜杀酵母菌及其嗜杀因子的初步研究（30670058）；弧菌外膜蛋白在酵母菌细胞表面上的展示和作为多价活疫苗的潜在应用（30771645）	已结题
		国际合作与交流项目：分子微生物学和海洋生物工程学国际培训班（30510103067）	在　研
	茅云翔	青年科学基金项目：钝顶节旋藻基因组BAC文库物理作图及基因筛查（30200208）	在　研
		面上项目：条斑紫菜环境胁迫适应分子机制的转录组学研究（30972247）；节旋藻二氧化碳浓缩机制相关基因克隆与表达模式分析（30571418）	已结题
		专项基金项目：水产学科同行评议选择辅助系统及专家系统建设（31240063）	在　研
		面上项目：条斑紫菜渗透压胁迫耐受相关eQTL定位及调控网络解析（31372517）	在　研
	张晓华	面上项目：海洋拮抗菌假交替单胞菌JG1作用机理的研究（40876067）；哈维氏弧菌VHH溶血素作用机理的研究（30771656）；海洋弧菌中溶血素的研究（30371119）	已结题
		国际合作与交流项目：弧菌毒力因子对鱼类细胞保护和细胞调亡的作用研究（30831160512）	在　研
		面上项目：南太平洋环流区洋底沉积物及海水的微生物群落演化及功能活性研究（41276141）	在　研
水产学院	温海深	面上项目：近海低氧环境对卵胎生许氏平鲉繁殖性能的影响及分子内分泌学机理（41176122）	在　研

院系	项目主持人 （职称限定教授）	项目名称（编号）	完成情况
水产学院	宋微波	国际合作与交流项目：自由纤毛虫原生动物的多样性与分类学研究（30411130311）；海洋纤毛虫原生动物的生物多样性研究（30010529）；海洋自由生纤毛虫的多样性与发生学研究（30311130354）；海洋自由生纤毛虫的多样性与发生学研究（30211130166）；纤毛虫原生动物的基础生物学热点问题（30910103080）；纤毛虫多样性研究的合作网络建立（31111120437）；管口类纤毛虫的多样性及系统学研究（40411130654）；海洋纤毛虫原生动物的生物多样性研究（30210103065）；中国的海洋纤毛虫原生动物生物的多样性机理系统学研究（30211130672） 基金项目：纤毛虫原生动物的细胞分化与发生模式以及重要海洋类群的分类学与系统构建（30710103100）；浮游生纤毛虫的生态与分类学（40511130210）；海洋自有纤毛虫的多样性与系统学（40611120148）；海洋自由生纤毛虫的多样性与发生学研究（30311130071）	在　研
		面上项目：海洋管口类纤毛虫的物种多样性及系统学研究（30170114）；海洋盾纤目纤毛虫的分类与系统学研究（39970098）；腹毛目纤毛虫的个体和系统发生学（39770093）；海水养殖水体中自由生纤毛虫区系及细胞发生学研究（39370091）；黄海沿岸的核残亚纲纤毛虫原生动物研究（41276139）	在　研
		面上项目：海洋近岸环境中浮游生纤毛虫原生动物的多样性及生态学（40376045）；旋唇纲纤毛虫重要类群的细胞发生模式研究（30870264）	已结题
		重点项目：纤毛虫：重要模型动物的细胞发育、模式建立与系统演化（31030059）	在　研
		青年科学基金项目：山东沿海对虾养殖水系中纤毛虫分类和区系的研究（39000011）	在　研
		国家杰出青年科学基金：动物区系（39425002）	在　研
		重点项目：纤毛虫原生动物的细胞分化与发生模式以及重要海洋类群的分类学与系统构建（30430090）	已结题
	王昭萍	面上项目：多倍体贝类染色体组稳定性研究（30771662）	已结题
		国际合作与交流项目：三倍体牡蛎快速生长机理研究（30111120502）	在　研
		青年科学基金项目：多倍体牡蛎快速生长机理的研究（39900111）	在　研

续表3-2-7

院系	项目主持人 （职称限定教授）	项目名称（编号）	完成情况
水产学院		面上项目： 牡蛎远缘杂交的杂种优势及遗传机制研究（31172403）	在　研
	张文兵	面上项目： 皱纹盘鲍抗氧化功能的营养调控机制研究（30972262）	已结题
		面上项目：养殖鱼类糖代谢关键酶基因调控分子机理研究（31072219）；养殖大黄鱼品质及其营养调控机理的研究（31372542）	在　研
		青年科学基金项目：维生素影响皱纹盘鲍贝壳生物矿化的分子机制（30200215）	在　研
	麦康森	国际(地区)合作与交流项目：第五届国际鲍鱼研讨会（青岛）（30310303008）；21世纪海洋养殖的研究和展望（30111240554）；第十四届国际鱼类营养与饲料学术研讨会（31010303011）；第六届世界华人鱼虾营养学术研讨会（30610303044）	在　研
		国家杰出青年科学基金：水产养殖学（39925029）	在　研
		面上项目：皱纹盘鲍微量元素（Zn、Fe、Cu、Mn、Se）营养生理的研究（30671630）；水产养殖动物的蛋白质代谢与调控（30371120）	已结题
		面上项目：皱纹盘鲍(Haliotisdiscushannai)营养生理的研究（39670572）；皱纹盘鲍贝壳生物矿化的营养学机理研究（39770589）	在　研
	艾庆辉	青年科学基金项目：大黄鱼仔稚鱼营养生理的研究（30400335）	已结题
		面上项目：大黄鱼仔稚鱼蛋白质、多肽和氨基酸代谢的比较研究（31072222）；大黄鱼仔稚鱼磷脂营养代谢研究（31172425）；大黄鱼脂肪沉积及其调控机制的研究（31372541）	在　研
		面上项目：脂肪酸对大黄鱼营养生理与免疫力的影响（30871930）	已结题
	胡晓钟	面上项目：山东海岸湿地中底栖纤毛虫原生动物的分类学研究（40976075）；利用原生动物对海洋环境的污染监测和评价（30570236）	已结题
		面上项目：南中国海叶咽纲和前口纲纤毛虫原生动物的研究（41376141）；温带海区排毛亚纲纤毛虫无性生殖期间的皮层演化模式（41176119）	在研

院系	项目主持人 （职称限定教授）	项目名称（编号）	完成情况
水产学院		国际合作与交流项目:海洋自由生纤毛虫的生态与分类学(30710103012);海洋纤毛虫原生动物的生物多样性与系统学研究(30510103122);海洋纤毛虫原生动物的生物多样性和生态学(30810103030);海洋浮游纤毛虫的生物多样性和生态学(30610103048)	在　研
		青年科学基金项目:封闭的海水养殖水体中原生生物的结构与功能研究(40206021)	在　研
	李琪	面上项目:两种重要海洋贝类微卫星-着丝粒作图及与遗传图谱的整合(31072207);太平洋牡蛎壳色性状的遗传规律及分子基础研究(31372524)	在　研
		面上项目:栉孔扇贝雌核发育二倍体人工诱导的研究(30170735);海洋贝类雌核发育二倍体的遗传学研究(30571442)	已结题
	潘克厚	面上项目:海洋浮游植物群落演替模式的营养盐响应机制研究(40976076);中国海水养殖业向高技术产业转型模式研究(70373040)	已结题
		面上项目:微拟球藻中性脂及脂肪酸代谢调控的分子机理研究(31372518)	在　研
	潘鲁青	面上项目:多环芳烃对菲律宾蛤仔DNA损伤分子机制的研究(30972237)	已结题
		面上项目:神经肽/神经递质在对虾渗透调节中调控机制的研究(31072193)	在　研
		青年科学基金项目: 甲壳动物幼体营养生理的研究(30100140)	在　研
	绳秀珍	面上项目:鱼类淋巴囊肿病毒细胞受体的鉴定及其分子特性(31072232)	在　研
	田相利	面上项目:刺参对环境胁迫的生理生态学响应及其机制(30771661)	已结题
	王芳	面上项目:外源因子对对虾蜕皮同步性的调控及其机制(30571441)	已结题
	郑小东	青年科学基金项目:金乌贼遗传多样性评估和繁殖模式建立(30600463)	已结题
		面上项目:基于线粒体全序列的蛸科头足类系统发育与分类学研究(31172058)	在　研

续表3-2-7

院系	项目主持人 （职称限定教授）	项目名称（编号）	完成情况
水产学院	高天翔	面上项目：西北太平洋两种卵胎生硬骨鱼类的种群遗传结构和分子系统地理学研究(41176117)；关于花鲈种质资源及种群的遗传学与分类学研究(39970578)	在　研
		面上项目： 关于白姑鱼、黄姑鱼种群的遗传学研究(30471329)	已结题
	刘　群	面上项目：黄、渤海蓝点马鲛资源数量动态和持续利用研究(30271025)；黄渤海小型shi鲱鱼类的数量动态研究(39770584)	在　研
		青年科学基金项目：黄渤海日本鱼箴数量动态特性及其资源预报方法的探讨(39200096)	在　研
	张秀梅	面上项目：牙鲆在不同养殖环境中摄食行为的研究(30070593)；许氏平鲉资源增殖效果评估新方法及其应用基础研究(31172447)	在　研

资料来源：http://npd.nsfc.gov.cn

（2）广东海洋大学

采取同前方法，搜索到的广东海洋大学基础学科领域海洋类期刊文献数量仅为34篇，其中有十多篇文献被引频率为0次。被引频率较高的文献发表时间集中在2008年至2012年。

分析被引频率较高的文献，发现研究主题多和海洋产业和海洋政策法规有关。孙悦民等对我国海洋政策体系探究，从纵向、横向及过程三个向度构建海洋政策体系的基本框架(孙悦民，2010)。金鑫分析了金融危机背景下广东海洋文化产业发展的机遇，并提出相关对策(金鑫，2010)。周立波简述了海洋行政执法协调机制的概念及功能，探讨了构建海洋行政执法协调机制的必要性及其主要内容(周立波，2008)。他还倡导构建以私利权为核心的民间秩序，维护我国渔业资源的养护制度，消除"公地悲剧"现象。创设渔业财产权概念是防止公地悲剧的最有效措施(周立波，2011)。乔俊果分析了菲律宾海洋产业发展态势，结果表明渔业旅游业是该国的支柱产业和重要的吸纳就业产业，海洋渔业以捕捞业为主体，海洋油气业仍不能满足能源自给目标(乔俊果，2011)。巩建华回顾中国海洋政治战略变迁历程，并结合当前形势，提出中国的海洋政治战略应着眼于海洋权利、海洋权力和海洋利益三个方面(巩建华，2011)。宁凌等做了海洋战略性新兴产业选择基本准则体系研究，得出海洋战略性新兴产业四个子准则体系来进行海洋战略性新兴产业的选择，即生产要素准则、企业战略和竞争准则、相关支持性产业发展准则和预期需求准则(宁凌等,2012)。

其次是和海洋资源有关,包括海洋资源分类:孙悦民等对海洋资源分类体系进行了系统研究(孙悦民,2009);海洋资源开发现状及对策:马志荣立足中国海洋资源开发与管理领域存在的问题,提出了制定海洋资源开发战略、加强海洋资源开发与管理的对策建议(马志荣,2005)。孙悦民在对中国海洋资源系统梳理的基础上,提出了海洋资源资产化管理等各项对策和措施(孙悦民,2009)。黎东梅分析了我国海洋旅游资源现状及存在问题,并提出相关发展措施(黎东梅,2009),而关于海洋生物研究的文献在被引频率较高的文献中没有出现。

表3-2-8整理了广东海洋大学的老师们主持的海洋类国家自然科学基金名录及完成情况。从基金类型上看,主要是面上基金和青年科学基金两项。从项目名称上看,研究主题八成以上是海洋生物,对中国海域的研究仅涉及中国南海海域。从个体上看,很少有老师主持的项目能体现出其研究的深度。从完成情况看,在研的项目占一半以上,说明近3～4年该校国家自然科学基金比较多。

表3-2-8　广东海洋大学海洋类国家自然科学基金

院系	项目主持人	项目名称(编号)	完成情况
海洋与气象学院	张书文(教授)	面上项目:气泡谱观测与参数化研究(40576021);波浪破碎湍流动能耗散率的观测及其参数化研究(40876013)	已结题
		面上项目:南海北部陆架海底边界层湍流混合及其对跨跃层营养盐输送的影响研究(41176011)	在　研
		联合基金项目:南海北部陆架海近惯性内波混合的季节变化及其对生态系统的影响研究(U0933001)	在　研
	赵辉(副教授)	面上项目:南海北部真光层氮盐最大值层形成机制及其对浮游植物生产力的季节变化影响(41376125)	在　研
		青年科学基金项目:台风事件对南海北部浮游植物生产力的影响(41006070)	在　研
	陈清香(教授)	青年科学基金项目:磷对双胞旋沟藻生活史和生态生理的影响及机制研究(31200303)	在　研
	成印河	青年科学基金项目:南海近岸蒸发波导的观测及其预测模式研究(41106011)	在　研
	谢玲玲(副教授)	青年科学基金项目:琼东上升流区湍流混合对上升流结构影响的研究(41106012)	在　研
	曹瑞雪	青年科学基金项目:波浪破碎白冠层厚度分布的观测研究(40906008)	已结题

续表3-2-8

院系	项目主持人	项目名称(编号)	完成情况
	王庆业 (副教授)	青年科学基金项目:夏季琼州海峡的流量研究 (40806012)	已结题
	李志强 (副教授)	青年科学基金项目:岬间海滩近岸带中尺度地形动力 过程与模式研究(40806036)	已结题
	李芳成 (教授)	面上项目:基于海岸动力分析的红树林湿地生态恢复 机理研究(30770394)	已结题
食品科技学院	吴仁协	面上项目:中国近海带鱼科鱼类分类与系统进化研究 (31372532)	在 研
	刘书成	面上项目:高密度CO_2诱导凡纳滨对虾肌球蛋白自组装 规律和机制(31371801)	在 研
	于立坚	面上项目:鳀骨肽中抗血管生成活性成分的分离鉴定 及机理研究(30271493)	在 研
	徐德峰 (副教授)	青年科学基金项目:丝氨酸蛋白酶介导的酚氧化酶原 激活诱发冷藏对虾黑变规律与机制(31201309)	在 研
	孙力军 (教授)	面上项目:芽孢杆菌抗菌肽对海产品常见食源性致病 菌的抑菌效应及其控制机制(30972287)	已结题
	周春霞 (副教授)	青年科学基金项目:人工分子伴侣辅助鱼类肌球蛋白 增溶机制的研究(31201389)	在 研
	王雅玲 (教授)	面上项目:T-2毒素蓄积诱导的凡纳滨对虾肌肉品质性 状标记蛋白的变化规律(31171634)	在 研
	毛伟杰	青年科学基金项目:联合加热诱导虾肉蛋白质变性的 三维动态分布规律研究(31301513)	在 研
	杨锡洪	面上项目:基于修饰壳聚糖配位特性的牡蛎中麻痹性 贝类毒素脱除机理(31271938)	在 研
	王雅玲 (教授)	面上项目:对虾隐蔽态T-2毒素的多维表征及其依赖 JAK/STAT通路的免疫毒性分子标记识别(31371777)	在 研
水产学院	刘楚吾 (教授)	面上项目:中国笛鲷属鱼类物种多样性及分子系统学 研究(30671610);中国笛鲷属鱼类的分子系统学与群 体遗传结构分析(30972253)	已结题
	简纪常 (教授)	面上项目:鱼类母源抗体垂直转移机理的研究 (30471337)	已结题
	鲁义善 (教授)	专项基金项目:溶藻弧菌诱导红笛鲷分泌型/膜型免疫 球蛋白基因的表达及定位(41240041)	在 研
		青年科学基金项目:红笛鲷仔鱼抗菌免疫基因的克隆 及表达时序研究(40906073)	已结题
	杜晓东 (教授)	面上项目:基于珍珠贝基因组测序分析的珍珠形成矿 化关键基因和蛋白质的研究(31272635)	在 研

院系	项目主持人	项目名称（编号）	完成情况
水产学院	丁燏	面上项目：南极微藻谷胱甘肽相关酶基因的克隆、分离、鉴定与表达分析（40876102）	已结题
	谭北平	面上项目：水体或饲料添加钾离子对凡纳滨对虾低盐环境下氮代谢、渗透调节及免疫力影响的比较研究（30871928）	已结题
		面上项目：不同食性热带海洋鱼类葡萄糖耐量及外周糖代谢调控与利用机制研究（31272673）	在　研
	王中铎（副教授）	青年科学基金项目：基于 DNA 条形码探讨红树林海区鱼卵和仔稚鱼分类与分布规律（31201996）	在　研
	李广丽（教授）	面上项目：雌激素诱导金钱鱼性分化的作用机制（31272640）	在　研
	焦钰	青年科学基金项目：马氏珠母贝珍珠质形成相关 microRNA 的鉴定与功能研究（41206141）	在　研
	王忠良	青年科学基金项目：马氏珠母贝 α2-巨球蛋白基因分子特征及其促噬菌功能分析（31202023）	在　研
	颜云榕	面上项目：北部湾鱼类食物网对海洋捕捞的响应机制研究（41376158）	在　研
	邓岳文	面上项目：马氏珠母贝生长性状 QTLs 精细定位与相关基因功能分析（31372526）	在　研
研究生处	郭昱嵩	青年科学基金项目：笛鲷属鱼类视蛋白 LWS 基因适应性进化机制探讨（31101904）	在　研
	刘华忠（副教授）	面上项目：乌贼墨多糖缓解环磷酰胺致雄性生殖损伤的机理研究（31171667）	在　研
	温崇庆（副教授）	面上项目：海洋蛭弧菌生物防治对虾苗期细菌性病害的分子生态学研究（31372536）	在　研
	罗萍	青年科学基金项目：乌贼墨多糖干预环磷酰胺诱导卵巢氧化应激损伤的 Nrf2/ARE 调控机制研究（41306149）	在　研
副校长	吴仁协	青年科学基金项目：中国金线鱼科鱼类分类、系统发育及动物地理学研究（41006084）	在　研

资料来源：http://npd.nsfc.gov.cn

（3）上海海洋大学

采取同前方法,搜索到的上海海洋大学基础学科领域海洋类期刊文献数量仅为14篇。被引频率较高的文献发表时间集中在2009—2012年。

从研究主题上看,海洋生物研究较多。宫晓燕等综述了抗菌肽的几种类型、抑菌机理,介绍了海洋无脊椎动物抗菌肽研究进展、存在的问题并分析其在食品保鲜中的应用前景(宫晓燕等,2011)。马建新等综述了重金属对海洋贝类的急性毒性、细胞分子毒性及遗传毒性,探讨了利用海洋贝类监测海洋环境质量的可行性以及利用抗氧化酶作为指示重金属污染程度标志物的发展前景(马建新等,2011)。李磊等首次通过构建海水—底泥—生物体体系,应用半静态双箱动力学模型室内模拟了沉积物暴露条件下文蛤(Meretrix)和缢蛏(Sinono-vacula constricta)对Cu、Pb的生物富集实验,并得到了文蛤和缢蛏富集重金属的吸收速率常数K_1、排出速率常数K_2、生物富集因子BCF、富集平衡浓度CA-max、生物学半衰期B1/2等动力学参数(李磊等,2012)。傅秀梅等首次对中国海洋药用生物濒危珍稀物种及其资源状况进行了调查和评价(傅秀梅等,2009)。吴文惠等研究了海洋生物资源的新内涵及其利用,从海洋生物资源的角度把海洋生态环境中的动植物和微生物分为群体资源、遗传资源和产物资源(吴文惠等,2009)。

其次是海洋产业和海洋学科建设研究。王婷婷基于灰色系统理论分析了上海海洋产业发展现状,并对海洋产业结构优化提出了建议(王婷婷,2012)。张效莉等进行长三角海洋经济优化布局设计及实现海洋经济优化布局的路径研究,并为实现区域海洋经济布局调整提供理论依据(张效莉等,2012)。李昊等探析了高校海洋学科发展要素,提出在发展中应着力培养海洋学科团队,凝练海洋学科规划,建立海洋学科保障机制,发展海洋学科文化,彰显学科建设与海洋经济发展的互动性(李昊等,2010)。周应龙等从海洋高新技术产业的特点、支撑因素出发,对海洋高新技术产业进行了定性分析,得出了海洋高新技术产业的市场结构及运行模式;同时,结合博弈模型,研究了海洋高新技术产业内企业资金的构成模式(周应龙等,2010)。

表3-2-9整理了上海海洋大学的老师们主持的海洋类国家自然科学基金名录及完成情况。从项目名称上看,研究主题基本上与海洋生物有关。从完成情况看,在研和已结题的基金数量各占一半。从个体上看,老师们的项目名称上可以看出其研究的连续性,但深度与中国海洋大学相比明显不够。

表3-2-9　上海海洋大学海洋类国家自然科学基金

院系	项目主持人（正高职称）	项目名称（编号）	完成情况
水产与生命学院	李家乐	面上项目：三角帆蚌生长性状和所产无核珍珠大小数量遗传规律研究（31272657）	在　研
		面上项目：我国五大淡水湖泊三角帆蚌遗传多样性和遗传结构研究（30871923）	已结题
	吕为群	面上项目：鱼尾部神经分泌系统受光调控的分子机制的研究（31072228）；尾部神经分泌系统与海洋底栖鱼类适应伏底生活的关联性研究（41376134）	在　研
	邱高峰	面上项目：组织蛋白酶C在日本对虾卵母细胞最后（生理）成熟过程中的功能研究（30471348）；中华绒螯蟹卵母细胞最后(生理)成熟分子机制的研究（30972242）	已结题
		面上项目：中华绒螯蟹原始生殖细胞的形成与性分化机制的研究（31272655）	在　研
	李思发	重点项目：鲢、鳙、草鱼和团头鲂遗传资源的变迁（30630051）	已结题
	刘其根	面上项目：保水渔业对千岛湖生态系统结构和功能影响的定量分析（30670388）	已结题
		面上项目：保水渔业对千岛湖水层食物网生态化学计量学和消费者驱动养分循环格局的影响（31072218）	在　研
	唐文乔	面上项目：中国沿海日本鳗幼鱼耳石微化学与迁移格局研究（30771650）	已结题
		面上项目：长江刀鲚洄游的嗅觉定向和生态型演化的分子机制（31172407）	在　研
	吕利群	面上项目：草鱼呼肠孤病毒逃逸宿主细胞RNAi作用通路的分子机制研究（31072244）；草鱼呼肠孤病毒细胞表面受体的鉴定及分析（31372561）	在　研
	王成辉	面上项目：瓯江彩鲤体色变异的转录组与DNA甲基化分析（31372521）	在　研
		面上项目：鱼类配套系育种的两个基础问题研究：以鲤为例（30972250）	已结题
		青年科学基金项目：鲤生长性状的数量遗传学效应分析与QTL定位研究（30700622）	已结题
	潘连德	面上项目：养殖中华鳖(Trionyx sinensis)药源性肝病的病理机制研究（39970582）	在　研
	沈和定	面上项目：中国大陆沿海石磺科贝类形态结构比较及系统分类研究（30972259）	已结题

续表3-2-9

院系	项目主持人（正高职称）	项目名称（编号）	完成情况
水产与生命学院		面上项目：肺螺亚纲石磺科贝类由海洋向陆地及至淡水的进化生物学研究（41276157）	在 研
	施志仪	面上项目：牙鲆仔鱼右眼移位变态过程中基因表达（30271017）；碱性磷酸酶基因在牙鲆变态发育中的表达及其与甲状腺激素的关系（30571420）	已结题
		面上项目：microRNA对牙鲆变态中肌肉发育的调控作用研究（31172392）	在 研
	宋佳坤	面上项目：鲀形目鱼类应激行为的神经机理研究（30970365）	已结题
	严兴洪	面上项目：坛紫菜的遗传育种学研究（30170734）；野生坛紫菜的性别与性别决定机理研究（31072208）	在 研
		面上项目：坛紫菜单性生殖机理和单性育种学研究（30571443）	已结题
		国际合作与交流项目：第十八届国际海藻学术研讨会（30410203075）	在 研
	薛俊增	面上项目：三峡水库主要支流库湾浮游动物对水库水利调度和库湾水动力过程的生态响应（30570295）	已结题
	杨先乐	面上项目：鱼类GABA受体与渔药安全性评价的研究（31172430）	在 研
		面上项目：鱼类药物代谢酶体外诱导细胞模型的研究（30371109）	已结题
	张俊彬	面上项目：海水鱼类生殖洄游过程中的渗透压调节机制——以金钱鱼为例（31272662）；配偶选择与关联性环境适应在海水近岸鱼类——金钱鱼的研究（41176109）	在 研
	张俊芳	面上项目：鱼类寒冷环境下逆转座子大规模扩增的表观遗传调控机制研究（31372516）	在 研
	周志刚	面上项目：利用荧光原位杂交技术进行海带染色体分带鉴定及核型分析（41376136）；缺刻缘绿藻中ArA合成相关酶基因对氮饥饿响应的分子机理（31172389）	在 研
		面上项目：海带配子发生过程中lhcf家族基因的时空表达与功能分析（30671627）；利用性连锁标记和差异表达基因探讨海带性别分化的遗传机理（30471328）；氮饥饿胁迫引起缺刻缘绿藻合成并积累花生四烯酸的分子机理（30972243）	已结题
		青年科学基金项目：海带无性繁殖系育苗中遗传标记和群体遗传学的研究（39800105）	在 研
	邹曙明	青年科学基金项目：团头鲂四倍体复等位基因的早期进化模型研究（30500382）	已结题
		面上项目：转座子插入诱变捕获团头鲂耐低氧主控基因的研究（31272633）	在 研

院系	项目主持人(正高职称)	项目名称(编号)	完成情况
海洋科学学院	许强华	重大研究计划:南极冰鱼心血管发育和功能适应的分子进化研究(91131006)	在　研
		青年科学基金项目:三疣梭子蟹盐度适应相关重要基因的克隆及其调控研究(30800840)	已结题
	张　敏	面上项目:采后球形果实组织内部传热机理的研究(30771245)	已结题
		面上项目:低温逆境下冷敏果实机体传热特性与组织冷损伤相关性研究(31371526)	在　研
	陈新军	面上项目:智利外海茎柔鱼耳石微结构和微化学研究(40876090)	已结题
		面上项目:基于角质颚的北太平洋柔鱼生态学研究(41276156)	在　研
	高郭平	面上项目:快速变化期北极中层水的通风过程及其主要影响研究(41276197)	在　研
	章守宇	国际合作与交流项目:国际应用系统分析研究学会暑期青年科学家项目(30911140147)	在　研
		面上项目:海藻场生态系统结构及其生物资源养护能力的研究(30871924);人工鱼礁水动力学及其生态效应的定量研究(30471332)	已结题
		面上项目:马尾藻海藻场水生生物资源养护机制研究(41176110)	在　研

资料来源:http://npd.nsfc.gov.cn

(4)大连海洋大学

采取同前方法,搜索到的大连海洋大学基础学科领域海洋类期刊文献数量仅为10篇。被引频率较高的文献发表时间集中在2011—2013年。

就搜索到的文献看,数量少,研究主题较为单一,研究区域也仅局限于辽宁省。研究主题上,多和海洋学科建设、海洋经济和海洋产业相关。王磊等(2011)介绍大连海洋大学校外研究生培养基地的概况及培养特色,对于建设校外研究生培养基地的必要性进行了初步探讨,并就此提出了几点思考。申天恩等(2012)在海洋类高等院校学科建设上做了很多研究,提出海洋高等院校学科建设要以特色学科建构为龙头,遵循非均衡—均衡—非均衡发展的理念,促进学科之间良性互动,形成具有可持续发展能力的学科生态体系。高立鑫等(2013)利用层次分析法建立了层次结构模型,构造了各层次判断矩阵并检验其一致性,最终通过层次总排序得到贡献度的排名。高萃鸿(2012)对辽宁海洋经济发展的政府服务支撑体系构建做了研究。贺义雄(2011)阐述了海洋政策的内涵,从目前我国海洋政策的主要内容入手,探讨我国现行海洋政策在宏观政策规划和相关法律法规方面存在的缺陷,并从海洋战略、海洋管理理念和海洋意识三个方面分析了缺陷存在的原因。

此外还关注海洋生态研究。宋伦等(2012)研究了悬浮物对海洋生物生态的影响。戴瑛(2013)对辽宁省海洋开发生态保护的制度设计进行探讨,指出辽宁省作为海洋大省可以从海洋生态补偿及海洋生态关闭两个方面建构海洋开发生态保护制度体系。

表3-2-10整理了大连海洋大学的老师们主持的海洋类国家自然科学基金名录及完成情况。从基金数量上看,相对前面几所高校少,从基金类型上看,基本上都是面上项目。从完成情况上看,在研的项目数量少于已结题项目数量,说明近几年,该校国家自然科学基金项目增加不多。从研究内容上看,对海洋无脊椎动物研究较多,如刺参、贝类、牡蛎等。

表3-2-10　大连海洋大学部分海洋类国家自然科学基金

院系	项目主持人（教授）	项目名称（编号）	完成情况
水产与生命学院	柴晓杰	面上项目:盐藻中磷酸化转录因子对盐胁迫的分子响应(30972240)	已结题
	常亚青	青年科学基金项目:刺参多倍体及生物能量学比较研究(30200212)	在研
		面上项目:虾夷扇贝生长性状的QTL定位研究(30671594)	已结题
		面上项目:刺参耐寒相关基因筛选及表达研究(31072230)	在研
	李霞	面上项目:刺参器官再生和细胞培养研究(30371099)	已结题
	李雅娟	面上项目:泥鳅杂交三倍体染色体组稳定性及其表观遗传机制解析(31272650)	在研
	张峰	面上项目:刺参(Stichopus japonicus)免疫相关因子的研究(30471323)	已结题
	赵文	面上项目:海洋有害重金属沿食物链迁移转化和富集的生态模拟研究(40776065);西藏拟溞遗传多样性及其对极端环境的适应组合机制(31072210);西藏拟溞生物学和生态学以及作为海产鱼苗种活饵料研究(30371112);西藏拟溞生殖转化的生态机理研究(30671625)	已结题

院系	项目主持人（教授）	项目名称（编号）	完成情况
	周一兵	面上项目:双齿围沙蚕生理能量学及其对有机污染物和重金属(Hg,Cd,Pb)的生物利用(30571419)	已结题
	刘长发	面上项目:养殖区海水中重金属的生物有效性及残留风险(30271029)	已结题
		面上项目:辽河口潮滩湿地区域$C:N:P$生态化学计量格局及其生物地球化学循环耦合驱动机制研究(41171389)	在 研
	丁 君	面上项目:海胆性腺脂肪酸代谢相关基因筛选及表达研究(30972269)	已结题
海洋工程学院	陈 勇	面上项目:人工鱼礁的生态环境效应研究(30471331)	已结题
	黄妙芬	面上项目:水体石油类污染遥感探测机理与识别模型研究(40771196)	已结题
		面上项目:石油类污染水体固有光学特性研究与反演(41271364)	在 研
	汤 勇	面上项目:单体鱼目标散射强度测量的研究(10774021)	已结题
养殖与环境控制研究室	张国范	面上项目:太平洋牡蛎非整倍体及其应用潜力的研究(39970590);三倍体皱纹盘鲍繁殖潜力的研究(39870600);中国近海皱纹盘鲍自然和养殖群体遗传结构的比较研究(39370553)	在 研
食品工程学院	李 伟	面上项目:贝类凝集素对水产品中常见致病菌的抑菌效应及作用机制的研究(31071612)	在 研
	刘俊荣	面上项目:分离鱼蛋白的结构与功能及其调控机制研究(31271980)	在 研

资料来源:http://npd.nsfc.gov.cn

(5)浙江海洋学院

采取同前方法,搜索到的浙江海洋学院基础学科领域海洋类期刊文献数量有38篇。被引频率较高的文献发表时间集中在2005—2013年。

从研究区域上看,集中在舟山群岛及其新区。从研究主题上看,对海洋生态、环境关注较多。张建设等(2011)结合现有科研项目,对研究生海洋生态学课程教学内容、教学方法和考核方式进行了改革。俞树彪(2012)立足舟山群岛新区建设海洋生态文明的现实探索,理性审视舟山群岛新区海洋生态文明建设面临的难题,探讨促进舟山群岛新区海洋生态文明建设的发展设想。钟家瑞(2005)在全面调查和分析现状的基础上,从人才、资金、科研、信息等方面提出了舟山市海洋生物资源研发的对策。金卫红等(2000)对近岸海域进行水质分析并对海洋生态环境的影响做了研究。郑贤敏等(2006)研究了宁波港、舟山港石油类海洋环境的污染与防治。提出了要加强环境保护宣传,在油库集中的地方,以大型油库为依托,对含油污水作集中处理,建立油轮突发事故应急处理体系,并定期预演等防治海洋石油类污染的建议。周莉(2012)探讨如何以科学为指导,合理利用海洋资源,保护好海洋环境,实现海洋资源的可持续利用,推进舟山海洋信息的建设。杨和振等(2005)对海洋平台结构环境激励进行实验模态分析。

其次是海洋科教、法规、海洋公共管理、海洋产业及经济。董民辉(2006)对海洋类学科数字图书馆门户体系建设与实践进行了初步探索。蔡丽娜等(2013)以浙江海洋学院海洋科学导论公共选修课为例,从确立授课目的、明确授课对象、设置教学内容、改进教学方法几方面,探讨了该公共选修课的开课实践,并简单地分析了开课效果。李百齐等(2007)认为进行海洋综合管理是落实科学发展观、使海洋经济得以可持续发展的重要保证。易传剑等(2010)论述了浙江省地方性海洋法规的建设与完善。叶芳(2013)提出与市场经济相适应的海洋公共服务供给体系并未完全形成,并探索了海洋公共服务供给体系的构建。叶芳(2012)还阐述了"海洋公共服务"概念产生的社会背景及其形成与发展过程,对"海洋公共服务"的内在机理作了深入分析。全永波等(2012)基于以利益为视角的区域海洋管理的需要,从利益层次角度对区域海洋管理的利益相关者进行利益解构,分析海洋治理中各主体的利益需求。朱初照(2012)对舟山市海洋产业发展状况进行研究,深入探讨了舟山市海洋产业发展中存在的问题并提出了对策建议。刘国军等(2011)以浙江省为例做了海洋产业就业弹性的比较优势与实证分析。俞树彪等(2009)立足于产业转型的理论基础,研究海洋产业转型。黄蔚艳(2009)以舟山市为例,做了现代海洋产业服务体系建设案例研究。周达军(2007)研究海洋经济对舟山的贡献。

表3-2-11整理了浙江海洋学院的老师们主持的海洋类国家自然科学基金名录及完成情况。从基金数量上看,明显比前几所高校少,研究主题也很有限。

表3-2-11 浙江海洋学院海洋类国家自然科学基金

院系	项目主持人（教授）	项目名称（编号）	完成情况
海洋科学与技术学院	王日昕	面上项目：基于线粒体全基因组的中国石首鱼科分子系统发生学研究（31272661）	在 研
	吴伟志	面上项目：模糊与随机环境下的粗糙集理论与知识获取（60373078）；信息粒度的数学结构及其在数据挖掘中的应用（60673096）	已结题
		面上项目：模糊和随机环境下的粒计算与信息融合研究（61272021）；多粒度标记数据的知识表示和知识获取研究（61075120）	在 研
	李同军	面上项目：覆盖近似空间和形式背景中的知识获取研究（11071284）	在 研
	丁国芳	面上项目：乌贼墨寡肽EPSI-1的制备与抗前列腺癌机制研究（81273429）	在 研
水产学院	赵 晟	面上项目：海水养殖生态系统的能值评估（40971295）	已结题
	俞存根	面上项目：东海典型海域虾蟹类生物多样性及优势种数量时空变化的影响因素（30970464）	已结题
		面上项目：舟山渔场及邻近海域渔业生物多样性与优势种动态变化机制（31270527）；东海虾蟹类群落结构特征与生物多样性变化及其影响因素研究（30770373）	在 研
	宋伟华	面上项目：柔性渔用网衣在波浪中的水动力特性研究（40876049）	已结题
食品工程与科学学院	邓尚贵	面上项目：亚铁修饰带鱼蛋白水解物抗菌成分分离、结构及机制研究（31071628）	在 研
船舶与海洋工程	陈正寿	青年科学基金项目：多海洋立管结构瞬态振动特性及管间耦合作用机制研究（41106077）	在 研
	谢永和	面上项目：海洋潮流能发电系统漂浮载体/水轮机耦合动力响应研究（51279182）	在 研

资料来源：http://npd.nsfc.gov.cn

（6）国家海洋局第一海洋研究所

采取同前方法，搜索到的国家海洋局第一海洋研究所基础学科领域海洋类期刊文献数量有364篇。被引频率较高的文献发表时间集中在1993—2010年。

从研究区域看，多为宏观海洋研究。张朝晖等（2007）研究了桑沟湾海洋生态系统的服务价值。郭炳火（1993）研究了黄海物理海洋学的主要特征。郭炳火等（1995）还研究了东海海洋锋的波动及演变特征。孟凡等（1993）研究了黄海大海洋生态系的浮游动物。汤毓祥等（1990）做了关于黄海、东海海洋锋的研究。杜云艳等（2002）以东海为例，做了遥感与GIS支持下的海洋渔业空间分布研究。孟宪伟等（2001）研究了东海近3.5万年来古海洋环境变化的分子生物标志物记录。

从研究主题上看，海洋生态、海洋能等研究居多。陈尚等（2006）阐述了我国海洋生态系统服务功能及其价值评估研究计划；他（1999）还做了富营养化对海洋生态系统的影响及其围隔实验研究；此外他（1998）还研究了在生态交错带理论及其在海洋生态学中的应用。张朝晖等（2006）研究了海洋生态系统服务的来源与实现；他（2007）还研究了海洋生态系统服务的分类与计量；此外他（2007）对桑沟湾海洋生态系统的服务价值也有所探究。万振文等（2000）做了海洋赤潮生态模型参数优化研究。吕新刚等（2008）综述了海洋潮流能资源估算方法的研究进展。暴景阳（2009）对海洋测绘垂直基准做了综论。游亚戈等（2010）论述了海洋能发电技术的发展现状与前景。

此外，不仅有对现代海洋的探索还有对古海洋的研究。刘振夏等（1999）研究了冲绳海槽晚第四纪千年尺度的古海洋学。李保华等（1997）研究了冲绳海槽南部两万年来的浮游有孔虫与古海洋学事件。然而海洋经济、海洋产业这些时下热点海洋研究主题在被引频率较高的文献中没有出现。

表3-2-12整理了国家海洋局第一海洋研究所的研究员们主持的海洋类国家自然科学基金名录及完成情况。因为基金数量较多，只统计批准年度为2011年、2012年、2013年的基金项目。从基金数量上看，近三年每年基金数量差不多。从基金类型上看多为青年科学基金。从研究尺度上看，大中小尺度的都有，如小尺度研究上有关于黄河三角洲、广西英罗湾等区域的研究，中尺度上有中国黄海、东海等区域的研究，大尺度上的研究涉及太平洋、大西洋、印度洋、南极海洋等世界性大洋。

表3-2-12　国家海洋局第一海洋研究所国家自然科学基金

批准年度	项目主持人	项目名称（编号）
2011	尹训强	青年科学基金项目： 中尺度涡旋在海洋混合中的作用研究（41106032）
	赵　强	青年科学基金项目： 西沙石岛风成碳酸盐岩形成演化及其古气候意义（41106064）
	杨佰娟	青年科学基金项目：以高分子量含硫多环芳烃和甾烷类为标志物的海洋溢油鉴别新方法研究（41106112）

续表 3-2-12

批准年度	项目主持人	项目名称(编号)
2011	厉丞烜	青年科学基金项目: 黄海中二甲基硫化物的生物生产与消费(41106071)
	陈显尧	面上项目: 全球大洋中层中尺度过程的特征与机制分析(41176029)
	方越	面上项目: 热带太平洋-赤道大西洋遥相关多年代际变化的研究(41176030)
	任向文	面上项目:西太平洋麦哲伦海山群富钴结壳记录的新生代海水钴浓度的重建(41176057)
	郑风荣	青年科学基金项目:虹彩病毒纳米基因工程疫苗载体构建与跨膜机理研究(41106147)
	郑明刚	青年科学基金项目:海洋微拟球藻(Nannochloropsis sp.ZMG1)油脂积累转录因子的研究(41106148)
	李萍	青年科学基金项目:末次冰期以来日本海底层流演变的岩石磁学记录(41106062)
	赵月霞	青年科学基金项目:末次盛冰期长江主流路的识别与充填模式研究(41106065)
	李景喜	青年科学基金项目:藻体内类金属硫蛋白(MT-like)对重金属诱导响应研究(41106111)
	张远凌	青年科学基金项目:气候模式海洋模块中热含量的模拟能力检验方法研究(41106033)
	冉祥滨	青年科学基金项目:植硅体在河流硅输送中的作用(41106072)
	崔琰琳	青年科学基金项目:烟台四十里湾物理环境特征及其对物质输运的影响(41106025)
	刘季花	国际合作与交流项目:海洋热液沉积成岩的化学及稳定同位素综合模型:以超慢速库克洋脊和西南印度洋脊为例(41111120086)
	孙承君	青年科学基金项目:贻贝闭壳肌-壳界面的黏结机理和仿生研究(31100567)
	林学政	面上项目:南极适冷菌 Psychrobacter sp. G 温度与盐度胁迫下基因表达谱分析及冷/热激基因应答机制研究(41176174)
	刘升发	青年科学基金项目:东海周边中小型河流物源端元识别及其对内陆架泥质体形成的贡献(41106063)
	郑彦鹏	面上项目:西菲律宾海盆扩张脊的构造特征及其地质意义(41176058)

续表 3-2-12

批准年度	项目主持人	项目名称（编号）
2011	李官保	青年科学基金项目：南黄海晚新生代构造变形特征及其动力学研究（41102142）
	阚光明	青年科学基金项目：南黄海中部海底沉积物声学特性及地声模型研究（41106061）
	黄元辉	青年科学基金项目：末次冰消期以来白令海千年尺度气候变化的深海沉积记录（41106166）
2012	刘芳明	青年科学基金项目：南极海洋嗜冷菌 Shewanella sp. NJ49 的多环芳烃低温代谢分子机制研究（31200097）
	韦钦胜	青年科学基金项目：长江口外缺氧区沉积物耗氧及有机碳矿化（41206068）
	李 力	青年科学基金项目：沉积物—海水界面重金属化学平衡模型的研究（41206109）
	高春蕾	青年科学基金项目：P-糖蛋白在栉孔扇贝对麻痹性贝类毒素累积和排出过程中的作用研究（41206161）
	胡利民	青年科学基金项目：不同能源结构下有机污染物海洋沉积记录的对比——以泰国湾和渤海为例（41206055）
	朱爱美	青年科学基金项目：末次冰期以来冲绳海槽北部及日本海南部陆源碎屑组分演化对比研究（41206059）
	刘学海	面上项目：近几十年红海水体变暖的外部热成因研究（41276036）
	郭景松	青年科学基金项目：东海黑潮锋面涡旋特性及其诱发机制研究（41206025）
	宋亚娟	青年科学基金项目：孟加拉湾春季海温增温过程影响局地夏季风爆发的数值研究（41206026）
	石学法	重点项目：南海新生代扩张期后岩浆活动及其构造意义（41230960）
	鄢全树	面上项目：西南太平洋劳海盆地幔源区性质及俯冲组分对地幔源区的影响（41276003）
	刘 玮	青年科学基金项目：海洋枝角类完整生活史实验监测环境内分泌干扰物质的研究（41206110）
	肖 洁	青年科学基金项目：我国海水甲壳类中寄生性甲藻（Hematodinium）的种群遗传结构及其分子系统分类地位的研究（41206162）
	葛人峰	面上项目：海洋考察船时共享航次调查数据质量评价研究与实施（41276096）
	夏 鹏	青年科学基金项目：广西英罗湾中全新世以来红树林演变的沉积物有机碳同位素和孢粉记录及其对气候变化的响应（41206057）

批准年度	项目主持人	项目名称(编号)
2012	石洪华	青年科学基金项目:基于全局灵敏度和伴随方法的海洋生态动力学模型参数优化(41206111)
	郑　伟	青年科学基金项目:海湾生态系统服务功能时空特征与围填海生态补偿研究——以胶州湾为例(41206112)
	边淑华	面上项目:粉砂海岸典型剖面极端海况泥沙运动观测及其动力机制研究(41276084)
	张　敏	青年科学基金项目:全球变暖下亚洲沙尘变化趋势对中国近海叶绿素a及初级生产力的影响(41206027)
	郑　洲	青年科学基金项目:南极冰藻LhcSR蛋白的光保护功能及其对极端海冰生境的适应机制(31200272)
	王春娟	青年科学基金项目:基于GIS的Storegga滑坡区天然气水合物分解对海底斜坡不稳定性的区域评价模型研究(41206056)
	刘晨临	面上项目:RNA解旋酶在南极海冰衣藻冰冻环境适应中的作用机制(41276203)
	黄传江	面上项目:海洋上层湍动能耗散率观测及参数化研究(41276035)
	任广波	青年科学基金项目:海岸带遥感影像半监督学习自动化分类方法研究——以黄河三角洲滨海湿地分类为例(41206172)
	高　伟	青年科学基金项目:现代黄河三角洲钓口流路叶瓣体叠覆与演化对海底稳定性的影响机制(41206054)
	宁春林	面上项目:基于海洋浮标的卫星导航通信新系统的关键技术研究(61271284)
	修宗祥	青年科学基金项目:深水陆坡区碎屑流对海底管道潜在冲击影响的定量研究——以荔湾3-1气田为例(41206058)
	王宗灵	面上项目:黄海大规模浒苔绿潮起源与早期发生的生态学机理研究(41276119)
2013	葛淑兰	面上项目:鄂霍次克海中层水百年-千年尺度上动力学演化的环境磁学记录(41376072)
	刘升发	面上项目:末次冰期以来安达曼海沉积记录及其对印度季风的响应(41376074)
	孙双文	青年科学基金项目:海气耦合在南海中尺度涡发展中的作用(41306032)
	鄢全树	优秀青年科学基金项目:海底岩石学(41322036)
	张　晰	青年科学基金项目:基于主被动遥感的渤海海冰厚度及其相关参数的反演研究(41306193)
	戴德君	面上项目:卷波破碎致湍流混合的实验室实验研究(41376036)

续表3-2-12

批准年度	项目主持人	项目名称（编号）
2013	冯琳	青年科学基金项目：热带太平洋对西南地区干季降水异常的影响机制（41306030）
	熊学军	面上项目：黄海暖流的多时相特征及其发生机制研究（41376038）
	李艳	青年科学基金项目：我国沿海附生性甲藻-冈比亚藻（Gambierdiscus）和蛎甲藻（Ostreopsis）的生物多样性研究（41306171）
	闫仕娟	青年科学基金项目：大西洋脊区线性构造的综合解译及热液控矿构造提取（41306059）
	臧家业	面上项目：乳山湾外近岸海域低氧现象与底边界层过程研究（41376093）
	刘焱雄	面上项目：中国沿海海洋潮汐特征的GPS响应研究（41374044）
	宋转玲	青年科学基金项目：国家自然科学基金青岛海洋资料共享服务系统扩展建设（41306094）
	刘保华	重点项目：海洋界面宽频声散射特性及模型研究（41330965）
	宋洪军	青年科学基金项目：黄海浮游植物春秋季水华年际变化及其生态效应（41306172）
	高立宝	青年科学基金项目：南大洋的海洋季节内振荡机理研究（41306206）
	叶俊	青年科学基金项目：南大西洋中脊15°S区热液活动成矿年代学研究（41306060）
	尹晓斐	青年科学基金项目：壳层隔绝纳米粒子增强拉曼光谱在近海海域污染物快速检测中应用的基础研究（41306074）
	刘琳	面上项目：全球变暖背景下印度洋年际时间尺度海气相互作用对季节内振荡的影响（41376037）
	孟宪伟	面上项目：中全新世以来广西典型红树林群丛林分结构演替对海平面变化的响应：沉积物埋藏红树叶片C、N、O同位素示踪（41376075）
	胡宁静	面上项目：末次冰消期以来黄海暖流演化：沉积物硅酸盐碎屑Sr Nd同位素示踪（41376073）
	鲍颖	青年科学基金项目：波致混合在地球系统模拟中对海洋碳循环的影响研究（41306029）
	董林森	青年科学基金项目：晚第四纪劳伦泰德冰盖扩张及其气候响应：加拿大海盆冰筏碎屑记录（41306205）
	李淑江	青年科学基金项目：太平洋-印度洋贯穿流南海分支与印尼贯穿流的相互作用及气候效应（41306031）

资料来源：http://npd.nsfc.gov.cn

（7）国家海洋局第二海洋研究所

采取同前方法，搜索到的国家海洋局第二海洋研究所基础学科领域海洋类期刊文献数量有175篇。被引频率较高的文献发表时间集中在1993—2006年。

从研究主题上看，多和海洋环境、海洋生物，特别是海洋微生物有关。翦知湣等（1996）对冲绳海槽南部255柱状样的66个样品进行底栖有孔虫定量研究。王正方等（1993）研究了海洋原甲藻增殖最适起始密度及其同温度的关系；他们（1996）还研究了氮、磷、维生素和微量金属对赤潮生物海洋原甲藻的增殖效应；此外，他们（2001）还采用微量移液稀释法对海洋原甲藻进行无菌培养，以研究温度、盐度、光照强度和pH对海洋原甲藻增长的效应。宁修仁（1997）研究了海洋微型和超微型浮游生物的分类，生态生理，特别是种群增长速率，营养行为等。史君贤（1997）等报道了浙江省海岛海域中石油烃降解细菌的丰度分布及其种群组成；在此研究基础上史君贤（2000）报道使用气相色谱法测定石油烃降解细菌对柴油的正烷烃的降解作用。王汝建等（1998）对冲绳海槽南部20ka来的放射虫古海洋学意义做了研究。扈传昱等（1999）系统介绍了海水和海洋沉积物中总磷的测定方法。杨关铭等（1999）根据1987—1990年间在台湾以北海域进行的6个航次的调查资料，对该海域浮游桡足类数量分布作了探讨。在对台湾以北海域浮游桡足类生物海洋学特征进行数量分布方面的研究后的续篇，重点对本海区浮游桡足类的群落结构和群落性质以及与栖区环境条件间的关系作了分析探讨（杨关铭等，1999）。在对台湾以北海域浮游桡足类生物海洋学特征研究Ⅱ. 群落特征研究的基础上，他（2000）又用不同生态类群的指示性种类分布来分析对应水系的变化过程。唐启升等（2001）弄清我国近海海洋生态系统的结构、功能及其服务与产出，量化其动态变化及生态容纳量，预测生物资源的补充量，寻求可持续开发利用海洋生态系统的途径。孙军等（2005）系统地介绍了海洋浮游植物群落比生长率（μ）及其相关概念，介绍和比较分析了研究μ的细胞分裂周期法、生物化学指示物法、模型法和去除摄食者稀释法这四类方法，推荐去除摄食者稀释法作为中国近海μ研究的重要方法。

相比前面几个样本机构，该机构在被引频率较高的文献中有多篇综述类文献。苏纪兰等（1994）对新中国成立以来我国物理海洋学部分内容的进展作了简要的综述，主要集中在海洋调查以及水文特征、海流与环流、潮汐与海平面和海浪五个方面。宁修仁等（2000）回顾和论述了我国学者近２０年来在海洋初级生产力观测研究的进展。唐启升等（唐启升等，2001）介绍了海洋生态系统动力学研究对我国社会与科技发展的意义、研究现状和发展趋势、拟解决的关键科学问题以及实施计划。周玉航等（2001）综述了近年来国内外在海洋地球化学循环，特别是微生物环研究方面的发展现状，探讨了浮游植物、细菌、病毒相互之间的关系及其对海洋地球化学循环的影响。

　　此外,还有关于海洋研究设备的研究。潘德炉等(1997)对卫星海洋水色遥感的辐射模式进行了研究,同时还对海洋水色卫星的辐射模拟图像进行了研究;此外他们还在另一篇文献中介绍了新一代遥感水色传感器——荧光高度成像光谱仪(FLI)的主要性能和优点以及应用,并利用荧光高度遥感海洋中叶绿素a的浓度。阳凡林等(2006)根据水上和水下环境的区别,系统论述了各种海洋定位导航技术及组合定位导航技术,比较了它们的优缺点和适用范围,介绍了它们的应用现状及展望。

　　表3-2-13整理了国家海洋局第二海洋研究所的研究员们主持的海洋类国家自然科学基金名录及完成情况。因为基金数量较多,只统计批准年度为2011年、2012年、2013年的基金项目。从基金数量上看,近三年每年基金数量差不多。基金类型以青年科学基金和面上项目基金为主。在研究区域上,对我国南海研究最多。研究内容上涉及海洋物理学、海洋生物学等。

表3-2-13　国家海洋局第二海洋研究所国家自然科学基金

批准年度	项目主持人	项目名称(编号)
2011	王桂华	国家杰出青年科学基金:物理海洋学:南海海盆尺度环流-中尺度涡相互作用研究(41125019)
	章伟艳	青年科学基金项目:沉积物的粒度结构和矿物组分对长江口-杭州湾沉积有机碳保存的影响(41106050)
	董崇志	青年科学基金项目:基于地震海洋学的南海东北部海洋内波和湍流混合研究(41106044)
	初凤友	面上项目:富钴结壳"界线"成因模型及其矿床学应用(41176045)
	刘晓辉	青年科学基金项目:台湾东北海域黑潮入侵的年际变化研究(41106020)
	朱小华	面上项目:黑潮的营养盐输送及其变化的物理机制(41176021)
	何海伦	青年科学基金项目:海浪破碎动量通量对热带太平洋海洋边界层年际变化影响(41106019)
	叶黎明	青年科学基金项目:白令海中层水团古温度变化及其对颗粒有机碳降解作用的影响(41106048)
	朱继浩	青年科学基金项目:慢速-超慢速扩张洋中脊上地幔的熔融和变形机理研究(41106051)
	阮爱国	面上项目:超慢速扩张洋中脊热液喷口深部构造地震层析成像(41176046)
	韩喜彬	青年科学基金项目:南海北部珠江海底峡谷现代沉积过程研究(41106046)
	朱根海	面上项目:象山港微、小型浮游植物年际变化的研究(41176142)
	杨克红	青年科学基金项目:南海北部不同形貌冷泉碳酸盐岩地质地球化学特征及其形成环境判识(41106047)

批准 年度	项目 主持人	项目名称(编号)
2011	张 涛	青年科学基金项目:西南印度洋超慢速扩张脊板块增生过程中蛇纹岩化橄榄岩构造作用研究(41106049)
	邱中炎	青年科学基金项目:印尼外海沉积序列及相关的古沉积事件(41106052)
	王惠群	面上项目:由温盐大面资料直接计算数据覆盖区域三维海流的优化方法研究及应用(41176020)
	陆斗定	面上项目:荧光定量PCR技术在监测目标赤潮藻及孢囊中的应用(41176141)
	陈建芳	重大研究计划:南海北部"生物泵"全深度锚系观测及调控机制研究(91128212)
	陈大可	重大研究计划:南海北部物质搬运与沉积的海洋动力机制(91128204)
	葛 倩	青年科学基金项目:南海北部陆架泥质区全新世东亚冬、夏季风位相关系的多参数研究(41106045)
	吴振利	青年科学基金项目:南海西北次海盆深部构造与扩张机制研究(41106053)
	孟凡旭	青年科学基金项目:印度洋多金属硫化物区硫酸盐还原菌多样性与dsr基因水平转移研究(31100091)
2012	赵海涛	青年科学基金项目:新型浮力摆式波浪能装置的水动力性能研究及优化设计(41206074)
	朱小华	面上项目:沿海流场声层析研究(41276095)
	曹振轶	面上项目:河口近岸浑浊水区底边界层动力精细结构的原位观测和分析(41276083)
	倪晓波	青年科学基金项目:利用浮标实时获取近海跃层数据的技术研究(41206085)
	何贤强	面上项目:弱光照条件的海洋水色卫星遥感机理研究(41271378)
	苏纪兰	专项基金项目:海洋科学发展趋势和前沿战略研究(L1222035)
	周 锋	面上项目:物理过程对东海陆架海域底层水体缺氧时空演变的影响(41276031)
	边叶萍	青年科学基金项目:巽他陆架末次冰期以来孢粉搬运距离变化对古气候重建的约束(41206045)
	孙维萍	青年科学基金项目:南极普里兹湾微量元素沉积地层记录及其来源、通量和浮游植物群落的生态响应(41206182)
	郝 锵	青年科学基金项目:北极楚科奇海浮游植物群落粒级构成及其固碳特征对初级生产力的影响研究(41206181)
	王 奎	青年科学基金项目:长江口沉积物-水界面不同性质有机质对低氧发展过程的贡献(41203085)

续表3-2-13

批准年度	项目主持人	项目名称（编号）
2012	陈长霖	青年科学基金项目：全球变暖背景下海平面上升空间分布不均匀性研究（41206021）
	江志兵	青年科学基金项目：东海束毛藻的时空分布及其固氮、固碳作用研究（41206103）
	刘增宏	青年科学基金项目：印度洋太平洋上层海洋热含量的变异机制（41206022）
	黄大吉	面上项目：黄海暖流的西偏路径和时间演变过程（41276028）
	许学伟	面上项目：基于生态基因组学探讨深海多金属结核与钴结核形成机制（41276173）
	金海燕	面上项目：利用支链GDGT和14C追踪西北冰洋沉积物中的陆源有机物（41276198）
	李小虎	面上项目：现代海底热液成矿过程中金属元素化学形态与迁移机制：Cu-Fe-Zn同位素示踪（41276055）
	韩喜球	重大研究计划：南海西南次海盆残余扩张中心MORB研究：对地幔源区性质和海底扩张历史的约束（91228101）
	尚继宏	青年科学基金项目：南海东北部俯冲边界构造演化特征（41206046）
	陶邦一	青年科学基金项目：赤潮水体的红光波段高光谱特性监测机理研究（41206170）
	唐佑民	面上项目：基于集合滤波器的热带印度洋同化系统和热带印度洋海温异常预测的研究（41276029）
	张东声	青年科学基金项目：太平洋固氮生物的多样性和生物固氮粒级结构研究（41206104）
	张海生	面上项目：UK37和藻类分子标志物——研究白令海、北冰洋浮游植物群落结构变化对北极气候变暖和ENSO的响应和反馈（41276199）
	阮爱国	重大研究计划：南海中南礼乐断裂的海底地震仪探查与研究（91228205）
	吴巧燕	面上项目：海洋混合层日变化以及对热带气候的影响（41276030）
2013	白有成	青年科学基金项目：利用IP25指示西北冰洋冰藻及其对有机质来源的贡献（41306200）
	潘建明	面上项目：南极普里兹湾百年来浮游植物结构变动对生物泵效率的影响及其与全球气候变化的关联（41376193）
	陈建裕	面上项目：基于语义网络与面向对象的海岸带遥感图像中地物成像差异识别机制研究（41376184）
	丁巍伟	面上项目：南海南部礼乐滩区新生代碳酸盐台地的发育过程及对构造活动的响应（41376066）

批准年度	项目主持人	项目名称(编号)
2013	陈大可	创新研究群体科学基金:海洋动力环境的监测和预测研究(41321004)
		国际合作与交流项目:第十七届太平洋与亚洲边缘海会议(41310304028)
	张 涛	面上项目:北冰洋Mohns洋中脊的非对称扩张机制研究(41376069)
	罗孝文	面上项目:基于非组合PPP模式的船载多天线GPS/INS定位测姿关键算法研究(41374043)
	董彦辉	面上项目:马里亚纳弧前橄榄岩的铂族元素和Os同位素地球化学特征:弧下流体和熔体过程的影响(41376067)
	陆斗定	面上项目:我国沿海多环旋沟藻的形态与分子遗传特征及其分布研究(41376168)
	金翔龙	专项基金项目:我国海洋水下观测体系发展战略研究(L1322013)
	廖光洪	面上项目:南海北部内波模态-能量转换与海洋混合过程研究(41376033)
	朱根海	面上项目:南大洋浮游植物多样性变动对全球气候变化的响应(41376194)
	宣基亮	青年科学基金项目:夏季长江冲淡水两种扩展形态的机理分析(41306025)
	乐凤凤	青年科学基金项目:北太平洋亚热带环流区微微型浮游植物群落结构及其环境调控机制研究(41306162)
	任 林	青年科学基金项目:波谱仪多波束联合遥感反演海浪方向谱方法研究(41306191)
	赵 军	青年科学基金项目:近200年南极半岛海洋初级生产和藻类种群结构演变及其对快速融冰的响应(41306202)
	沈中延	青年科学基金项目:南极普里兹湾外条带状等深积岩丘的结构和形成过程研究(41306201)
	凌 征	青年科学基金项目:热带气旋对南海盐度影响研究(41306024)
	胡 佶	青年科学基金项目:海水中的纳米颗粒物与铅对海洋微藻抗氧化酶系统的复合影响研究(21307019)
	王叶剑	青年科学基金项目:中印度洋中脊Kairei热液区热液产物的元素迁移富集机制研究(41306056)
	黄 伟	青年科学基金项目:大黄鱼早期发育过程对甲基汞胁迫的响应及其机制研究(41306112)
	何贤强	优秀青年科学基金项目:海洋水色遥感(41322039)
	贾建军	面上项目:浙江沿岸泥区的沉积物滞留系数及其淤积潜力(41376068)

续表3-2-13

批准 年度	项目 主持人	项目名称（编号）
2013	杨俊毅	面上项目：动态观测条件下深海巨型底栖生物的立体视觉三维重建与生物学特征分析（41376169）
	周　磊	面上项目：印度洋区域季节内尺度海气相互作用的机制（41376034）
	郑　罡	青年科学基金项目：基于极化与多种纹理特征的高分辨率全极化SAR海面风场反演研究（41306192）

资料来源：http://npd.nsfc.gov.cn

（8）国家海洋局第三海洋研究所

采取同前方法，搜索到的国家海洋局第三海洋研究所基础学科领域海洋类期刊文献数量有162篇。被引频率较高的文献发表时间集中在1983—2008年。

从研究主题上看，海洋生物依然占据了主导地位。骆祝华等（2002）从不同海区的海洋底质、生物样、水样中分离出480株海洋细菌，其中包括150株芽孢细菌和108株粪大肠杆菌。利用纸片法对其抑菌活性进行检测，结果表明：117株海洋细菌具有抑菌活性，占总分离菌株的24.4%。王琳等（2002）结合国内外文献报道，阐述了海洋真菌及其活性物质的研究情况。徐洵（2000）研究了海洋生物技术与资源的可持续性利用，并指出开展深海基因资源的研究在我国已刻不容缓。蓝东兆等（2000）描述了冲绳海槽北部KL22＋KL18岩芯的硅藻丰度、优势硅藻种的相对含量、微型硅藻的种类和丰度、热带远洋种的丰度的分布特征，讨论了该岩芯的地层年代、古黑潮流等问题。杨圣云等（2001）讨论了海洋动植物的分布、生物地理区系、外来物种引进海域的方式、外来物种对当地动植物的影响以及对当地海洋生态系统的影响，从保护海洋生态系统的角度提出了加强对海洋动植物引种管理的法律和政策研究。崔志松等（2006）研究了一株海洋新鞘氨醇杆菌phe-8（Novosphingobium sp.）的PAHs降解基因和降解特性。周秋麟等（2005）综述了国际海洋生物多样性的研究现状以及海洋生物物种的数量及分布，介绍了国际海洋生物普查计划的缘起、项目的组织和实施以及全球海洋生物物种多样性的展望，并探讨了我国海洋生物物种多样性研究的若干问题。陈宝红等（2009）分别从温度、CO_2浓度变化、海平面上升、降雨量、海洋水文结构和海流变化以及紫外线辐射增强等方面探讨气候变化对海洋生物多样性的影响。

此外研究较多的是关于海洋沉积物、污染物及海洋重金属、赤潮等海洋环境及其污染方面。杜俊民等（2002）对海洋沉积物重金属研究中的晶粒度与粒度效应做了研究。许章程（1994）研究了重金属对几种海洋双壳类和甲壳类生物的毒性,他(1999)还研究了四种重金属对海洋钙质角毛藻的毒性。倪纯治等(1983)对海洋油污染微生物降解做了系列研究,分别研究了厦门港石油烃降解菌的生态分布,烃氧化细菌对烃化合物降解的初步探讨(周宗澄等,1983)以及海洋微生物对石油烃的降解作用(倪纯治等,1984)。苏贤泽等(1984)在应用~(210)Pb法测定长江口外及邻近陆架现代沉积速率的过程中,摸索了一套处理方法。倪纯治(1988)研究了赤潮与海洋微生物。王明俊(1988)对海洋生物与海洋污染之间的相互作用与影响作了较详尽的论述。李荣冠等(1992)应用丰度生物量比较法监测海洋污染对底栖生物群落的影响。

　　表3-2-14整理了国家海洋局第三海洋研究所的研究员们主持的海洋类国家自然科学基金名录及完成情况。统计批准年度为2011年、2012年、2013年的基金项目。从基金数量上看,与国家海洋局第一研究所、第二海洋研究所基金数量相比,明显减少。但其基金数量在2012年和2013年比2011年多,说明国家海洋局第三海洋研究所的基金数量有增长的趋势。从基金类型上看,主要为面上项目和青年科学基金项目。从基金内容上看还是以海洋生物研究为主,其次是海洋气象、海洋沉积物研究。

表3-2-14　国家海洋局第三海洋研究所国家自然科学基金

批准年度	项目主持人	项目名称(编号)
2011	潘爱军	面上项目:粤东沿岸上升流对台风过境的响应特征与机理研究(41176031)
	杜建国	青年科学基金项目:氮稳定同位素基准变化特征及其对海洋营养级计算的影响(31101902)
	戚洪帅	青年科学基金项目:海滩滩面沉积层活动深度若干变化规律研究(41106076)
	陈建明	面上项目:p38信号通路在果蝇固有免疫中的生物学功能及相关分子机理(31171366)
	何建华	青年科学基金项目:北冰洋融冰后上层水体中POC输出通量的短期变化研究(41106167)
	陈俊德	青年科学基金项目:鱼鳞胶原降压肽酶解机制的研究(41106149)
	姜丽晶	青年科学基金项目:深海热液环境微生物氢酶的多样性分析(41106150)
	汪建君	青年科学基金项目:北极新奥尔松地区沉积物中粪甾醇对人类活动的示踪研究(41106168)
	詹建琼	青年科学基金项目:北极新奥尔松地区黑碳气溶胶来源及输送机制研究(41105094)
	陈新华	国家杰出青年科学基金:水产生物免疫学(31125027)

续表3-2-14

批准 年度	项目 主持人	项目名称（编号）
2011	王万鹏	青年科学基金项目：深海热液区烷烃降解微生物及其降解基因多样性研究（41106151）
	邵宗泽	面上项目：食烷菌属基因组学研究（41176154）
2012	李云海	面上项目：闽浙沿岸泥质沉积中心台风沉积过程及其地质记录研究（41276059）
	董纯明	青年科学基金项目：深海弯曲菌 Thalassolituus sp. R6-15 低温下烷烃降解机制的研究（41206158）
	薄军	青年科学基金项目：基于转录组学技术研究和建立褐菖鲉响应石油污染的分子生物学标志物（41206107）
	王立明	青年科学基金项目：范氏气体下海上空气枪震源子波信号模拟研究（41204100）
	张改云	青年科学基金项目：西南印度洋中脊热液沉积环境放线菌的多样性研究（41206160）
	陈明谅	青年科学基金项目：利用斑马鱼模型研究钯的胚胎毒性及其分子机制（41201531）
	杨丰	面上项目：对虾白斑综合征病毒（WSSV）主要囊膜蛋白相互作用位点的鉴定（31272698）
	赖其良	面上项目：食烷菌多样性与比较基因组研究（41276005）
	邱云	面上项目：孟加拉湾障碍层年际变化及形成机理（41276034）
	陈立奇	重点项目：南大洋 N_2O 源汇格局：驱动机制及其对海洋 N_2O 收支的影响（41230529）
	叶翔	青年科学基金项目：台湾海峡北部泥质沉积物中的沉积记录与识别（41206048）
	李钫	面上项目：对虾白斑综合征病毒泛素连接酶 WSV249 的功能及转录调控研究（41276176）
	蔡锋	面上项目：扬子浅滩南部地形地貌精细研究及成因机制分析（41276058）
	陈建明	面上项目：果蝇成对盒基因 Poxm 的生物学功能及其转录调控的研究（31271567）
	王蔚	面上项目：利用模式动物果蝇研究 WSSV 极早期基因产物调节宿主信号转导通路的潜在功能（31272684）
	陈光程	青年科学基金项目：河口红树林生态系统对大气温室效应的总体作用研究（41206108）
	王先艳	青年科学基金项目：中华白海豚对厦门西港的选择利用研究（41206159）
	黄丁勇	青年科学基金项目：大洋深海热液区甲壳动物分类研究（41206157）

批准年度	项目主持人	项目名称(编号)
2013	丘福文	青年科学基金项目:南海西部环流的年际变化研究(41306026)
	汤熙翔	面上项目:一株深海微杆菌Microbacterium sediminis YLB-01的耐压耐冷分子机理研究(41376172)
	徐丽美	面上项目:对虾白斑综合征病毒(WSSV)不同毒力株的序列测定和毒力基因的分析(41376173)
	王爱军	面上项目:突发性天气事件与流域过程对陆架泥质沉积记录形成与保存的影响(41376070)
	黄德坤	青年科学基金项目:放射性核素示踪九龙江河口颗粒物动力学及污染物输运(41306073)
	周喜武	青年科学基金项目:南海北部跨陆架输运特征及形成机理(41306027)
	顾海峰	面上项目:中国近海原多甲藻科(甲藻门)的分类和系统发育研究(41376170)
	陈 敏	青年科学基金项目:海岸风暴沉积过程的微体化石和地球化学记录识别与对比(41306083)
	张 芳	青年科学基金项目:海洋荔枝螺基于LPS/TLR4信号通路抗炎生物碱的研究(41306167)
	何雪宝	青年科学基金项目:人类活动对近岸海域大型底栖动物功能多样性的影响效应(41306115)
	骆祝华	面上项目:深海邻苯二甲酸酯降解真菌的降解机制研究(41376171)
	郭文斌	青年科学基金项目:深海嗜酸硫化芽孢杆菌TPY遗传操作系统的建立及其硫代谢途径相关基因的功能研究(41306166)
	敖敬群	面上项目:大黄鱼抗氧化酶Peroxiredoxin IV调控炎症反应的机理研究(31372556)
	王彦国	青年科学基金项目:白令海和西北冰洋底栖桡足类分类研究(41306204)
	施 泓	青年科学基金项目:JNK信号通路在对虾白斑综合征病毒感染中的生物学功能及相关分子机理(31302209)
	林 凌	青年科学基金项目:基于仿生设计的环境友好型油水分离材料制备及性能研究(21301036)
	赵淑惠	青年科学基金项目:近岸海洋大气中黑碳气溶胶的混合态及其对光吸收特性的影响研究(41305133)
	林和山	青年科学基金项目:北极海域大型底栖生物群落的时空格局及其对环境变化的响应(41306116)

资料来源:http://npd.nsfc.gov.cn

(9)中国科学院海洋研究所

采取同前方法,搜索到的中国科学院海洋研究所基础学科领域海洋类期刊文献数量有430篇。被引频率较高的文献发表时间集中在1994—2008年。

检索发现,海洋生物研究较多,焦念志等(1999)以1997年2—3月采自东海的自然海水为样品,采用SYBRGeenⅠ染色剂对微型生物细胞DNA染色后进行流式细胞仪分析,研究了SYBRGeenⅠ区分真核微型浮游植物、蓝细菌、原绿球藻以及异养细菌的效果。李纯等(2000)研究了海洋生物种质细胞低温保存与机理。汪天虹等(2001)对海洋丝状真菌生物活性物质做了研究进展。张武昌等(2001)研究了海洋微型浮游动物对浮游植物和初级生产力的摄食压力,他(2001)还研究了海洋微型浮游动物的丰度和生物量。肖天(2001)对海洋浮游细菌的生态学做了研究,就国内在这方面的研究现状进行了阐述。张刚等(2002)从黄海、东海的近海海底泥样中分离到6株产淀粉酶活力较高的丝状真菌,对其中产淀粉酶活力最高的Penicillumsp.FS010441号菌株产酶条件及酶学性质进行了初步研究。柳承璋等(2002)阐述了分子生物学技术在海洋微生物多样性研究中的应用。周名江等(1994)研究了海洋环境中的有机锡及其对海洋生物的影响。李烈英等(1994)对几种海洋生物高度不饱和脂肪酸做了比较研究。马喜平等(1998)研究了水母类在海洋食物网中的作用。张芳等(2009)综述了海洋水母类生态学研究进展。

在海洋生物研究中又以海洋微藻的研究最多。俞建江等(1999)研究了10种海洋微藻总脂、中性脂和极性脂的脂肪酸组成。李荷芳等(1999)对海洋微藻脂肪酸组成做了比较研究。林伟(2000)研究了几种海洋微藻的无菌化培养,还做了海洋微藻除菌及除菌与自然带菌微藻生长特点比较研究,同时他(2001)还研究了海洋微藻培育系统抗弧菌作用机理。王明清等(2008)测定了海洋微藻总脂含量和脂肪酸组成。

此外也有少量关于海洋沉积物、重金属的研究。宋金明(2000)研究了海洋沉积物中的生物种群在生源物质循环中的功能。孙云明等(2001)研究了海洋沉积物——海水界面附近氮、磷、硅的生物地球化学。张首临等研究了4种重金属离子对海洋三角褐指藻生长影响。高抒等(1998)研究了沉积物粒径趋势与海洋沉积动力学。刘发义等(1988)研究了重金属污染物在海洋生物体内的积累和解毒机理。

表3-2-15整理了中国科学院海洋研究所的研究员们主持的海洋类国家自然科学基金名录及完成情况。因为基金数量较多,只统计批准年度为2011年、2012年、2013年的基金项目。从基金数量上看,每年的基金数量都非常多,且基金类型多样。

表3-2-15 中国科学院海洋研究所国家自然科学基金

批准 年度	项目 主持人	项目名称(编号)
2011	王富军	专项基金项目:霍金辐射和黑洞熵(11147124)(已结题)
	张 盾	国际合作与交流项目:微纳米金属材料电化学沉积制备、润湿性能研究以及抗菌效果评价(21111140382)
	张继泉	面上项目:虾类piggyBac-like转座子对于外源基因的剪切、转座和整合作用研究(31172449)
	王金霞	青年科学基金项目:假膜体红藻全能性细胞的诱导和分化研究(41106132)
	类彦立	面上项目:黄海现生底栖有孔虫的多样性与生态分布,50年的区系演变能否解释全球变化?(41176132)
	线薇薇	面上项目:长江口育幼场功能长期变化特征研究(41176138)
	于仁成	面上项目:北黄海亚历山大藻藻华动态及其对养殖贝类食品安全的影响(41176100)
	孙丛涛	青年科学基金项目:海洋浪溅区混凝土结构耐久性研究及防护技术评估(51108442)
	陈永华	青年科学基金项目:锚泊资料浮标波浪测量误差的验证分析研究(41106083)
	王 毅	青年科学基金项目:水滑石型天然防污剂分子容器的构筑及防海洋微生物污损性能研究(21101160)
	王 鹏	青年科学基金项目:超疏水表面在海洋大气腐蚀防护中应用的基础研究(41106069)
	刘 静	面上项目:中国沿海鲳亚目鱼类分类和系统发育研究(31172053)
	徐兆凯	青年科学基金项目:末次冰消期以来对马暖流形成演化的物质输运和沉积环境效应(41106043)
	周 克	青年科学基金项目:菠萝型多细胞趋磁原核生物分类位置与进化起源研究(41106135)
	李新正	面上项目:近50年黄海大型底栖生物群落动态变化及其机理研究(41176133)
	牛建峰	面上项目:自然干出的条斑紫菜光系统抗逆响应分子机制(41176134)
	姜静波	青年科学基金项目:波浪驱动海洋剖面测量系统动力特性分析与仿真研究(41106084)
	王法明	面上项目:不同类型厄尔尼诺的形成机制及其对气候变化的影响(41176017)
	袁东亮	面上项目:赤道东印度洋上层海洋环流结构特征和动力机制(41176019)

续表3-2-15

批准年度	项目主持人	项目名称（编号）
2011	杨红生	面上项目：刺参夏眠期间基因表达抑制及表观遗传调控机理研究（41176139）
	林阿朋	青年科学基金项目：江蓠属经济海藻龙须菜发育机理研究（41106131）
	王敏晓	青年科学基金项目：基于转录组学的海月水母横裂生殖分子机制研究（41106133）
	李伟华	面上项目：海洋工程钢筋混凝土结构迁移型阻锈剂的作用机理研究（51179182）
	侯一筠	联合基金项目：南海灾害性海洋动力环境形成机制和测报方法研究（U1133001）
	周　毅	面上项目：典型河口区双壳贝类滤食及生物沉积作用的现场研究（41176140）
	张　敏	青年科学基金项目：半滑舌鳎NK-lysin基因的表达调控及功能研究（31101925）
	郝佳佳	青年科学基金项目：黄、东海温跃层长期变化及其影响因素（41106026）
	于　非	专项基金项目：东海科学考察实验研究（41149903）；西太平洋科学考察实验研究（41149909）已结题
		面上项目：黄海冷水团的形成机制与演变过程研究（41176018）
	刘艳霞	青年科学基金项目：渤海西南岸末次冰期以来古海岸线重建及影响因素分异研究（41106041）
	张立斌	青年科学基金项目：刺参时空行为生态学的基础研究（41106134）
	杨宇星	青年科学基金项目：西太平洋暖池年代际跃变对西北太平洋台风及中国近海台风的影响（41106018）
	崔朝霞	青年科学基金项目：三疣梭子蟹抗脂多糖因子不同亚型的基因调控和免疫功能研究（31101924）
	沙忠利	面上项目：中国海鼓虾科的分类学研究（31172054）
	张国良	面上项目：南太平洋白垩纪以来洋中脊岩浆地幔源区温度与组成变化（41176043）
	熊志方	青年科学基金项目：LGM以来热带西太平洋次表层水对南大洋流通状况的地球化学影响（41106042）
	逄少军	面上项目：我国北方沿海潮下带大型海藻资源研究与利用（41176135）
	徐振华	青年科学基金项目：南海西北部海域内孤立波的局地生成机理及演变规律研究（41106017）
	杜少军	海外及港澳学者合作研究基金：鱼类肌卫星细胞的鉴定及其激活、分化和自我更新的分子机制（31128017）

批准年度	项目主持人	项目名称(编号)
2011	张晓军	面上项目:对虾基因组DNA重复序列的分析和定位研究(31172396)
	俞志明	创新研究群体科学基金:我国典型海域生态系统演变过程与机制(41121064)
	宋金宝	面上项目:海洋表层风生流Ekman理论的推广和应用(41176016)
	张　振	青年科学基金项目:基于F2资源群体的皱纹盘鲍生长性状QTL定位研究(31101898)
	冯俊乔	青年科学基金项目:南印度洋副热带偶极子触发热带印度洋偶极子形成的机理(41106016)
	王广策	面上项目:浒苔光合环式电子传递相关超分子复合体的分离及功能分析(41176137)
	牛耀龄	重点项目:"大陆碰撞带为陆壳增长主要场所"的岩石地球化学验证(41130314)
2012	DAS ANINDITA	国际合作与交流项目:Research on the Microbial-mediated Redox of Manganese in Marine Sediment(41250110530)
	于　非	专项基金项目:西太平洋科学考察实验研究(41249909);长江口科学考察实验研究(41249903);东海科学考察实验研究(41249902)
	张德超	青年科学基金项目:黄东海沉积物细菌的分类及多样性研究(31200005)
	刘进贤	青年科学基金项目:脉红螺Rapana venosa雌性多次交配行为和精子竞争研究(31200280)
	孙萌萌	青年科学基金项目:铟掺杂多相结薄膜对金属的光电化学抗腐蚀机制研究(41206067)
	刁新源	青年科学基金项目:南黄海春季中层冷水形成机制研究(41206014)
	李　峣	青年科学基金项目:中国东南近海跨陆架穿刺锋面的数值模拟及其动力机制研究(41206016)
	王秀娟	面上项目:裂隙充填型天然气水合物形成的控制条件及其饱和度估算方法(41276053)
	杨　光	青年科学基金项目:南极夏季普里兹湾桡足类优势种营养策略及对海冰消融的影响(41206180)
	胡敦欣	国际合作与交流项目:西太平洋海洋环流与气候开放科学研讨会(41210304035)
	刘志亮	面上项目:夏季南黄海西部沿岸环流的三维结构及其变化规律(41276026)
	马　林	青年科学基金项目:中国黄海和东海底栖猛水蚤目区系与动物地理学研究(41206148)

续表3-2-15

批准年度	项目主持人	项目名称（编号）
2012	李晓明	面上项目：海洋植物源真菌代谢产物多样性与抗植物病原菌活性研究（31270403）
	蒋维	青年科学基金项目：中国海长脚蟹科系统分类和动物地理学研究（31201705）
	王宏娜	青年科学基金项目：暖池El Nino/La Nina变化特征及其对中国气温的影响（41206017）
	王晶	青年科学基金项目：不同类型印度洋偶极子影响热带太平洋年际变化的海洋通道过程（41206018）
	李才文	青年科学基金项目：Amoebophrya在我国近海典型甲藻中的寄生作用研究（41206145）
	孙黎	面上项目：鱼类致病性荧光假单胞菌铁调控系统的识别、功能分析及其在病害防治中的应用探索（41276168）
	孔凡洲	青年科学基金项目：典型富营养化海域微微型真核藻类多样性及其与有害赤潮的关系研究（41206098）
	罗璇	青年科学基金项目：中国北部沿海有毒鳍藻产毒特征及其与贝类染毒关系的研究（41206099）
	尤锋	面上项目：性别相关基因及其甲基化在牙鲆性别表型形成中的内分泌反馈调控研究（41276171）
	李翠琳	青年科学基金项目：基于海洋环境噪声的海底浅层沉积物物性参数反演研究（41206042）
	钱进	青年科学基金项目：马尼拉俯冲带构造的地震资料精细成像研究（41206043）
	单体锋	青年科学基金项目：裙带菜高密度遗传连锁图谱的构建与性别决定位点的定位（41206142）
	黄海军	面上项目：黄河三角洲地面沉降监测与形成机理研究（41276082）
	江波	青年科学基金项目：以海洋先导物BPN为模板的创新药物分子设计与评价（41206066）
	刘峰	青年科学基金项目：海带ROCO和NB-ARC类抗病基因的克隆和表达特征研究（41206146）
	亓海刚	青年科学基金项目：太平洋牡蛎和葡萄牙牡蛎亚种分化比较基因组学研究（41206149）
	刘玲玲	面上项目：热带气旋及其变异对北太平洋浅层翻转环流的影响机制（41276001）
	李言涛	面上项目：甲壳素衍生物海水体系缓蚀阻垢能力及磁场协同机制研究（41276074）

批准年度	项目主持人	项目名称（编号）
2012	黄彦良	面上项目：一种低合金高强度钢浪溅区的点蚀机理和氢渗透行为研究（41276087）
	史大永	面上项目：海藻中新型PTP1B抑制剂对db/db糖尿病模型的改善与作用机制研究（41276167）
	张清春	面上项目：秦皇岛"褐潮"原因的鉴定及其兼性营养特征的研究（41276117）
	林秀坤	面上项目：海鞘多肽拮抗survivin的分子机制（81273550）
	孙忠民	青年科学基金项目：中国海网地藻目的分类学研究（31200163）
	线薇薇	面上项目：陆源输入对长江口近海渔业资源影响机制研究（31272663）
	蒋克勇	青年科学基金项目：凡纳滨对虾肌苷酸代谢通路关键酶基因的克隆、表达及盐度调控机制（41206144）
	肖　天	面上项目：潮间带沉积物中海洋趋磁细菌分布规律及多样性研究（41276170）
	吴时国	重大研究计划：南海北部淹没碳酸盐台地发育演化及混合沉积研究（91228208）
	崔朝霞	面上项目：低等蟹类肢孔派的进化线粒体基因组学研究（41276165）
	王秀良	面上项目：海带永久遗传群体的获得及叶片长度主效QTL的精细作图（31272660）
	徐刚明	青年科学基金项目：利用表观遗传修饰激活海洋真菌中沉默次级代谢产物及其生物合成调控研究（31200042）
	金松君	面上项目：刺参消化道再生期间基因表达及细胞培养的研究（31272397）
	王玲玲	面上项目：扇贝脑啡肽能神经系统介导的免疫调节作用（41276169）
	魏恩泊	面上项目：主被动L-波段白冠覆盖海面盐度微波遥感机理研究（41276183）
	魏传杰	青年科学基金项目：黄海海区的海洋湍流混合特征研究（41206020）
	陈华新	面上项目：海洋聚球藻CC9311 IV型"光适应"现象分子机制的研究（41276164）
	王斌贵	面上项目：海洋动物寄生白僵菌Beauveria felina EN-135代谢产物分子多样性与活性研究（31270104）
	岳　欣	青年科学基金项目：酚氧化酶级联途径在文蛤壳色—免疫关联中的作用研究（31202018）
	张文燕	青年科学基金项目：海洋趋磁大杆菌的特性和进化起源研究（41206150）

续表3-2-15

批准年度	项目主持人	项目名称（编号）
2012	穆 穆	重点项目：可预报性研究中最优前期征兆与增长最快初始误差的相似性及其在目标观测中的应用（41230420）
	刘 媛	青年科学基金项目：三疣梭子蟹丝氨酸蛋白酶功能多样性及其调控机制（41206147）
	孙 松	重点项目：黄东海浮游动物功能群变动与生态系统演变（41230963）
	赵卫红	面上项目：多胺对赤潮藻耐环境胁迫效应的调节作用研究（41276118）
	黄 朋	面上项目：末次盛冰期黄海陆架气候变化的钙质结核硼－碳－氧同位素记录（41276052）
	李新正	国际合作与交流项目：南海红树林环境底栖生态系统的退化调查和恢复研究（41311120074）
	孙晗杰	青年科学基金项目：黑潮源区水体结构对早更新世以来西太暖池变动的响应（41206044）
	李铁刚	重点项目：80万年来热带西太平洋上层水体pH和pCO_2演变及影响机理（41230959）
	宋秀贤	面上项目：改性黏土治理有害藻华的生态环境效应研究（41276115）
	周 智	青年科学基金项目：扇贝胆碱能神经系统的免疫调节作用（41206151）
	曹令敏	青年科学基金项目：菲律宾海俯冲带双地震带深部特征与动力学研究（41204061）
	王 铮	青年科学基金项目：季风和中尺度涡旋对吕宋海峡黑潮路径迟滞变异过程的影响（41206019）
	俞志明	面上项目：长江口富营养化水域氮循环关键过程中氮稳定同位素特征研究（41276116）
	董 栋	青年科学基金项目：中国海域蟹型异尾类区系与动物地理学研究（41206143）
	刘宝良	专项基金项目：密度对循环水养殖大西洋鲑（Salmo salar）获得性免疫力的影响研究（31240012）
	李富花	面上项目：VEGF信号通路在对虾抗病毒免疫中的功能研究（31272683）
	刘 静	面上项目：中国鲷总科鱼类系统发育及生物地理学研究（41276166）
	孙铂光	青年科学基金项目：Ⅵ型分泌系统在迟缓爱德华氏菌侵染鱼类过程中的作用机制研究（31202029）
	陈晓琳	青年科学基金项目：离子液体辅助亚临界水从微藻湿藻细胞提取油脂的机理研究（21206182）

批准 年度	项目 主持人	项目名称(编号)
2013	秦玉坤	青年科学基金项目:壳聚糖α-氨基膦酸胆碱酯/三唑醇耦合物的协同抑菌效应研究(41306071)
	张国良	面上项目:太平洋洋中脊大尺度地幔组成不连续转换带的地球化学制约(41376065)
	庞 通	青年科学基金项目:从光合作用与活性氧代谢角度探究异枝卡帕藻的特殊抗逆机制(41306154)
	赵 霞	面上项目:亚欧大气环流冬季重现的年际-年代际变化及其对东亚冬季气候的影响(41375094)
	段丽琴	青年科学基金项目:长江口邻近海域环境演变的痕量元素示踪解析(41306070)
	杨德周	面上项目:夏季台湾东北到浙江外海黑潮入侵路径年际变化及其对浙江外海上升流区影响研究(41376030)
	何林文	青年科学基金项目:条斑紫菜不同世代的代谢流量分析(41306151)
	相建海	面上项目:脊尾白虾(Exopalamon carincauda)作为海洋新模式生物的可行性研究(41376165)
	徐振华	面上项目:南海北部内潮的模态结构和非平稳性研究(41376029)
	李新正	面上项目:中国海域藻虾科的生物多样性与动物地理学研究(41376163)
	万 逸	青年科学基金项目:糖类活性小分子纳米探针在海洋微生物分析与调控中的基础研究(41306072)
	王孟强	青年科学基金项目:LRR-only蛋白对栉孔扇贝免疫应答的调控作用(41306156)
	王富军	青年科学基金项目:哈马黑拉涡的垂向结构及其季节变化(41306022)
	宫婷婷	青年科学基金项目:中部型厄尔尼诺对南半球环状模的影响及其机制研究(41305048)
	杨传燕	青年科学基金项目:长牡蛎肽聚糖识别蛋白及其介导的免疫应答机制研究(41306158)
	惠 敏	青年科学基金项目:三疣梭子蟹种群基因交流方向与性别偏倚性扩散研究(31302187)
	阙华勇	面上项目:牡蛎幼虫发育过程甲状腺激素的信号调节及其分子基础(31372515)
	曲 涛	青年科学基金项目:长牡蛎caspase-8细胞凋亡和免疫调控功能研究(31302219)
	赵 瑾	青年科学基金项目:附生CFB菌群的多样性及其对浒苔形态建成诱导作用的研究(31300365)

续表3-2-15

批准 年度	项目 主持人	项目名称(编号)
2013	周　慧	面上项目:菲律宾以东中尺度涡旋变异及其对北赤道流分叉变异的影响(41376032)
	刘　瑞	青年科学基金项目:低温条件下灿烂弧菌JZ6致病性的初步研究(31302224)
	于华华	面上项目:大型水母刺丝囊毒素的化学组成、结构及释放机制研究(41376004)
	胡敦欣	重点项目:南北赤道流交汇区海洋环流结构、变异与机理(41330963)
	王斌贵	重点项目:基于内共生的松节藻科若干关键海藻次生代谢的藻-菌互作研究(31330009)
	吴富村	青年科学基金项目:皱纹盘鲍高温胁迫响应的分子机制研究(31302184)
	姚建亭	青年科学基金项目:海带分子系统地理学研究(31302188)
	肖　宁	青年科学基金项目:中国海域海星纲分类和动物地理学研究(31301864)
	肖　天	重点项目:多细胞趋磁原核生物的生理代谢及进化研究(41330962)
	张全斌	面上项目:褐藻硫酸多糖GFS对糖尿病肾病的治疗作用及其机制研究(41376166)
	张立涛	青年科学基金项目:橘色藻适应低温、干燥胁迫的生理生态特征及分子调控机制(31300330)
	王　强	青年科学基金项目:模式参数误差对黑潮路径变异预报的影响(41306023)
	李诗豪	青年科学基金项目:Doublesex基因在对虾性别决定和分化中的功能研究(31302171)
	司广成	青年科学基金项目:东海黑潮锋面涡旋的特征及影响因素研究(41306021)
	张　杰	面上项目:海洋环境中污损生物与阴极保护钙质沉积层的相互影响研究(41376003)
	胡永华	青年科学基金项目:迟缓爱德华氏菌Ⅴ型分泌系统的分析研究(31302223)
	陈　帅	青年科学基金项目:台湾东北部龟山岛安山岩的成因研究(41306053)
	孟昭翠	青年科学基金项目:黄海底栖纤毛虫的群落结构与功能群作用(41306153)
	南　峰	青年科学基金项目:北赤道流年际变化对黑潮入侵南海的影响研究(41306020)
	陶振铖	青年科学基金项目:黄海太平洋磷虾摄食率和摄食习性研究(41306155)

批准年度	项目主持人	项目名称（编号）
2013	胡自民	面上项目：亚洲-西北太平洋典型马尾藻的时空演化动力学研究（31370264）
	严立文	青年科学基金项目：悬浮颗粒矿物成分对近岸水体光学参数的影响及光谱响应研究（41306190）
	赵 丽	青年科学基金项目：胶州湾特殊超微型浮游植物的分离鉴定及分布研究（41306160）
	刘清华	面上项目：高温影响牙鲆原始生殖细胞迁移、增殖和雄性化机制研究（31372514）
	张均龙	青年科学基金项目：中国海多板纲软体动物系统分类学和动物地理学研究（41306159）
	赵 苑	青年科学基金项目：胶州湾浮游病毒的多样性研究（41306161）
	孙启良	青年科学基金项目：珠江口盆地深水区泥底辟构造的精细结构与成因机制数值模拟研究（41306054）
	田惠文	青年科学基金项目：石墨烯负载海洋天然提取物自催化钢筋阻锈剂的作用机理研究（51309212）
	李 贤	青年科学基金项目：循环水系统中臭氧对大西洋鲑鱼福利影响机理研究（41306152）
	陈端新	青年科学基金项目：南海北部深水盆地多边形断层发育特征的差异性及其控制因素研究（41306052）
	曾志刚	国家杰出青年科学基金：海底热液活动研究（41325021）
	于 非	面上项目：北黄海冷水团锋面日变化特征及其年际变化特征分析（41376031）
	陈卓元	面上项目：g-C3N4纳米结构的优化与异质结体系的构筑对光电化学阴极保护的影响机理研究（41376126）
	孙 黎	重点项目：迟缓爱德华氏菌关键免疫逃逸因子及其作用机制和应用潜能（31330081）
	张素萍	面上项目：中国海蛾螺科的系统分类学与动物地理学研究（41376167）
	侯一筠	面上项目：寒潮大风影响下的海洋灾害机理及数值预测方法研究（41376027）
	徐永生	面上项目：北太平洋年代际振荡对海平面变化趋势的影响研究（41376028）
	刘 泽	青年科学基金项目：上层海洋对热带气旋强迫的脉冲型生物学响应研究（41306019）
	王广策	面上项目：潮间带大型海藻孔石莼叶黄素循环机制研究（41376164）
	李学刚	面上项目：灾害性水母生消中的化感物质及其作用研究（41376092）

续表3-2-15

批准 年度	项目 主持人	项目名称（编号）
2013	徐兆凯	面上项目：晚第四纪来东亚季风和ENSO交织影响下的古海洋学响应：以黑潮源区为例（41376064）
	吴　宁	青年科学基金项目：海洋来源的多肽CSP靶向ENO1抑制肿瘤生长和转移的分子机制（41306157）
	吴晓丹	青年科学基金项目：热带西太平洋古海水pH重建模型的参数修正与区域标定（41306055）
	胡仔园	青年科学基金项目：夏季鸭绿江冲淡水对北黄海内生态系统影响的数值研究（41306111）

资料来源：http://npd. nsfc. gov. cn

3.2.4　结论与讨论

自1910年前后张謇开办海洋高等教育以来，中国海洋高等教育先后经历了停滞不前和改革发展。期间中国海洋研究也随之发生了变化。利用文献内容分析法梳理中国海洋学科的研究动态。研究发现：（1）中国海洋科教机构主要分布在环渤海、长三角地区，尤其是青岛和上海最为密集；（2）中国海洋科教机构研究文献产出历经1999年、2006年两个转折点，2006年以前海洋生物、海洋物理等海洋自然分支学科备受学界关注，核心成因在于中国沿海地区食物资源源自大海和中国对周边海域理化性质认知的基本需求；2007年以来受国家海洋战略及沿海地区海洋经济快速发展影响，部分涉海学科院所纷纷关注海洋产业、海洋经济、海洋管理、海洋功能区与海洋可持续发展等，因此高频关键词便被海洋社会分支学科所囊括。

文献计量结果表明，中国海洋科学研究的视角已从最初微观为主延伸至微观自然与宏观经济管理兼顾，研究主题已由早期的海洋生物、海洋理化环境等海洋基础学科研究领域转向海洋产业、海洋管理等社会经济与海洋自然学科相关结合的实用型研究领域。因此，未来海洋基础学科领域的研究，将会更注重实际生活生产的需要。

参考文献

[1]E. W. Barlow. 海洋中之雷雨. 气象杂志，1936（9）：519-527.

[2]暴景阳. 海洋测绘垂直基准综论. 海洋测绘，2009（2）：70-73.

[3]毕晓琳. 海洋科技发展在现代海洋经济发展中的作用. 海洋信息，2010（3）：19-22.

[4]陈宝红,周秋麟,杨圣云.气候变化对海洋生物多样性的影响.台湾海峡,2009(3):437-444.

[5]陈尚,张朝晖,马艳等.我国海洋生态系统服务功能及其价值评估研究计划.地球科学进展,2006(11):1127-1133.

[6]陈尚,朱明远,马艳等.富营养化对海洋生态系统的影响及其围隔实验研究.地球科学进展,1999(6):571-576.

[7]陈尚,朱明远,孟凡等.生态交错带理论及其在海洋生态学中的应用.地球科学进展,1998(5):18-24.

[8]崔志松,邵宗泽.一株海洋新鞘氨醇杆菌phe-8(Novosphingobiumsp).的PAHs降解基因和降解特性.厦门大学学报(自然科学版),2006(S1):257-261.

[9]戴瑛.辽宁省海洋开发生态保护的制度设计.理论观察,2013(4):57-58.

[10]董民辉.海洋类学科数字图书馆门户体系建设与实践初探.海洋信息,2006(1):1-4.

[11]杜俊民,朱赖民,张远辉.海洋沉积物重金属研究中的晶粒度与粒度效应.台湾海峡,2002(3):317-321.

[12]杜云艳,周成虎,崔海燕等.遥感与GIS支持下的海洋渔业空间分布研究——以东海为例.海洋学报(中文版),2002(5):57-63.

[13]方景清,张斌,殷克东.海洋高新技术产业集群激发机制与演化机理研究.海洋开发与管理,2008(9):55-59.

[14]方景清,张燕歌,王圣.基于循环经济理念的海洋产业集群发展问题研究.海洋开发与管理,2009(2):101-106.

[15]傅秀梅,王长云,邵长伦等.中国海洋药用生物濒危珍稀物种及其保护.中国海洋大学学报(自然科学)2009(4):719-728.

[16]高乐华,高强,史磊.中国海洋经济空间格局及产业结构演变.太平洋学报,2011(12):87-95.

[17]高抒,Michael Collins.沉积物粒径趋势与海洋沉积动力学.中国科学基金,1998(4):11-16.

[18]高艳,李剑.发展海洋循环经济,走可持续发展之路.东岳论丛,2005(5):66-68.

[19]宫晓静,吴燕燕.海洋无脊椎动物抗菌肽研究进展及其在食品保鲜中的应用.生物技术通报,2011(3):27-32.

[20]巩建华.海洋政治分析框架及中国海洋政治战略变迁.新东方,2011(6):6-10.

[21]勾维民.海洋经济崛起与我国海洋高等教育发展.高等农业教育,2005(5):14-17.

[22]郭炳火,万邦君,汤毓祥.东海海洋锋的波动及演变特征.黄渤海海洋,1995(2):1-10.

[23]郭炳火.黄海物理海洋学的主要特征.黄渤海海洋,1993(3):7-18.

[24]郭星寿.文摘情报工作——情报工作基础知识介绍之三.图书馆工作与研究,1984,(4):36-40.

[25]郭玉清,张志南,慕芳红.渤海自由生活海洋线虫多样性的研究.海洋学报(中文版),2003(2):106-113.

[26]贺义雄.海洋观视角下中国现行海洋政策缺陷的原因分析.海洋信息,2011(3):20-22.

[27]扈传昱,王正方,吕海燕.海水和海洋沉积物中总磷的测定.海洋环境科学,1999(3):48-52.

[28]黄蔚艳.现代海洋产业服务体系建设案例研究——以舟山市为例.海洋开发与管理,2009(6):99-104.

[29]翦知湣,陈荣华,李保华.冲绳海槽南部20ka来深水底栖有孔虫的古海洋学记录.中国科学D辑,1996(5):467-473.

[30]姜秉国,韩立民.海洋战略性新兴产业的概念内涵与发展趋势分析.太平洋学报,2011(5):76-82.

[32]蒋丙然.青岛观象台海洋观测纪略.中国气象学会会刊,1930(5):1-6.

[33]焦念志,杨燕辉.四类海洋超微型浮游生物的同步监测.海洋与湖沼,1999(5):506-511.

[34]金卫红,邵秀伟.近岸海域水质分析及对海洋生态环境的影响研究.高师理科学刊,2000(1):20-23.

[35]金鑫.金融危机背景下广东海洋文化产业发展机遇与对策.海洋信息,2010(4):17-20.

[36]金振辉,刘岩,陈伟洲等.海洋环境污染生物修复技术研究.海洋湖沼通报,2008(4):104-108.

[37]蓝东兆,许江,陈承惠.冲绳海槽晚第四纪沉积硅藻及其古海洋学意义.台湾海峡,2000(4):419-425.

[38]黎东梅.我国海洋旅游资源开发现状及发展对策.产业与科技论坛,2009(6):36-37.

[39]李百齐,张光成.落实科学发展观加强海洋综合管理.海洋开发与管理,2007(6):36-40.

[40]李保华,赵泉鸿,王永吉等.冲绳海槽南部两万年来的浮游有孔虫与古海洋学事件.海洋学报(中文版),1997(4):90-98.

[41]李纯,李军,薛钦昭.海洋生物种质细胞低温保存与机理.海洋科学,2000(4):12-15.

[42]李昊,郑卫东.高校海洋学科发展要素探析.中国农业教育,2010(2):29-32.

[43]李荷芳,周汉秋.海洋微藻脂肪酸组成的比较研究.海洋与湖沼,1999(1):34-40.

[44]李磊,沈新强,王云龙等.在沉积物暴露条件下2种海洋贝类对Cu、Pb的富集动力学研究.水生生物学报,2012(3):522-531.

[45]李烈英,于富才,李光友.几种海洋生物高度不饱和脂肪酸的比较研究.海洋学报(中文版),1994(1):105-113.

[46]李倩.基于内容分析法的博客文献研究.天津师范大学,2008.

[47]李荣冠,江锦祥.应用丰度生物量比较法监测海洋污染对底栖生物群落的影响.海洋学报(中文版),1992(1):108-114.

[48]林伟,陈骝,刘秀云.海洋微藻除菌及除菌与自然带菌微藻生长特点比较.海洋与湖沼,2000(6):647-652.

[49]林伟,陈骝,刘秀云.海洋微藻培育系统抗弧菌作用机理.海洋与湖沼,2001(1):7-14.

[50]林伟．几种海洋微藻的无菌化培养．海洋科学,2000(10):4-6.

[51]刘邦凡．论我国高校海洋教育发展及其研究．教学研究,2013,36(3):9-14.

[52]刘大海,陈烨,邵桂兰等．区域海洋产业竞争力评估理论与实证研究．海洋开发与管理,2011(7):90-94.

[53]刘发义,吴玉霖．重金属污染物在海洋生物体内的积累和解毒机理．海洋科学,1988(5):63-66.

[54]刘国军,周达军．海洋产业就业弹性的比较优势与实证分析——以浙江省为例．中国渔业经济,2011(6):142-149.

[55]刘学海,袁业立．海洋环境动力学物理模拟的尺度分析及相似条件．海洋科学进展,2006(3):285-291.

[56]刘振夏,Y. Saito,李铁刚等．冲绳海槽晚第四纪千年尺度的古海洋学研究．科学通报,1999(8):883-887.

[57]柳承璋,宋林生,吴青．分子生物学技术在海洋微生物多样性研究中的应用．海洋科学,2002(8):27-30.

[58]吕新刚,乔方利．海洋潮流能资源估算方法研究进展．海洋科学进展,2008(1):98-108.

[59]罗续业,周智海,曹东等．海洋环境立体监测系统的设计方法．海洋通报,2006(4):69-77.

[60]骆祝华,黄翔玲,王琳等．海洋细菌抑菌活性菌株的筛选．台湾海峡,2002(2):181-186.

[61]马彩华,游奎,马伟伟．海域承载力与海洋生态补偿的关系研究．中国渔业经济,2009(3):106-110.

[62]马建新,张宜奎,宋秀凯等．重金属胁迫对海洋贝类毒性研究进展．海洋湖沼通报,2011(2):35-42.

[63]马喜平,凡守军．水母类在海洋食物网中的作用．海洋科学,1998(2):38-42.

[64]马勇．何谓海洋教育——人海关系视角的确认．中国海洋大学学报(社会科学版),2012(6):35-39.

[65]马志荣．新世纪中国海洋资源开发与管理的战略思考．海洋开发与管理,2005(4):7-11.

[66]孟凡,丘建文,吴宝铃．黄海大海洋生态系的浮游动物．黄渤海海洋,1993(3):30-37.

[67]孟范平,李卓娜,赵顺顺等．BDE-47对4种海洋微藻抗氧化酶活性的影响．生态环境学报,2009(5):1659-1664.

[68]孟宪伟,杜德文,刘振夏等．东海近3.5万年来古海洋环境变化的分子生物标志物记录．中国科学(D辑),2001(8):691-696.

[69]倪纯治,周宗澄,蔡子平等．海洋油污染微生物降解的研究Ⅲ．海洋微生物对石油烃的降解作用．海洋学报(中文版),1984(4):497-504.

[70]倪纯治,周宗澄,曾活水等．海洋油污染微生物降解的研究Ⅰ．厦门港石油烃降解菌的生态分布．海洋学报(中文版),1983(5):637-644.

[71]倪纯治．赤潮与海洋微生物．海洋环境科学,1988(2):40-43.

[72]宁波. 我国水产高等教育的百年沿革与战略转型. 上海海洋大学学报,2011,20(3):474-479.

[73]宁凌,张玲玲,杜军. 海洋战略性新兴产业选择基本准则体系研究. 经济问题探索,2012(9):107-111.

[74]宁修仁,刘子琳,蔡昱明. 我国海洋初级生产力研究二十年. 东海海洋,2000(3):13-20.

[75]宁修仁. 海洋微型和超微型浮游生物. 东海海洋,1997(3):61-65.

[76]潘德炉,RDoerffer,毛天明等. 海洋水色卫星的辐射模拟图像研究. 海洋学报(中文版),1997(6):43-55.

[77]潘德炉,李淑菁,毛天明. 卫星海洋水色遥感的辐射模式研究. 海洋与湖沼,1997(6):652-658.

[78]潘德炉,林寿仁,J. F. R. 高尔等. 利用荧光高度遥感海洋中叶绿素a的浓度. 海洋学报(中文版),1989(6):780-787.

[79]乔俊果. 菲律宾海洋产业发展态势. 亚太经济,2011(4):71-76.

[80]全永波,朱勤. 区域海洋管理中的利益冲突与合作治理. 辽宁行政学院学报,2012(5):19-20.

[81]任品德,钮智旺,王平等. 广东海洋产业可持续发展策略研究. 海洋开发与管理,2007(3):37-41.

[82]申天恩,邓长辉,韩延波等. 海洋类高等院校学科建设思路探析. 航海教育研究,2012(3):48-50.

[83]申天恩,勾维民,赵乐天. 中国海洋高等教育发展论纲. 现代教育科学,2011(6):47-55.

[84]史君贤,陈忠元,胡锡钢等. 海洋微生物对石油烃降解研究Ⅱ. 石油烃降解细菌对正烷烃的降解作用. 东海海洋,2000(1):21-27.

[85]史君贤,陈忠元,胡锡钢. 海洋微生物对石油烃降解的研究Ⅰ. 浙江省海岛海域石油烃降解细菌的生态分布. 东海海洋,1997(4):39-46.

[86]宋金明. 海洋沉积物中的生物种群在生源物质循环中的功能. 海洋科学,2000(4):22-26.

[87]宋伦,杨国军,王年斌等. 悬浮物对海洋生物生态的影响. 水产科学,2012(7):444-448.

[88]苏纪兰,袁耀初,姜景忠. 建国以来我国物理海洋学的进展. 地球物理学报,1994(S1):85-95.

[89]孙军,宁修仁. 海洋浮游植物群落的比生长率. 地球科学进展,2005(9):939-945.

[90]孙悦民,宁凌. 海洋资源分类体系研究. 海洋开发与管理,2009(5):42-45.

[91]孙悦民,宁凌. 我国海洋政策体系探究. 海洋信息,2010(4):21-23.

[92]孙悦民. 中国海洋资源开发现状及对策. 海洋信息,2009(3):20-23.

[93]孙云明,宋金明. 海洋沉积物—海水界面附近氮、磷、硅的生物地球化学. 地质论评,2001(5):527-534.

[94]汤毓祥,郑义芳. 关于黄、东海海洋锋的研究. 海洋通报,1990(5):89-96.

[95]唐启升,苏纪兰. 海洋生态系统动力学研究与海洋生物资源可持续利用. 地球科学

进展,2001(1):5-11.

[96]万振文,袁业立,乔方利.海洋赤潮生态模型参数优化研究.海洋与湖沼,2000(2):205-209.

[97]汪天虹,肖天,朱汇源等.海洋丝状真菌生物活性物质研究进展.海洋科学,2001(6):25-27.

[98]王磊,栾曙光,邵颖.大连海洋大学校外研究生培养基地建设初探.海洋信息,2011(3):30-32.

[99]王琳,骆祝华,黄翔玲等.海洋真菌及其活性物质的研究概况.台湾海峡,2002(3):367-371.

[100]王明俊.海洋生物与海洋环境质量Ⅰ.海洋生物与海洋污染.海洋环境科学,1988(3):48-53.

[101]王明清,迟晓元,秦松等.海洋微藻总脂含量和脂肪酸组成的测定.中国油脂,2008(11):67-70.

[102]王汝建,蓟知滑,李保华等.冲绳海槽南部20ka来的放射虫古海洋学意义.中国科学(D辑),1998(2):131-136.

[103]王淑军,许星鸿,姚兴存等.海洋科学专业建设的探索与实践.科技创新导报,2013(2):152-153.

[104]王婷婷.上海海洋产业发展现状与结构优化——基于灰色系统理论的分析.农业现代化研究,2012(2):145-149.

[105]王续琨,庞玉珍.海洋科学的学科结构和发展对策.大连理工大学学报(社会科学版),2006,27(1):29-33.

[106]王正方,张庆,龚敏.海洋原甲藻增殖最适起始密度及其同温度的关系.海洋环境科学,1993(2):44-47.

[107]王正方,张庆,卢勇等.氮、磷、维生素和微量金属对赤潮生物海洋原甲藻的增殖效应.东海海洋,1996(3):33-38.

[108]王正方,张庆,吕海燕.温度、盐度、光照强度和pH对海洋原甲藻增长的效应.海洋与湖沼,2001(1):15-18.

[109]编辑部.我国最早的高等海洋教育机构.中国海洋报,2007-06-12.

[110]吴高峰.海洋高等教育发展:历史成就与发展方向.海洋开发与管理,2010,27(7):56-59

[111]吴高峰.我国海洋高等教育60年改革发展回顾与展望.高等农业教育,2010,4(4):11-14.

[112]吴卫卫,王勇军.试论发展海洋教育的时代价值.长春师范大学学报(人文社会科学版),2014,33(2):123-125.

[113]肖天.海洋浮游细菌的生态学研究.地球科学进展,2001(1):60-64.

[114]徐惠民,丁德文,叶属峰等.海洋国土主体功能区划规划若干关键问题的思考.海洋开发与管理,2008(11):52-54.

[115]徐洵.海洋生物技术与资源的可持续性利用.中国工程科学,2000(8):40-42.

[116]许章程,洪丽卿,郑邦定.重金属对几种海洋双壳类和甲壳类生物的毒性.台湾海峡,1994(4):381-387.

[117]许章程. 四种重金属对海洋钙质角毛藻的毒性. 台湾海峡,1999(3):303-308.

[118]阳凡林,康志忠,独知行等. 海洋导航定位技术及其应用与展望. 海洋测绘,2006(1):71-74.

[119]杨关铭,何德华,王春生等. 台湾以北海域浮游桡足类生物海洋学特征的研究Ⅰ. 数量分布. 海洋学报(中文版),1999(4):78-86.

[120]杨关铭,何德华,王春生等. 台湾以北海域浮游桡足类生物海洋学特征的研究Ⅱ. 群落特征. 海洋学报(中文版),1999(6):72-80.

[121]杨关铭,何德华,王春生等. 台湾以北海域浮游桡足类生物海洋学特征的研究Ⅲ. 指示性种类. 海洋学报(中文版),2000(1):93-101.

[122]杨和振,李华军,黄维平. 海洋平台结构环境激励的实验模态分析. 振动与冲击,2005(2):129-133,154-155.

[123]杨圣云,吴荔生,陈明茹等. 海洋动植物引种与海洋生态保护. 台湾海峡,2001(2):259-265.

[124]叶芳."海洋公共服务"概念厘定. 浙江海洋学院学报(人文科学版),2012(6):21-25.

[125]叶芳. 海洋公共服务供给体系的构建. 中共浙江省委党校学报,2013(3):92-96.

[126]易传剑,朱晓武. 略论浙江省地方性海洋法规的建设与完善. 海洋开发与管理,2010(5):44-47.

[127]殷克东,卫梦星,张天宇. 我国海洋强国战略的现实与思考. 海洋开发与管理,2009(6):38-41.

[128]游亚戈,李伟,刘伟民等. 海洋能发电技术的发展现状与前景. 电力系统自动化,2010(14):1-12.

[129]俞建江,李荷芳,周汉秋. 10种海洋微藻总脂、中性脂和极性脂的脂肪酸组成. 水生生物学报,1999(5):481-488.

[130]俞树彪,阳立军. 海洋产业转型研究. 海洋开发与管理,2009(2):61-66.

[131]俞树彪. 舟山群岛新区推进海洋生态文明建设的战略思考. 未来与发展,2012(1):104-108.

[132]张朝晖,吕吉斌,丁德文. 海洋生态系统服务的分类与计量. 海岸工程,2007(1):57-63.

[133]张朝晖,吕吉斌,叶属峰等. 桑沟湾海洋生态系统的服务价值. 应用生态学报,2007(11):2540-2547.

[134]张朝晖,石洪华,姜振波等. 海洋生态系统服务的来源与实现. 生态学杂志,2006(12):1574-1579.

[135]张芳,孙松,李超伦. 海洋水母类生态学研究进展. 自然科学进展,2009(2):121-130.

[136]张刚,汪天虹,张臻峰等. 产低温淀粉酶的海洋真菌筛选及研究. 海洋科学,2002(2):3-5.

[137]张首临,刘明星,李国基等. 4种重金属离子对海洋三角褐指藻生长影响的研究. 海洋与湖沼,1995(6):582-585.

[138]张武昌,王荣. 海洋微型浮游动物对浮游植物和初级生产力的摄食压力. 生态学

报,2001(8):1360-1368.

[139]张武昌,肖天,王荣. 海洋微型浮游动物的丰度和生物量. 生态学报,2001(11):1893-1908.

[140]张效莉,宗传宏,李娜等. 长三角地区海洋经济优化布局及实现路径设计. 学术论坛,2012(8):171-174.

[141]赵亮,李兰生,刘金雷. 海洋光合细菌对五种活性染料的脱色研究. 海洋湖沼通报,2006(3):73-78.

[142]郑贤敏,徐玉朋. 宁波港、舟山港石油类海洋环境的污染与防治. 石油库与加油站,2006(1):40-41.

[143]中国大百科全书编委会. 中国大百科全书 大气科学 海洋科学 水文科学. 北京上海:中国大百科全书出版社,1987.

[144]钟家瑞. 舟山市海洋生物资源研发对策研究. 中国渔业经济,2005(1):40-42.

[145]钟凯凯,应业炬. 我国海洋高等教育现状分析与发展思考. 高等农业教育,2004(11):13-16.

[146]周达军. 海洋经济对舟山的贡献研究. 海洋开发与管理,2007(4):136-138.

[147]周莉. 舟山海洋资源保护与信息化建设研究. 海洋信息,2012(4):44-46.

[148]周立波. 浅论海洋行政执法协调机制若干问题. 海洋信息,2008(4):15-16.

[149]周立波. 渔业财产权与海洋渔业资源养护制度的构建. 中国渔业经济,2011(1):91-96.

[150]周名江,李正炎,颜天等. 海洋环境中的有机锡及其对海洋生物的影响. 环境科学进展,1994(4):67-76.

[151]周秋麟,杨圣云,陈宝红. 我国海洋生物物种多样性研究. 科技导报,2005(2):12-16.

[152]周玉航,潘建明,叶瑛等. 细菌、病毒与浮游植物相互关系及其对海洋地球化学循环的作用. 台湾海峡,2001(3):340-345.

[153]周宗澄,倪纯治,李志棠等. 海洋油污染微生物降解的研究Ⅱ. 烃氧化细菌对烃化合物降解的初步探讨. 海洋学报(中文版),1983(6):777-782.

撰写人:马仁锋、倪欣欣

3.3　中国海洋科技及其管理研究进展

党的十八大确立了海洋强国战略,深入贯彻落实好海洋强国战略方针对海洋科技发展的具体领域而言,急需系统梳理中国海洋科技及其管理研究历程与现状、态势,探讨国家海洋科技发展的现实需求与未来要求,才能支撑海洋事业的科学发展。

3.3.1　中国海洋科技研究现状

3.3.1.1　中国海洋科技研究的成效

1956年国家制定海洋科学远景规划,至今我国海洋科技事业已经走过58年。依靠海洋科技,我们对海洋的认知实现了从太空到地壳的全方位和多学科,为资源开发和海洋经济发展提供有力支撑(潘诚,2012)。(1)中央政府相继制定海洋科技政策与规划,有力推动海洋科技发展。从海洋科技正式列入《1978—1985年全国科学技术发展规划纲要》以来,国家先后制定《国家中长期科学和技术发展规划纲要(2006—2020年)》、《海洋技术政策(蓝皮书)》、《全国科技兴海规划纲要(2008—2015年)》、《国家"十二五"海洋科技发展规划》等一系列政策和规划,以及国务院相继批复沿海8个省份或城市海洋经济区规划上升为国家海洋战略,体现了国家对海洋科技、海洋经济发展的高度重视。(2)海洋科技发展迅猛,取得了举世瞩目的成就。在国家重大专项(如973、863、支撑计划、科技攻关计划、自然科学基金、公益项目等)支持下,一大批重大成果达到国际先进和领先水平,并带动了一批产业的发展。实施的百余次专项性或综合性海洋调查,为我国海洋科研、资源开发、经济发展提供了有力支撑;蛟龙号深潜7062米成功标志着中国海底载人科学研究和资源勘探能力达到国际领先水平;30次南极科考、6次北极科考,建设了三个南极考察站和一个北极考察站,中国步入世界极地研究国;我国首座自主设计、建造的第六代深水半潜式钻井平台/海洋石油981正式下水开钻,标志着中国海洋石油开发能力已经达到世界先进水平。海洋科技的国际合作不断增强;在国际海洋事务中的影响力日益提高。在全球海洋生态动力学(GLOBEC)、国际海洋科学钻探(IODP)、海岸带陆海相互作用(LOICZ)、全球有害赤潮的生态和海洋学(GEOHAB)、全球海洋观测系统计划(GOOS)、国际大陆边缘计划(InterMargins)以及国际洋中脊计划(InterRidge)等重大国际海洋科技合作项目中做出重要贡献。(3)海洋科技的科研机构和人才队伍的茁壮成长,培育和建立了180多个涉海科研机构和院校。如从事海洋基础和应用研究、高技术研发的中国科学院所属海洋研究所,担负全国渔业重大基础应用研究和高新技术产业开发研究的中国水产科学研究院所属水产研究所,以海洋和水产学科为特色的教育部所属中国海洋大学,以海洋地质资源调查为主的中国地质调查局所属研究所,以海洋技术应用开发为特色的国家海洋局所属海洋技术中心等不断壮大。在科技平台方面,建立了一批重点实验基地、信息平台、资源中心、科学考察船,装备了先进的科学研究装备,基本形成了面向经济建设主战场、发展高新技术、加强基础研究三个层次的战略格局,形成了比较完整的海洋科学研究与技术开发体系。

3.3.1.2 中国海洋科技研究的知识生产

利用"中国学术期刊全文数据库(CNKI)",检索自1949年至2013年12月31日,以"主题=海洋"在CNKI的期刊、硕博士论文数据库首次检索,并以"篇名/题名=科技"在首次检索结果中进行二次检索。经过初步浏览,剔除名不副实的文献,得到期刊文献372篇、硕博士学位论文共23篇(表3-3-1)。检索发现,中国海洋科技的研究始于20世纪80年代初,1980—2000年间缓慢发展,21世纪以来海洋科技管理研究快速发展,研究成果逐年增多,并出现一系列以海洋科技为研究对象的硕士、博士论文(表3-3-2)。

表3-3-1 国内海洋科技研究文献统计

年 份	1983	1984	1985	1986	1987	1988	1989	1990	1991	1992	1993	1994	1995	1996	1997	1998
期刊论文	1	2	1	1	1	1	2	1	3	5	2	7	12	11	13	10

年 份	1999	2000	2001	2002	2003	2004	2005	2006	2007	2008	2009	2010	2011	2012	2013
期刊论文	14	7	9	8	7	7	11	27	12	28	28	20	29	33	60
博士论文	—	—	—	—	0	1	0	0	1	0	1	0	1	0	
硕士论文	—	—	—	—	1	2	1	0	2	0	3	1	2	7	

资料来源:作者于2014年7月22日查询CNKI整理,检索方法是"主题 = 海洋 and 篇名/题名 %= 渔业 (模糊匹配)"

表3-3-2 中国知网收录"主题 = 海洋 and 题名 %= 科技 (模糊匹配)"硕博学位论文

论文题目	作 者	培养单位	发表时间	学位层次
面向对象与结构化的海洋科技期刊编辑管理系统研究	杨 鹰	天津师范大学	2004/5/14	硕士
实施海洋人才战略,加强海洋科技人才需求预测——海洋领域人才战略研究	叶 强	中国海洋大学	2004/12/1	硕士
创建我国海洋科技产业城研究	刘向东	中国海洋大学	2005/5/30	博士
中科海洋科技有限公司品牌管理研究	陈 阳	中南大学	2005/11/1	硕士
国家海洋科技创新模式构建与实施研究	胡建廷	天津大学	2006/6/1	硕士
科技风险、灾难与负面效应的实证研究	刘 雯	中国科学技术大学	2008/4/1	博士
中国沿海省市海洋科技实力综合测评	刘 娟	中国海洋大学	2008/4/6	硕士
基于技术预见的国家海洋科技创新研究	李 莹	中国海洋大学	2008/6/7	硕士
基于海洋科技产业城的青岛海洋旅游深度开发研究	包乌兰托亚	中国海洋大学	2010/4/1	硕士

续表3-3-2

论文题目	作者	培养单位	发表时间	学位层次
基于海洋可持续发展的中国海洋科技创新战略研究	倪国江	中国海洋大学	2010/4/1	博士
中国海洋科技进步贡献率研究	卫梦星	中国海洋大学	2010/6/1	硕士
沿海省市海洋科技成果转化绩效测评研究	李　平	中国海洋大学	2011/3/31	硕士
区域海洋科技创新与蓝色经济互动发展研究	马吉山	中国海洋大学	2012/3/1	博士
广西渔业科技组织与服务问题的研究	莫　云	广西大学	2012/6/1	硕士
基于索罗模型的浙江海洋科技进步贡献率研究	何　宽	浙江海洋学院	2013/5/1	硕士
新时期我国政府海洋科技管理创新的研究	王瑞芳	浙江海洋学院	2013/5/1	硕士
浙江省海洋科技体制创新研究	樊在虎	浙江海洋学院	2013/5/1	硕士
我国政府海洋科技管理创新研究	杨　明	浙江海洋学院	2013/5/26	硕士
山东省海洋渔业科技推广体系研究	陈　娟	中国海洋大学	2013/5/29	硕士
我国海洋渔业产业化发展的科技需求及对策研究	毕欣女	渤海大学	2013/6/1	硕士
我国海洋能源开发技术行业科技人力资源利用效率研究	陈　鹏	中国海洋大学	2013/6/6	硕士

　　表3-3-3统计了样本论文的第一作者单位,发文量前10位的机构是中国海洋大学(42篇)、国家海洋局海洋信息中心(22篇)、浙江海洋学院(19篇)、广东海洋大学(19篇)、山东社会科学院海洋经济研究所(12篇)、国家海洋局第一海洋研究所(9篇)、国家海洋局海洋发展战略研究所(8篇)、国家海洋局(8篇)、中共福州市委党校(7篇)、中国科学院海洋研究所(7篇)等。前10位研究机构中个体产出最高者是叶向东(6)、李雪(6)、邱文静(5)、倪国江(5)、董艺(5)、徐质斌(5)、韩立民(5)、袁泽轶(4)、殷克东(4)、张潇娴(4)、文艳(4)、王芳(4)。他们产出的海洋科技研究论文372篇占期间总论文数的16.40%,统计结果显示近30年海洋科技研究核心作者人数及其论文数都处于增长趋势。

表3-3-3　第一作者单位发文量前10位

发文量/篇	机　构	作者群
42	中国海洋大学	倪国江(5)、韩立民(5)、文艳(4)、殷克东(4)
22	国家海洋局海洋信息中心	李雪(6)、邱文静(5)、张潇娴(4)、董艺(5)、袁泽轶(4)
19	浙江海洋学院	徐士远(2)、周达军(2)、崔旺来(2)

续表3-3-3

发文量/篇	机　构	作者群
19	广东海洋大学	白福臣(3)、乔俊果(3)
12	山东社会科学院海洋经济研究所	徐质斌(5)
9	国家海洋局第一海洋研究所	崔爱菊(2)、刘大海(3)
8	国家海洋局海洋发展战略研究所	王芳(4)
8	国家海洋局	张橞樨(1)、蔡梦凡(2)
7	中共福州市委党校	叶向东(6)
7	中国科学院海洋研究所	曾呈奎(2)、潘诚(1)

注:发文量是指在(该时段)该作者单位发表海洋渔业研究论文数量,CNKI查询时间截至2014年7月22日。

进一步对各时期核心作者的发表论文进行统计,受篇幅限制不列出具体数据,但利用中国引文数据库的索引功能,对数据库所有论文的引文频率进行了确认,并列出了其中被引频率最高的前15篇论文(表3-3-4),可发现其中绝大多数都是源自核心作者,从另一侧面说明了核心作者对我国海洋科技研究发展的重要性。

表3-3-4　海洋科技研究论文被引频率前15位

作　者	论文题目	期刊来源	发表时间	被引频率
伍业锋、施平	中国沿海地区海洋科技竞争力分析与排名	上海经济研究	2006/2/28	41
王淼、王国娜、张春华	关于改革我国海洋科技体制的战略思考	科技进步与对策	2006/1/20	21
殷克东、王伟、冯晓波	海洋科技与海洋经济的协调发展关系研究	海洋开发与管理	2009/2/15	18
吴　闻	韩国、日本的海洋科技计划	海洋信息	2002/1/8	18
马丽卿	体验经济视角下的海洋科技旅游与产品创新设计	商业经济与管理	2005/6/25	17
杨金森	我国海洋科技发展的战略框架	海洋开发与管理	1999/10/20	16
刘大海、李朗、刘洋	我国"十五"期间海洋科技进步贡献率的测算与分析	海洋开发与管理	2008/4/15	15

续表3-3-4

作　者	论文题目	期刊来源	发表时间	被引频率
袁路、颜云榕、安立龙	创新型海洋科技人才培养模式的探索与实践	高等农业教育	2008/5/15	15
殷克东、卫梦星	中国海洋科技发展水平动态变迁测度研究	中国软科学	2009/8/28	14
苏纪兰、黄大吉	我国的海洋环境科技需求	海洋开发与管理	2006/9/15	14
马志荣	我国实施海洋科技创新战略面临的机遇、问题与对策	科技管理研究	2008/6/15	14
吴闻	英国、欧洲和澳大利亚的海洋科技计划	海洋信息	2002/1/23	12
韩立民、刘晓	试论海洋科技进步对海洋开发的推动作用	海洋开发与管理	2008/2/15	12
石莉	美国海洋科技发展趋势及对我们的启示	海洋开发与管理	2008/4/15	11
白福臣	中国沿海地区海洋科技竞争力综合评价研究	科技管理研究	2009/6/15	11

　　注：被引频次数据源于CNKI中国引文数据库(http://ref.cnki.net)，最后查询日期2014年7月22日。

3.3.1.3　中国海洋科技研究的管理现状

　　由于体制和历史原因，我国海洋科技管理资源分散在不同部门和系统，目前具有资源调配和主导权的包括军方(总装、总参、海军)、科技部、发改委、财政部、国土部、海洋局、工信部、环保部、农业部、科学院、自然基金委等。除了"863"、"973"、支撑等主体研究计划外，国家科技重大专项、国家重点专项、大科学工程、公益行业专项、自然基金等以多种形式支持海洋科技研发工作。国家在海洋科技资源配置方面缺乏顶层规划和调控手段，存在重复建设和资源浪费现象，尚未形成技术研发的整体合力。

　　同时由于海洋资源、环境等条件的影响与海洋经济生产方式的变化，涉海管理部门在日常工作中，可能会遇到新的发展管理问题，或者是老问题又引发了新情况等，拿出有效的解决对策和制定我国海洋长远科技战略规划成为海洋管理部门工作的重要内容之一。面对行政事务管理过程中出现的问题，其中仅有一部分可以在这些部门内通过研究能够得到解决，而大多数海洋战略与管理问题则需要通过委托方式开展相关研究，如中国科学院、中国工程院、国家海洋局直属研究机构、中国海洋大学及涉海类综合性地方院校等，一般采用项目委托形式开展相关海洋科技管理问题研究。受委托机构主要包括高等院校、研究院所。

研究海洋科技战略的高等院校主要分为两类：一是海洋类院校，如中国海洋大学、上海海洋大学、广东海洋大学、大连海洋大学、浙江海洋学院等；二是滨海农业院校及发达地区综合性高校，如清华大学、复旦大学、南京农业大学、宁波大学等。目前，高等院校在海洋科技发展战略方面的研究主要有两大模式：一是在职教师通过申请获得与海洋科技有关的研究课题或项目，如国家自然科学基金、国家海洋局科研基金、政府部门或管理机构委托项目等；二是科研人员与研究生的自由研究选题。

研究海洋科技发展战略的研究院所主要有两大类型：一是以国家海洋局下属科研院所为主体的机构，如国家海洋局海洋信息中心，国家海洋局海洋发展战略研究所，国家海洋局第一、二、三海洋研究所等；二是各省市科技部门或海洋渔业部门设立的研究所，如浙江省科技信息战略研究院等。这类研究机构对海洋科技发展战略问题的研究主要是根据有关政府部门的需要，通过项目立项等方式从事研究工作。

3.3.2　中国海洋科技及其管理研究领域与动态

3.3.2.1　海洋科技战略研究

国内海洋科技发展战略研究取得了一批颇有价值的重要成果。艾万铸等（2000）编著《海洋科学与技术》对世界主要国家海洋科技发展特点、经验进行了系统介绍，是中国较早开展海洋科技发展战略研究专著。孙洪等（2003）主编《中国海洋高技术及其产业化发展战略研究》论述了世界海洋高技术发展现状，分析了海洋生物技术、海水淡化和海水直接利用、深海采矿业、海洋能源利用产业等海洋高新技术产业的发展情况，提出了中国海洋高新技术及其产业化发展战略及政策建议。杨文鹤等（2004）起草的《2020年中国海洋科学和技术发展战略研究报告》阐述了世界海洋科学技术的发展现状以及中国存在的差距，提出了中国海洋科学技术的发展目标和重点领域及相应对策建议。王修林等（2005）主编《中国海洋科学发展战略研究》对海洋科学发展的重大战略需求、国际海洋科学研究重大进展、海洋领域重大国际合作计划、中国海洋科学重要国家研究计划、海洋科学分支学科发展趋势与中国现状、中国海洋科学的重点发展领域、发展中国海洋科学的对策等问题进行了研究。中国科学院海洋领域战略研究组（2009）编《中国至2050年海洋科技发展路线图》分析了国家未来发展对海洋科技的重大需求、发达国家的海洋发展战略与科技发展规划以及主要的国际性海洋科技计划,概述了中国海洋科技发展的现状、机遇与挑战,对中国重点海洋科技领域及其科学与技术问题进行了分析和阐述,阐释了中国海洋科学技术领域至2050年的战略选择、发展目标与路线图。张显良(2011)主编《中国现代渔业体系建设关键技术发展战略研究》是国家自然科学基金委员会和中国工程院共同批准资助的"中国工程科技中长期发展战略研究"联合基金项目,第四部分讨论了中国现代渔业建设关键技术发展战略,对渔业科研工作的开展和相关管理政策的制定起到一定的指导和借鉴作用。倪国江(2012)著《基于海洋可持续发展的中国海洋科技创新战略研究》通过辨析海洋科技创新与海洋可持续发展之间的内在关系,在海洋可持续发展的目标框架下,提出了海洋科技创新模式生态化转向的观点,初步构建了海洋科技生态化创新评价指标体系;对国际海洋科技领域创新进展与发展前景及中国海洋科技创新进展、存在的问题进行了较为全面客观的比较分析。中国工程院(2013)编著《中国工程科技论坛:中国海洋工程与科技发展战略》涵盖了海洋探测与装备工程、海洋运载工程、海洋生物资源工程、海洋生态工程、海陆关联工程等专题的国内相关研究动态。马志荣(2008)在《我国实施海洋科技创新战略面临的机遇、问题与对策》中分析了中国海洋科技创新面临的机遇、问题,围绕组织领导、海洋科技创新服务体系建设、研发重点、海洋科技资源配置与人才培养、科技投入等问题,提出了相应的对策。彭岩(2005)在《促进我国海洋技术创新的途径和措施》中重点围绕海洋技术创新体系、研发资金投入、海洋创新人才培养等方面提出了对策建议。

此外个别学者,如王家瑞(1999)主编《海洋科技产业化发展战略》围绕如何推动与加快中国海洋科技产业发展步伐这一主题进行比较深入的研究,讨论了青岛市创建海洋科技产业城战略构想、海洋药物、海洋生物技术在青岛"蓝色农业"中的应用及前景、海洋生物资源可持续利用现状与发展战略、青岛港与我国北方航运中心建设、开发矿产资源培植新经济增长点、海洋工程产业化发展现状与建议、实现青岛海洋科技城向海洋科技产业城转变的运行机制、青岛市海洋药物发展的实践与构想等;齐连明等(2003)的《加速海洋技术产业化探讨》、李宗品等(1995)的《依靠科学技术进步发展新兴海洋产业》、杨金森(1999)的《我国海洋科技发展的战略框架》、刘容子(1999)的《海洋高技术发展趋势》、叶玉江等(1999)的《对发展中国海洋科学的思考与建议》围绕海洋科技发展问题进行了研究。

中国学者开展的一系列海洋科技发展战略研究,围绕海洋科技发展面临的形势、国家经济社会发展战略需求及海洋科技发展现状等进行论述,提出了不同时期海洋科学技术发展的目标、战略重点及政策支持措施等有关内容,为中国海洋科技战略规划的制定与实施提供了宝贵的指导意见。但也存在一些不足:(1)没有将海洋科技创新与海洋可持续发展建立紧密的关联。虽然在海洋科技战略研究成果中逐步体现了发展海洋科技促进海洋生态环境保护的理念和内容,但总体上仍将海洋科技局限于促进经济发展的工具,忽略了海洋科技对海洋可持续发展这个包括资源、环境、生态、经济、社会等子系统的复杂巨系统的整体支撑和协调作用。多年来,中国海洋经济高速增长,而资源、生态环境状况却不容乐观,应该说与认识上的滞后存在一定关系。(2)海洋科技创新政策支持体系研究一定程度上缺乏系统性,不利于塑造完善的国家海洋科技创新支撑系统。中国科技政策研究与建设起步较晚,科技创新政策支持体系还不完善,需加强对国外科技政策新理论与新方法的研究和吸收,构建适合于国情的有利于海洋科技生态化创新的高水平海洋科技创新系统。(3)已有的多数研究成果年份较早,缺乏对新近国内外海洋科学技术创新进展的总结分析。在现代海洋科学技术飞速发展、内容更替日新月异的背景下,现有的研究难以有效地指导可持续发展框架下的中国海洋科技战略创新。

3.3.2.2 海洋科技产业研究

随着人们对海洋认识的程度不断深入和海洋科学技术的发展,产生了一系列新的海洋产业类型,这些产业经过升级改造之后被称为海洋科技产业。90年代有关学者开始注重海洋科技产业的研究,认为当时对于海洋科技产业的内涵和概念界定比较模糊,于是尝试定义,即是把具有一定先进性和成熟性、能够带来较大社会、经济效益、具有产业化可能性的科学技术作用于海洋资源或者海洋空间,通过产业化的方式实现成果转化而形成的一类产业(于会娟等,2009)。随着海洋产业的发展,各种先进科技因素在整体经济向前发展的过程中自由融合,使得产业发展呈现出聚集效应的必要,即当资金、技术和人才到达一定程度的聚集便出现海洋科技产业城的发展,这种聚集模式具有辐射带动周围相关产业发展壮大的功能(潘树红,2003),作为一种区域发展模式,要以城市自身发展优势为基础,在城市结构占有较高比例得以实现(于大江等,2000;韩立民等,2004;张小兰等,2010)。近年,伴随海洋经济快速发展,海洋科技产业效益评价与海洋科技产业合作模式成为学界新热点,如刘希宋等(2004)以海洋强国战略为背景以海洋科技产业为研究对象,构建了海洋科技产业的先导性评价指标体系,建立了基于模糊Bodar要素法的模糊综合评价模型,从多层面、多视角透视了海洋科技产业,为海洋科技产业作为我国实现现代化的先导产业和未来的支柱产业提供了科学的依据;黄跃东等(2006)分析了闽台海洋生物技术产业合作的基础、现状与制约因素,并提出建设技术创新平台、技术成果转化平台、科技人才培养创新平台、科技信息(网络)平台及完善相应管理政策的闽台海洋生物技术产业合作的构想。

3.3.2.3 海洋科技创新能力与绩效研究

作为世界海洋大国必须重视海洋科技创新体系建设,积极参与国际海洋科技领域竞争,实现国家海洋战略需求和可持续发展。海洋科技领域的创新和实践有助于传统海洋产业的升级换代和空间的提升,有助于集中优势资源加速科技成果转化为现实生产力的过程,促进海洋产业经济发展。在以"大力发展海洋科技事业、促进海洋科技创新"为主题的全国海洋科学大会上强调构建社会主义和谐社会要求我们更加重视发展海洋科技事业,特别是海洋科技。要按照"自主创新、重点跨越、支撑发展、引领未来"的方针,统筹部署,实现海洋科技跨越式发展(孙文盛,2006)。从强国理念出发,海洋科技发展能够提高对海洋综合管理能力和控制力,能够优化资源配置,确保海洋科技创新,实现对国防安全和社会发展的支撑作用(徐宪忠,2009)。随之对海洋科技创新研究转入以地区沿海省市为主,以广东、浙江、上海等地海洋科技发展现状为例进行探索(马志荣等,2009;马仁锋等,2014;白福臣等,2012;朱坚真等,2013;徐长乐等,2012),还有对青岛海洋科学和技术实验室的思考,主要的发展方向都是要提高自主创新能力,改革科研管理体制,优化资源配置,提高科研水平(吴德星,2010)。海洋时代到来,以科技创新驱动经济发展方式转变和产业结构优化升级是主要方向,那么就应该将科技创新和海洋科技产业结构化结合,重点发展共性技术(乔俊国,2010),通过以企业为创新主体,不断发展创新系统,推进产业优化升级,提高产业竞争力(常玉苗,2012)。然而,海洋科技创新是否高效且能否支撑区域海洋经济发展逐渐被学界关注(刘大海等,2008;谢子远,2011、2013、2014;赵昕等,2013;周达军,2010),海洋科技实力、海洋科技竞争力、海洋科技资源与创新能力等视角运用聚类、主成分、DEA、投入-产出、灰色关联、Malmquist指数、因子分析等方法研究中国沿海省/城际海洋科技综合水平及科技资源的区域配置效率等问题(马仁锋等,2014)。

3.3.2.4 海洋科技成果转化研究

进入技术革命和建立创新型社会时期,我国在不同时期实践了一系列重大战略计划和政策,积累了丰富的科研成果,为海洋科学研究、开发管理与保护提供了重要的资料依据,海洋成果转变为直接或间接的经济和社会效益作用更加明显,促进了海洋经济的发展。但是,不少科技成果利用率不高,加上受到科技体制,部门条块等因素的影响,出现了科技成果被"束之高阁"的情况,造成低水平的重复研究与实践。在20世纪90年代,有关专家开始探讨海洋科技成果转化问题,受关注的原因是海洋科技成果转化与海洋事业发展紧密联系,那么海洋科技成果的转化就归结为思想意识、科研资金、科技管理体制等方面(徐质斌,1995),但通过深入研究发现科技成果转化率低与科技成果提供主体不同有关(徐质斌,1996),需要进行跨部门综合管理,促进转化和营运(巫小兰,1996)。

20世纪90年代研究在旧的科研管理体制下尽量协调各方关系,促进成果转化应运,直到海洋时代到来,经济快速发展,社会剧烈转型,海洋事业发展和海洋科技成果转化单纯依赖政府已经不符合社会经济发展的需要,开始走以"企业为主体,政府为主导,社会多元参与"的科技成果转化路线,即在社会领域注重非政府组织(NGOs)在科技成果转化应用中的作用(邵康等,2005)。非政府组织的大量参与拓宽了科技成果转化的渠道,最终研究者将目光聚集到各科研主体的协调上来,认为科技转化率的提升与科研主体的协作效率有关,即在各项海洋科技政策的指引下,探索和发展产学研的运行规律,并逐渐发展为"政、产、学、研、金"协作模式(彭伟,2009),同时,海洋科技成果的转移过程需要载体才能更好地实现转化,海洋科技期刊在转化过程中发挥重要作用(杨瑞等,2011)。如钱洪宝等(2013)认为我国海洋科技成果转化和产业化在国家相关政策的支持下取得了显著成效,深入剖析了海洋成果转化及产业发展中存在的突出问题;徐士元等(2014)认为我国海洋科技成果转化水平滞后于经济发展水平,改进海洋科技成果转化体系成为海洋科技成果转化水平提升的一条重要途径,引入了"三重螺旋"理论优化我国海洋科技成果转化体系的结构、运行过程和运行机制。总之,海洋科技成果的转化是海洋事业发展的重要保证,需要政府发挥支持、引导和监督作用,需要多元主体的参与。

3.3.2.5 海洋科技体制及其变革研究

(1)国家海洋科技管理的宏观体制。海洋经济的持续快速发展越来越依赖于科技进步,而海洋经济和海洋科技的繁荣发展有赖于海洋科技体制的改革与创新。早期,个别学者预测海洋未来的开发模式将是一个复杂的、立体的、系统的过程,而当时已经呈现出科研体系不协调、政出多门的现象,需要深化科技管理体制改革科学制定政策(许耀亮,1993),形成布局合理的研发体系(杨金森,1999)。通过对海洋科技机构的现状分析发现,科研目标的制定需要与经济相结合(王芳等,2000),对海洋科技体制进行重构(王淼等,2006),即构建"国家海洋科技创新中心—区域创新中心—区域海洋实验站—区域海洋科技推广服务中心"为主的新型国家海洋科技创新体系(张广海等,2008),注重整合科技资源,创新工作机制,保障海洋经济可持续发展(李文荣,2010)。

(2)海洋科研项目管理的研究,集中在:一是项目立项上,王丽椰等(2009)主张立项应满足市场需求;钱洪宝等(2013)认为由于体制和历史原因,我国涉海部门众多,海洋科技管理资源分散在不同部门和系统,目前具有资源调配和主导权的包括军方(总装、总参、海军)、科技部、发改委、财政部、国土部、海洋局、工信部、环保部、农业部、科学院、自然基金委等,国家在海洋科技资源配置方面缺乏顶层规划和调控手段,尚未形成技术研发的整体合力。二是项目评估上,王淼等(2006)借用梅昌超在《科技成果转化障碍与制度创新》中的观点,认为应该改革科研项目的评审机制,把科技成果的经济效益作为研究机构立项、经费投入和评估的重要指标。三是项目经费管理上,王丽椰等(2009)指出在对专项基金的管理上,要不定期地进行跟踪监督,发挥第三方评估机构、审计局的作用。四是项目结构上,于金镒(2006)认为在海洋科学技术发展中我们不仅应用性技术开发得不够,而且基础研究和应用研究也很不够,以至于忽视科学研究的连续性,只抓短平快项目,造成基础与应用海洋科学技术研究成果储备少、成熟度低,不利于海洋科技向海洋科技成果需求层产业的转化。综上,国内学者对海洋科技项目管理的研究主要集中于立项、评估、经费管理和项目结构四个方面,其中,立项应立足于企业需求,评估需要根据不同的项目依靠第三方机构进行,经费的管理要考虑到对专项基金和经费投向的管理,同时要发挥审计部门的作用,项目结构的设计上,要合理安排基础研究和开发应用性研究的比例问题。

(3)海洋科技发展的环境建设。王辉(2007)主张从海洋科技平台、海洋产业园区建设来促进海洋科技的发展,如认为通过整合浙江大学、浙江海洋学院、国家海洋局二所、浙江海洋研究所等相关力量,并积极引进中国海洋大学、中科院海洋所等省外海洋领域的大院名校,同时吸收有关企业共同参与,采取组建理事会、股份制、会员制等形式,在浙江省海洋开发基地舟山市建设浙江海洋经济研究院,以便为科研开发和产业化提供基础条件和公共服务,成为引领全省海洋科技创新的重要平台。王丽椰(2009)主张加强海洋科技基础设施建设,提供科技咨询服务、加强公益科技研发,建立科技信息资源数据库以搭建起研发机构与企业间的信息沟通桥梁,同时加强对海洋气象监测、海上交通导航,海上预警预报服务系统的建设,建设海上搜救设施搜救基地。在政策环境方面,周庆海(2011)认为政府要制定顺应海洋经济发展的财政税收政策,以有利于国外资本、民间资本投资于海洋科技企业。综上,海洋科技发展的环境包括海洋科技发展的平台、基础设施和海洋科技产业园的建设、海洋科技发展的政策环境等方面,只有具备良好的海洋科技发展的软硬件环境,才能为海洋科技的发展提供环境外围保障。

3.3.3 中国海洋科技管理研究的前瞻

3.3.3.1 创新海洋科技管理体制,破解海洋科技管理三大瓶颈

科技促进海洋经济快速发展的背后,不平衡、不协调、不可持续问题依然突出,加快提升海洋科技综合管理能力面临更大的挑战。首先,海洋科技管理行政化问题日益凸显,主要表现为项目申报、审批过程繁琐,占用了科研人员大量的时间;科研立项、评审、签订合同等诸多环节完成后项目经费才能到位。另外,各级行政官员对科技立项有实质性决定权,专家评审机制流于形式,评审太过频繁导致质量不断下降。在整体科研管理环境下,科研经费投入以政府为主,其他企业组织因缺乏信息或担心投资风险,参与投资的积极性不高。其次,海洋科技管理条块化十分明显,表现为我国海洋科技资源分别属于若干部门,各部门各自为政,为自己的发展目标所服务,造成机构效率低下,不利于科技资源的优化配置,难以形成稳定有序科研环境。最后,海洋科技管理机构设置不畅,表现为我国海洋科技管理体制的权责划分不清;暴露出由于科技管理机构信息不畅会产生一整套科学数据无法实现共享;基础研究与应用研究相脱节;大型的海洋科技设备闲置浪费问题。海洋科技资金投入分散且无法形成完整的科技产业链条等诸多问题。

为此,应积极借鉴现有统一型管理模式、相对集中型管理模式和分散型的管理模式(杨明,2013),创新中国海洋科技管理体制,促进科研资源分配公平透明、科研资源利用高效有序、科研成果转化及时,推进海洋科技管理适应海洋强国战略需求。

3.3.3.2 完善海洋科技项目运行机制,攻克海洋经济
社会亟需瓶颈技术

海洋科技要加快实现从支撑为主向支撑与引领并进的转变,提高海洋经济发展的科技创新驱动能力,促进海洋经济发展方式转变和海洋事业协调发展。当前要务在于完善海洋科技工作部门之间协调机制,组建统一海洋科技领导机构,强化各涉海部门、科技机构和其他部门之间协调机制。其次,建立海洋科技专家咨询委员会,负责对我国海洋科技创新工作的技术指导,协助制定海洋科技创新计划,评审海洋科技创新技术成果。再次,应加强宏观管理,把海洋科技创新纳入地区社会发展纲要,组织院所、企业与政府联合开展海洋科技创新攻关。当前,应继续实施国家科技攻关计划、国家海洋专项(908)、国家高技术发展计划(863)、国家重点基础研究计划(973)中的项目以及科技兴海规划和国际海洋科学计划合作等,促进了海洋科学技术的发展。重点完善海洋科技项目立

项、成果评定、以补代奖等机制,推进按照创新链和产业链统筹配置各类海洋科技资源,攻克海洋科技重大与先导性技术及其示范应用体系。

3.3.3.3 组建海洋科技期刊虚拟集团,创新海洋科技的知识生产体系

我国海洋科技期刊大致可以分为三类:第一类是中国科学院主管及其下属研究所主办的《海洋与湖沼》、《热带海洋学报》等;第二类是教育部或当地教育厅(委)主管及下属高校主办的《中国海洋大学学报(自然科学版)》、《上海海洋大学学报》等;第三类是国家海洋局主管及其下属涉海研究所和业务中心主办的《海洋环境科学》、《海洋学研究》、《海洋通报》、《海洋开发与管理》等。其中,第三类期刊的总量最大,约占我国海洋科技期刊的一半。然而,目前尚无一种能够重点反映我国海洋科学理论与技术大课题总体研究进展状况,能够具有较高水平和指导意义的应用型综合性科技期刊(高峻等,2003)。

面对文化体制改革的浪潮,加强协作,实现规模化和集团化成为提升期刊竞争力的有效途径。在现有体制框架下,通过组建海洋科技期刊虚拟集团的运作方式,塑造海洋科技期刊的整体品牌,增强市场竞争力,更好地服务于海洋科技事业(袁泽轶等,2011)。核心环节在于如何协调达成规范的管理机制,构建何种编辑出版支撑平台,以及非核心业务市场化模式选择等。

参考文献

[1]潘诚.基于科学发展观的中国海洋科技发展战略分析.中国渔业经济,2012(5):133-139.

[2]高峻,武建平,孙亚涛.海洋科技期刊现状及亟待改进的几个问题.海洋开发与管理,2003(3):59-62.

[3]徐质斌.海洋科技成果应用推广中的问题及解决的思路.科技导报,1995(10):44-45.

[4]徐质斌.提高海洋科技成果的可转化性.海洋科学,1996(4):51-52.

[5]巫小兰.谈我区海洋科技成果管理与转化的关系.广西科学院学报,1996(Z1):94-96.

[6]邵康,程元栋.大力发展我国海洋科技中介机构的建议.海洋开发与管理,2005(6):76-79.

[7]彭伟.产学研合作及其对海洋科技成果转化的启示.海洋技术,2009(1):148-150.

[8]杨瑞,袁泽轶.以海洋科技期刊为平台促进海洋科技成果的传播与转化.海洋开发与管理,2011(9):69-73.

[9]于会娟,韩立民.海洋科技产业的基本内涵及产业特性.2009中国海洋论坛论文集.

中国海洋大学,2009.

[10]潘树红. 论青岛由海洋科技城向海洋科技产业城转变的运行机制. 海岸工程,2003(2):115-122.

[11]韩立民,文艳. 努力创建我国海洋科技产业城. 海洋开发与管理,2004(6):18-20.

[12]孙文盛. 大力发展海洋科技事业,促进海洋科技创新. 国土资源通讯,2006(18):39.

[13]徐宪忠. 浅谈构建国家海洋科技创新体系. 海洋开发与管理,2009(8):106-109.

[14]马志荣,徐以国. 实施广东海洋科技创新战略问题分析与对策研究. 科技管理研究,2009(7):27-29.

[15]马仁锋,许继琴,庄佩君. 浙江海洋科技能力省际比较及提升路径. 宁波大学学报(理工版),2014,27(3):108-112.

[16]谢子远,鞠芳辉,孙华平. 中国海洋科技创新效率影响因素研究. 科学管理研究,2011(9):57-64.

[17]樊华. 中国区域海洋科技创新效率及其影响因素实证研究. 海洋开发与管理,2011,30(6):13-17.

[18]刘大海,臧家业,徐伟. 基于DEA方法的海洋科技效率评价研究. 海洋开发与管理,2008,(1):48-51.

[19]陈鹏,张晓东我国海洋科技人力资源开发利用效率评价——基于12省市的分析. 企业导报,2013(4):202 .

[20]赵昕,孟秀秀. 基于DEA方法的海洋产业科技支持效率评价. 中国渔业经济,2013,31(3):94-99.

[21]谢子远. 海洋科研机构规模与效率的关系研究. 科学管理研究,2011,29(6):40-44.

[22]周达军,崔旺来,汪立等. 浙江省海洋科技投入产出分析. 经济地理,2010,30(9):1151-1157.

[23]艾万铸. 海洋科学与技术. 北京:海洋出版社,2000.

[24]孙洪. 中国海洋高技术及其产业化发展战略研究. 青岛:中国海洋大学出版社,2003.

[25]修林. 中国海洋科学发展战略研究. 北京:海洋出版社,2005.

[26]中国科学院海洋领域战略研究组. 中国至2050年海洋科技发展路线图. 北京市:科学出版社,2009.

[27]张显良. 中国现代渔业体系建设关键技术发展战略研究. 北京:海洋出版社,2011.

[28]倪国江. 基于海洋可持续发展的中国海洋科技创新战略研究. 北京:海洋出版社,2012.

[29]中国工程院. 中国工程科技论坛:中国海洋工程与科技发展战略. 北京:高等教育出版社,2013.

[30]彭岩. 促进我国海洋技术创新的途径和措施. 海洋技术,2005,24(2):142-144

[31]王家瑞. 海洋科技产业化发展战略. 北京:海洋出版社,1999.

[32]齐连明. 加速海洋技术产业化探讨. 海洋技术,2003(1):87-92.

[33]李宗品. 依靠科学技术进步发展新兴海洋产业. 决策咨询通讯,1995(2):104-107.

[34]杨金森. 我国海洋科技发展的战略框架. 海洋开发与管理,1999(4):45-49.

[35]刘容子. 海洋高技术发展趋势. 国际技术经济研究,1999(1):35-42.

[36]叶玉江等. 对发展中国海洋科学的思考与建议. 中国基础科学,1999(Z1):18-22.

[37]袁泽轶,杨瑞,李晓光. 组建海洋科技期刊虚拟集团的思考. 科技与出版,2011(8):9-11.

[38]吴德星. 探索资源整合新机制打造海洋科技创新平台. 中国高校科技与产业化,2010(10):9-11

撰写人:马仁锋

4 中国重点海洋产业研究

海洋产业是海洋经济的核心,在繁多的海洋产业门类,海洋渔业、海洋旅游业、海洋船舶工业、海洋航运业是关联性强的产业,也是中国海洋经济的重点行业。因此,本章全面梳理与回顾了中国海洋产业的结构与布局、船舶工业及其技术研发、海洋渔业、滨海旅游业、港航物流网络中的港口选择等领域,揭示了中国重点海洋产业研究的历程、特色与贡献,预测了海洋经济研究趋势。

4.1 中国海洋产业结构与布局研究进展

20 世纪后半叶以来,海洋产业在全球经济发展中起到的作用越来越明显。80 年代以来,中国海洋产业逐渐步入良好发展态势。但从研究文献看,90 年代以来,国内个别学者意识到海洋产业结构与布局研究的重要性和紧迫性,以参与的国家、省、市各级海洋经济中长期发展规划编制为抓手,对我国沿海城市/区域可持续发展、港口与物流、滨海旅游业、海岸带及近海资源环境等开展了初步研究。国内海洋产业相关研究文献数量快速增加,但仍集中在区域海洋或沿海陆域开发的宏观指导、开发政策的探讨,对海洋产业其他方面的研究则鲜见。在陆域资源环境制约日趋严峻的背景下,中国顺应全球海洋经济发展趋势,2011 年顺势推出国家级海洋经济规划——《山东半岛蓝色经济区发展规划》(2011 年 1 月)、《浙江海洋经济发展示范区规划》(2011 年 2 月)、《广东海洋经济综合试验区发展规划》(2011 年 8 月)及 2012 年的《福建海峡蓝色经济试验区发展规划》,这标志中国"4+N"沿海经济区发展布局进入加速建设阶段。与此同时,海洋产业结构与布局研究的严重滞后已成为制约国家海洋战略实施和沿海区域海陆统筹、陆海一体化发展的瓶颈,及时梳理中国海洋产业结构与布局的研究历程与现状,揭示动态与焦点,对推进我国现代化建设中的海洋经济发展、沿海地区海陆一体化、海洋空间管治和海洋文明建设中的理论与综合应用研究工作具有深远的理论与现实意义。

4.1.1　中国海洋产业研究的特点与群体

4.1.1.1　研究特点

(1)处于起步阶段。现有可查的第一篇相关论文是1989年发表的"论环渤海经济区海洋产业的合理布局"(栾维新,1989),可知我国海洋产业结构与布局研究和国家海洋管理体制改革与海洋战略政策相伴而生(姜旭朝,2008)。文献统计表明中国海洋产业结构与布局研究可分为:第一阶段是1980—2003年间的零星、分散研究;第二阶段是2004年以来受国家任务"落实国务院2003年5月颁布的首个《全国海洋经济发展规划纲要》"驱动,进入区域海洋经济规划编制主导海洋经济地理研究的起步期。

(2)高层次论文非常少且增长缓慢。统计的高层次论文占全部文献29.68%,然对照所统计的文献来源刊物看,以《海洋开发与管理》载文量最多,累计发文46篇,而它不论在经济地理学领域,抑或在海洋科学类期刊中均处于低影响因子之列。相关研究仅有极少高层次文献发表在《地理研究》、《经济地理》、《海洋通报》等高影响因子刊物,主要是《海洋通报》发表的海洋产业区域创新初步研究、浙江乐清湾海岸带功能区划分与海洋产业发展、我国海洋产业结构分析及产业优化对策(丁焕峰等,2002;李春平等,2003;周洪军等,2005),《地理研究》刊发的中国海洋产业发展的地区差距变动及空间集聚分析(韩增林等,2003),《经济地理》刊载的广东省海洋经济构成分析及主要海洋产业发展战略构思、我国海洋产业吸纳劳动力潜力研究、辽宁省海洋经济产业结构及空间模式研究、浙江海洋产业发展的基础条件审视与对策、浙江省海洋产业就业效应的实证分析(于永海等,2003;栾维新等,2003;王丹等,2010;周达军等,2011;崔旺来等,2011)及 *Chinese Geographical Science* 刊载的 Bottleneck and countermeasure of high-technologization of marine industry in China (LUAN Weixin,2004)。可见高影响因子刊物介入海洋产业结构与布局研究领域非常迟,尤其是在2000年以后国内地理学、经济学等学科主流刊物积极关注生产性服务业、文化产业、高新技术产业等行业产业结构与布局研究,并涌现大量新经济地理学视角的产业结构与空间组织研究的文献,却依然未给予海洋经济地理研究的相应关注。并且高层次文献的增速远低于总体文献增速,因此,国内海洋产业结构与布局的总体研究水平函待提高。

(3) 以区域实证研究为主体,理论创新研究亟待加强。文献统计表明国内海洋产业结构与布局研究虽然理论探索正呈强化态势,但相对实证研究或战略研究仍显薄弱。此外,近年逐渐关注区域海洋资源环境可持续利用问题、海洋产业集群及海外借鉴问题,这直接提醒学界:我国海洋经济发展尚处于起步阶段,而海洋环境却不断恶化,海岸、海域的可持续利用应成为学界研究的核心与焦点,却未被重视。

国内相关实证研究,从检索401篇期刊论文的关键词出现频率而言:渤海区域最受关注,如"辽宁"、"河北"、"环渤海地区"、"青岛"分别出现了8次、4次、3次、2次;其次是东海,如"浙江"和"舟山市"均出现2次、"东海"出现4次,至于黄海、南海则各出现2次。研究的焦点词汇多集中在"产业布局、主导产业、发展战略、产业集聚/集群、产业结构优化",采用的实证方法主要有灰色关联、聚类、区位熵、主成分、SSM等。这表明以沿海地区的定量实证研究已成为当前研究主流,然而缺乏系统的理论探索,未能将规划实践、实证与海洋产业结构演化规律及布局理论研究相结合,而这正是国内亟待待强化的领域。

4.1.1.2 核心作者群

(1) 作者所属单位。表4-1-1统计了样本论文的第一作者单位,发文量前10位的是中国海洋大学、浙江海洋学院、广东海洋大学、辽宁师范大学、宁波大学、山东社科院、国家海洋局、上海海洋大学、中科院地理科学与资源研究所、中科院海洋研究所,它们可分为海洋经济研究的国家机构及沿海地方性行业或综合院校。1980年以来,前10位研究机构共发表海洋经济地理论文34篇,其中尤以国家海洋局、中科院海洋所优势明显。从趋势看,中国海洋大学、浙江海洋学院、广东海洋大学、辽宁师范大学、宁波大学等院校的论文产出上升态势显著,浙江海洋学院、广东海洋大学、辽宁师范大学、宁波大学等成为2000年以来海洋经济地理论文产出的"明星"单位,而国家海洋局、中科院海洋所的海洋经济地理论文产出近年呈下降趋势(表4-1-1)。这是否说明我国海洋经济地理研究的阵营正在发生转移,尚有待后续验证。

表4-1-1　第一作者单位发文量的变化前10位

排名	1988—1999		2000—2011	
	发文量/篇	作者单位	发文量/篇	作者单位
1	14	国家海洋局	95	中国海洋大学
2	6	中科院海洋研究所	53	浙江海洋学院

续表4-1-1

排名	1988—1999		2000—2011	
	发文量/篇	作者单位	发文量/篇	作者单位
3	4	青岛海洋大学	39	广东海洋大学
4	3	山东社会科学院	36	辽宁师范大学
5	3	辽宁师范大学	26	宁波大学
6	2	中科院地理科学与资源研究所	20	山东社会科学院
7	1	湛江海洋大学	18	国家海洋局
8	1	浙江海洋学院	13	上海海洋大学
9	0	宁波大学	9	中科院地理科学与资源研究所
10	0	上海水产大学	6	中科院海洋研究所

注:发文量是指在(该时段)该作者单位发表海洋经济地理论文数量;比重是指(该时段)该作者单位发表海洋地理论文占该时段海洋经济地理论文总数的比重。

国家海洋局包括国家海洋局机关及其直属单位。

（2）核心作者群。核心作者群是指在刊物上发表论文较多,影响较大的作者集合。据普赖斯提出的确定核心作者计算公式(丁学东,1992):$M=0.749(N_{max})^{0.5}$,式中M为论文数,N_{max}为所统计时段最高产的作者论文数,只有那些发表论文数在M篇以上的人才可称之为核心作者,1990—2011年间$N_{max}=12$,代入上式得M值为2.595篇,取整为3篇。即统计期间发表3篇以上的海洋产业结构与布局的论文的作者即为核心作者。经计算,1988—1999年间发表2篇以上论文的作者共10人,占期间论文作者总数的20%,所发表的论文占期间海洋经济地理论文总数的31.2%。同理得出2000—2011年间海洋经济地理学核心作者30人,占期间论文作者总数的19%,所发表的论文占期间海洋经济地理学论文总数的29.6%(表4-1-2)。统计结果显示近30年海洋经济地理核心作者人数及其论文数都处于增长趋势,这说明中国海洋经济地理研究队伍规模在持续扩大,同时学科发展开始进入一个新的循环周期。

表4-1-2　各时期核心作者及其论文数

时　期	核心作者群及其产出
1988—1999	严宏谟(国家海洋局/2)、刘明远(山东省潍坊市科学技术委员会/2)、王美功(中国科学报社/2)、栾维新(辽宁师范大学/2)、张耀光(辽宁师范大学/2)、孙吉亭(山东社会科学院/2)、李志棠(国家海洋局第三海洋研究所/2)、宁凌(湛江海洋大学/2)、徐质斌(山东省海洋经济研究中心/2)、张本(海南大学/2)

时　期	核心作者群及其产出
2000—2011	于谨凯(中国海洋大学/12)、韩立民(中国海洋大学/8)、刘曙光(中国海洋大学/7)、马丽卿(浙江海洋学院/6)、韩增林(辽宁师范大学/6)、张燕歌(国家海洋局国家海洋标准计量中心/5)、白福臣(广东海洋大学/5)、黄瑞芬(中国海洋大学/5)、郭越(国家海洋局国家海洋信息中心/4)、郑贵斌(山东社会科学院/4)、朱坚真(广东海洋大学/4)、张耀光(辽宁师范大学/4)、于海楠(中国海洋大学/4)、苏勇军(宁波大学/4)、张婕(中国海洋大学/4)、刘明(国家海洋局海洋发展战略研究所/4)、文艳(中国海洋大学/4)、姜旭朝(中国海洋大学/4)、殷克东(中国海洋大学/4)、赵昕(中国海洋大学/4)、师银燕(广东海洋大学/4)、董伟(国家海洋局国家海洋信息中心/3)、乔俊果(广东海洋大学/3)、曹艳乔(中国海洋大学/3)、翟仁祥(淮海工学院/3)、黄蔚艳(浙江海洋学院/3)、孙云潭(山东省青岛市海洋与水产局/3)、马克松(山东省青岛市海洋与水产局/3)、陈本良(湛江海洋大学/3)、刘洪滨(山东社会科学院/3)

注:括弧内为该作者的单位及对应时段内发表的海洋经济地理论文数。

(3)核心作者的论文统计。受篇幅限制不列出具体数据,但利用中国引文数据库的索引功能,对数据库所有论文的引文频率进行了确认,并列出了其中被引频率最高的前15篇论文(表4-1-3),可发现其中绝大多数都是源自核心作者,从另一侧面说明了核心作者对我国海洋经济地理学科发展的重要性。

表4-1-3　海洋经济地理学论文被引频率前15位

排名	论文题目	论文作者	发表刊物/刊期	被引频次
1	中国海洋产业发展的地区差距变动及空间集聚分析	韩增林、王茂军、张学霞	地理研究/2003/03	53
2	中国海洋资源现状及海洋产业发展趋势分析	楼东、谷树忠、钟赛香	资源科学/2005/05	45
3	我国海洋产业结构分析及产业优化对策	周洪军、何广顺、王晓惠	海洋通报/2005/02	45
4	论我国的海洋产业结构及其优化	张红智、张静	海洋科学进展/2005/02	41
5	海陆相关分析及其对优化海洋产业结构的启示	王海英、栾维新	海洋开发与管理/2003/11	33
6	我国海洋产业吸纳劳动力潜力研究	栾维新、宋薇	经济地理/2003/05	32
7	区域海洋产业合理布局的问题及对策	于永海、苗丰民、张永华	国土与自然资源研究/2004/01	31

续表4-1-3

排名	论文题目	论文作者	发表刊物/刊期	被引频次
8	试论海洋产业结构的演进规律	张静、韩立民	中国海洋大学学报（社科版）/2006/06	27
9	辽宁省海洋产业结构分析	韩增林、狄乾斌、刘锴	辽宁师范大学学报（自科版）/2007/01	25
10	我国海水鱼类养殖大产业架构与前景展望	雷霁霖	海洋水产研究/2006/02	24
11	中国海洋产业结构特点与今后发展重点探讨	张耀光	海洋技术/1995/04	22
12	中国海洋产业结构的系统分析与海洋渔业的可持续发展	吴凯、卢布	中国农学通报/2007/01	21
13	我国海洋产业结构的现状与调整	徐质斌、张莉	科技导报/2003/12	21
14	辽宁省海洋产业结构分析及优化升级对策	孙才志、王会	地域研究与开发/2007/04	19
15	海洋产业布局若干理论问题研究	韩立民、都晓岩	中国海洋大学学报（社科版）/2007/03	17

　　注：被引频次数据源于CNKI中国引文数据库（http://ref.cnki.net），最后查询日期2011年12月31日。

4.1.2　中国海洋产业的研究动态

4.1.2.1　海洋产业结构与布局的理论研究

　　国内学者相关理论探究较少：

　　（1）从近20年来国家哲学社会科学基金和国家自然科学基金资助项目看，仅有3项与9项海洋产业结构与布局密切相关，分别是我国海洋产业高技术化的"瓶颈"与对策研究、海洋产业布局的基本理论研究、资源环境约束下中国海洋产业发展对策研究3个国家社科规划一般项目，公共资源管理理论及海洋渔业资源管理的实证研究、近岸海洋环境与资源价值评估研究、港湾湿地对快速城市化的响应机制及优化调控研究、沿海区域海陆经济互动的产业结构以及空间结构效应研究、滨海旅游资源价值评价理论方法与实证研究、海洋资源性资产产权效率测度与优化方法研究、环渤海地区社会经济活动影响海洋环境变化的机制研究、基于环境容量与陆地生态保护双重约束的连云港城市精明增长建模研究、基于PSR模型的海洋生态补偿机制研究等9个国家自然科学基金项目。可见,海洋产业结构与布局的理论研究缺乏国家级基金项目资助,尚未形成稳定的研究群。

(2)当前研究集中在:①概念界定、统计范围及评价指标(刘康等,2006;姜秉国等,2011;王永生,2004;于谨凯等,2007;冷绍升等,2009;黄蔚艳,2009),普遍认为海洋产业是包括海岸带向海域延伸的表面及内部的人类经济活动,可划分为海洋第一、二、三次产业,新兴海洋产业包括以高新技术为主导的海域经济活动及海洋旅游等;②海洋产业结构的演进规律及新兴海洋产业培育机理研究(张静等,2006;赵珍,2008;朱坚真等,2010;姜旭朝等,2008;郑贵斌,2005),初步揭示了海洋产业结构演进规律与陆域产业结构演进差异,并针对海洋旅游业及海洋矿产业提出了概念性培育机理;③海洋产业布局的内涵、规律及区域海洋产业布局最优模式(王爱香等,2009;韩立民等,2008;周达军等,2011;赵昕等,2009;于谨凯等,2009),初步提出海洋产业布局演化的"均匀—点状—点轴"三阶段规律及影响因子。

4.1.2.2　海洋产业结构与布局的实证研究

日益丰富的国内海洋产业结构与布局实证研究,主要关注我国沿海省份和重点海滨城市的海洋产业的现状特征与问题、结构优化与主导产业选择、产业结构绩效评价、产业发展趋势等领域。若从研究区域看,环渤海地区文献居首,备受国内学界关注,其次是浙江,然后是广东,而福建、海南、广西则未受重视。以全国为区域的研究集中在5方面:①以全国涉海省份海洋经济为研究对象,探讨我国海洋产业结构现状—问题—趋势及优化方略(周洪军等,2005),发现沿海省份海洋产业在面向21世纪和国际比较时均无显著竞争优势,存在海洋产业内部结构不协调、与陆域产业协调性差、资源环境利用率低等问题;②从经济关联、吸纳就业、竞争力、上市公司等视角评估海洋产业结构绩效(栾维新等,2003;武京军等,2010;赵昕等,2009;盖美等,2010;孙迎等,2008),发现我国海洋产业的经济社会效益低、低价值链的海洋产业部分行业竞争力优势显著、涉海企业资本运作成效低下等问题;③利用三轴图、VAR等模型讨论中国海洋产业结构演进时间规律(赵昕等,2009;赵昕,2010;李彬,2011;韩增林,2011;徐胜,2011),发现海洋产业结构演化态势明显,新兴产业快速发展,但在某些特殊海洋资源丰富区域传统海洋产业依托海洋科技仍保持区域优势产业地位;④从人力资源、金融支持、创新与海洋高新产业视角讨论中国海洋产业发展(LUAN Weixin,2004;胡曼菲,2010;李福柱,2011;张文杰,2011;白福臣,2009),发现中国沿海省份海洋产业人力资源储备不足、技术研发及转化效率低,且当前金融体制尚无较好扶持体系应对海洋产业国际发展趋势;⑤以省域为单元讨论全国海洋产业空间集聚度与空间布局趋势(栾维新,2003;宋瑞敏,2011;马仁锋等,2012;黄瑞芬等,2011),发现我国海洋产业区域集聚态势显著,总量集聚于山东、广东、上海,部分优势行业如造船、海洋科技服务集聚于青岛、上海等城市。以某几个省为区域的研究集中在:①环渤海地区海洋产业结构优化与合理布局(栾维新,1989;刘世禄等,1993;张海峰,1982、1984、1986;于永海,2004;徐胜,王晓惠,宋维玲,2011);②东海的产业结构关联性及海洋产业基地建设策略(王圣、任肖嫦,2009);③分别研究辽宁(栾维新,1989;武京军等,2010;张耀光等,2009;代晓松,2007;胡曼菲,2010)、山东(孙义福,1994;于谨凯,2009;张红智,2005;黄瑞芬,2008;李福柱,2011)、上海(张文杰等,2011;马仁锋等,2012;殷为华,2011)、浙江(李春平,2003;周达军,2011;崔旺来,2011;周达军,2011;黄蔚艳,2009)、广东(骆犹玲,1997;王荣武,1998;白福臣、贾宝林,2007)、广西(宋瑞敏等,2011)、海南(叶波等,2011)的省域海洋资源开发及海洋主导产业选择与结构合理化、海洋产业与区域经济关联度、海洋产业结构演化特征、海洋产业竞争力或海洋功能区与产业结构布局、海洋产业空间集聚与经济空间等;④海洋经济大市——青岛、宁波、舟山等的海洋产业结构与布局的优化及政策。

　　总体而言,现有实证研究存在以下问题:(1)缺乏时空序列的多尺度分析,多数文献只关注某几个年份或只关注某一个行政区,所得结论无法形成时间序列规律,更无法进行全国—省—地市—县(区)的多尺度分析单元相互验证与逻辑循环嵌套;(2)尚未关注产业结构变动与产业空间组织演进的互动研究,而这对于沿海城市海洋产业转型升级和空间有序、高效组织的协同演进非常重要;(3)国内海洋产业的官方统计数据缺乏企业视角和空间视角,制约了我国海洋经济地理的诸多领域的深入研究,以至于当前八成以上的文献主要采用定性分析或半定量分析。

4.1.2.3　海洋产业结构与布局的战略研究

　　近30年来,国内海洋产业结构与布局的战略研究集中在:(1)以全国海洋产业结构与布局的战略为标靶,关注海洋产业发展前景(含趋势与总量)(张红智等,2005)、海洋产业结构与布局调整战略的政策支撑(刘大海等,2011)和全球海洋经济新背景下中国海洋产业转型战略(黄蔚艳,2009;殷为华等,2011);(2)沿海省市海洋产业结构升级与布局合理化的战略及对策创意(于永海等,2004),且重点关注辽、鲁、苏、浙、粤;(3)以青岛、舟山、宁波为例的我国海洋经济重点城市的产业结构与布局的战略及支持政策体系研讨(刘世禄等,1993;周达军等,2011;徐科峰等,2003;黄蔚艳,2009)。而这些研究存在:(1)缺乏系统性,仅针对某些产业政策的改进提出对策建议;(2)未能检视我国和省/地三级行政对海洋产业结构与布局战略政策及实施效果;(3)缺乏产业系统与空间系统的两方面政策有机衔接探究;(4)未能统筹陆海联动发展和区域一体化进程中的城市或沿海城市群海洋产业空间组织的战略(韩增林,狄乾斌,2011)。

4.1.2.4 海洋产业结构、布局与区域资源环境关联的研究

区域海洋产业结构及布局与区域海洋资源环境基础有着非常高的正相关性,尤其是那些以初级海洋产业主导的区域。随着海洋科技快速发展,海洋产业逐渐降低其资源环境依赖度,如上海(张文杰等,2011;殷为华等,2011);然大多数临海区域都必须依托海洋资源,进行海洋产业布局。当前研究主要关注:(1)从海洋资源可持续利用、陆海联动与统筹发展、海洋资源产业化与海洋产业的资源环境损耗等视角探究全国海洋资源开发与海洋产业结构及布局的关联规律(eg. Qiu Wanfei et al.,2009;Zhang Qiaomin, et al.,2010;Chen Bin et al.,2012;Cheung W. W et al.,2008;Chen Binet al.,2009);(2)从围海填海、循环经济视角讨论海洋资源影响海洋产业布局与发展(eg. Zhang Qiaomin等,2010;Chen Bin et al.,2012;Chen Bin et al.,2009;戴桂林等,2009;林香红,2011);(3)从海洋资源利用潜力讨论东海海洋产业发展战略(王圣等,2009;楼东,2005)、关注海洋产业绿色GDP核算及填海造陆影响下的海洋产业发展等(周达军等,2011;韩增林等,2011)。总体而言,海洋产业结构及布局正值国家海洋意识觉醒与海洋战略主导的扩张期而快速变化,然现有研究未能准确评估海洋资源的产业承载力,尤其是海岸带资源环境的综合承载力;其次国家虽然进行了海洋功能区划(李春平等,2003),然不重视陆域向海洋过渡的中间地带,未进行海岸带功能分区,致使中国人口最密集的区域将面临着全球变化与海洋经济新机遇博弈;再次鲜见系统研究海洋产业的科技作用机理,尤其是海洋科技进步贡献研究,而这正是21世纪海洋经济发展的主要驱动力。

4.1.2.5 海洋产业集群研究

产业集群是20世纪80年代以来经济学、管理学与区域科学研究产业结构及布局问题的首选视角。国内从集群视角研究海洋产业集中在:(1)环渤海湾或辽宁全部海洋产业的集群测度、集群技术溢出和产业关联及循环经济研究(韩增林等,2003;武京军,2010;李福柱,2011;黄瑞芬,2010;黄瑞芬等,2011);(2)省或市域海洋产业空间集聚(韩增林等,2003;黄蔚艳,2009;黄瑞芬等,2010);(3)海洋产业集群创新机制(黄瑞芬等,2010);(4)港口航运为代表的海洋集群形成机理、产业融合及竞争力评价(马仁锋等,2012;庄佩君等,2013)。现有研究与国外日益成熟的港口航运业集群研究尚有较大差距,研究方法也亟待改进。

4.1.2.6 中国学者对海外海洋产业结构与布局的研究

中国学者对海外海洋产业结构与布局的研究,始于20世纪80年代末,主要集中在引介澳大利亚、加拿大等国海洋产业统计特点、发展态势与发展战略(林香红,2011),研究周边的菲律宾(乔俊果,2011)、新加坡(梁雄伟,2007)、韩国(刘曙光,2007)的海洋产业发展特征并探索与周边国家进行海洋产业合作的可能,及总结了国际海洋经济研究趋势(刘曙光,2007)。可见,国内学界对海外海洋产业结构与布局的研究处于零散、起步阶段,并未能有效指导我国海洋产业发展。

4.1.3　对海洋经济转型发展的启示

4.1.3.1　海洋经济转型的核心:产业转型研究

(1)海洋产业结构与布局研究的中心议题。中国环渤海湾、长三角、珠三角的GDP占全国的比重在70%以上,常住人口高达65%。而海洋产业对这些地区而言又十分重要,因此,亟须加强对海洋产业结构与布局的理论研究。首先,探究国家和省域层面的陆域经济向海域的拓展趋势,厘清海洋产业发展的空间载体和不同区域(海岸带、岛屿、近海、远海及深海)所能承载的海洋产业结构及其生态环境约束阈值。其次,探索海陆一体化与省域统筹发展的新举措。通过对国家海洋经济示范区的实践及岛屿(无人岛)、海岸带、大陆架、深海等的使用权、开发模式与国家管制政策等的探索,形成统筹海陆一体化及省域均衡发展的对策。第三,评估国家重大海洋工程(陆岛联合等)重塑经济空间成效。新时期国家在辽宁、山东、浙江、福建等沿海区域进行了多个陆岛联合工程,这对于推动陆域界线向海延伸、提升岛屿经济发展和居民福祉无疑具有重要意义,然这是否会诱发岛屿资源要素更加便捷流向陆域,形成岛屿发展的"资源诅咒"怪圈和岛屿发展模式被国家机器左右,值得探究。第四,海岸带地区海洋型城市群的创新发展与转型崛起研究。海岸带地区面临全球变化与海洋经济机遇,如何科学推进中国沿海城市群二次崛起和嵌入全球海洋经济价值网,海洋科技创新主导的新技术支撑及城市群的海洋性塑造无疑是研究的焦点。第五,如何形成时空有序的国家海洋经济空间结构,以化解陆域经济发展的梯度/点轴推进弊端。

(2)海洋产业结构与布局研究的微观主体行为。在我国,各级政府、涉海经济法人、居民等是构成海洋产业结构与布局的微观主体,其行为规律与生成环境是影响区域海洋产业结构与布局的基本动力,科学探索微观层面三个主体的行为机理,对于推进市场主导的海洋经济发展无疑具有基础性作用。

（3）海洋产业结构与布局研究的要素支撑机制。区域海洋产业结构与布局既受三个微观主体行为机理驱动，又受海洋政策、海洋科技、海域国土（海岸带、岛屿、深海等）及金融等产业发展要素诱导。当前国家海洋经济战略实施也面临着海域使用机制不规范、金融支持不到位、海洋科技创新及转化低效等"瓶颈"问题，因此，解析四要素支撑海洋产业结构升级与合理化布局机制，对于推动海洋经济地理学和国家海洋经济可持续发展具有重要引领性示范价值。

（4）我国战略性海洋新兴产业培育机制与总体布局。战略性海洋新兴产业是国家海洋经济示范区发展的重中之重，我国必须尽快委托相关经济地理和海洋科学研究机构谋划全国和各省战略性海洋新兴产业发展的路线图、培育机制和总体布局，围绕我国港航产业、海洋研发、海洋技术创新及现有产业改造等进行前瞻性、系统性研究，科学构建国家和省域战略性海洋新兴产业结构与布局。

（5）陆海统筹与海洋产业结构优化的资源环境承载力。深入落实国家海洋战略和沿海"4+N"海洋经济示范区规划的首要任务，是科学评价海陆统筹与陆海一体化视角下的沿海区域、海岸带、海域等的资源环境承载力，并紧扣全球海洋产业发展态势和沿海省市海洋产业调整，尤其是新兴产业和临港海洋产业发展对区域海岸带、海域、海岛等的资源环境压力，确定省/市域海洋产业结构陆海一体化的调整战略、目标和基本内容，探究陆海统筹的产业发展具体路径与对策、区域建设用海空间管制依据等。

4.1.3.2　海洋经济转型的支撑：制度创新研究

（1）海洋产业的资源环境—空间组织—经济社会核算系统。海洋资源环境与海洋经济的调查统计工作是海洋产业发展的基础。摸清我国海洋经济的"家底"，既是各级政府部门对海洋经济宏观管理和决策的科学依据，又是国家海洋经济运行监测、评估的信息保障。当前中国虽已就海洋产业与海洋资源环境统计形成了初步规范，然而统计指标中存在范围界定模糊、内容重叠或遗漏、划分不明确等问题，尚未形成明确的范畴。随着我国新兴海洋产业门类出现及涉海相关产业的逐步壮大，对海洋产业的分类与核算提出了更高的要求。因此，今后需要进一步加强海洋产业界定与核算工作，加快海洋产业及其资源环境与空间组织的统计国标体系建设，形成具有国际可比性的海洋产业核算方法体系（韩增林等，2011）、海洋资源环境信息系统，构建完善的海洋资源环境与经济信息系统。

（2）国家和省级海洋主体功能区划与规划。国务院已公布的《全国主体功能区规划》指出海洋国土空间可以参照陆域相关规划方案编制全国海洋主体功能区规划，然而目前尚未开展规划编制工作。因此，应抓住海洋经济示范区建设战略机遇，利用全国和本省人文-经济地理学、海洋科学相关专业研究机构开展省域海洋主体功能区划的若干理论与方法探索,开展陆海统筹背景下全国与省级海洋功能区建设指导思想、目标、原则及分类技术规程等研究,以指导各省、市、县海洋经济布局和产业结构调整。

(3)海洋经济示范区建设的国土、科技、金融等核心要素的供给机制与空间管制。当前沿海各省海洋经济发展既面临着国家战略新机遇,又面临全球海洋经济发展新挑战。从海洋经济发展的空间载体(海域、海岛、海岸线等)、科技、金融等核心支撑要素视角理顺沿海各省及辖县的海洋产业结构优化与空间组织,既是科学实践国家海洋经济示范区规划的基本要求,又是顺势推动我国海洋产业结构升级与空间组织模式优化的科学诉求。当务之急,沿海各省必须深入分析相关海洋产业各行业对土地、科技及金融的投入力度,寻找最适宜陆海统筹、最低海洋资源环境压力、最高效产出(就业、经济等)的省域或区域海洋产业结构组合及空间组织模式,以推进我国海洋经济可持续发展与低碳发展。

(4)全球海洋地缘政治、海洋政策趋势及其对沿海省市海洋经济发展影响。全球沿海诸国存在海洋疆界主权争议的国家非常多,仅2000年以来联合国国际法院或常设仲裁院对岛屿主权纠纷、大陆架划界等进行的国际诉讼/仲裁达20余例(Koo,2010)。围绕黄海、东海、南中国海(Mark,1978),我国与日本、越南、菲律宾、印尼等国存在诸多海洋主权争端和各种海上突发事件,直接影响了浙江、福建、海南、广西等省(区)海洋经济战略实施及向远洋、深海进军的步伐。因此科学评估全球海洋地缘政治经济发展态势,尤其是美国主导下的东盟和日、韩对中国和平崛起及中国国家海洋战略实施的反应,科学研判中国国内海洋经济重点省市的国际风险及应对机制,探索沿海诸多良港的利用体制,对于推进地方发展和落实国家海洋战略具有重要价值。

参考文献

[1]栾维新. 论环渤海经济区海洋产业的合理布局. 辽宁师范大学学报(自然科学版),1989,12(4):63-71.

[2]刘世禄,杨才林. 试论青岛市海洋产业态势与开发战略选择. 海洋科学,1993,6(6):66-67.

[3]骆犹玲. 大力振兴海洋产业增创广东新优势. 南方经济,1997,14(4):54-55.

[4]张海峰. 中国海洋经济研究(第1、2、3册). 北京:海洋出版社,1982、1984、1986.

[5]孙义福. 山东海洋经济. 济南:山东人民出版社,1994.

[6]王荣武. 广东海洋经济. 广州:广东人民出版社,1998.

[7]孙智宇. 我国海洋经济研究的回顾与展望. 辽宁师范大学硕士学位论文,2007.

[8]姜旭朝. 中华人民共和国海洋经济史. 北京:经济科学出版社,2008.

[9]韩增林,张耀光,栾维新. 海洋经济地理学研究进展与展望.地理学报,2004,59(s):

183-190.

[10]丁焕峰,沈静. 海洋产业区域创新初步研究:以珠海万山海洋开发试验区为例. 海洋通报,2002,21(4):65-71.

[11]李春平,张灵杰,董丽晶. 浙江乐清湾海岸带功能区划分与海洋产业发展. 海洋通报,2003,22(5):38-43.

[12]周洪军,何广顺,王晓惠. 我国海洋产业结构分析及产业优化对策. 海洋通报,2005,24(2):46-51.

[13]韩增林,王茂军,张学霞. 中国海洋产业发展的地区差距变动及空间集聚分析. 地理研究,2003,22(3):289-296.

[14]于永海,苗丰民,张永华. 区域海洋产业合理布局的问题及对策. 国土与自然资源研究,2004,(1):1-2.

[15]栾维新,宋薇. 我国海洋产业吸纳劳动力潜力研究. 经济地理,2003,23(4):529-533.

[16]王丹,张耀光,陈爽. 辽宁省海洋经济产业结构及空间模式研究. 经济地理,2010,30(3):443-448.

[17]周达军,崔旺来. 浙江海洋产业发展的基础条件审视与对策. 经济地理,2011,31(6):968-972.

[18]崔旺来,周达军,刘洁. 浙江省海洋产业就业效应的实证分析. 经济地理,2011,31(8):1258-1263.

[19]LUAN Weixin. Bottleneck and countermeasure of high-technologization of marine industry in China. Chinese Geographical Science,2004,14(1):15-20.

[20]刘康,姜国建. 海洋产业界定与海洋经济统计分析. 中国海洋大学学报:社会科学版,2006,19(3):1-5.

[21]姜秉国,韩立民. 海洋战略性新兴产业的概念内涵与发展趋势分析. 太平洋学报,2011,(5):76-82.

[22]王永生. 我国海洋产业评价指标及其测算分析. 海洋开发与管理,2004,21(4):18-21.

[23]于谨凯,曹艳乔. 海洋产业影响系数及波及效果分析. 中国海洋大学学报:社会科学版,2007,20(4):7-12.

[24]冷绍升,崔磊,焦晋芳. 我国海洋产业标准体系框架构建. 中国海洋大学学报(社会科学版),2009,22(6):34-38.

[25]黄蔚艳. 现代海洋产业服务体系的构建研究. 经济社会体制比较,2009,(3):174-179.

[26]张静,韩立民. 试论海洋产业结构的演进规律. 中国海洋大学学报(社会科学版),2006,19(6):1-3.

[27]赵珍. 我国海洋产业结构演进规律分析. 渔业经济研究,2008,(3):7-10.

[28]朱坚真,孙鹏. 海洋产业演变路径特殊性问题探讨. 农业经济问题,2010(8):97-103.

[29]姜旭朝,黄聪. 海洋产业演化理论研究动态. 经济学动态,2008(8):94-98.

[30]郑贵斌. 培育海洋经济新增长点的运作规律、机理与途径研究. 海洋科学,2005,29

（4）：11-16.

[31]王爱香，霍军．试论海洋产业布局的含义、特点及演化规律．中国海洋大学学报（社会科学版），2009，22（4）：49-52.

[32]都晓岩，韩立民．论海洋产业布局的影响因子与演化规律．太平洋学报，2007（7）：81-86.

[33]韩立民，任新君．海域承载力与海洋产业布局关系初探．太平洋学报，2009（2）：80-84.

[34]韩立民，都晓岩．海洋产业布局若干理论问题研究．中国海洋大学学报（社会科学版），2007，20（3）：1-4.

[35]韩立民，杨崭，吴春明．海洋产业布局数据系统框架研究．中国海洋大学学报（社会科学版），2008，21（2）：1-4.

[36]周达军，崔旺来．浙江省海洋产业发展研究．北京：海洋出版社，2011.

[37]赵昕，余亭．沿海地区海洋产业布局的现状评价．渔业经济研究，2009（3）：11-16.

[38]于谨凯，于海楠，刘曙光．基于"点一轴"理论的我国海洋产业布局研究．产业经济研究，2009（2）：55-62.

[39]张红智，张静．论我国的海洋产业结构及其优化．海洋科学进展，2005，23（2）：243-247.

[40]黄瑞芬，苗国伟，曹先珂．我国沿海省市海洋产业结构分析及优化．海洋开发与管理，2008，25（3）：54-57.

[41]武京军，刘晓雯．中国海洋产业结构分析及分区优化．中国人口•资源与环境，2010，20（3）：21-25.

[42]赵昕，余亭．海洋产业发展趋势分析：基于熵值法的组合预测．海洋开发与管理，2009，26（9）：61-63.

[43]盖美，陈倩．海洋产业结构变动对海洋经济增长的贡献研究：以辽宁省为例．资源开发与市场，2010，26（11）：985-988.

[44]孙迎，韩增林．我国区域海洋产业结构分析与绩效评价问题探讨．海洋开发与管理，2008，25（9）：63-67.

[45]刘大海，陈烨，邵桂兰．区域海洋产业竞争力评估理论与实证研究．海洋开发与管理，2011，28（7）：90-94.

[46]赵昕，郑慧．基于VAR模型的中国海洋产业发展与宏观经济增长关联机制研究．中国渔业经济，2010，28（1）：131-137.

[47]李彬，高艳．海洋产业人力资源的现状与开发研究．海洋湖沼通报，2011（1）：165-172.

[48]韩增林，狄乾斌．中国海洋与海岛发展研究进展与展望．地理科学进展，2011，30（12）：1534-1537.

[49]徐胜，王晓惠，宋维玲．环渤海经济区海洋产业结构问题分析．海洋开发与管理，2011，28（5）：84-87.

[50]王圣，任肖嫦．东海海洋产业结构与关联性分析．海洋开发与管理，2009，26（8）：63-67.

[51]张耀光，韩增林，刘锴．辽宁省主导海洋产业的确定．资源科学，2009，31（12）：

2192-2200.

[52]代晓松．辽宁省海洋资源现状及海洋产业发展趋势分析．海洋开发与管理，2007，24(1)：129-134.

[53]胡曼菲．金融支持与海洋产业结构优化升级的关联机制分析．海洋开发与管理，2010，27(9)：87-90.

[54]李福柱，孙明艳，历梦泉．山东半岛蓝色经济区海洋产业结构异质性演进及路径研究．华东经济管理，2011，25(3)：12-14.

[55]张文杰，郑锦荣．海洋产业对上海经济拉动效应的实证研究．浙江农业学报，2011(3)：634-638.

[56]白福臣，贾宝林．广东海洋产业发展分析及结构优化对策．农业现代化研究，2009，30(4)：419-422.

[57]马仁锋，李加林，庄佩君．长江三角洲地区海洋产业竞争力评价．长江流域资源与环境，2012，21(8)：989-996.

[58]马仁锋，李加林.浙江海洋经济转型发展研究．北京：经济科学出版社，2014.

[59]宋瑞敏，杨化青．广西海洋产业发展中的金融支持研究．广西社会科学，2011(9)：28-32.

[60]叶波，李洁琼．海南省海洋产业结构状态与发展特点研究．海南大学学报：人文社会科学版，2011，29(4)：1-6.

[61]徐科峰，李东泉，韩同欣．开发高科技产业城区构建大青岛空间格局．城市规划，2003，27(3)：26-29.

[62]黄蔚艳．现代海洋产业服务体系建设案例研究：以舟山市为例．海洋开发与管理，2009，26(6)：99-104.

[63]殷为华，常丽霞．国内外海洋产业发展趋势与上海面临的挑战及应对．世界地理研究，2011，20(4)：104-112.

[64]楼东，谷树忠，钟赛香．中国海洋资源现状及海洋产业发展趋势分析．资源科学，2005，27(5)：20-26.

[65]黄瑞芬，苗国伟．海洋产业集群测度：基于环渤海和长三角经济区的对比研究．中国渔业经济，2010，28(3)：132-138.

[66]黄瑞芬，王佩．海洋产业集聚与环境资源系统耦合的实证分析．经济学动态，2011(2)：39-42.

[67]Wang D.H.Stanley, Zhan Bing-yi. Marine fishery resource management in PR China. Marine Policy, 1992, 16(3)：197-209.

[68]Zou Keyuan. Implementing marine environmental protection law in China: progress, problems and prospects. Marine Policy, 1999, 23(3)：207-225.

[69]Qiu Wanfei, Wang Bin, Jones J. S. Peter. Challenges in developing China's marine protected area system. Marine Policy, 2009, 33(4)：599-605.

[70]Zhang Qiaomin, Wang Ping, Wenjie Wang. Marine sand resources in the Pearl River estuary waters of China. Journal of Marine Systems, 2010, 82(S)：S83-S89.

[71]Chen Bin, Yu Weiwei, Liu Wenhua. An assessment on restoration of typical marine ecosystems in china‐Achievements and lessons. Ocean & Coastal Management, 2012, 57(3)：

53-61.

[72]Cheung W.L. William，Sumaila R. U. Trade-offs between conservation and socio-economic objectives in managing a tropical marine ecosystem. Ecological Economics，2008，66（1）：193-210.

[73]Chen Bin，Huang Hao，Yu Weiwei，et al. Marine biodiversity conservation based on integrated coastal zone management（ICZM）—A case study in Quanzhou Bay，Fujian，China. Ocean & Coastal Management，2009，52（12）：612-619.

[74]戴桂林，兰香. 基于海洋产业角度对围填海开发影响的理论分析：以环渤海地区为例. 海洋开发与管理，2009，26（7）：24-28.

[75]林香红. 澳大利亚海洋产业现状和特点及统计中存在的问题. 海洋经济，2011，1（3）：57-62.

[76]乔俊果. 菲律宾海洋产业发展态势. 亚太经济，2011，28（4）：71-76.

[77]梁雄伟. 系统考虑外部效应作用发展海洋经济：广东与新加坡的海洋产业选择分析. 海洋开发与管理，2011，28（8）：66-75.

[78]刘曙光. 海洋产业经济国际研究进展. 产业经济评论，2007，6（1）：170-190.

[79]Koo Min Gyo. Island Disputes and Maritime Regime Building in East Asia：Between a Rock and a Hard Place. London：Springer，2010.

[80]Mark J. Valencia. The South China Sea：Prospects for marine regionalism. Marine Policy，1978，2（2）：87-104.

撰写人：马仁锋、李加林、庄佩君

4.2　中国船舶工业及其技术研发研究动态

自第二次科技革命以来，船舶工业的技术研发、核心部件生产、总成等环节在全球跨国转移，从18世纪的英、荷、德为源头，顺次转换为19—20世纪初期的美、欧，20世纪60—90年代的日本，20世纪末至21世纪初的韩国，21世纪初期的中国等。目前全球造船工业由欧洲（北欧、德、法、意、英等）、中日韩等国家呈现鼎立之势。1960年及之前，中国现代船舶工业及其科学研究几乎空白，伴随中国海军装备研制及模仿建造过程中国船舶工业研究缓慢发展。改革开放后，中国快速增长的货物出口与大宗原材料进口，强化了船舶工业在现代海洋经济的基础功能，中国沿海地区的造船工业有了长足发展。船舶工业作为国民经济的基础性行业和现代海洋经济的重要组成部分，中国海洋经济战略实施与海洋强国梦的实现都依赖于以船舶工业为主的现代战略性新兴海洋产业的可持续发展。目前,中国船舶工业存在产能结构性过剩、技术落后与技术学习被动、区内布局结构性失调等问题,及时梳理中国船舶工业的产业政策、区域布局、产能结构、技术研发等问题,阐明中国船舶工业研究现状和趋势,以揭示中国学者研究船舶工业的轨迹服务于学科发展与政府决策,已成当务之急。

4.2.1 数据来源和研究方法

4.2.1.1 数据来源

利用"中国学术期刊全文数据库(CNKI)的来源类别=核心期刊与CSSCI"检索"篇名=船舶或造船"或"篇名=修船或修造船"得期刊类文献7984篇,经过逐条核实剔出不相关文献得有效文献584篇;同理检索1949—2013年"中国博士学位论文全文数据库"和"中国优秀硕士学位论文全文数据库",分别得到有效文献为168篇和283篇。纵览1980年以来中国学界对船舶工业研究文献增长趋势,发现1993年前主要研究机构是沪东造船厂(47)、中国船舶工业总公司(30)、武汉水运工程学院(28)、江南造船厂(27)、上海交通大学(27)、中国船舶工业集团上海船厂(12)、广州船厂(12)、大连造船厂(11);随后研究机构增至40余家,涌现出哈尔滨工程大学、江苏科技大学、上海交通大学、大连海事大学、武汉理工大学等一批行业性高校,这些高校凭借理工技术学科与经管学科交叉优势持续研究船舶工业的宏观政策、微观技术研发等。综观以上文献,其研究侧重主要体现在:①研究产出集中在中国船舶重工集团公司(CSIC)、中国船舶工业集团公司(CSSC),大学对船舶工业研究贡献有限;②研究成果集中在船舶技术、船舶工业的布局与产业政策,较少关注技术研发、修造船企业集聚等;③1993年前的船舶技术研究主要关注技术本身,缺乏对技术扩散、技术学习的关注;④1993—1999年船舶工业技术研究仍聚焦配件技术与造船总成模式等,但个别研究机构开始关注国家船舶工业的发展环境与国际竞争;⑤2000年至今则关注国际造船经验借鉴、中国造船技术发展战略、区域船舶工业发展问题等。

4.2.1.2 研究方法

首先利用文献统计回溯现有研究的基本特点,其次利用EXCEL软件采取文献计量方法分析中国船舶工业的经济、管理、技术研究文献,总结研究特点并综合预测中国船舶工业研究前沿领域。

4.2.2　研究特点与核心作者群

4.2.2.1　研究特点

（1）船舶工业及其技术研发研究起步晚、发展慢。现有可查最早文献是1957年发表在《文史哲》的"明代海运与造船工业（方楫，1957）"现有文献统计显示船舶技术研究可分为：1957—1993年间造船技术总结及国外借鉴阶段，1993年后受国际贸易和全球造船业向日、韩转移的影响，中国"九五"计划提出"科技兴海"及2003年5月实施《全国海洋经济发展规划纲要》等战略驱动了中国船舶工业研究的缓慢增长。

（2）高层次论文非常少且增长缓慢。统计的期刊论文数为584篇，刊发在《经济研究》、《科学学研究》、《科研管理》、《中国软科学》、《中国工业经济》、《国际贸易问题》、《经济地理》、《船舶工程》、《中国航海》等期刊的论文计为高层次论文，共有91篇，约占总文献数量的15.58%，然高层次论文文献来源以《船舶工程》载文量最多为67篇，相关研究较少刊发在高影响因子刊物，主要是《经济研究》、《中国工业经济》、《中国软科学》、《科学学研究》、《科研管理》、《经济地理》等分别刊发"关于十九世纪外国在华船舶修造工业的史料（1965／5）、对我国船舶工业扶持政策的若干思考（1997／8）、中国船舶工业发展的战略思考（2002／12）、世界船舶市场（1990／4）、我国船舶工业国产化之路（1996／1）、中国船舶工业技术创新的战略选择（1999／2）、论韩国造船工业的发展和技术创新（2004／3）、论塘沽区的发展方向（1987／4）、中国船舶工业技术创新现状与对策研究（1999／1）、世界造船工业布局特征与今后展望（2002／6）、产业链视角下工业区产业空间布局方法研究（2009／7）、上海出口机电产品涉及产业现状与发展对策（2009／5）（汪敬虞，1965；徐佳宾，2002；林滨等，1990；杨天正，1996；黄鲁成，1999；刘雪明，2004；黄鲁成等，1999；谭作顺等，1987；张耀光等，2002；沈丽珍等，2009；阎蓓等，2009）。"可见，国内相关研究注重船舶制造工艺的总结与专利介绍，缺乏从技术研发、区域创新与造船技术学习等视角关注船舶工业的结构升级、空间组织优化、技术创新等。

4.2.2.2　核心作者群

（1）作者所属单位统计表明1980—2013年CSSC、CSIC是中国船舶工业技术研发研究领军机构，但2000年以来江苏科技大学、上海交通大学研究产出比重急剧上升。表4-2-1统计了样本论文的第一作者单位，2000—2013年发文量前10位的是江苏科技大学、上海交通大学、中国船舶工业总公司沪东造船厂、中国船舶工业总公司、江南造船（集团）有限责任公司、中国船舶重工集团公司、上海外高桥造船有限公司、中国船舶工业集团沪东中华造船有限公司、武汉理工大学、江南造船厂，显然相关研究单位主要是国家队；而1980—1999年则以中国船舶工业集团公司、中国船舶重工集团公司、上海交通大学等单位居前，显然中国船舶工业研究论文产出机构中CSSC与CSIC近年呈下降趋势。这是否说明中国船舶工业技术研究的阵营正在发生转移，尚有待后续验证。

表4-2-1 第一作者单位发文量的变化前10位

排名	1980—1999		2000—2013	
	作者单位	发文量/篇	作者单位	发文量/篇
1	CSSC	92	江苏科技大学	242
2	CSSC沪东造船厂	79	上海交通大学	114
3	CSSC江南造船厂	49	中国船舶重工集团公司	85
4	上海交通大学	41	CSSC外高桥	79
5	武汉水运工程学院	29	武汉理工大学	75
6	华东船舶工业学院	28	CSSC沪东造船厂	71
7	武汉交通科技大学	23	CSSC江南造船厂	69
8	中国船舶重工集团大连造船厂	20	哈尔滨工程大学	64
9	CSSC江南造船厂	20	中国船舶工业经济研究中心（CSERC）	61
10	CSSC船舶工艺研究所	19	上海海事大学	62

　　(2)核心作者群分析显示中国船舶工业技术研究的队伍持续扩大。核心作者群是指在刊物上发表论文较多，影响较大的作者集合。据普赖核心作者计算公式(丁学东，1993)计算发现1980—1999年间发表4篇以上的造船工业论文的作者即为核心作者，同理得出2000—2013年核心作者群门槛论文数为8篇(表4-2-2)。统计结果显示近40年船舶工业技术研究核心作者人数及其论文数都处于增长趋势，表明研究船舶工业技术的科研规模在持续扩大，同时学科发展开始进入高校与企业研究院鼎立的新周期。

表4-2-2　各时期核心作者及其论文数

时　　期	核心作者群及其产出
1988—1999	邵天骏(CSSC沪东/9)、吕成园(CSSC沪东/8)、陆爱珍(CSSC沪东/7)庄惠民(CSSC沪东/7)、李洁(CSSC沪东/7)、孔祥鼎(武汉交通科技大学/6)、朱汝敬(CSSC/5)、王荣生(CSSC/5)、徐学光(CSSC船舶工艺研究所/5)、陈安(CSSC沪东/5)、辛元欧(上海交通大学/5)
2000—2013	陶永宏(JUST/31)、蒋志勇(JUST/23)、宁宣熙(南京航空航天大学/18)、朱汝敬(CSERC/18)、刘建峰(CSSC外高桥/16)、张光明(JUST/15)、马晓平(JUST/14)、葛世伦(JUST/13)、纪卓尚(大连理工大学/13)、谭家华(上海交通大学/13)、王岳(JUST/12)、苏翔(JUST/12)、刘玉君(大连理工大学/12)、包张静(CSERC/11)、顿贺(武汉理工大学/10)、陈强(CSSC外高桥/10)、李祯(CSIC/9)、赵金楼(哈尔滨工程大学/9)、朱安庆(JUST/9)

　　(3)核心作者发表论文统计显示中国船舶工业技术研究核心作者群的论文被引用率较高,但关于技术研发的相关文献尚未被学界重视。利用中国引文数据库的索引功能进行确认被引频率最高的前15篇论文,发现其中多数源自核心作者(表4-2-3),从另一侧面说明了核心作者对中国船舶工业研究的重要性。

表4-2-3　船舶修造论文被引频率前15位

序号	论文题目	论文作者	发表刊物/刊期	被引频次
1	关于用产业群战略发展我国造船业的政策建议	王缉慈	地域研究与开发2002/03	56
2	船舶节能技术综述	彭斌	舰船科学技术2005/S1	50
3	精益造船——日本造船模式研究	张明华、黄胜	船舶工程2005/02	46
4	船体分段制造日程计划的模拟与优化	刘建峰、秦士元、应长春	中国造船2000/04	45
5	中日韩三国造船业比较及发展战略	陈志、孙雷	水运管理2006/01	44
6	我国船舶工业竞争力及策略研究	李彦庆、韩光、张英香	舰船科学技术2003/04	38
7	我国船舶融资现状分析	郭晓合、曲林迟	江苏科技大学学报(社科版)2008/03	38
8	造船供应链的结构和特点研究	张光明、宁宣熙	造船技术2004/06	35
9	基于产业集聚的中国船舶工业发展思考	陶永宏、冯俊文	船舶工程2005/05	32

序号	论文题目	论文作者	发表刊物/刊期	被引频次
10	中国船舶工业发展的战略思考	徐佳宾	中国工业经济 2002/12	32
11	船舶工业对国民经济的作用与贡献	吴锦元	船舶工业技术经济信息 2001/01	31
12	我国船舶工业面临的形势和挑战	刘传茂	船舶工程 2001/01	29
13	船舶企业选择供应商的策略研究	金朝光、纪卓尚、林焰	计算机集成制造系统-CIMS2003/10	27
14	船舶工业产业集中度问题研究	崔立瑶	哈尔滨工程大学学报2001/03	26
15	船舶线型设计与研究	杨佑宗、杨奕、陈文炜	上海造船 2001/02	26

4.2.3　中国船舶工业及技术研发研究的主要领域

纵览相关研究,中国船舶工业及其技术研发主要集中在船舶工业的发展环境与战略、船企与船舶配套企业选址、船企集聚与集群、造船总成技术与关键部件技术研发、船企技术创新模式与战略、共性技术研发与集群学习等领域。

4.2.3.1.　船企区位、船舶工业配套与区域船舶产业战略研究

自蒸汽机发明至今,欧洲船舶工业技术始终全球领先。直到1950年前后受政府产业扶持,日本造船技术开始快速崛起;1970年代受国家产业政策驱动,韩国造船技术异军突起、全面超越日本成为全球造船强国(盖建,2012)。中国现代船舶工业觉醒于洋务运动,但直到1980年前后中国实施军转民产业政策,造船业及其技术发展才受到学界关注。加入WTO后的全球竞争及经历2008年全球金融危机,中国船舶工业陷入低迷状态(杨久炎等,2011;陶永宏等,2006;谭宏,2007;陶永宏,2005)。相关研究集中在沿海或全国船舶工业发展环境与战略(王晓迪,2010;金荣炜,2008;周黎微,2008;黄晶,2006;吴国民,2011;林海燕,2007)。微观层面多是船企选址与配套集聚等,而且研究区域是环渤海、长三角和珠三角(黄晶,2006;吴国民,2011;林海燕,2007;纪卓尚等,1995;段正启,2008;宋涛等,2012;余坚,2000),及武汉、湖南、四川等地。

(1)船企区位与船舶工业配套。受区位影响,中国船舶工业主要布局沿海,因此现有研究多关注环渤海、长三角和珠三角等地的船企区位与区域配套及总

体布局。①环渤海地区多探究大连、秦皇岛、天津、日照、青岛等北方良港船舶工业,研究发现该区域既得益于区内良好的重工业基础与科研院所技术支持,又得益毗邻日韩吸引了相关国际造船巨头投资,船企的规模、配套度、区域集中度等均优于珠三角劣于长三角(张耀光等,2002;盖建,2012;孟庆武等,2012);②长三角修造船企业集中在上海、南通、舟山、宁波、台州等地,得益于优良的岸线、早期工业基础、民间资本涌入和国际港口市场需求等,初现船舶集群(陶永宏等,2006;金荣炜,2008;周黎微,2008;陶永宏等,2007;王磊,2010;杨青,2007;文伟,2011;何育静等,2012;熊云峰等,2013;田能瑾等,2005;胡王玉等,2012);③珠三角船舶工业在结构、规模、技术等方面均弱于环渤海和长三角,但受航运市场及毗邻新加坡使其船舶技术发展迅速,船企集中在广州、江门(吴国民,2011;陈爱国等,2008;郭亚斌,2012)。

中国目前对船舶工业布局探究相对较少,理论成果不多,实际应用价值有限,近20年来国家社会科学基金/自然科学基金/软科学研究计划均未单独资助船舶工业及其技术研发项目,相关产出均是国家自然科学基金或唯一获批国家软科学计划项目"基于产业集群的中国船舶工业应对国际造船业转移的对策研究等的产出"(夏穗嘉,1997;陈航等,2009;陶永宏等,2005)。可见中国船舶工业微观选址与宏观布局、配套、集群培育等缺乏有效资助未能形成研究群。当前研究集中在:①宏观分析世界造船布局影响因子,揭示因子对中国造船业的扰动及市场预期(盖建,2012;杨久炎等,2011;谭宏,2007;王晓迪,2010;曹友生等,2004);②区域船舶业集聚、配套机理研究,阐明中国船舶业集聚机制(陶永宏等,2006;陶永宏,2005;王晓迪,2010;金荣炜,2008;周黎微,2008;黄晶,2006;纪卓尚等,1995;段正启,2008;宋涛等,2012;余坚,2000;孟庆武等,2012;陶永宏等,2007;王磊,2010);③全球船舶业转移与中国沿海外资船企区位选择行为研究(曹友生等,2004;刘炜等,2013)。

(2)船舶工业发展国际环境与中国战略。船舶工业及其技术研发,受到国际航运市场及技术贸易管制影响严重。1980—1999年国际造船强国在技术贸易保护战略下,均未与中国造船企业进行技术贸易、技术合作等(阎蓓等,2009),因此中国学界对船舶工业发展的国际环境,尤其是国际航运市场需求和造船强国技术趋势进行追踪研究(谭宏,2007;林海燕,2007;陶永宏等,2005;曹友生等,2004)。1995—2005年受国际贸易增量驱动,中国造船订单量与完工量急剧增长,成长为东亚造船大国之一。但是遭遇2007—2008年世界金融危机影响,中国船舶工业面临产能结构性过剩等问题。为此,学界与政府关注船舶产能研究,集中于新船完工量、新船成交量、手持订单量这三大造船指标的监测与全球评估:①中国船舶工业重点关注三大指标,缺乏对技术水平、技术需求、技术趋势的国际比较(林海燕,2007);②囿于中国劳动力资源丰富,导致学界较少关注船舶工业技术人才培育与创新人才区域集聚政策(王栋梁等,2011);③船舶工业产能与市场密切相关,但是国内缺乏对产能调控模式及其影响因素研究,无法调节市场波动情形下企业生产管理,导致部分区域船企出现倒闭潮(何育静等,2012)。

(3)市场化与中国船舶工业产业政策。纵观各国船舶工业发展历程,产业政策扶持起到了主导作用(盖建,2012),中国船舶工业政策伴随中国从计划转向市场发生了巨大变化。学界研究认为较之日本、韩国船舶工业崛起,中国船舶产业扶持政策至今仍不得法:①军转民之前及部分私企期冀通过政策引进国外先进技术提高整体水平,但是总体仍难以跟进西方船舶设计知识密集型产业(曹友生等,2004);②船舶修理及关键部件配套企业技术创新缺乏支持,而且政府各部门尚未形成合力支撑船舶修理业(黄鲁成,1999)。研究表明船舶工业扶持政策存在如下问题:①政府主管部门职责不明,现有主管部门职责交叉,制定的企业科技创新政策未被船企及时了解与充分利用;此外,协调区域船舶工业、制定船舶产业园规划、产学研联合研发新技术等方面缺乏具体措施(黄鲁成,1999;刘雪明,2004;黄鲁成等,1999)。②由于工业部门、船级社、金融系统未能形成较好的协调机制,诱发船舶产业政策实施效果欠佳,甚至误导市场预期。③政府制定船舶产业政策时,既未能把握国际经验,又未捕捉到中国企业需求,产业扶持政策存在滞后性。

4.2.3.2 船企技术创新模式、造船总成技术与关键部件技术研发

(1)总成技术与关键部件技术研发。中国船舶工业技术研发成果较多,但核心部件的技术研发与总成技术研发仍未领先世界,无法满足海洋强国战略的技术需求。目前船舶工业技术研究领域涉及船舶总体设计、核心部件制造技术、配套部件制造技术等,现有研究集中在:①从国内重点船舶设计单位探讨船舶设计能力的现状、问题、趋势(杨久炎等,2011;熊云峰等,2013),发现中国各型船舶的重点设计公司与国际设计能力相差较远,且船舶设计机构间联动机制不畅、缺乏有效资源共享—技术合作渠道等问题(陈硕颖,2011);②围绕新船完工量、新船成交量、手持订单量监测86家国家重点监测船舶企业的产值和利润评价中国船舶工业的绩效、技术水平与技术趋势,发现船舶工业存在如下两个问题:一是经济效益低、低价值链的修船业竞争优势显著,二是造船业资本运作能力低、造船总成模式不可持续与周期长等问题显著(陈爱国等,2008);③利用DEA等定量模型评价船舶工业技术演进,发现技术演进态势明显、新兴技术得到较快推广,但在特殊船舶技术领域仍未取得有效成果(林海燕,2007;余坚,2000;郭亚斌,2012;陈航等,2009;陶永宏等,2005);④从关键部件来探讨中国

船舶工业技术发展,如对船舶动力装置、壳体及舾装、焊接、涂料等的技术(黄鲁成等,1999;马智宏等,2003;韩文民等,2010;李兰美等,2007;黄志军等,2008),此外研究减摇水舱、海水淡化装置、船用钢材等的技术(马维良等,2011;史林海等,2012;东涛,2013)。总体而言,总成设计能力与关键部件技术研发仍处于弱势环节。

(2)共性技术研发、技术学习与船舶企业集群。船舶共性技术涉及船舶水动力性能及船舶结构性能技术,包括船舶航行性能预报和优化设计、结构性能预报和优化设计技术,是船舶技术科研攻关热点,也是国家船舶与海洋工程的一项基础性技术。"八五"、"九五"期间国家虽然组织有关院所、企业进行攻关,形成了一批标准与规范,但是在关键设计软件、新型船舶设计软件等仍严重依赖国外(中船重工集团公司经济研究中心,2001;邬曼君,2011)。为此,"十一五"期间江苏省、南通市、舟山市等地分别依托江苏科技大学、南通中远川崎与南通振华、浙江海洋开发研究院等联合地方企业组建江苏省船舶先进制造技术中心、江苏省船舶及配套产业技术创新战略联盟、舟山市现代造船技术科技创新团队等率先开展船舶工业共性技术研究。集群理论与实践表明,造船企业集聚并发展成为集群是技术学习的有效方式,也是开展共性技术研究的前提。现有研究表明,相对发达的环渤海、长三角、珠三角等区域造船企业虽然逐渐趋向集群,但大型国企受制度约束无法顾及市场技术需求,中小型造船企业难以获得技术人才又无法原始创新,即便成为集群但也是低效技术学习(王栋梁等,2011;黄鲁成等,1999)。

(3)船企业技术创新与区域造船技术创新模式。船舶工业技术研发具有较强的风险,造船企业多期望利用政府研发机构或补充风险基金、企业-院所/企业-企业联合等方式降低研发风险(杜丹丽等,2009),然而研发分享与激励机制不尽完善,目前船舶修造企业仍倾向于买方造船技术供给或者技术贸易获取企业技术学习机会。虽然可以通过行业协会或政府主导构建区域技术创新联盟或研发平台,提升各企业参与技术创新的积极性,但是南通造船行业案例研究表明缺乏充分信任且交流渠道单一的区域造船技术学习与技术创新模式成效一般(罗建兵等,2013)。因此,"2011计划"背景下中国造船工业的区域技术创新模式是否能成为船企集群、技术学习与区域创新的有效路径值得实践检验与理论探索深入。

4.2.3.3 船舶工业技术人才的培养与区域集聚研究

早在1980年国内学者就关注船舶工业技术人才(冯林根,1980),随后重点围绕区域船舶工业高等教育、技术人才集聚等方面讨论高技术人才培养、集聚机制与区域船舶工业发展。(1)船舶工业高等教育,早期讨论产学结合(陈鑠,

1989),近几年关注行业参与、职业教育、高级人才以及项目实训过程中的人才培养(周志华,2011;刘积礼等,1994;刘希宋等,2010;管官等,2011),研究发现船舶技术人才培养模式要面向企业生产、面向项目训练,此外新型技术人才必定是在一线磨砺而成,并且要强化继续教育与高级别生产设计实习。(2)区域船舶技术人才集聚是区域船舶工业创新发展的基础,现有研究关注专业院所的分布、人才培养数量与层次、生产环节的地域分工与人才需求(陈侃,1997;何兵,1995;殷秀玲,2011),缺乏对人才流动性以及如何集聚高级别人才研究是当前区域船舶技术创新的难点。

4.2.4　结论与展望

4.2.4.1 中国船舶工业及其技术研发进展与瓶颈

历经近70年的发展,中国在现代船舶工业及其技术研发规模上堪称世界大国,然而研发实力与造船技术水平均无法与欧美强国匹敌。国内相关研究表明:(1)船舶工业的国家与地方发展战略必须面向市场进行区域规模化、结构竞争优化转型,船舶企业区位总体趋向滨海三大城市群地区,但市场结构容量非常有限。(2)中国船舶工业技术研发初步形成以两大船舶工业集团为领军的研发阵营,在总成与重要部件设计、制造流程软件设计等方面提升较快,且围绕总成技术与重要部件设计在大连、青岛、上海、广州等地形成技术集群或技术联盟;但是总体研发水平仍落后于北欧强国、缺乏原创设计,重要部件设计能力欠缺、部分新型船舶设计能力不足,集群内技术溢出较低。(3)中国船舶工业设计人才区域集聚明显,高技术人才流动性匮乏是区域技术水平提升的瓶颈。(4)当前区域高等教育与人才培养机制和军民技术共享体制在一定程度制约了中国船舶工业技术研发。(5)长三角虽然培育技术集群,但尚未形成研发的企业-院所协同机制与激励机制,以及大企业主导集群发展使中小型企业技术学习通道缺失,制约区域技术创新。

4.2.4.2. 海洋强国战略亟须船舶技术创新与研发激励新机制

21世纪是海洋的世纪,中国顺应全球经济发展趋势将国家战略落地在海洋,这无疑需要坚实的海洋科技支撑。船舶工业作为技术关联性较强的国民经济产业,它的技术创新和研发必将对海洋工程起到全面、系统的影响。因此,必须破解当今造船自有技术不足10%的落后局面,加快技术研发与创新战略谋划,统筹区域船舶工业共性技术研发平台、运作机制的建设,推动船舶工业技术研发的政府-企业-院所协同支撑。积极探索适宜市场波动的船舶工业技术人才与企业技术研发激励机制。

（1）构建共性技术研发的区域企业群-院所群-行业主管群协同机制与溢出通道。中国船舶工业技术研发仍然面临大企业主导的单向溢出抑制，以及个别院所-企业在主管部门督促下低效联姻等低效研发困境。为此，首先需要积极整合科技、经信、教育、发改等部门设立的研发基金，构建面向造船共性技术与关键部件的协同研发基金支持，重点培育长三角、环渤海等区域性"企业-院所-部门"群体研发协同中心，促进公共技术研发过程的多通道、网络式创新模式的生成，降低研发风险，提高研发财政补贴的溢出效益。

（2）利用全球研发网络的本地嵌入与国际巨头主导链接推动中国造船业各环节技术研发全球化发展。当前重要国计民生行业的全球技术研发网络，已经形成被跨国公司控制的全球多边溢出模式与地方群集的单向总部模式（Liu Ju，2013），在这两个模式中都存在跨国公司与地方中小企业合作或指向性研发网络通道。为此，中国船舶工业技术研发，需要通过市场自我选择使部分中小造船企业成长为跨国船舶企业研发网络的地方节点（集合），以及中船集团或中船重工集团在国家技术贸易战略合作中形成的政治性或市场性国际船舶设计次级枢纽及中国区域辐射核，从而全面提升中国参与全球船舶工业技术研发及其标准制定的水平。

（3）船舶工业技术研发集群或联盟的构建亟待建立新型激励机制。研发协同的新型激励机制，需要破解各主体在研发中的创新估价、市场潜质与溢出效应，对于共性技术研发应以公共科研财政补贴形式鼓励院所、企业各尽所能，全面创新；对于关键部件或重点船型设计技术研发围绕价值链进行研发风险资本筹资与市场收益的分配。核心问题是各类科技人员研发绩效的评估与协同，尤其是涉及军民技术融合的创新，更需建立技术股权与技术价值分配机制。

参考文献

[1]方楫．明代的海运和造船工业．文史哲，1957，7（5）：46-52．

[2]汪敬虞．关于十九世纪外国在华船舶修造工业的史料．经济研究，1965，11（5）：47-65．

[3]夏穗嘉．对我国船舶工业扶持政策的若干思考．中国工业经济，1997，14（8）：59-60．

[4]徐佳宾．中国船舶工业发展的战略思考．中国工业经济，2002，19（12）：48-56．

[5]林滨，陈惠民．世界船舶市场：模糊-概率-模拟（F-P-S）理论及其方法．中国软科学，1990，5（4）：36-40．

[6]杨天正．我国船舶工业国产化之路．中国软科学，1996，11（1）：74-77．

[7]黄鲁成. 中国船舶工业技术创新的战略选择. 中国软科学,1999,14(2):37-40.

[8]刘雪明. 论韩国造船工业的发展和技术创新. 科学学研究,2004,22(3):284-289.

[9]黄鲁成,张相木. 中国船舶工业技术创新现状与对策研究. 科研管理,1999,20(1):15-19.

[10]谭作顺,乔立新. 论塘沽区的发展方向. 经济地理,1987,7(4):291-296.

[11]张耀光,李春平,董丽晶. 世界造船工业布局特征与今后展望. 经济地理,2002,22(6):716-723.

[12]沈丽珍,黎智辉,陈香. 产业链视角下工业区产业空间布局方法研究. 经济地理,2009,29(7):1139-1142.

[13]阎蓓,宋韬. 上海出口机电产品涉及产业现状与发展对策. 经济地理,2009,29(5):777-781.

[14]丁学东. 文献计量学基础. 北京:北京大学出版社,1993.

[15]盖建. 海洋高端产业全球创新资源分布路线图. 青岛:中国海洋大学出版社. 2012:251-252.

[16]杨久炎,蔡洪斌,吕晖. 广东船舶配套产业技术路线图. 广州:华南理工大学出版社. 2011:12-13.

[17]陶永宏. 冯俊文. 长三角船舶产业集群结构分析与实证研究. 中国造船,2006,47(3):116-184.

[18]谭宏. 中国造船企业国际竞争力研究. 南京航空航天大学博士论文,2007.

[19]陶永宏. 基于共生理论的船舶产业集群形成机理与发展演变研究. 南京理工大学博士论文,2005.

[20]王晓迪. 造船产业转移与中国造船产业发展对策研究. 大连海事大学硕士论文,2010.

[21]金荣炜. 基于生命周期理论的台州船舶工业集群升级路径研究. 浙江工业大学硕士论文,2008.

[22]周黎微. 浙江造船业:基于产业组织视角的分析. 浙江工商大学硕士论文,2008.

[23]黄晶. 中国船舶工业产业集群发展战略研究. 湖南大学硕士论文,2006.

[24]吴国民. 江门市船舶产业发展政策研究. 华南理工大学硕士论文,2011.

[25]林海燕. 中国造船业国际竞争力分析. 上海海事大学硕士论文,2007.

[26]纪卓尚,王言英,林焰. 船舶CAD/CAM在大连理工大学的研究与进展. 大连理工大学学报,1995,35(6):858-862.

[27]段正启. 关于我国造船业发展方向的初步分析. 北京交通大学硕士论文,2008.

[28]宋涛,蔡建明. 中国游艇制造企业区位特征研究. 经济地理,2012,32(6):74-79.

[29]余坚. 中国造船业竞争力分析和发展研究. 对外经济贸易大学硕士论文,2000.

[30]孟庆武,郝艳萍. 山东海洋装备业发展对策研究. 海洋开发与管理,2012,28(11):100-104.

[31]陶永宏,杨海松. 长三角船舶产业集群发展模式与发展战略研究. 江苏科技大学学报(社会科学版),2007,7(2):33-38.

[32]王磊. 长三角船舶产业集群的形成与发展研究. 山东大学硕士论文,2010.

[33]杨青. 长三角船舶产业集群研究. 上海海事大学硕士论文,2007.

[34]殷文伟. 长三角船舶产业集群及其发展策略. 中国海洋大学学报(社会科学版),
2011,23(6):33-38.

[35]何育静,刘树青. 江苏省造船业发展现状、问题及对策. 江苏科技大学学报(社会科学版),2012,12(1):95-100.

[36]熊云峰,陈章兰,蔡振雄. 福建省船舶产业发展的SWOT分析及策略研究. 海峡科学,2013,38(2):30-34.

[37]田能瑾,王利. 技术创新多样化与船舶中小企业竞争力的提升. 造船技术,2005,42(2):1-3.

[38]胡王玉,马仁锋,汪玉君. 2000年以来浙江省海洋产业结构演化特征与态势. 云南地理环境研究,2012,24(4):7-13.

[39]陈爱国,叶家玮,梁利东. 中国造船业的发展与广东的对策. 广州航海高等专科学校学报,2008,16(4):38-41.

[40]郭亚斌. 广东船用柴油机产业发展实践与思考. 广东造船,2012,30(5):53-54.

[41]陈航,王跃伟. 大连市临港产业布局及调整. 水运管理,2009,31(9):17-18.

[42]陶永宏,冯俊文. 基于产业集群的中国船舶工业应对国际造船业转移的对策研究. 江苏科技大学学报,2005,5(3):62-67.

[43]曹友生,张长涛. 以日本造船研究协会为核心的共同研究体制. 科学学与科学技术管理,2004,34(9):90-94.

[44]刘炜,李郇,欧俏珊. 产业集群的非正式联系及其对技术创新的影响. 地理研究,2013,32(3):518-530.

[45]王栋梁,王绪明. 中小型船舶制造企业人才战略分析. 船海工程,2011,40(4):15-19.

[46]陈硕颖. 聚焦中国造船业自主创新. 企业研究,2011,26(4):20-23.

[47]黄鲁成,张相木. 中国船舶工业技术创新现状与对策研究. 科研管理,1999,20(1):15-19.

[48]马智宏,王新全. 船舶动力装置进程的历史、现状与展望. 航海技术,2003,24(3):39-43.

[49]韩文民,杨衡,龚俏巧. 基于关键链技术的造船多项目并行计划与控制研究. 中国造船,2010,51(4):209-219.

[50]李兰美,梁华军. 国外船舶舾装现状与发展趋势. 造船技术,2007,28(3):4-8.

[51]黄志军,叶章基. 从中国专利分析船舶防污涂料的发展趋势. 涂料工业,2008,38(8):57-61.

[52]马维良,焦侬,贾正余. 船舶减摇水舱控制技术现状与展望. 船舶工程,2011,33(6):1-5.

[53]史林海,王晓娟,王银涛. 船舶海水淡化技术现状及研究进展. 水处理技术,2012,38(10):4-7.

[54]东涛. 我国造船业发展的新定位及海工装备用钢生产技术趋向. 轧钢,2013,30(2):1-5.

[55]中船重工集团公司经济研究中心. 船舶共性技术及制造技术发展现状与趋势研究. 船舶物资与市场,2001,8(1):42-44.

[56]邬曼君. 广州国际船舶产业共性技术发展现状及趋势. 广东造船,2011,29(4):67-70.

[57]杜丹丽,肖燕红,龙想平. 船舶工业企业技术创新风险评价研究. 中国造船,2009,50(3):158-165.

[58]罗建兵,许敏兰. 技术移植、嫁接和根植下本土企业的发展. 湘潭大学学报(哲社版),2013,37(1):72-76.

[59]冯林根. 日本船舶院校的情况. 高等教育研究,1980,1(1):86-87.

[60]陈鏼. 加强产学结合培养造船人才. 高等工程教育研究,1989,7(4):57-58.

[61]周志华. 江苏省行业参与职业教育模式的研究和探讨. 继续教育研究,2011,27(11):64-65.

[62]刘积礼,李新生,吕伟红. 企业高级人才成长周期的实证研究:船舶工业企业领导人才状况调查分析. 中国人才,1994,9(7):19-21.

[63]刘希宋,王毅. 中国船舶工业高层次人才开发效果评价研究. 中国造船,2010,51(2):221-226.

[64]管官,林焰,申玫. 船舶设计项目人力资源评价方法研究. 船舶工程,2011,33(6):105-109.

[65]陈侃. 船舶总体设计单位发展前景刍议. 船舶,1997,7(6):37-40.

[66]何兵. 华南地区船舶焊工现状及外包工现象. 造船技术,1995,22(10):15-17.

[67]殷秀玲. 由台湾代工企业发展看山东造船业的转型升级之路. 企业经济,2011,31(4):117-120.

[68]Liu Ju,CRISTINA C,BJORN A. The Geography and Structure of Global Innovation Networks:A Knowledge Base Perspective,European Planning Studies,2013,21(9):1456-1473.

撰写人:马仁锋、梁贤军

4.3　中国海洋渔业研究进展

　　早在秦代中国沿海地区居民就开始食用海洋鱼类与贝类,然而现代海洋渔业研究与养殖技术推广却始于1912年建立的江苏省立水产学校。新中国成立后,沿海地区高度重视海洋渔业的粮食与生物医药价值。海洋渔业作为"资源无限量"型食物供给的重要来源,到20世纪70年代末期中国部分海域出现渔业资源枯竭现象。2002年之后,国家农业部与国家海洋局启动海洋渔业集约化、现代化发展政策与技术支撑措施。2006年后中国海水养殖业迅速崛起,并于2007年在产量、品种等方面全面超过海洋捕捞,成为海洋渔业的最主要生产方式。《全国渔业发展第十二个五年规划》将建立"五大产业体系",鲜明地指出了海洋渔业的产业化发展模式。2013年全国海洋渔业实现增加值3872亿元,比2012年增长5.5%,占主要海洋产业增加值的17.1%,海洋渔业实现平稳较快增长。然而,海洋渔业生产过程所具有显著的资源依赖性、生态依赖性等特征,在其快速发展过程中易出现资源枯竭、生态环境退化、渔业劳动力船舶过剩、渔民-渔村-渔城转型困难等问题,它们严重制约了海洋渔业的健康、可持续发展。为此,全面梳理中国知网刊发的海洋渔业相关研究文献,分析海洋渔业研究的脉络、特征与动向,诠释中国海洋渔业研究主要领域的动态和前沿,服务于国家海洋战略落地与海洋渔业可持续发展。

4.3.1 中国海洋渔业研究的文献特征

4.3.1.1 文献选择与处理

利用"中国学术期刊全文数据库(CNKI)",检索自1949年至2013年12月31日,以"主题=海洋"在CNKI的期刊、硕博士论文数据库首次检索,并以"篇名/题名=渔业"在首次检索结果中进行二次检索。经过初步浏览,剔除名不副实的文献,得到期刊文献1272篇、硕博士学位论文共75篇(表4-3-1)。检索发现,中国海洋渔业的研究始于20世纪50年代末,1980—2000年间缓慢发展,21世纪以来海洋渔业研究快速发展,研究成果逐年增多,并出现一系列以海洋渔业为研究对象的硕士、博士论文。这不仅表明中国海洋渔业经济社会活动呈现出快速发展的趋势,同时也表明海洋渔业研究更加多元化和专业化。

表4-3-1 国内海洋渔业研究文献统计

年份	1958	1960	1963	1964	1965	1973	1977	1979	1980	1981	1982	1983	1984	1985	1986	1987	1988	1989	1990	1991	1992
期刊论文	1	5	2	3	1	3	1	8	12	13	6	49	27	13	29	18	20	19	20	18	23

年份	1993	1994	1995	1996	1997	1998	1999	2000	2001	2002	2003	2004	2005	2006	2007	2008	2009	2010	2011	2012	2013
期刊论文	22	32	22	18	34	38	40	49	43	67	59	43	43	44	51	41	61	62	65	62	85
博士论文	0	0	0	0	0	0	0	0	1	0	2	1	1	1	4	1	4	2	1	2	3
硕士论文	0	0	0	0	0	0	0	0	1	0	2	3	3	1	5	3	4	6	7	16

资料来源:作者于2014年7月22日查询CNKI整理,检索方法是"主题 = 海洋 and 篇名/题名 %= 渔业 (模糊匹配)"

4.3.1.2 中国海洋渔业发展历程与研究阶段性

（1）中国海洋渔业发展历程

历史记载中国早在宋朝，海水养殖业就已经产生并发展起来，到清朝沿海地区已经能够大面积养殖牡蛎、蛤仔等。然而中国海洋捕捞主要依靠木质渔船，直到1904年中国企业家张监从德国购买了一条渔业拖网船，才将蒸汽船首次引入了中国。此后动力渔船迅速增加，初步形成烟台、上海、广州等著名渔港。1929年中国第一部《海洋法》诞生，1930年将领海范围规定为3海里。

1949—1978年中国海洋渔业大致经历了（孙吉亭，2003）：①1949—1957年的恢复与发展阶段，其特点是水产品总产量逐年递增；养殖产量逐年小幅增长、养殖面积增幅较大、海水养殖发展缓慢；捕捞渔船有所增加；水产品人均占有量呈明显上升的趋势；渔业基础建设取得了重大进展，但加工技术与冷藏技术严重滞后。②1958—1965年的渔业生产处于徘徊阶段，显著特点是水产品生产起伏跌宕，养殖、捕捞生产徘徊不前；受许多地方围湖造地、填塘种粮的影响，养殖面积一度遭到破坏；渔船、机械化进程加速，出现了渔机渔具革新的新局面，但是平均主义影响了渔民的生产积极性；同期渔业科技发展有了重大突破。③1966—1970年的渔业生产管理基本瘫痪、部分养殖水面荒芜、水产基本建设停止投资、水产科研教学停顿、加之当时农民从事渔业生产作为副业行为、限制发展，给渔业生产造成极大的损失；水产品实行统购统销也使渔业经济的生机和活力严重不足。④1971—1978年的海洋渔业各生产要素全面发展阶段，主要特点是：灯光围网和外海作业获得了快速发展、以国营海洋渔业企业为主体的海洋渔业生产基地的建设成就显著、制冷与水产品加工建设取得新成就，但是盲目发展船网与捕捞强度，致使渔业资源初现枯竭现象。

1980年至今海洋渔业发展阶段：①1980—1999年沿海各省普遍关注海岸带资源的开发利用，对海洋渔业造成了严重影响。显著特征是全国海岸带和海洋资源综合调查及开发试点工作的推进，沿海地方各级政府陆续召开海洋工作会议，部署海洋开发。如福建省率先提出了大念"山海经"，山东省先后提出"耕海牧渔"、"海上山东"，浙江省提出海陆协作、建设海洋经济强省等。海洋渔业开发成为沿海地区发展海洋经济的每一个战略中的重要组成部分。②1995至今的海洋渔业休渔制度与增殖、养殖制度，积极发展远洋捕捞。改革开放后政府海洋渔业政策在1985年以前主要以恢复和发展生产力为主——致力于购置渔轮、建设国家海洋渔业基地、商品鱼基地、渔轮厂、渔机厂以及冷藏系统等。1985年以后支持重点由生产性项目为主转为以基础性、公益性和服务体系项目为主——包括对科研教育、渔政执法、群众渔港、原良种体系、病害防治体系、技术等的支持。

中国海洋渔业的海洋捕捞产量品种之中,除带鱼长期处于高产量水平外,其他鱼类资源衰退严重。到20世纪90年代以后,大小黄鱼资源严重衰退,退出捕猎物前五位,取而代之的是营养级位较低的蓝圆鲹、鳀鱼、马鲛等品种(表4-3-2)(赵会芳,2013)。1979—2009 年中国四大海域海洋捕捞产量数据如表4-3-3,中国东海海洋捕捞产量都居于首位,黄海与南海也紧随其后,渤海因其海域面积较小,发展空间有限,所以产量较少。

表4-3-2　中国海洋捕捞历史产量居前五位的品种

年份	品种1	品种2	品种3	品种4	品种5
1960	带鱼	小黄鱼	毛虾	大黄鱼	海蜇
1970	带鱼	大黄鱼	毛虾	海带	墨鱼
1980	带鱼	海带	毛虾	海蜇	大黄鱼
1990	马面鲀	鲐鱼	带鱼	蓝圆鲹	马鲛
2000	带鱼	鳀鱼	毛虾	蓝圆鲹	马鲛
2010	带鱼	蓝圆鲹	鳀鱼	鲅鱼	鲐鱼

资料来源:《渔业统计年鉴》

表4-3-3　中国各海域海洋捕捞产量

年	渤海(万吨)	黄海(万吨)	东海(万吨)	南海(万吨)
1979	32.25	60.35	134.24	48.60
1989	48.81	94.00	198.73	147.24
1999	162.45	347.77	545.60	345.96
2009	105.95	303.66	442.75	326.23

资料来源:《渔业统计年鉴》,产量数据为当年数据

(2)中国海洋渔业研究的基本特征

中国海洋渔业研究的阶段性。中国海洋渔业研究是伴随着中国海洋渔业发展呈现出鲜明的阶段性特征。①新中国成立至1978年间,中国海洋渔业研究产生了16篇期刊论文,研究主题集中在群众渔业技术革新(王集,1958)、电子技术与机帆船和海洋集体渔业发展(施彬,1964;冯力生,1964;薛奕明,1965),以及海洋渔业调查技术(陈冠贤,1977)。②1978—1999年研究主题集中在:一是认识世界与中国海洋渔业资源(杨纪明,1979;俞达,1979;杨正富,1979;胡国松等,1980);二是讨论影响中国海洋渔业发展的资源、环境、技术、市场、制度等要素(王民,1998;余日清等,1998;张光华等,1993;连光华等,1991;杨维新,1981),重点讨论了渔业资源、海洋生态环境、海洋渔业技术等对中国海

洋渔业发展影响;三是沿海省市海洋渔业发展现状与重点县市的海洋渔业发展存在的问题(周建南,1999;常益民等,1997;陈洪强,1994;李进道,1994);四是讨论中国海洋渔业管理制度(祝航,1991;渠慎启,1994),尤其是海洋渔业资源与海洋生态环境的管理(李健华,1989;丘建文等,1995;何其渝等,1999)、海洋渔业生产队与海洋渔业公司的经营模式与市场化(王如柏,1991;王诗成等,1994)、海洋渔业技术推广与科技政策等,以及海洋渔业执法体系问题与国境渔业国际合作问题(高永福,1998;陈汪杰,1998)。③2000—2013年研究主题主要集中在:一是海洋渔业休渔、养殖—增殖—渔礁与海洋牧场、远洋渔业等(安树升等,2001;勾维民,2006;李纯厚等,2011;郭鸿鹄等,2013);二是海洋渔业—渔村—渔民等的综合转型(王淼等,2009;同春芬,2012;陈涛,2012);三是海洋渔业科技与海洋渔业信息系统构建研究(苏奋振、周成虎等,2002;邵全琴等,2003;郑仰桥等,2012);四是海洋渔业综合管理研究(董琳,2013;同春芬等,2013)。概观中国海洋渔业研究主题的演变,可以发现中国海洋渔业研究呈现出建国初期低技术与计划经济主导下的渔业资源粗放利用、改革开放初期经济效益为先与渔业管理法规逐步完善主导的沿海省份海洋渔业资源过度捕捞与快速增收、2000年以来的海洋渔业资源保护与海洋渔业转型及其综合管理制度构建三阶段。

中国海洋渔业研究的学科群。历经早期的渔业海洋(环境)、渔业捕捞、渔业技术,逐渐发展到如今的水产养殖增殖、渔业生态、渔业经济、渔业信息系统等,学科逐渐增加成因在于:一是人类利用海洋的理念与技术在不断发展,如捕捞技术、渔业养殖技术等快速发展;二是伴随海洋渔业资源枯竭和海洋渔业管理法规日益完善,新兴渔业学科不断涌现,如增养殖工程、渔业法、远洋渔业、国际渔业合作等(陆忠康,2000;戴天元,2005;吴高峰,2010;王飞跃等,2011;刘邦凡,2013)。因此,海洋渔业学科在中国至少应该包括渔业资源学、渔业海洋学、渔业技术学、渔业生态学、渔业经济学、渔业地理信息系统、渔业管理学等学科领域。相关研究应摒弃以新技术、新渔场、新品种等指向增加海洋捕捞产量的研究出发点,逐渐转向重视节能、生态友好、渔具的选择性与负责任捕捞、海洋综合管理等方面的研究,促进中国海洋渔业可持续发展。

4.3.1.3 中国海洋渔业研究的核心作者群

表4-3-4统计了样本论文的第一作者单位,发文量前10位的机构是中国海洋大学(114篇)、上海海洋大学(59篇)、广东海洋大学(43篇)、中国水产科学研究院东海水产研究所(35篇)、浙江海洋学院(32篇)、中国水产科学研究院南海水产研究所(19篇)、大连海洋大学(15篇)、浙江省海洋水产养殖研究所(14篇)、宁波大学(13篇)、福建省水产科学研究所(11篇)等。前10位研究机构中

个体产出最高者是中国海洋大学的王淼(10篇)、同春芬(9篇)、慕永通(10篇)、秦曼(7篇),中国水产科学研究院东海水产研究所林景祺(7篇),广东海洋大学的李良才(6篇)、上海海洋大学的黄硕琳(5篇)、天津水产研究所的李文抗(5篇)、辽宁师范大学的张耀光(5篇)。他们产出的海洋渔业研究论文355篇占期间总论文数的27.91%,统计结果显示近30年海洋渔业研究核心作者人数及其论文数都处于增长趋势。

表4-3-4　第一作者单位发文量前10位

发文量/篇	机构	作者群
114	中国海洋大学	慕永通(10)、同春芬(9)、王淼(10)、秦曼(7)、于谨凯(4)、沈金生(4)、张偲(3)、韩立民(3)、刘洪滨(3)、权锡鉴(3)、倪国江(3)、戴桂林(3)、高强(3)
59	上海海洋大学	黄硕琳(5)、唐议(4)、唐建业(3)、周应祺(3)、陈新军(3)、褚晓琳(3)、张继平(3)
43	广东海洋大学	李良才(6)、卢伙胜(4)、乔俊果(3)、陈文河(3)、乔俊果(3)、颜云榕(3)、廖泽芳(3)
35	中国水产科学研究院东海水产研究所	林景祺(7)、汤振明(3)、陈思行(3)、黄锡昌(3)、石建高(3)、韩保平(3)、陈卫忠(3)、樊伟(3)
32	浙江海洋学院	宋伟华(5)、任淑华(4)、周达军(3)、俞存根(3)、韩志强(3)、水柏年(3)、吴常文(3)
19	中国水产科学研究院南海水产研究所	杨吝(5)、李纯厚(4)、张旭丰(2)、张诗全(2)、张鹏(2)、梁沛文(2)、谭永光(2)
15	大连海洋大学	刘俊荣(2)、包特力根白乙(2)、于笛(2)、章超桦(2)
14	浙江海洋水产养殖研究所	柴雪良(3)、李太武(3)、林志华(3)
13	宁波大学	钟昌标(3)、李加林(3)、马仁锋(3)、倪海儿(3)、李建新(2)、俞雅乖(2)、董楠楠(2)
11	福建水产研究所	戴天元(6)、颜尤明(3)、卢振彬(2)、张澄茂(42)

注:发文量是指在(该时段)该作者单位发表海洋渔业研究论文数量,CNKI查询时间截至2014年7月22日

进一步对各时期核心作者的发表论文进行统计,受篇幅限制不列出具体数据,但利用中国引文数据库的索引功能,对数据库所有论文的引文频率进行了确认,并列出了其中被引频率最高的前20篇论文(表4-3-5),可发现其中绝大多数都是源自核心作者,从另一侧面说明了核心作者对我国海洋渔业研究发展的重要性。

表4-3-5　海洋渔业研究论文被引频率前20位

论文题目	论文作者	发表刊物/刊期	刊出日期	被引频次
海洋渔业地理信息系统的发展、应用与前景	苏奋振、周成虎、邵全琴	水产学报	2002/4/30	51
基于生态足迹和人文发展指数的可持续发展评价——以我国海洋渔业资源利用为例	陈东景、李培英、杜军	中国软科学	2006/5/28	43
国际海洋渔业管理的发展历史及趋势	陈新军、周应祺	上海水产大学学报	2000/12/30	41
中国海洋产业结构的系统分析与海洋渔业的可持续发展	吴凯、卢布	中国农学通报	2007/1/5	37
东海区海洋渔业资源近况浅析	陈卫忠、李长松、胡芬	中国水产科学	1997/9/30	35
个体可转让配额制度在渔业管理中的运用分析	郭文路、黄硕琳、曹世娟	海洋通报	2002/8/10	32
美国休闲渔业现状及发展趋势分析	刘康	中国渔业经济	2003/8/10	31
遥感与GIS支持下的海洋渔业空间分布研究——以东海为例	杜云艳、周成虎、崔海燕	海洋学报(中文版)	2002/9/13	28
青岛市海洋休闲渔业发展初探	张广海、董志文	吉林农业大学学报	2004/6/30	27
海洋渔业资源管理的理论探讨	郭守前	华南农业大学学报(社会科学版)	2004/6/30	26
国际渔业法律制度的发展及其对世界海洋渔业的影响分析	郭文路、黄硕琳、曹世娟	海洋开发与管理	2002/3/20	24
中国海洋渔业可持续发展及其高技术需求	唐启升	中国工程科学	2001/2/28	22
专属经济区制度对我国海洋渔业的影响	黄硕琳	上海水产大学学报	1996/8/15	21
海洋渔业遥感地理信息系统应用服务技术和方法	邵全琴、周成虎、沈新强	遥感学报	2003/6/10	21
海洋渔业资源保护与可持续利用	邓景耀	中国渔业经济	2000/12/10	21
国际海洋渔业管理趋势及其对我国渔业的影响	乐美龙	中国渔业经济研究	1998/6/10	21
我国海洋休闲渔业发展模式初探——以舟山蚂蚁岛省级休闲渔业示范基地为例的实证分析	伍鹏	渔业经济研究	2005/12/15	20

续表4-3-5

论文题目	论文作者	发表刊物/刊期	刊出日期	被引频次
日本海洋渔业资源管理现状	黄瑞	现代渔业信息	2001/1/15	20
循环经济运行模式——海洋渔业可持续发展战略推进的必由之路径	戴桂林、步娜	中国海洋大学学报(社会科学版)	2006/1/10	19
海洋渔业资源可持续利用的捕捞策略和动力预测	梁仁君、林振山、任晓辉	南京师大学报(自然科学版)	2006/9/20	19

注:被引频次数据源于CNKI中国引文数据库(http://ref.cnki.net),最后查询日期2014年7月22日。

4.3.2　中国海洋渔业研究的主要领域及其动态

海洋渔业是人类利用海洋资源的重要方式,是人类食物的一个重要来源,它为从事渔业繁育与养殖、渔业捕捞、水产加工、渔政管理等活动的人们提供了就业、经济利益和社会福利,在国家粮食安全、滨海居民就业、海洋经济发展、国际贸易等方面都起到了重要的作用。全球海洋渔业研究领域与学科日益细化,在中国历经100年发展已经初步形成海洋科学、海洋技术、海洋资源与环境、海洋资源开发技术、海洋渔业科学与技术、水产养殖学、食品科学与工程等普通高校本科专业,涵盖了海洋渔业环境、渔业资源、渔业捕捞、渔业技术、渔业增殖、渔业经济、渔业信息系统、渔业管理等研究领域。

4.3.2.1　自然环境、海洋污染与海洋渔业

海洋渔业环境研究主要探讨近、远海各海域渔业生物资源种类组成与渔业生物资源分布与栖息地、渔业生物资源量评估、渔场形成条件与渔业预报、主要渔业种类生物学与种群数量变动、渔业资源管理与增殖等;初步揭示了中国近海渔业资源分布特征、季节变化与移动规律、栖息环境及其变化、渔场分布及其形成规律、种群数量变动、海洋生态系与资源管理。

气候是制约海洋渔业发展的重要因素之一,陈文河(2004)认为海洋渔业与气候密切相关,因为渔业捕捞不管是在近海还是在大洋中,都要受到天气变化的影响,尤其是天气的变化对鱼群洄游路线、鱼群的集散分布、鱼汛的迟早、渔场位置的迁移都有直接或间接的影响;赵蕾(2008)从气候变化的表征、对海洋生态系统的影响入手,分析气候变化对渔业以及水产养殖的影响,在气候变化与渔业的互动关系中寻找渔业应对气候变化的对策措施;韩青动等(2008)在

渤海海区及秦皇岛海区灾情调查基础上,结合海上灾害性天气的数据,参考有关技术文献,对发生在秦皇岛岸区及近海海域的大风、大雾以及雷暴天气进行统计和成因分析,初步得出3种灾害性天气的基本特征,为气象部门对沿海区域的准确预报和渔民的安全出行提供了重要依据。而李玉尚等(2007)分析清代黄渤海鲱鱼种群数量的变化,发现从清代初年至道光年间,渤海和黄海西部的鲱鱼种群数量都十分兴盛;道光、咸丰之际,黄海西部和渤海鲱鱼数量开始下降,而黄海东部鲱鱼数量则呈上升趋势;鲱鱼数量的变化具有一定的周期性,而这种周期性又和气候变化与海洋水文变化密切相关。伴随海洋渔业资源过度开采与沿岸工业发展,海洋渔业环境备受学界关注,海洋污染预防及其修复成为海洋渔业研究焦点(吴瑜瑞等,1983)。如杨维新(1983)认为近年来由于海洋环境不断遭受人类生产活动中产生的大量废弃物、工业生产过程中排出的污水、废气、废渣等污染物的袭击,严重影响海洋渔业资源的正常繁殖和生长,使有的鱼类离开了原有繁殖场而转移他乡,使该区形不成鱼汛,降低了产量;有的鱼类因污染严重而死亡;有的鱼类发生畸形变化。高士香等(2000)认为陆源污染物的排海破坏了以河口为中心渔业场产卵场所的生态环境;过度的捕捞使有限的渔业亲本资源枯竭。由于渔业资源的过度捕捞使海洋生态系统中被人为地攫取掉一个生物环,失去了自然平衡,即使陆源污染物一个时期内不向海排放,海水状况好转也要度过一个较长时间的生态修复期。只有抓住加快渔业资源的恢复,减少和综合治理陆源污染物的排放这两头,海洋环境状况才有可能得到根本改善。

4.3.2.2 海洋渔业资源研究

海洋渔业资源研究主要涵盖世界海洋渔业资源介绍、中国各海域海洋渔业资源分布及其产量评估、渔业资源产权与资源管理,以及公海海洋渔业资源使用规则等。

(1)中国海洋渔业资源分布及其可持续利用研究。杨林芳等(1984)分析山东省海洋渔业资源优势、开发利用现状和主要问题,探讨进一步合理开发的有效途径和对策;王民(1998)分析了山东荣成市海洋渔业发展的基础条件和海洋渔业资源的开发利用现状,提出了海洋渔业资源开发利用的方向与对策;张军涛等(1999)认为海洋渔业发展过程中所诱发的生物资源问题也愈加突出,探讨如何高效、合理利用生物资源,建立可持续发展的渔业生产的途径;陆杰华等(2002)构建了适合中国国情的人口与海洋渔业资源的仿真系统,其中主要包括人口、海洋渔业生产、水产品消费和海洋渔业资源四个子系统;陆杰华等(2004)以舟山为例构建人口、消费与海洋渔业资源相关关系的理论框架,动态地分析舟山人口增长和消费模式转换是如何影响其海洋渔业资源的,研究发现:由收入水平提高所引起的消费方式转换比人口规模更直接地影响海洋渔业资源的动态变化;尽管捕捞量持续增加,但单位捕捞努力渔获量在显著下降,预示着舟山渔场渔业资源的逐渐衰减;影响海洋渔业资源变化的动因不仅包括人口增长和消费模式变化,同时还要考虑经济增长模式、市场价格、政策引导以及当地居民行为等因素。唐仪等(2009)根据1987—2006年捕捞统计数据分析我国海洋渔业资源利用状况,认为:①我国海洋渔业资源整体处于充分利用状态,捕捞能力总体过剩;②我国目前的捕捞投入控制不能有效控制实际捕捞能力,建议在渔船数量控制基础上,引入渔具类型、数量和规格等渔具限制制度;③需改进现行捕捞统计制度。

(2)渔业资源产权与资源管理研究。贺国文等(2005)分析我国海洋渔业资源领域中的市场失灵;杨得前(2005)指出并分析了协调海洋渔业资源中个体理性与集体理性矛盾的措施:限制渔船的数量、采取各种措施恢复海洋渔业资源、实施配额捕捞制度。朴英爱(2008)认为落实"坚持节约资源和环境保护的基本国策"重要的手段之一明晰产权,如果政府能够通过适当的制度安排以建立或支持公共物品的私人产权的话,就会提高效率。排污权和配额交易是在环境资源和渔业资源领域确立其资源的私人产权、最充分利用市场机制的公共资源管理手段,但实施起来有诸多困难。最大的难点就是如何科学、准确地测算出一个控制区域的最大污染物排放允许量和总允许渔获量,其出路在于加强环境资源和渔业资源的调查与评估工作,但在中国目前数据不足或失真的现实情况下,可采取预防性的接近方式。褚晓琳(2010)认为预警原则作为一种新颖的环境资源管理手段,其对海洋渔业资源养护的有效性已为一些国际协定和国外立法所确认。适用预警原则应满足以下条件:存在不确定危险,遵循成本收益分析原则、比例原则和非歧视原则,并定期检查、适时调整。目前我国海洋渔业资源管理工作也面临着内外双重压力,有必要在未来制定一部《海洋生物资源养护和管理法》。而当务之急是尽快修订现行《渔业法》,将预警原则确定为我国海洋渔业资源管理的基本原则;同时,还应通过建立综合性海洋管理部门、大量搜集科学信息、拓展群众参与途径以及根据各海域的具体情况,有针对性地实施预警原则,促进我国海洋渔业资源的可持续利用。闫玉科(2009)对我国海洋渔业资源日渐衰退现象的经济学分析,提出了实现我国海洋渔业资源可持续利用的新思路及模式。

(3)公海海洋渔业资源使用规则研究,主要探讨不同时代联合国及各级政府间组织制定的诸如《联合国海洋法公约》、《南极海洋生物资源养护公约》、《中西太平洋高度洄游鱼类种群养护和管理公约》、《国际渔业劳工公约》等对中国远洋渔业的影响,以及从国家政策支持、绿色渔船设计和制造、渔民雇佣和培训等方面提出促进我国从远洋渔业大国迈向强国的建议(黄硕琳,1996;薛桂芳,2000;张敏,2002;黄永莲等,2004;林志锋等,2006)。

4.3.2.3 海洋渔业捕捞研究

（1）海洋渔业捕捞技术研究，如薛奕明（1965）认为我国拥有渤海、黄海、东海、南海四大海区，水产资源极为丰富，但是解放前我国广大渔民都是使用手工操作的船网工具，新中国成立后应积极推进机械化捕捞等技术提高渔业产量；唐启升（1983）围绕限额捕捞提出捕捞分配途径；陈思行（1986）回顾世界渔业发展的渔船建造技术和海洋捕捞的渔具使用技术，认为20世纪50年代初期渔业生产大多为小型木质渔船、使用柴油机或蒸汽机作为推动力、用回声仪测深、绞网机靠主机传动、渔获物用冰保藏、网具为天然材料制成、在舷侧起放网及捞起渔获物；20世纪60年代海上单船中层拖网技术、渔船上加工与冷冻革新得到广泛应用；20世纪70—80年代围绕节能与渔业资源枯竭开展节能船舶设计等。鹿叔锌（1994）认为目前我国的渔业资源处在交替变化中，捕捞业要打破单一捕捞模式，向一业为主、多种经营方向发展；抓住时机，加速发展远洋渔业；渔政管理要做到定时、定量、定区捕捞；加速发展增殖渔业。宋伟华等（2003）构建了海洋捕捞业专家系统——海洋渔业资源系统、海洋捕捞生产系统、海洋捕捞管理服务系统和海洋捕捞辅助系统，每个部分又分为相应的子系统，并结合一些实际情况对主要的3个子系统进行了初步的预报、检验和评估，得出建立海洋捕捞业专家系统的可行性和重要性。

（2）海洋渔业捕捞量预测与管控。钱鸿等（1994）试图构造数学模型预测海洋捕捞年产量，从海洋捕捞生产的历史和现状出发运用科学的方法预测未来发展趋势和规律性；肖方森（1999）认为捕捞方式和作业结构日趋不合理，渔船效率下降，从渔场的渔业资源现状出发，对灯围、拖网等作业规模的总量控制进行探讨，提出控制拖网、巩固灯围、发展流刺网、深水延绳钓及鱿鱼钓和鱿鱼敷网作业的新路子、以养护和合理利用渔场渔业资源。吴明辉（1994）通过对沿海数家国营海洋渔业基地调查，探寻国营捕捞企业的问题及其解决策略。程炎宏等（1999）利用东海区1956—1995年的海洋捕捞产量统计数据研究东海区小黄鱼等10个主要种类渔业的发展过程，发现：东海区主要种类渔业发展过程符合渔业发展的一般规律，即经历未开发、开发中、成熟和衰退4个阶段，且主要种类如带鱼、大黄鱼、小黄鱼、马面鱼等渔业大多处于成熟期或衰退期，并提出必须加强渔业管理、控制捕捞强度等使渔业实现可持续发展的管理措施。高健（2002）认为由于200海里专属经济区的实施和海洋渔业资源的过度捕捞，使我国海洋捕捞产业劳动力投入量过大的现象显得更为严峻，缩减捕捞努力量、分流劳动力已成为我国渔业管理部门面临的主要课题。王丽艳等（2002）认为河北省现行的捕捞是对资源掠夺式的开发，引用了Walter&Hilborn提出的非平衡产量模型对资源进行评估，计算出了最大可持续产量（FMSY）和最适捕捞努力量(Fopt)。宋协法等(2003)分析了山东省海洋渔业的发展、渔获量的变化、渔船数量及其结构的变化、渔具渔法等情况,指出了山东省海洋捕捞业存在渔业资源严重衰退、渔捞努力量过大且结构不合理、渔捞作业方式单一、国际渔业形势严峻等问题,提出将渔船总功率压缩到 76×10⁴kw,即更新木质渔船为玻璃钢渔船,适度发展远洋渔船等措施。孙林(2009)基于经典的Logistic鱼群生长模型解析海洋渔业渔场等捕捞强度优化问题,建立了最佳捕捞开始时间、最佳鱼群保有量、最佳捕捞强度和最佳捕捞投入的数学模型,研究表明:捕捞船队的最佳投入与鱼群内在增长速率成正比、与捕捞系数成反比,渔场最佳的渔业资源量为渔场最大养殖能力的二分之一,渔场的最佳捕捞强度与渔场最大养殖能力和鱼群内在增长速率的乘积成正比。张益丰(2008)认为海洋捕捞业的经济有效性和海洋生物种群的保护应该将相关海洋物种的捕捞和繁殖规律统筹考虑,通过对Flaaten的生物经济学模型的数理分析比较,提出经济鱼种的价格上涨并不会导致该鱼种生物种群存量下降,如果管理措施合理,鱼类种群存量依然存在上升的可能;并由此指出海洋捕捞必须考虑种群间相互关系,利用合理的生物经济学模型、建立明晰的海洋捕捞权等措施有助于海洋生物经济的持续有效发展。郑奕等(2009)以渔船数、总吨位、总功率和专业劳动力为投入指标,以年捕捞产量为产出指标,采用数据包络分析方法分析我国1994—2005年的近海捕捞与远洋渔业的捕捞能力与能力利用度,研究发现近年来近海捕捞的渔船数和捕捞能力的过剩率得到了较好的控制,但渔船总吨位与总功率的过剩率却还处于相对较高的水平;通过近海与远洋渔业的比较研究发现我国近海捕捞能力的实际过剩率已超过了50%、捕捞能力的利用水平不高且提高程度有限;而远洋渔业的能力利用度则尚有较大的提高空间。卢昆(2011)认为市场经济条件下海洋捕捞主体追求最大经济利润生产行为的背后体现的是一种效率均衡,即海捕作业的边际产出效率和市场分配效率的均衡。未来我国海洋捕捞业不但继续在确保水产品安全供给、保障国家粮食安全方面发挥作用,而且还将在维护国家海洋权益方面体现重要战略价值。在建设现代渔业的历史进程中,我国的海洋捕捞业应继续严格贯彻伏季休渔等制度安排、完善海洋渔业增殖放流机制建设、重点支持和发展远洋渔业、强化近海水域环境整治力度、完善海域天气预警机制建设、加大财政对海洋捕捞科技研发的投入力度、完善海产品批发市场和海洋捕捞财政补贴制度建设、加快海洋捕捞专业合作经济组织建设、重点培育海捕水产品龙头企业。

(3)捕捞业与渔民转产转型研究。杨黎明(2005)在广泛深入调查结合绍兴海洋渔业经济结构实际情况,指出了渔区当前存在的困难和矛盾,提出了渔民转产转业的方向、途径和对策。麦贤杰(2006)认为海洋捕捞渔民转产难的原因不完全是政府的支持不够、政策不完善,基于劳动力转移理论与资产专用性理论分析捕捞渔民的沉没成本,比较捕捞渔民转产的成本和预期收益,指出转产难最根本的原因是其转移成本过高。王海峰等(2006)认为某些制度变量显著地影响着我国海洋捕捞业发展,其中尤以"入世"、"双控"制度、休渔制度以及"零增长"制度最为直接,应用计量模型实证分析了这些制度要素对我国海洋捕捞业发展的影响,发现除了"入世"制度要素以外,其他制度要素对我国海洋捕捞业的发展都起到了应有的效果。张红智(2007)认为我国当前采用的捕捞能力管理实际上是"命令与控制"式的制度,通过对我国现有海洋渔业捕捞能力管理方法、效果和局限性的介绍和分析,试图对我国海洋渔业捕捞能力管理提出改进方案。邹建伟等(2007)认为广西北海市在沿北部湾地区渔业中占有举足轻重的地位,海洋捕捞业减船转产工作的开展为缓解中越北部湾渔业合作协定生效对该市海洋渔业所造成的压力、维持北部湾海洋渔业资源可持续利用发挥了积极的作用。卜凡等(2009)通过对海洋捕捞业和海洋农牧化生产成本与收益的对比分析,推出二者的利润曲线,发现在利润最大化的作用下过度捕捞问题可以在一定条件下自然解决,然而这一自然过程将对海洋渔业资源造成不可恢复的破坏,因此需要人为干预。海洋农牧化作为一种干预方式对海洋生态环境的保护与资源的可持续利用都具有重大作用,分析表明,通过政府补贴、技术支持、对海域整体规划开发等措施推动海洋农牧化生产,不但可以从根源上解决过度捕捞问题,而且可以实现我国渔业的可持续发展。许罕多(2013)认为自1980年代以来资源衰退就成为制约我国海洋捕捞业可持续发展的难题,现存研究大多以资源衰退为既定前提讨论如何通过渔业监管和制度创新破解海洋捕捞业的困境,很少有从渔业数据入手分析资源衰退的根源。1956—2011年渔业数据表明海洋捕捞量增长在不同时期存在明显差异,监管政策对海洋捕捞量具有实际影响,1995年以来主要捕捞品种的产量和排序保持相对稳定。渔业捕捞量和劳动力、机动渔船功率的回归分析表明:1980年代中期之前海洋捕捞业基本是"公开准入"性质的,农村劳动力大量进入海洋捕捞业导致资源衰退;1980年代中期之后海洋捕捞业监管加强,机动渔船功率上升形成的庞大捕捞能力是资源衰退的主因。

此外,陈作志等(2008)利用Ecopath with Ecosim(EwE)5.1软件构建了北部湾海洋生态系统1959—1960年的Ecosim模型,通过与1997—1999年调查数据对比,分析了捕捞活动对北部湾生态系统的结构和功能的影响,发现近40年来在捕捞强度不断增加的压力下,生态系统的结构和功能发生显著变化,长寿命、高营养级的肉食性鱼类生物量下降明显,系统以短寿命、小型鱼类和无脊椎动物占优势,体现了"捕捞降低海洋食物网"的特点,目前的开发模式是不可持续的。肖晓芸(2013)总结了我国海洋捕捞渔船能耗及排放现状,分析了生物柴油的特性及作为渔船代用燃料的优缺点,对捕捞渔船柴油机掺混5%的生物柴油的节能减排效果进行了成本-效益分析。结果显示:海洋捕捞渔船柴油机掺混5%的生物柴油将导致每船每年平均减少1371元左右的燃料费用和2000元左右的维修费用,但需付出较高的船舶改造成本;若我国所有的海洋捕捞渔船柴油机都添加5%的生物柴油,每年会降低二氧化碳排放近13.4万t,按目前国际上的碳交易价格计算,每年将产生400多万元的社会环境效益。

4.3.2.4 海洋渔业的增殖与海洋牧场研究

(1)海洋渔业增殖的可行性研究——种的选择、培育及水域环境。增殖放流需要考虑种的选择、放流方法、放流水域环境等各个方面,需要育种技术的支持。增殖放流一般选择以河口、海湾以及半封闭内湾较为理想;放流海区选择的基本原则:①原有海洋生物资源比较丰富,生物种群组成、生态种群以及自然海区生态系统未遭到严重破坏;②海洋环境未遭受严重污染,敌害鱼少或没有;③近岸性、定居性生物种类比较丰富,或海底倾斜度小、潮差较大、底质软硬、有砂、无淤泥和水草丛生的水湾;④有外海水进入,涡流和海水交换比较充足的海区;⑤鱼虾类洄游的通道,并有天然礁的海区。如叶昌臣等(2006)指出放流种的选择需考虑生态容量、育苗评价、可控捕捞、生长速度、价值等方面的增殖性状,并以渤海放流中国对虾、海蜇、三疣梭子蟹为例进行增殖效果比较,得出海蜇为渤海地区的最适放流品种。唐启升等(1997)根据近岸捕食鱼类胃含物分析及渤海生物资源大面积定点拖网调查,研究了渤海莱州湾渔业资源增殖的敌害生物种类、分布及其对增殖种类的危害,提出在增殖放流区选择上,对敌害生物应采取"回避"策略。李忠义等(2014)为优选青岛市沿海中国明对虾的港湾增殖放流点,于2010年6月至9月采用拖网调查对鳌山湾渔业资源生物背景、放流中国明对虾的资源量和生长特性进行了研究,发现鳌山湾渔业资源种类组成、浮游植物生物水平等级、放流中国明对虾的资源量、生长特性等重要数据证实鳌山湾适合中国明对虾的放流。

(2)海洋渔业增殖应用技术研究——放流技术、回捕率与效果评估。除气候原因外,种群、海区、规格、放流时间和放流量的不同均会带来回捕率的变化,回捕率是评估放流效果的一项重要指标。通过对比放流试验,对回捕率、最佳放流量等的研究表明,山东省丁字湾的中国对虾增殖数量以1.2亿尾为宜(信敬福等,1999),塔岛湾、乳山湾为8000万尾(信敬福等,2007),胶州湾则是6500~8000万尾(刘永昌等,1994),黄海北部适宜量为11亿尾(叶昌程等,1994),莱州湾放流海蜇以每年20亿个5~10mm的幼水母为宜(王绪峨等,1994)。对增殖放流效果的科学合理的评价离不开标志放流的技术创新,标志放流研究是区分野生鱼种、评估放流鱼种效果的一种必不可少的手段。对不同海区不同规格的种苗进行标志,可以以此对比不同的回捕率。通过对放流鱼种的移动分布、回捕率、增殖效益等进行跟踪监测,以及对捕捞力量、渔获量的统计分析可以评估增殖种群的资源量,为实现增殖放流的可持续发展提供科学依据。在对放流资料的统计分析模型方面,费鸿年和张诗全(1990)根据标志放流的重捕资料进行群体生物统计量计算,但计算结果与生产实际存在较大差距。陈丕茂(2006)提出了一套计算群体生物统计量而进行放流效果评估的方法。刘莉莉等(2008)分析山东省海洋渔业资源增殖放流现状及其渔业效益,指出山东省海洋渔业资源增殖放流成效显著,但亟须探寻放流量和产量在外界条件下波动的耦合关系,以及加强放流前期的基础调查、放流过程的规范化研究和放流效果的定量评估等。周军等(2012)根据河北省海洋与水产科学研究院增殖放流调查与研究数据,认为河北省"十一五"期间主要增殖放流品种有中国对虾、三疣梭子蟹、海蜇、牙鲆、梭鱼、半滑舌鳎、真鲷、毛蚶和杂色蛤等;累计放流各类苗种43.42亿尾、累计投入资金4975万元;增殖放流效果评估结果表明"十一五"期间河北省渔业增殖放流工作已取得了显著的生态、经济和社会效益。高焕等(2014)追踪国内外在甲壳类标志方法研究进展,介绍了基于生物学特征的标志法、挂牌法、体内镶嵌标记和生物机体损伤标记等方法,尤其是对新发展而来的分子标志技术的应用进行了探讨,以期促进甲壳类标志放流技术的发展,为提高放流管理水平提供指导帮助。刘璐等(2014)认为增殖放流效果评估是放流工作体系的核心环节之一,从增殖效果、生态效果、社会效果3个方面对国内外海洋渔业生物放流效果评估的主要研究方法和成果进行论述。

　　(3)海洋增殖应用基础研究——生态容纳量及遗传多样性监测。增殖放流需要对生态系统动力进行调查,掌握增殖资源对水域生态系统结构和功能的影响机制,并研究它的生态容纳量(李庆彪,1991)。邓景耀等(2001)分析研究了渤海渔业生物地方种群的种类组成、生物量指数和优势种群的年间变化,强调了种苗放流的重要性。刘子琳等(1997)观测研究象山港对虾增殖放流区的浮游植物现存量和初级生产力,得出港顶部水流交换稳定性好,生物量和初级生产力较高,但港口区则反之,且港内生物量和初级生产力随季节变化明显。刘雅萌等(2014)为了探讨原位状态下不同增殖方式得到的绿潮藻浒苔生物体的差异,通过原位围隔实验,分别获取漂浮浒苔释放的孢子萌发形成的藻体(ST)和浒苔自身营养增殖得到的藻体(VT),通过比较这两种浒苔的生长、光合作用和荧光参数的不同,来估测其光合生理特性的差异。结果表明ST与VT相比具有更大的生长优势,另外VT的相对电子传递速率(RETR)显著高于ST,在高光下尤为显著,并且VT在高光下具有更高的非光化学猝灭(NPQ)能力,这说明浒苔通过自身营养增殖产生的藻体对高光的适应能力比其由孢子萌发形成的藻体更强。此外,遗传多样性监测也是增殖渔业非常重要的课题之一,它需要考虑放流鱼种与野生鱼种之间的相互关系,原因是两个鱼种的遗传结构不同。许多研究资料显示,它们之间的交配不仅可能会减少自然种群的相对产量和适合度(fitness),使种质退化,而且养殖鱼苗通过放流进入水域后会对生态造成各种影响。如姜亚洲等(2014)从种群、群落和生态系统3个层面系统评述国内外渔业资源增殖放流生态风险研究领域的最新进展,阐述相应的生态风险防控措施,以期为我国渔业资源增殖放流的生态风险防控工作提供理论参考。

　　(4)基于人工网箱/渔礁的海洋牧场建设研究。人工网箱与渔礁是实现海洋渔业农牧化的基本设施,我国的海洋牧场建设设想最早是由曾呈奎院士提出来的,其于1981年提出的"海洋农牧化"是海洋牧场的理论基础。通过把海洋渔业资源的增殖和管理分别划分为"农化"和"牧化"两个过程。"农化"过程即是指20世纪80年代后期在沿海各省市兴起的海水养殖业;"牧化"则是指各省市进行的海洋渔业资源的人工放流。中国台湾通过对日本海洋牧场的推进计划和实施效果进行了研究评价后,70年代后期在台湾岛周围大力开展人工鱼礁建设工作,以为海洋牧场的建设作准备。国内的资深水产专家、海洋生态学家也都先后在80年代和90年代对我国海洋牧场的建设条件和发展目标做了相关论述。海洋生态学家冯顺楼(1989)提出以人工渔礁为基础,结合人工藻场,人工鱼苗放流,建设富饶美丽的海洋牧场,使渔业生产不断提高,鱼类资源昌盛,从而成为建设近海的重大战略措施和百年大计。徐绍斌(1991)认为在农业面对严峻的危险形势时,为确保其稳定增长与社会需求协调发展,应该大力开发海洋生产力,建立海陆互补的新农业结构,而海洋牧场的建设则是创建海陆互补的新农业结构的基本思路和设想。刘卓、杨纪明(1995)对日本的海洋牧场的研究现状进行了概括,从如何开展到如何推动,给国内海洋牧场的建设提供了宝贵的意见。刘思俭(1995)通过对广东省的海水和生物资源的分析,提出了广东省大力开展海洋牧场建设的条件,并提出对人工渔礁加强管理。徐恭昭(1998)从鱼类放流、藻类的栽培与养殖等方面较为系统地探索了海洋牧场建设中存在的问题,并提出了"科技先导型"的可持续利用的海洋牧场。何国民等(2003)从保护资源和资源的可持续发展两个方面提出,牧场化是海洋渔业的根本出路。陈立群等(2006)通过对海洋牧场的发展史和国外海洋牧场建设状况的论述,结合我国的海洋渔业形式,论述了我国建设海洋牧场的重要性和迫切性。林军等(2009)应用一种非结构网格海洋模式(FVCOM)建立了洞头列岛及其临近海域的水动力数值模式,水平方向三角网格的采用使模型对大陆海洋线以及岛礁边界的拟合达到了很高精度。经流速、流向和潮位验证后,精度良好的模型被用于人工渔礁区选址的研究。以大潮底层最大流速和大潮底层平均流速为主要判别指标,结合海域地形和水深分布,选定了底层最大流速小于0.6 m/s、平均流速小于0.4 m/s的海域为适宜人工渔礁建设的礁区范围。李志敏(2011)分析曹妃甸海域人工渔礁增殖的可行性研究。李冠成(2007)论述了人工渔礁工程在增殖渔业资源和改善海洋生态环境方面的作用;阐述人工渔礁工程增殖渔业资源和改善海洋生态环境的机理;总结、归纳目前人工渔礁工程上的一些较成熟的技术和作法;展望未来人工渔礁工程的发展前景。余求妹等(2013)对浮绳式网箱人工浮渔礁功能性、稳定性、兼容性等的设计优势以及浮绳式网箱人工浮渔礁的设计、监测评价、布局等问题进行了初步探讨。许强(2012)认为我国现代海洋牧场是通过人工渔礁等生物栖息地改善技术、幼体放流等渔业资源增殖技术、音响投饵驯化等鱼类行为控制技术等手段,有机地组合多种渔业生产要素,形成基于海洋生态系统管理的放流-育成-回捕可控机制,最大限度地利用海域生产力和海域空间,使渔业综合产出获得可持续效益的渔业生产与管理形式。海洋牧场的选址的理论问题本质是"多目标决策问题",影响海洋牧场选址的因素主要具体可分为:海洋牧场建设的类型与目的、可接近性、海洋功能区划、海洋牧场建设基础考虑选址、渔业发展规划与管理政策、水质、水深、流速、坡度、波浪、底质、目标种及其生活史、初级生产力水平、渔业资源水平等。舟山群岛海域适宜建设海洋牧场的4片海域分别是:马鞍列岛海域、岱山东部列岛海域、东极列岛海域和洋鞍-猫头洋海域。研究认为:海洋牧场选址的最佳区域一般位于各个岛屿的周边海域,并避免了一些流速过大和过小、水深过大和过小,以及海域功能区划不利于海洋牧场建设的区域。

4.3.2.5 海洋渔业信息系统研究

20世纪90年代初,陈述彭(1998)就极力倡导海岸与海洋GIS的研究与开发,并提出了"以海岸链为基线的全球数据库"的构想。资源与环境信息系统国家重点实验室自80年代中期以来就开展GIS和遥感支持下的黄河三角洲的可持续发展研究;90年代中,又开展了海岸带空间应用系统预研究。林珲和闾国年等(2000)将潮流模型与GIS结合起来研究中国海的潮波系统。裴相斌等(2000)将动力模型与GIS结合起来研究渤海湾的污染扩散。王红梅等(2000)开发了海洋油气资源综合预测系统,推动了海洋油气资源综合预测地理信息系统的产业化发展,为我国海洋GIS研究奠定了一定的基础。方朝阳和陈戈等(2001、2002)开发出用于极端海面风速预测和可视化预测结果的海洋GIS,揭示了全球极端海面风速预测的意义和MGIS在预测过程中的重要性及必要性;给出全球极端海面风速预测的统计模型。国家海洋信息中心以我国多年积累的海洋数据资料,建立了中国海洋信息基础网,对大量海洋数据进行管理和分发。"九五"期间,国家863计划海洋领域海洋监测主题设立了"海洋渔业遥感信息服务系统技术和示范试验"专题。中国科学院地理研究所开发了具有海洋渔业应用特色的桌面GIS,并进行了一系列的研究。邵全琴、周成虎等(2001)提出了海洋渔业数据建模的扩展E-R方法,邵全琴等(2001)完成了博士论文《海洋

GIS时空数据表达研究》,并带领地理研究所海洋工作组出版了专著《海洋渔业地理信息系统研究与应用》。目前,海洋地理信息系统广泛地应用在海洋渔业的资源评估、动态监测与预报、渔业资源分布与水环境关系、水产养殖选址、鱼类栖息地制图,海洋资源开发与管理,海洋环境质量监测评价、灾害预报及辅助决策,区域海洋综合管理等(张欢等,2013)。

4.3.2.6　海洋渔业综合管理研究

中国海洋渔业综合管理研究集中在海洋渔业资源管理、海洋渔业环境管理、海洋渔业捕捞管理、跨境渔业活动管理等方面。相关研究主要有徐汉祥(1994)研究了"东海带鱼资源现状及管理对策",并初步研究了"东海带鱼可捕量制定方法";黄硕琳(1998)综述了"国际渔业管理制度的最新发展";程炎宏(1999)介绍了大西洋沿海地区各国渔业配额管理制度的实施情况;陈思行(1998)介绍了日本的TAC制度;韩宝平(1999)和朴英爱(2001)分别介绍了韩国的TAC制度;徐汉祥(2000)探讨了"跨世纪东海渔业资源利用和管理若干问题";刘新山(2001)介绍了"冰岛可以转让的配额制";李英周和傅朝麟(1998)、苏新红和张壮丽及方水美(2002)概述了"新西兰实施ITQ管理"的情况;郭文路和黄硕琳(2001)比较分析了"总可捕量制度不同实施方式";雷淑芬(2001)则介绍了"发展中国家实施个人可转让配额的问题";郭文路、黄硕琳和曹世娟(2002)分析了"个体可转让配额制度在渔业管理中的运用";刘新山分析了"ITQ渔业管理制度与物权理论的关系";唐建业和黄硕琳(2003)分析了"新西兰捕捞配额制度中配额权的法律性质"。徐汉祥(2003)提出了"东海伏季休渔现状及完善管理的建议",并做了"东海区带鱼限额捕捞的初步研究"。张鸣鸣(2000)指出了渔业行业协会能够把渔民群众性自我管理意识溶入政府渔业行政管理行为中,通过渔民群众性的自我管理、自我约束、自我调节来弥补现行渔业管理体制的功能缺陷。赵文武等(2002)认为当前我国渔业协会存在的问题主要包括:①它对政府的依赖性较强,带有一定的计划经济遗痕和行政色彩,还不能适应市场经济的要求;②渔业社团的定位还不准确,社团的职能也未能充分发挥,社团的社会地位不高;③会员基础还比较薄弱,相互之间了解不多、沟通不够,组织缺乏凝聚力和吸引力;④缺乏一支高素质的专职人才队伍,与社团的工作要求还存在较大差距。杨正勇(2005)在《海洋渔业资源管理中ITQ制度交易成本研究》中就渔业经济活动中的信息不对称对个体可转让配额制度的效率的影响进行了分析,并提出了成立地方性渔民合作组织,通过合作组织加强渔民和渔村自治的管理思路。宋文丽(2006)分析了目前渔业行业协会发展中存在的问题,并针对这些问题提出了我国渔业行业协会发展的思路与建议。王淼等(2008)对中国渔业合作经济组织的发展进行了SWOT分析。高健(2006)认为中国海洋渔业经济发展的制度设置应该以社会主义的市场经济体制为基础，实行政府管理＋市场调节的制度安排，通过将海域及渔业资源的国有产权转变为企业或各类合作经济组织的使用权，再由这些经济组织根据各自的发展状况，将使用权转变为个体经济经营权。通过论证有效率的产权和组织制度安排，为以市场机制为主体的具有中国特色的混合经济体制的有效运作提供保障，以实现中国海洋渔业经济的可持续发展。唐建业等（2006）针对中国目前在渔船管理、渔民转产转业与渔业资源养护过程中存在的问题，以及《渔业法》第22条所规定捕捞限额制度的实现，迫切需要对现行渔业管理进行改革。杨立敏（2007）运用博弈论探讨了从"渔民"单方博弈到"政府—渔民"双方博弈再到"政府—渔民合作组织—渔民"的三方博弈的机理，分析了基于渔协的日本渔业资源管理模式，从一个新的视角探讨了渔民合作组织建立的机理以及发生作用的必要条件。李晟等（2009）分析了包括渔业协会在内的渔村社区组织对渔业资源管理的作用，指出尽管渔业协会在资源管理中具有重要作用，但因其自身也存在着一定的局限性，因此，需要进一步培育渔业协会，不断完善其资源管理职能，才能使实行基于渔业协会等渔村社区组织的合作管理成为我国加强渔业资源管理的一种制度选择。赵丽丽（2009）认为社区管理是市场机制和政府管理不可替代的一种管理方法，渔业资源的可持续管理需要相关社区的积极参与，而外部干预可以重建有效的渔业资源社区管理的作用机制。并提出了社区渔业管理制度的实施路径进行中国海洋渔业管理协会的组织建设、实施总可捕量（TAC）制度和社区捕捞配额制的制度创新，完善《物权法》，修订《渔业法》的法律支持和提供保护渔业对农业组织的研究为开展渔业组织研究提供了一定的理论和实践借鉴。

4.3.3　中国海洋渔业研究展望

我国海洋渔业在"大农业"和"海洋经济"中所占比重不大，而且近年来呈现出一定的波动性下降趋势，这也是海洋渔业发展面临的一个重要制约因素，但从保障国家粮食安全出发，海洋渔业产业在环境与资源约束下，最基本的水产品供给能力地位将会愈加凸显。因此，在海洋环境生态、渔业种质资源、渔业劳动力资源等因素多重约束下，要实现海洋渔业可持续发展，提高海洋渔业发展研究的深度和系统性迫在眉睫。

4.3.3.1　现代海洋渔业关键技术与产业体系建设重点

张显良（2011）在《中国现代渔业体系建设关键技术发展战略研究》中明确指出，中国现代海洋渔业关键技术领域及路线图应涵盖资源养护型的捕捞业关键技术领域、环境友好型的高效水产养殖业关键技术领域、引领消费型的高值化水产加工技术领域、现代渔业发展支撑体系建设,并建议国家科技重大专项优先立项水域渔业资源养护及其修复技术的研究、远洋渔业资源开发技术研究、远海深水工程化养殖技术、盐碱水域养殖与生物综合治理、零排放高效陆基工厂化、新型饲料开发及高效利用、渔用疫苗创制及规模化应用技术研究与示范等。此外,国家在《中长期渔业科技发展规划(2006—2020年)》中也鲜明指出水产养殖、水产品加工、渔业环境、水产品质量安全、渔业装备与工程以及渔业信息化等六大领域开展核心技术事关现代渔业发展的全局性、战略性、关键性,影响我国渔业可持续发展。亟待突破海洋渔业生产品种为单元,产业为主线,从产地到餐桌、从生产到消费、从研发到市场的脉络清晰,围绕该产业技术体系开展相关研究,能够起到集中优势力量、攻关重大问题,通过共性技术和关键技术研究、集成和示范,提升创新能力、增强竞争力的作用。

4.3.3.2 优选海洋渔业发展战略与实现路径、模式的探索

中国海洋渔业必须解决"吃鱼难"问题,核心路径在于发展增殖或者远洋渔业,或者两者并重。但面临日益复杂的近海海洋生态环境压力和周边毗邻国家海洋政策不断调整,中国海洋养殖与远洋渔业都面临巨大的国内生态环境压力与国际海洋地缘政治压力。因此,细化海洋渔业发展战略及其实现路径、模式研究,确保"以养为主"战略和远洋渔业的战略成功实施。

4.3.3.3 气候变化与生态环境响应的海洋渔业产品质量安全研究

应对气候变化已被纳入到我国各类发展战略,海洋渔业作为国民经济的一个组成部分,应该承担相应责任。如通过捕捞作业方式调整、养殖模式改变等减少生产过程碳排放和通过养殖海洋贝藻等增加碳汇来减缓气候变化;更为重要的是,渔业作为易受气候变化影响的产业,面对极端天气气候变化,渔业与渔民应如何响应已成为影响渔业产业发展、渔民生存生活等的关键问题,甚至会影响到国家食物安全问题。同时,鱼类资源对气候变化的适应性以及新的鱼种选育开发等也将成为重要的研究课题。在全球气候变化影响下,研究建立科学有效的渔业响应机制,将成为保证渔业稳定发展、渔民持续增收的重要基础。

渔业的健康、稳定发展受到多方面因素影响,但从现实情况来看,过度捕捞、养殖密度过大、不科学投饵、疫病防治等问题在渔业生产过程中普遍存在,这不仅对水产业自身造成负面影响,同时也对海洋自然资源、海洋生态环境等造成破坏。因此,唯有发展生态渔业才是保证我国渔业健康科学发展的途

径。通过研究发展"上粮下渔"、增殖放流、人工渔礁、休闲渔业等生态养殖系统；推广渔业水质监测、鱼病诊疗和水产品质量安全管理和溯源等安全保障系统；实施冷链物流系统等三大系统，着力打造生态渔业新发展。

　　水产品质量安全的源头在应对气候变化过程中是否建立生态渔业发展模式等，然而面对中国当前水产养殖组织化程度低、现有监管体系难以有效运行等瓶颈，如何解决监管分散经营农户的难题成为破解海洋水产品质量安全问题的关键所在。因此，围绕构建水产养殖户有效组织模式、探索水产品流通环节监管衔接机制、切实发挥消费者"倒逼机制"等重要领域，辅以健全政府机构的监管体制机制等措施开展水产品质量安全战略研究，对于促进我国海洋渔业可持续发展具有重要意义。

4.3.3.4 三渔问题与海洋渔业转型研究

　　"三渔问题"包括：渔业、渔民和渔村。目前，关于渔业的研究较多，而针对渔民、渔村两大问题开展的研究相对较少，如渔民权益保障、渔民上岸工程、新渔村建设、渔民转产转业等都需要开展专项研究。重点亟待突破：能否形成与"三农问题"相对应的"三渔问题"研究体系，从"大渔业"角度出发促进"三渔问题"的解决与渔业、渔民和渔村事业的发展。

　　对于海洋渔业转型而言，不同的水域具有不同发展特点和问题，如远洋渔业（可分为大洋性和过洋性）、近海及沿岸渔业（可分为黄渤海区、东海区和南海区），具有不同特征的水域在渔业生产过程中的具体特征会有所差别，因此，应该区别开来研究。尤其要关注远洋渔业新资源开发利用，近海资源养护、捕捞渔民转产转业等领域，以及海洋渔业所涉及的水产养殖业、增殖渔业、捕捞业、加工业和休闲渔业的内部协调发展和捕捞业内部的远洋渔业、近海捕捞的协调转型发展，最终促进现代海洋渔业的整体推进。

参考文献

　　[1]安树升等．海洋增殖渔业的科学研究和管理．水产科学，2001，20（6）：42-44．

　　[2]常益民等．宁波市海洋渔业现状、问题及可持续发展对策思考．浙江水产学院学报，1997，16（4）：266-274．

　　[3]陈戈等．面向海洋油气资源综合预测的海洋地理信息系统研究．遥感学报，2002，6（2）：123-128．

　　[4]陈戈等．遥感和GIS技术在全球海面风速分析中的应用．水产学报，2001，25（4）：387-372．

　　[5]陈冠贤．海洋渔业调查中的温、盐观测精度．海洋技术，1977（1）：42-43．

[6]陈洪强. 广州市海洋渔业生产的现状与近期设想. 海洋渔业,1994(3):151-152.

[7]陈丕茂. 渔业资源增殖放流效果评估方法的研究. 南方水产,2006,2(1):1-4.

[8]陈述彭. 环境监测与卫星遥感. 地球信息,1998(1):56-59.

[9]陈思行. 海洋捕捞装备的发展与展望.世界农业,1986(12):36-37.

[10]陈思行. 浅谈责任制渔业. 中国渔业经济研究,1998(1):19-21.

[11]陈涛. 海洋渔业转型路径的社会学分析. 南京工业大学学报(社会科学版),2012,11(4):102-108.

[12]陈汪杰. 西北大西洋海洋渔业争端(欧盟与加拿大)——评国际法院正在受理的《海洋法公约》生效后第一宗热点海洋争端. 法学评论,1998(6):109-112.

[13]陈文河. 气候对我国海洋渔业的影响. 河北渔业,2004(6):19-25.

[14]陈新军. 渔业资源经济学(第二版). 北京:中国农业出版社,2014.

[15]陈作志等. 捕捞对北部湾海洋生态系统的影响. 应用生态学报,2008,19(7):1904-1610.

[16]程炎宏. 海洋渔业副渔获物问题及对策. 海洋渔业,1999(4):186-187.

[17]褚晓琳. 基于生态系统的东海渔业管理研究. 资源科学,2010,32(4):606-611.

[18]戴天元. 中国海洋捕捞学科发展的研究. 福建水产,2005(3):5-9.

[19]邓景耀等. 渤海越冬场渔业生物资源量和群落结构的动态特征. 自然资源学报,2001,16(1):42-46.

[20]董琳. 厦门海洋保护区与渔业生产空间冲突及其对策. 渔业信息与战略,2013,28(1):6-13.

[21]冯力生. 海洋集体渔业在机帆化道路上前进. 中国水产,1964(4):13-15.

[22]冯顺楼. 发展人工鱼礁开辟海洋牧场是振兴我国海洋渔业的必然趋势. 现代渔业信息,1989,4(5-6):1.

[23]高建,刘亚娜. 海洋渔业经济组织制度演进路径的研究. 农业经济问题,2007(11):74-79.

[24]高健. 从水域滩涂使用纠纷探讨我国渔业权制度的完善. 中国渔业经济,2006(5):21-24.

[25]高健. 制约我国海洋捕捞渔业人力资源流动因素的探讨. 中国渔业经济,2002(5):16-17.

[26]高永福. 适应国际海洋新形势建立渔业管理新秩序. 海洋开发与管理,1998(4):25-34.

[27]勾维民. 海洋牧场的生态经济文化意义及其对可持续渔业的启迪. 海洋开发与管理,2006(3):87-90.

[28]郭鸿鹄等. 我国高附加值海水养殖业经济分析——以半滑舌鳎为例. 广东农业科学,2013(10):224-233.

[29]郭文路,黄硕琳,曹世娟. 个体可转让配额制度在渔业管理中的运用分析. 海洋通报,2002,21(4):72-78.

[30]郭文路,黄硕琳. 关于我国休渔制度问题的探讨. 上海水产大学学报,2000,9(2):175-179.

[31]韩青动等. 秦皇岛市沿海海洋渔业灾害性天气研究. 河北农业大学学报,2009,32

（1）：122-125.

[32]何国民等．牧场化——现代海洋渔业的方向．渔业现代化,2003(5):4-6.

[33]何其渝等．海洋渔业管理与ISO 14000环境管理系列标准的比较研究．上海水产大学学报,1999,8(4):229-336.

[34]贺国文等．我国海洋渔业资源领域中的市场失灵分析．生态经济,2005(3):63-64.

[35]胡国松等．世界海洋渔业资源的利用．河北水产科技,1980:58-60.

[36]黄硕琳．21世纪海洋渔业专业人才规格初探．上海水产大学学报,1996,5(4):301-303.

[37]黄硕琳．国际渔业管理制度的最新发展及我国渔业所面临的挑战．上海水产大学学报,1998,7(3):223-230.

[38]姜旭朝,张继华．中国海洋经济演化研究．北京:经济科学出版社,2012.

[39]姜旭朝．渔业经济前沿问题探索．北京:经济科学出版社,2011.

[40]姜亚洲等．渔业资源增殖放流的生态风险及其防控措施．中国水产科学,2014,21(2):413-422.

[41]李大海,潘克厚,陈玲玲．改革开放以来我国海水养殖政策的演变与发展．中国渔业经济,2008(3):57-61.

[42]李大海,潘克厚,韩立民．我国海水养殖业的发展历程．中国渔业经济,2005(6):11-13.

[43]李冠成．人工鱼礁对渔业资源和海洋生态环境的影响及相关技术研究．海洋学研究,2007,25(3):93-102.

[44]李健华．成就、困境与发展前景——我国海洋捕捞渔业四十年回顾与展望．中国水产,1989(5):8-9.

[45]李进道．莱州湾海洋渔业现状．海洋湖沼通报,1994(3):83-87.

[46]李庆彪．放流增殖的基础——幼体生态与放流生态．海洋湖沼通报,1991(1):85-89.

[47]李晟等．渔业协会、渔村社区组织及其渔业资源管理功能．渔业经济研究,2009(3):29-34.

[48]李玉尚等．清代黄渤海鲱鱼资源数量的变动——兼论气候变迁与海洋渔业的关系．中国农史,2007(1):24-32.

[49]李志敏．曹妃甸海域人工渔礁增殖的可行性研究．河北渔业,2011(10):50-55.

[50]李忠义等．鳌山湾增殖放流中国明对虾的研究．水产学报,2014,38(3):410-416.

[51]连光华等．闽南地区渔业资源的开发利用．热带地理,1991,11(1):86-91.

[52]林珲等．利用TOPEX卫星高度计观测全球海面风速和有效波高的季节变化．科学通报,2000,45(4):411-416.

[53]林军等．象山港海洋牧场规划区选址评估的数值模拟研究:水动力条件和颗粒物滞留时间．上海海洋大学学报,2012,21(3):452-459.

[54]林香红,陈刚,宋维玲．"十二五"我国海洋渔业面临的问题与政策建议．中国渔业经济,2012(2):12-15.

[55]林志锋等.《南极海洋生物资源养护公约》对我国南大洋渔业的影响．海洋渔业,2006,28(1):79-82.

[56]刘邦凡．论我国高校海洋教育发展及其研究．教学研究,2013,36(3):9-15.

[57]刘莉莉等．山东省海洋渔业资源增殖放流及其渔业效益．海洋湖沼通报,2008(4):91-98.

[58]刘璐等．海洋渔业生物增殖放流效果评估研究进展．广东农业科学,2014(2):133-143.

[59]刘思俭．广东省应大力发展海洋牧场．湛江水产学院学报,1995,15(2):1-3.

[60]刘新山．冰岛的捕捞渔业权制度——可以转让的配额制．中国水产,2001,14(6):894-898.

[61]刘雅萌等．不同增殖方式来源的绿潮藻浒苔藻体生长及光合生理特性差异．水产学报,2014,38(5):691-696.

[62]刘永昌等．胶州湾中国对虾增值放流适宜量的研究．齐鲁渔业,1994,11(2):27-30.

[63]刘卓,杨纪明．日本海洋牧场(Marine Ranching)研究现状及其进展．现代渔业信息,1995,10(5):14-18.

[64]刘子琳等．象山港对虾增殖放流区浮游植物现存量和初级生产力．海洋学报(中文版),1997,19(6):109-115.

[65]楼东,谷树忠．中国渔业资源与产业的空间分布格局及演化．中国农业资源与区划,2005(2):27-31.

[66]楼东,朱兵见．我国渔业空间分布格局及产业结构的演化．中国渔业经济,2005(1):21-24.

[67]卢昆.现代渔业框架下我国海洋捕捞产业政策支持重点研究．社会科学家,2011(2):50-54.

[68]陆杰华等．人口增长和消费模式对海洋渔业资源影响的实证分析——以舟山为例．人口学刊,2004(5):3-9.

[69]陆杰华等．我国人口与海洋渔业资源系统仿真模型的构建．人口与经济,2002(3):3-10.

[70]陆忠康．我国渔业地理学(Fishery Geography)研究的现状及其发展前景．现代渔业信息,2000,15(8):9-12.

[71]鹿叔锌．我国海洋渔业资源的变动及捕捞业对策．齐鲁渔业,1994,11(2):3-5.

[72]麦贤杰．我国海洋捕捞渔民转产转业的经济学分析．中国渔业经济,2006(4):8-10.

[73]慕永通,韩立民．渔业问题及其根源剖析．中国海洋大学学报(社会科学版).2003(6):66-74.

[74]裴相斌等．基于GIS的海湾陆源污染排海总量控制的空间优化分配方法研究——以大连湾为例．环境科学学报,2000,20(3):294-298.

[75]朴英爱．构建资源节约环境友好型社会的产权制度——以环境资源和海洋渔业资源为中心．吉林大学社会科学学报,2008,48(3):113-119.

[76]朴英爱．韩国渔业管理的现状与总允许渔获量制度的引进．中国渔业经济,2001(2):42-43.

[77]钱鸿等．海洋捕捞生产年产量的数学模型及预测．水产科学,1994,13(5):19-22

[78]丘建文等．黄海渔业:从单种和多种资源管理走向生态系统水平的管理．自然资源学报,1995,10(3):259-266.

[79]渠慎启. 论海洋渔业安全生产管理. 齐鲁渔业,1994,11(5):39-40.

[80]邵桂兰,李洪铉,张希. 中国海洋渔业产业化发展模式探讨. 中国海洋经济评论,2008(1):196-205.

[81]邵全琴等. 海洋渔业电子地图系统软件设计与实现. 水产学报,2001,29(7):11-17.

[82]邵全琴等. 海洋渔业遥感地理信息系统应用服务技术和方法. 遥感学报,2003,7(3):194-200.

[83]沈雪达,王春晓,包特力根白乙. 渔业技术经济学(第二版).北京:中国农业出版社,2014

[84]施彬. 电子技术在海洋渔业方面的应用. 电子技术,1964(3):11-14.

[85]宋伟华等. 舟山市海洋渔业结构调整的现状与展望. 海洋湖沼通报,2003(2):79-82.

[86]宋文丽. 我国渔业行业协会的现状与发展研究. 中国渔业经济,2006(2):20-22.

[87]宋协法等. 山东省海洋捕捞业结构调整研究. 海洋湖沼通报,2003(1):66-71.

[88]苏奋振,周成虎等. 基于海洋要素时空配置的渔场形成机制发现模型和应用. 海洋学报(中文版),2002,24(5):46-56.

[89]苏新红,张壮丽,方水美. 国际渔业管理的新观念与福建省应采取的若干应对措施. 海洋渔业,2002(3):106-110.

[90]孙吉亭. 论我国海洋资源的特性与价值. 海洋开发与管理,2003(3):15-19.

[91]孙林. 海洋渔业捕捞优化模型及其可持续发展策略研究. 渔业经济研究,2009(1):12-17.

[92]唐建业,黄硕琳. 新西兰捕捞配额制度中配额权的法律性质分析. 上海水产大学学报,2003,12(3):255-259.

[93]唐建业等. 渔业社区管理在中国的实施探讨. 海洋通报,2006,25(4):63-69.

[94]唐启升. 如何实现海洋渔业限额捕捞. 海洋渔业,1983(3):150-152.

[95]唐启升. 中国区域海洋学—渔业海洋学. 北京:海洋出版社,2013.

[96]唐启升等. 中国水产科学研究院黄海水产研究所简介. 中国食物与营养,1997(4):44-46.

[97]同春芬. 渔业参与型管理的概念发展及其实施的必要性和可行性分析. 广东海洋大学学报,2012,32(2):32-35.

[98]同春芬等. 建设海洋强国背景下海洋社会管理创新模式研究. 上海行政学院学报,14(5):62-70.

[99]王飞跃等. 福建省海洋捕捞与渔业资源学科发展的思路. 福建水产,2011,33(3):22-26.

[100]王海峰等. 对影响我国海洋捕捞业制度要素的实证分析. 中国渔业经济,2006,(5):24-27.

[101]王红梅等. 面向海洋油气资源综合预测的海洋地理信息系统研究. 中国图像图形学报,2000,5(10):868-872.

[102]王集. 舟山专区海洋群众渔业技术改革的成就. 中国水产,1958(8):11.

[103]王丽艳等. 河北省海洋渔业最大可持续捕捞量计算及可持续利用对策. 河北师范大学学报(自然科学版),2003,27(2):198-202.

[104]王淼,刘勤. 我国海洋渔业内部转型的问题与对策研究. 中国渔业经济,2009(1):74-77.

[105]王淼,刘勤. 我国海洋渔业内部转型的问题与对策研究. 中国渔业经济,2009(1):74-77.

[106]王淼,权锡鉴. 我国海洋渔业的可持续发展策略. 农业经济,2003(1):7-8.

[107]王淼等. 从渔民经济行为看渔业管理制度安排. 中国渔业经济,2008(5):12-16.

[108]王民. 山东荣成市海洋渔业资源开发利用分析. 经济地理,1998,18(3):109-113.

[109]王如柏. 上海郊区海洋渔业生产责任制现状及其分析. 海洋渔业,1991(2):101-104.

[110]王诗成等. 山东省海洋渔业管理的思考. 中国渔业经济研究,1994(6):16-18.

[111]王绪峨等. 莱州湾海蜇资源消长原因及增殖措施. 齐鲁渔业,1994,11(5):18-19.

[112]吴高峰. 海洋强国建设与我国海洋高等教育的科学发展. 浙江海洋学院学报(人文科学版),2010,27(3):115-121.

[113]吴明辉. 国营海洋捕捞业的现状及出路.中国渔业经济研究,1994(6):22-23.

[114]吴艳芳. 我国海洋渔业政策转移的目标和途径研究. 中国海洋大学学位论文,2011.

[115]吴瑜瑞等. 河口、港湾和近岸海域重金属的污染程度与背景值. 海洋环境科学,1983,2(4):60-67.

[116]肖方森. 关于闽南、台浅渔场海洋捕捞作业结构调整的探讨. 福建水产,1999(1):45-50.

[117]肖晓芸. 海洋捕捞渔船用生物柴油减排的成本-效益分析. 上海海洋大学学报,2013,22(6):949-952.

[118]信敬福等. 南四湖渔业资源增殖措施探讨. 水利渔业,2006,(2):114-116.

[119]信敬福等. 山东半岛南部沿岸中国对虾放流数量对秋汛产量的影响. 水产科学,1999,18(6):7-9.

[120]徐恭昭. 海洋农牧化的进展与问题. 现代渔业信息,1998,13(1):3-10.

[121]徐汉祥. 东海区带鱼限额捕捞的初步研究. 浙江海洋学院学报(自然科学版),2003,22(1):1-6.

[122]徐汉祥. 跨世纪东海渔业资源利用和管理若干问题的探讨. 浙江海洋学院学报(自然科学版),2000,19(3):197-203.

[123]徐绍斌. 开发海洋牧场技术 创建海陆互补的大农业产业结构. 河北渔业,1991,(4):4-9.

[124]许罕多. 资源衰退下的我国海洋捕捞业产量增长——基于1956年-2011年渔业数据的实证分析. 山东大学学报(哲学社会科学版),2013(5):86-93.

[125]许强. 马鞍列岛岩礁生境鱼类群落生态学. Ⅰ. 种类组成和多样性.生物多样性,2010,20(1):41-50.

[126]薛桂芳. 关于《联合国海洋法公约》对世界与我国渔业影响的探讨. 海洋湖沼通报,2000(4):83-88.

[127]薛奕明. 我国海洋捕捞渔业机械化途径的探讨. 经济研究,1965(5):35-38.

[128]闫玉科. 我国海洋渔业资源可持续利用研究——基于海洋渔业资源衰退现象的经

济学解析．农业经济问题,2009(8):100-104．

[129]杨得前．我国海洋渔业资源利用中个体理性与集体理性的矛盾及其协调．生态经济,2005(7):76-82.

[130]杨纪明．世界海洋渔业资源．海洋科学,1979(3):8-12.

[131]杨黎明．绍兴海洋捕捞渔民转产转业调查与研究．中国渔业经济,2005(2):44-46.

[132]杨立敏．利用博弈模型分析和评价日本渔业管理．中国海洋大学学报,2007,37(3):372-376.

[133]杨林,迁婕．渔业产业化运营机制的构成、问题与对策研究．中国渔业经济,2010(01):15-20．

[134]杨维新．海洋污染与海洋渔业资源保护的关系．水产科技情报,1981(2):24-25.

[135]杨维新．渔轮防台管理工作的几点意见．海洋渔业,1983(2):121-122.

[136]杨正富．现代化的挪威海洋渔业．海洋渔业,1979(1):24-29.

[137]杨正勇．论我国渔业的兼捕性对个人可转让配额制度(ITQs)的交易成本的影响．生产力研究,2005(10):53-56.

[138]姚震,骆乐．渔业制度变迁对渔业生产率贡献的分析．中国渔业经济,2001(6):16-17.

[139]余求妹等．舟山远洋渔业发展问题与对策研究．安徽农业科学,2013,41(8):3429-3430.

[140]余日清等．珠江口航道疏浚对海洋生态影响及渔业资源损失的定量分析．中山大学学报(自然科学版),1998(37):180-185.

[141]俞达．美国海洋渔业．水产科技情报,1979(3):28-31.

[142]岳冬冬,王鲁民．我国渔业发展战略研究现状分析与初步思考．中国农业科技导报,2013,15(4):168-175.

[143]张光华等．我国海洋渔业资源开发利用的现状和前景．海洋与海岸带开发,1993,10(1):8-11.

[144]张红智．我国海洋捕捞能力的管理方法及制度效应．中国渔业经济,2007(2):17-21.

[145]张欢等．海洋地理信息系统的应用现状及其发展趋势．浙江水产学院学报,1994,13(1):5-11.

[146]张军涛等．中国海洋渔业资源的持续有效利用探讨．资源与产业,1999(5):32-35.

[147]张鸣鸣．建立渔业行业协会的思考．中国渔业经济,2000(5):9-12.

[148]张晓泉．中国海洋渔业资源资产产权制度的变迁与变革研究．中国海洋大学学位论文,2009.

[149]张益丰．海洋捕捞业与海洋生物多样性的持续有效发展——基于海洋生物经济学模型的分析．水生态学杂志,2008,1(1):129-133.

[150]赵蕾．全球气候变化与海洋渔业的互动关系初探．海洋开发与管理,2008(4):87-93.

[151]赵丽丽．绿色GDP与我国海洋资源可持续开发．中国渔业经济,27(1):21-25.

[152]赵文武．全国水产学会秘书长工作座谈会在深圳召开．科学养鱼,2002(3):37.

[153]郑仰桥等．分离式卫星标志放流技术及其在金枪鱼渔业中的应用．渔业信息与战

略,27(4):295-302.

[154]郑奕等. 中国海洋捕捞能力的计量与分析. 水产学报,2009,33(5):885-892.

[155]周建南. 海南海洋渔业发展现状及其对策. 华南热带农业大学学报,1999,5(1): 44-48.

[156]周军等. 河北省海洋渔业增殖放流现状、问题及建议. 中国渔业经济,2012,30 (6):111-117.

[157]朱坚真,孙鹏. 海洋产业演变路径特殊性问题探讨. 农业经济问题,2010(8):97- 104.

[158]祝航. 海洋渔业现状与渔政管理对策. 浙江水产学院学报,1991,10(2):123-128.

[159]邹建伟等. 广西北海海洋捕捞业减船转产工作的回顾和思考. 中国渔业经济, 2007(6):61-64.

撰写人:马仁锋

4.4　中国滨海旅游业研究进展

人类与海洋的关系由来已久。海洋在人类历史上曾长久作为生产(主要是渔业生产和盐业生产)空间和交流(商业交流、文化交流等)通道而存在。法国著名学者 Rémy Knafou 教授研究发现,人类与海洋的新型关系,也就是海洋作为人类的游憩和休闲的空间始于17世纪的荷兰(当时称"联合行省")海滨。这种新型关系在此后一直有所丰富和发展,并逐渐扩散到全球。如今,全球约3/4的旅游活动发生在海滨、海岛和海洋上。从南极到北极,从太平洋到印度洋到大西洋,从东海、南海到地中海、加勒比海,从海滨到近海再到远海,旅游者几乎无处不在。

中国是海洋大国,拥有18000km的大陆海岸线,14000千米的岛屿海岸线,拥有6500多个500㎡以上岛屿的主权和300万km²的管辖海域。我国沿海跨越热带、亚热带、温带三个气候带,拥有"阳光、沙滩、海水、绿色、空气"五大旅游资源基本要素。20世纪90年代以来,我国滨海旅游产业蓬勃兴起并得到迅速发展:滨海旅游资源开发渐趋深入,滨海旅游产业规模不断壮大,产品日益丰富,社会效益与经济效益显著。2009年国务院办公厅发布了《国务院关于推进海南国际旅游岛建设发展的若干意见》,提出了我国滨海旅游业发展的战略任务,吹响了我国滨海旅游开发和建设的号角。同年国务院第41号文件《国务院关于加快发展旅游业的意见》中提出:要"培育新的旅游消费热点。大力推进旅游与文化、体育、农业、工业、林业、商业、水利、地质、海洋、环保、气象等相关产业和行业的融合发展",指明了大力发展滨海旅游经济的方向。在此背景下,我国滨海旅游产业发展迅速。统计数据显示(图4-4-1),2013年我国滨海旅游业增加值为7851亿元,达到历年最高,以34.6%的占比位居海洋产业之首,并已初步形成了"四带一区"的产业格局(渤海湾旅游带、长江三角洲旅游带、珠江三角洲旅游带、海峡西岸旅游带和海南旅游区)。

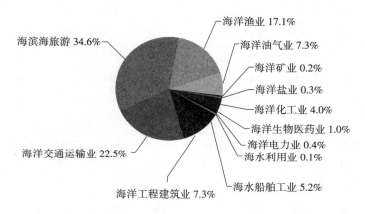

海洋渔业 17.1%
海洋油气业 7.3%
海洋矿业 0.2%
海滨海旅游 34.6%
海洋盐业 0.3%
海洋化工业 4.0%
海洋生物医药业 1.0%
海洋电力业 0.4%
海水利用业 0.1%
海洋交通运输业 22.5%
海水船舶工业 5.2%
海洋工程建筑业 7.3%

图4-4-1 2013年主要海洋产业增加值构成图

4.4.1 滨海旅游业研究概述

与国外滨海旅游发达国家相比,我国滨海旅游出现得较晚,相关研究在深度、广度和水平上存在着较大差距。

4.4.1.1 滨海旅游研究的阶段性

在中国期刊全文数据库(CNKI)输入关键词"滨海旅游"(时间截至2014年6月),共搜到相关文献1384篇,其中,期刊文章945篇,博士论文21篇,硕士论文284篇,会议论文134篇。检索发现,我国滨海旅游的研究始于20世纪80年代,进入21世纪后,滨海旅游研究快速发展,研究成果逐年增多,并出现一系列以滨海旅游为研究对象的硕士、博士论文(表4-4-1,图4-4-2)。这不仅表明我国滨海旅游事业呈现出快速发展的趋势,同时也表明滨海旅游研究更加多元化和专业化。

表4-4-1　国内滨海旅游相关文献的统计

年份	80年代	1990	1991	1992	1993	1994	1995	1996	1997
期刊数量	3	2	1	2	1	7	12	13	9
博士论文	0	0	0	0	0	0	0	0	0
硕士论文	0	0	0	0	0	0	0	0	0
会议论文	0	1	1	2	0	0	0	0	0

年份	1998	1999	2000	2001	2002	2003	2004	2005	2006
期刊数量	11	35	20	21	32	25	45	47	40
博士论文	0	0	0	0	0	0	0	0	2
硕士论文	0	0	1	2	0	1	2	3	7
会议论文	0	0	1	0	3	2	6	9	5

年份	2007	2008	2009	2010	2011	2012	2013	2014
期刊数量	43	69	76	83	99	106	111	30
博士论文	0	2	2	5	3	3	4	0
硕士论文	14	22	25	38	51	71	50	2
会议论文	14	4	23	10	24	12	7	0

注：在中国期刊全文数据库输入关键词"滨海旅游"，统计时间截至2014年6月。

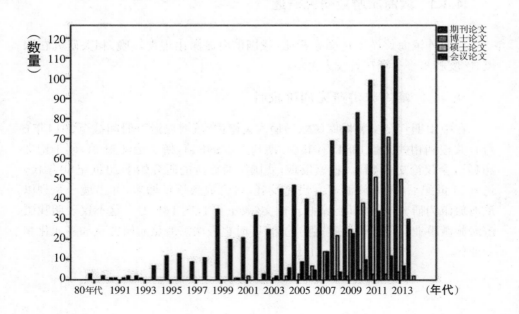

　　从表4-4-1、图4-4-2可以看出,我国滨海旅游研究呈现出明显的阶段性特征。

　　第一阶段,滨海旅游研究起步阶段。20世纪80年代,相关文献研究的主要内容是从滨海旅游业的整体出发,阐述其存在问题、对策以及对海边旅游开发区旅游产品的建议(李瑞,2012),研究内容简单且成果数量较少。随着人们对海洋认识的逐步深化、海洋产业作用的不断凸显,到了90年代中后期对滨海旅游研究逐渐趋热,相关文章的数量增多且研究的内容更加多样、具体。这个时期滨海旅游研究内容主要包括对滨海旅游资源的调查、分析(王诗成,1995;王晓青,1997;周山,1997;李巧玲,1999);对特定区域和海滨城市关于滨海旅游开发的研究(周乃斌,1995;邹瑚莹,1996;李坚诚,1997;何金波,1998;戈健梅,1999;田克勤,1999)以及对滨海旅游产品的开发,例如滨海休闲度假区(盛红,1999)、休闲渔业(冯森,1996)、滨海地质旅游(丁东,1996)、滨海国家森林公园(柴寿升,1999)等;同时,也开始注意到滨海旅游资源的可持续发展。

　　第二阶段,滨海旅游研究快速发展阶段。21世纪是海洋世纪,滨海旅游研究也进入了新时期。这个阶段滨海旅游研究内容更为广泛,研究的方法开始多样,研究的学者涉及各个领域,研究成果增多。滨海旅游资源研究的内容包括对资源的分类(陈娟,2003)、区域划分(陈君,2003;曲丽梅,2001;苗丽娟,2004;张广海,2006)、滨海旅游资源的优劣势分析(叶雯,2002;郑雅频,2007;孙希华,2004;郭朝阳,2007)以及资源评价(张灵杰,2001;赵楠,2006;李飞,2007;李华,2007;雷寿平,2004;曲丽梅,2001)。同时,一些研究者从各省市等具体区域的角度,研究了滨海旅游的生态性(张莉,2002;简王华,2005;王奎旗,2006;张广海,2007)、可持续性(张耀光,2002;张经旭,2002;刘冬雁,2002;张广海,2004;刘洪滨,2005)以及海洋景观保护(张润秋,2002)等开发模式,强调滨海旅游开发的经济效益、社会效益以及环境效益。此外,还借鉴国外滨海旅游发展的经验,研究了我国滨海旅游的产品开发,包括海岛旅游(杨效忠,2004;朱晶晶,2006;可娜,2003;陈烈,2004;吴臻霓,2005)、海洋文化旅游(董志文,2004;黄秀琳,2005)、休闲渔业(张广海,2004;董志文,2005)、滨海体育活动(林永革,2004;曹春宇,2007;曹秀玲,2007)等。这个时期的研究方法还是以定性研究、实证研究为主,并开始出现少量的定性与定量相结合的研究,呈现出多元化的研究态势,为日后滨海旅游的研究奠定了良好的理论和应用基础。

　　第三阶段,滨海旅游研究深入发展阶段。随着海洋经济的不断发展,自2008年开始,国内滨海旅游研究深入发展,主要表现在研究领域不断拓宽、不断深化,研究方法更加多样,研究成果更为丰硕。从滨海旅游主客体方面来看,滨海旅游客体的研究较多,包括对滨海旅游资源、滨海旅游产业开发、滨海城市发展、海岛旅游、滨海旅游的新兴项目以及滨海环境保护等各方面的研究;而对于滨海旅游主体的研究较少,仅有少量的关于滨海旅游者行为、滨海旅游企业及其管理与服务的文章。与前期相比,对滨海旅游资源评价模型的分析出现许多定量的方法(李飞,2008;程胜龙,2009;舒惠芳,2010;程胜龙,2010;房佳宁,2012;林燕,2012),并开始出现滨海旅游环境承载力(刘佳,2012;单德朋,2012)和资源空间结构(武传表,2008)等方面的研究。滨海旅游产业研究也从多角度进行,包括滨海旅游业发展的影响因素(翁毅,2011;彭飞,2013)、滨海旅游市场(李星群,2009;刘明,2011)、滨海旅游产品的品牌与营销(戴艳平,2011;宁霁,2012;方雅贤,2014)等。在滨海旅游与城市发展方面,开始出现滨海城市与滨海旅游之间关系的影响研究(夏雪,2014;周春波,2014),滨海旅游城市的发展潜力与竞争力(姜鹏鹏,2008;武传表,2011)、形象以及基础设施(王娟,2006;苏畅,2012)等方面的研究。同时,国内开始出现关于邮轮旅游的文章,包括国外邮轮发展经验介绍、国内滨海城市发展邮轮旅游的可行性分析等(李冰晶,2011;慎丽华,2012)。

4.4.1.2 滨海旅游研究的空间性

国内滨海旅游研究,在空间尺度上主要集中在具体海域、滨海省市区域的层面,缺乏对滨海旅游相关问题一般规律的探讨(李瑞,2012)。在海域层面上,以渤海海域以及北部湾作为研究对象的文章较多,其他海域的研究较少。我国沿海的14个城市,作为滨海旅游研究对象均有涉及,只是涉及的文献数量有所不同(表4-4-2)。从城市空间尺度看,目前国内滨海旅游的研究对象主要集中在较为知名的大中型城市,例如大连、烟台、青岛、秦皇岛、上海、宁波、厦门、深圳、三亚等(表4-4-3),而以滨海小城作为研究对象的文章较少,研究基本处于空白。同时,国内对于滨海岛屿的研究基本上都以舟山群岛和海南岛为主,研究的对象很少涉及其他岛屿。这些问题反映了我国滨海旅游在空间尺度上研究力度的不均衡;并且大多以实证研究为主,缺少对一般规律的探讨。

表4-4-2　滨海各省份作为研究对象的文献统计

省份	辽宁	河北	山东	江苏	浙江	福建	广东	广西	海南	总计
文献数量	54	22	74	18	51	37	61	51	41	409
所占比例	13%	5%	18%	4%	13%	9%	15%	13%	10%	100%

注:统计不包括台湾,采用四舍五入原则,时间截止到2014年6月

表4-4-3 滨海主要城市作为研究对象的文献统计

城市	大连	天津	烟台	青岛	上海	舟山	宁波
文献数量	50	8	10	125	14	95	9
所占比例	13%	2%	3%	31%	3%	23%	2%
城市	厦门	福州	深圳	广州	海口	防城港	北海
文献数量	18	2	16	17	8	10	19
所占比例	4%	1%	4%	4%	2%	3%	5%

注:计算采用四舍五入的方法,时间截止到2014年6月

4.4.2 国内滨海旅游业研究主要内容

我国滨海旅游的学术研究历经30余年,取得了丰硕的研究成果,为我国滨海旅游实践提供了雄厚的理论指导。纵观滨海旅游研究文献,我们可以看出目前研究主要集中在滨海旅游资源、滨海旅游产业、滨海旅游产品及新兴项目、滨海旅游的影响等领域。

4.4.2.1 滨海旅游资源研究

滨海旅游资源是滨海旅游业发展的基础。国内对滨海旅游研究始于区域滨海旅游资源的调查与分类,以及滨海旅游资源的评价、保护与开发、空间结构等方面。

(1)滨海旅游资源调查与分类。早期滨海旅游的文章大多站在区域滨海旅游开发的角度,对当地的滨海旅游资源进行调查分析。仲桂清(1992)对辽宁省滨海旅游资源开发的分析、王诗成(1995)对山东滨海旅游资源的探讨、王晓青(1996)对山东沿海旅游资源及开发的思考、周山(1995)对于广西滨海旅游资源的初探、杜丽娟等(2000)对河北省滨海旅游资源的分析与开发研究。陈娟(2003)根据海洋旅游资源的属性,将海洋旅游资源分为海洋自然旅游资源和海洋人文旅游资源两类,并在此基础上提出了我国滨海旅游资源的特点。

(2)滨海旅游资源评价。滨海旅游资源评价的研究较多,研究既包括国家宏观层面的大角度,也包括区域案例地层面的小角度。以研究方法分类,将我国滨海旅游资源评价分为两部分。第一部分主要是以定性的研究方法为主,这在滨海旅游研究早期阶段最为突出。陈砚(1991)对厦门滨海旅游资源整体性的评价分析,认为海湾、海岛等滨海资源是厦门旅游业持续发展的潜力资源。保继刚(1991)将滨海旅游资源的特点概括为"3s",即阳光、海水和沙滩,指出滨海旅游资源是一种共性大、个性(独特性)小的旅游资源。陈君(2003)对我国滨

海旅游资源给予充分的肯定,认为我国滨海旅游自然资源丰富、人文历史悠久,提出我国滨海旅游开发既要注重资源的保护又要挖掘人文内涵。第二部分主要是以定量和定性定量二者相结合的研究方法为主,这是学科发展的结果,并且随着学科发展而推广。曲丽梅(2001)在对辽宁省滨海旅游资源区划的基础上,选取景观价值特征、环境氛围和开发条件作为评价因子,运用数学模型和综合评分的方法对辽宁滨海旅游资源进行评价。程胜龙(2010)以广西滨海为例,探讨了二层次定量评价法在滨海旅游资源评价中的应用。舒惠芳(2010)运用层次分析法对深圳滨海旅游资源进行定量综合评价,并借助GIS技术对深圳旅游资源的结构和空间分布特征进行分析,认为深圳滨海旅游开发潜力巨大。林燕(2013)以厦门为例,运用层次分析法从自然资源、人文资源、资源协调性、开发与保育以及知名度5个方面构建了滨海旅游资源评价指标体系。

(3)滨海旅游资源的保护与可持续发展。环境保护与可持续发展一直是国内学者关注的热点,滨海旅游资源的保护与可持续发展也同样一直贯穿在滨海旅游研究之中。许多滨海旅游文献均涉及滨海旅游资源的保护以及可持续开发模式。朱坚真(2009)分析北部湾滨海旅游资源的特点、产业发展状况、开发利用存在的问题及原因,提出开发与保护环北部湾滨海旅游资源的对策。刘佳(2012)结合滨海旅游自身特点,构建由资源、生态、经济、社会四个承载子系统构成的滨海旅游环境承载力评价体系,按照评价体系的层次结构构造判断矩阵,采用层次分析法确定评价指标权重,运用物元评价模型和灰色预测模型,对山东半岛蓝色经济区滨海环境承载力水平进行量化测度与系统分析。张耀光(2002)应用层次分析法对渤海海洋资源开发利用提出了重点与发展方向,提出渤海海洋资源持续利用的对策。张广海(2004)在可持续发展的理念下,对我国海洋旅游开发的原则和保障措施进行研究和探讨。齐丽云(2011)从环境生态的角度,将影响滨海旅游的可持续发展因素总结为资源环境、经济环境、社会环境和管理监控四个方面,并通过实证研究发现旅游资源、民众环保意识、环保投入、环保宣传教育等因素对滨海旅游发展的可持续性影响较大。王芳(2012)从交通、资源、产品、科技、利益相关者等多个角度构建规划—管理—监督—评估动态模型,探索滨海旅游的可持续发展之路。

(4)滨海旅游资源的空间结构。掌握旅游资源的空间结构有利于了解区域旅游资源,合理布局区域旅游产业。目前,国内滨海旅游资源空间结构的研究主要从整个东部沿海、滨海城市和海岛型旅游地三个层面进行。宁凌(2013)选取海洋空间资源、海洋生物资源、海洋矿产资源和滨海旅游资源四个方面对中国海洋资源的概况进行了描述,并根据资源的丰度和开发程度将我国沿海各省市划分为四个层次。陈君(2003)从旅游资源成因、空间组合以及开发优势等角度分析了我国旅游资源的基本格局大致呈"s"型态势,由北向南划分为四大旅游带十大旅游区。张广海(2006)在总结海洋功能区划理论的基础上,根据青岛市海洋资源属性、开发利用条件及其现状特点,将青岛市的滨海旅游划分为东部、南部、胶州湾、西海岸四大功能区。陆林(2006)以舟山群岛为例,对海岛型旅游地旅游资源的空间结构以及空间结构的演化机理进行了研究。

4.4.2.2 滨海旅游产业发展研究

国内围绕滨海旅游产业进行研究的文献较多,研究较为全面深入。研究的内容主要有各区域范围的滨海旅游发展,滨海旅游业发展的影响因素,滨海旅游市场等。

(1)区域滨海旅游发展研究

国内滨海旅游产业发展研究起步较早,研究对象包括中国东部沿海各地理区域,包括渤海湾、舟山群岛、大亚湾、北部湾等;以及沿海各行政区域,包括沿海九省、直辖市以及其他城市。张耀光(2002)、王利(2011)、夏雪等(2014)对渤海湾滨海旅游的发展进行了研究;陆林(2004)、王大悟(2005)、黄蔚艳等(2010)对舟山群岛旅游发展进行探讨;李燕宁(2007)、张瑞梅等(2011)对北部湾旅游开发进行研究;王晓青(1996)、孙希华(2004)、刘洪斌(2005)、刘佳等(2012)对山东滨海旅游的开发进行研究;张广海等(2006)对青岛滨海旅游的发展进行了研究;林璇华等(2007)对广东滨海旅游发展进行探讨;戈健梅(1999)、王树欣(2009)、陈扬乐等(2013)对海南岛滨海旅游开发进行研究。目前,国内滨海旅游发展研究主要集中在大区域或者知名城市,对中小城市滨海旅游研究较少。

(2)滨海旅游影响因素研究

国内滨海旅游影响因素的研究主要是考虑自然和社会两个方面,既涵盖单因素研究又涉及多因素研究,研究成果较多;但大多以个案、实证研究为主,缺少对一般规律的探讨。其中,研究的自然因素主要包括滨海气候、沙滩以及海水质量等;研究的社会因素主要包括海洋文化,滨海旅游地的经济、基础设施、形象、竞争力等。

在自然因素方面,单红云(2009)通过实验调查了营口滨海旅游度假区海水质量情况,并对其中的微量元素及污染物进行评价,为旅游地海水质量保护提出对策。吴普、葛全胜(2010)研究了气候要素对于滨海旅游地的影响,通过构建基于引力模型、整合经济因素和非经济因素的旅游需求模型,分析气候因素对海南岛旅游的影响。翁毅(2011)从滨海旅游资源环境复合系统的角度,将气候变化对滨海旅游的影响分解为气候变暖、海平面上升和极端气候事件,并按旅游景观系统和旅游者两个层面进行综述。雷刚(2013)以厦门岛会展中心海岸养滩实践为例,分析了目前国内海滩养护的现状,提出了海滩防护对于滨海旅游发展的重要性。

对滨海旅游社会影响因素的研究较多,可将其分为海洋文化和滨海旅游地两角度来看。对于海洋文化因素,汤学敏、胡麦秀(2011)阐述了国内外学者对于滨海旅游中文化要素的研究,并讨论了他们的研究方法,为我国滨海旅游中文化要素的合理开发和应用提供思路。从滨海旅游地的角度探讨滨海旅游影响因素主要集中在旅游地基础设施、旅游地形象、旅游开发潜力、滨海旅游城市竞争力以及滨海旅游与滨海城市的关系等方面,其中大部分为实证研究,缺少对一般规律的寻找。王娟(2006)认为青岛市作为知名的滨海旅游城市,发展经济型酒店有利于弥补青岛住宿业的供给缺陷,在分析青岛经济型酒店的市场现状与发展前景的基础上,提出了促进其发展的策略和措施。苏畅(2012)通过系统总结国内外滨海旅游的理论与实践,分析了辽宁省沿海景观带的发展现状,提出打造"滨海大道"促进其滨海旅游的发展。张璟(2009)以上海临港新城为例,分析了滨海新城旅游形象建设的必要性,并从形象定位、理念识别、行为识别、视觉识别几个方面,探讨滨海城市形象建设的路径,为滨海旅游的发展增添动力。朱峰(2003)以北方中小滨海城市为研究对象,与南方滨海城市和大城市进行了比较,认为北方中小滨海城市的资源和市场条件较好,接待和推广条件不足,本身具有较大旅游发展潜力。张广海、刘佳(2010)通过选择旅游资源禀赋、旅游市场开发条件、区位交通优势、社会经济保障、生态环境承载力等影响与制约滨海旅游发展的五个方面构建滨海旅游开发潜力评价指标体系,并采用多目标线性加权法,建立潜力评价模型,为滨海城市旅游资源合理开发、旅游业持续发展提供了政策指导和理论依据。姜鹏鹏、王晓云(2008)构建我国滨海城市竞争力指标体系,运用因子分析法对大连、青岛、厦门和三亚进行了实证分析,发现我国滨海旅游目的地各项竞争力强弱特点是:现有竞争力>潜在竞争力>环境支持力。周春波(2014)借鉴耦合理论分析了海洋旅游业与城市经济二者耦合协调发展的作用机理,认为城市经济系统通过产业支持效应、基础设施效应、收入效应、城市形象效应来促进海洋旅游业的发展,并刻画了海洋旅游业与城市经济耦合协调发展的时序演进过程。

(3)滨海旅游市场研究

市场的供给与需求共同促进旅游市场的发展。目前,滨海旅游市场的研究大多从市场需求角度入手,较为关注滨海旅游的客源市场以及滨海旅游者行为等。同时,也有少量的文章从供给角度入手,研究滨海旅游企业的管理与服务。

在市场需求角度上,刘明(2010)对我国滨海旅游市场进行了分析,获得我国滨海旅游入境客源市场的年龄构成、性别构成、旅游动机等方面的结论,以及滨海旅游国内客源市场的特征,进而对我国滨海旅游潜在客源市场进行分析。

李星群(2011)以昆明、长沙、北京为例,分析了广西滨海旅游潜在客源市场的开拓;同时,他(2010)还对影响旅游者选择滨海旅游目的地的因素进行研究,发现在选择滨海旅游目的地时,旅游者更注重旅游体验,而潜在旅游者更关注旅游目的地形象。王尔大(2014)以大连滨海旅游为例,使用计量经济学的参数化生存分析模型,分析了游客在旅游目的地停留天数的决定因素,为旅游管理者决策提供了依据。

在市场供给角度上,荣浩(2014)将生态位理论引入滨海旅游产业集群企业竞合方面的研究,并提出相应的滨海旅游产业集群企业生态位评价指标体系,利用生态位重叠度计算模型,结合广东江门实例,提出集群企业生态位竞合的优化策略。陈金华(2010)提出岛屿旅游安全是滨海旅游开展的前提,并以湄洲岛为例对海岛旅游安全管理进行研究。

4.4.2.3　滨海旅游产品及新兴项目研究

30余年来,沿海及海岛各地都把滨海旅游业作为经济先导产业来抓。各地除保留原有的"观海景、戏海水、尝海鲜、买海货"等传统旅游项目外,各地还着力推出冲浪、帆板、水橇、游钓、邮轮、游艇、高空跳伞、沙滩球类等一批富有特色、新奇、刺激、参与性强的现代滨海旅游项目,使游人能够一享滨海旅游带来的无穷乐趣。基于此,学术界对滨海旅游产品的关注也越来越多。

(1)滨海产品开发研究

滨海休闲度假区是一种复合型旅游产品,产品形式多样,娱乐性、参与性较强。20世纪90年代国家就划定了6个国家级滨海旅游度假区:大连金石滩、青岛石老人、浙江之江、福建湄洲岛、广西北海银滩和海南亚龙湾,"十一五"期间又把其列为国家重点开发旅游产品。魏敏(2010)分析了我国滨海旅游度假区存在的问题,包括缺少科学论证、开发定位不明确、缺乏文化内涵、缺乏统一立法约束、环境问题日益严重、配套措施跟不上等等,并提出相应的解决措施。刘杰武(2013)分析了深圳东部滨海度假区发展特点,在此基础上提出建议,创新滨海度假模式,树立顶级国际滨海度假胜地形象。但与国外相比,我国滨海旅游度假区的研究明显滞后,滨海旅游度假区开发实践中出现的诸如开发过热、低效率重复建设、低劣的文化品位和旅游开发城市化或房地产化模式等不良现象在一定程度上与理论研究滞后有关。

滨海休闲渔业的研究往往以具体区域为对象,研究其优劣势与发展策略。王茂军(2002)对大连休闲渔业进行了资源分析,认为休闲渔业的发展必须定位于"海",要加强渔业与旅游业的联系。张广海(2004)对青岛市海洋休闲渔业发展进行了探索,提出了相应的发展对策。这种针对性的研究方法,对于研究区域的休闲渔业开发具有较强的指导意义,但同时,也造成了缺少普适性的缺点。

随着人们健康观念的增强,对滨海休闲体育产品的研究也引起关注。林永革(2004)对适应滨海旅游业发展的体育产业进行了探讨,认为目前国内滨海体育旅游方式和内容单一,严重制约了滨海旅游业的发展,并对此提出相应建议,为旅游发展提供更大空间。张海霞(2009)通过问卷调查对博鳌滨海休闲体育现状进行研究,分析了游客对于滨海休闲体育的态度和行为。滨海体育活动一直不是滨海游客出游的主要动机,而它本身具有较大吸引潜力,应加大其吸引潜力的开发。

海岛旅游一直是国内学者研究的热点,从海岛的资源、开发到可持续发展等,涉及各个角度多个方面。陈烈、王山河(2004)以广东省茂名市放鸡岛为例,运用生态景观学和旅游地理学的知识,探讨了无居民海岛的生态旅游规划,认为依托较为脆弱的生态环境的海岛开发是无居民海岛开发的重要组成部分。郑耀星(2008)认为在一定区域范围内,海岛型旅游地有较为相似的旅游资源、重叠的客源市场以及相当的重视程度,同时,其资源特色、发展环境、市场定位等竞争因素差异较大,这些都决定了海岛型旅游地之间是竞争与合作共存的对立统一关系;并以福建4个特色海岛,分析他们之间的空间竞争,提出海岛型旅游地区域合作的可行性策略。白瑞娟(2009)认为海岛作为一种特殊的滨海旅游资源,其旅游开发研究已成为国内外旅游研究的重点,并以菩提岛为例,提出了以生态旅游和休闲度假旅游相结合的共生发展模式和保护措施。陈金华(2010)以湄洲岛为例,对于旅游者感知的海岛旅游安全进行了实证研究,研究发现旅游欺骗、海鲜中毒与交通事故是海岛旅游安全的主要问题,而游客安全防范意识较低,海岛落后的管理体制是救援设施制约着海岛旅游安全的发展。曲凌雁(2005)介绍了世界知名海岛旅游发展的状况,并归纳分析其在功能层次、发展理念、组织形式等方面的经验,为我国海岛旅游开发提供借鉴。虽然国内关于海岛旅游的相关成果不少,但由于地域、交通等条件的限制,研究力度依然有待加强,研究范围有待拓宽,研究方法有待更加科学。

邮轮旅游在我国刚刚兴起,对其相关研究较少。国内对于邮轮旅游的研究主要集中在其发展预测、游客特征以及市场开发等方面。余科辉(2007)系统介绍了世界邮轮经济、邮轮目的地和邮轮母港的概况,分析了邮轮旅游目的地要素,指出我国港口发展邮轮经济应重点关注港口自身条件、潜在客源市场、地区吸引力等几个方面。慎丽华(2012)分析了青岛发展邮轮经济的潜力,认为青岛邮轮旅游经济在旅游资源、帆船品牌、通关经验等方面具有特色优势,提出通过明确区域定位于合作、完善硬件设施,培养高端管理服务人才等对策,推动青岛邮轮旅游的发展。张言庆(2010)探讨了邮轮旅游产业经济特征、发展趋势及对中国的启示。由于邮轮旅游在我国刚刚起步,加上邮轮消费的高门槛,这在一定程度上限制了国内对于邮轮旅游的研究。

（2）滨海旅游产品的品牌研究

国内滨海旅游产品的品牌研究近几年刚刚起步，相关的研究成果较少，研究的对象往往局限在特定的区域。陈剑宇（2009）对福建省休闲渔业"水乡渔村"的品牌建设进行了分析。宁霄（2012）对日照海洋旅游品牌的打造进行了研究。方雅贤（2014）以大连滨海旅游品牌为例，基于文化视角对旅游品牌形象塑造与传播进行了研究。

4.4.2.4　滨海旅游的影响研究

滨海旅游影响研究大致可以分为三个方面，即经济影响研究、环境影响研究以及社会影响研究。

（1）滨海旅游的经济影响。我国滨海旅游发展迅速，滨海旅游业已经成为海洋经济重要组成部分，且发展潜力巨大。而目前，国内对于滨海旅游的经济影响的研究大多只是强调滨海旅游发展本身的经济意义。王海壮（2006）分析了大连市滨海旅游的经济影响，并针对负面影响提出了相应的对策与建议。张耀光（2009）对辽宁省主导海洋产业进行了分析，强调了滨海旅游产业的经济效益。李作志、王尔大（2010）以大连市为例，对滨海旅游经济价值进行的评价，有利于实现旅游活动和旅游资源管理从粗放型向集约型的转变以及景区定价机制的改进。周武生（2010）对广西滨海旅游经济效益进行了分析，认为广西滨海旅游对经济贡献比较大、经济效益较好。张广海等（2007）通过分析山东省海洋旅游经济发展规模速度、产业贡献度和国际客源市场等地域差异，揭示了山东省海洋旅游经济存在明显的地域不平衡性，提出了构建山东省三级海洋旅游圈的空间发展模式，以及山东省海洋旅游经济发展的对策。

（2）滨海旅游的环境影响。目前，滨海旅游环境影响领域的研究方法不断体现出科学性，但研究的领域还不广泛，研究有待进一步展开。郑伟民（2012）以福建省泉州湾北岸为例，分析了滨海旅游开发的环境效应，并针对案例地开发的环境效应问题，提出滨海旅游开发的保护对策。刘世栋、高峻（2012，2013）以上海滨海湿地植被为研究对象，采用典型与标准相结合的调查方法，从属种和生物多样性角度分析不同旅游开发方式对滨海湿地植被的影响；同时，还基于灰色关联识别模型，从时空角度分析旅游活动对杭州湾北岸滨海人工浴场水环境的影响，研究了滨海活动与海水质量的关系。

（3）滨海旅游的社会影响。相对于滨海旅游的经济、环境影响，国内对于滨海旅游的社会影响研究更少。王春蕊（2013）在沿海开发进程中渔民转产转业的路径探讨中，认为滨海旅游是渔民转业转产的重要方向。李蕾蕾（2004）在比较了自然科学(特别是旅游地理学)和文化研究两个不同视角所建构的两种不同的海滨旅游空间模式后,指出从文化研究角度探讨海滨旅游空间是对传统旅游地理学研究视角的重要补充;接着在社会建构理论与符号学的分析框架下,讨论了海滨从"自然空间"转化为"旅游空间"的历史过程,并以深圳海滨为例,分析指出海滨旅游空间的社会实践和社会建构。滨海旅游发展具有广泛的社会影响力,在促进旅游地社会文化的对外交流、促进旅游地民族传统文化的保护复兴以及提升旅游者的素质、调剂旅游者的生活等方面发挥着重要作用,应该引起学者的广泛深入研究。

4.4.3 研究总结与展望

20世纪80年代后期,我国的滨海旅游业迅速崛起,北起丹东、南到三亚,在18000多 km 的黄金海岸及星罗棋布的大小岛屿上,旅游开发浪潮叠起。据有关资料统计表明,沿海及海岛地区接待游客人数每年以20%～30%的速度递增。伴随着滨海旅游业30余年的发展,国内滨海旅游研究取得了可喜的成绩:研究队伍逐步扩大、研究领域持续拓展、研究方法不断改善、研究成果越来越丰富。但与国外滨海旅游发达国家相比,我国滨海旅游起步较晚,相关研究在深度、广度和水平上存在着较大差距。结合国内外滨海旅游发展的特点和趋势,我们认为,国内滨海旅游研究亟待在以下几方面实现突破。

首先,在研究内容上。目前国内学者偏重于对海滨旅游资源的评价、开发与规划的探讨,而对滨海旅游主体及旅游媒体研究偏少,特别是滨海旅游媒体的研究几乎是空白,因而这两方面应该是以后研究的重点;同时,滨海旅游发展对区域社会文化等影响的研究有待进一步加强。另外,要进一步提高国内的滨海旅游研究水平,亟须加强理论层面的深入研究,重视理论与实践相结合,以理论研究的完善推动实践研究的发展和提升,以实践研究的进步促进理论研究的创新和成熟。

其次,在研究方法上。定性研究相对较多,对诸多问题探讨主要停留在描述性分析上,而定量研究相对匮乏,缺少将数学统计等学科的研究方法运用到滨海旅游研究中。旅游业是综合性产业。滨海旅游研究应该充分运用经济学、地理学、人类学、社会学、历史学、统计学、文化学、美学、管理学等多个学科方法,包括定性分析、定量分析以及二者相结合的方法,例如实证分析、案例分析、层次分析、模糊数学、SWOT分析、回归分析、网络分析等方法。

再次,在研究力量方面。国内高等院校是滨海旅游研究的主要力量,专业科研机构、政府部门次之。然而在研究者间的合作程度上,国内与国外相比仍显不足。结合目前国内滨海旅游研究存在的问题,加强不同学者、机构和部门间的合作,拓宽视野,加强国际合作和产学研合作,提升研究能力和素质,将是国内滨海旅游研究的发展大趋势。

最后,在滨海旅游专业人才培养方面。一直没有引起足够关注(李瑞,2012)。海岛旅游、邮轮旅游、海钓、潜水等特种旅游项目不仅对旅游者有着较高的专业要求,更需要熟练掌握专业技术的高素质的专业服务人员,如要求邮轮工作人员需有相当高的外语基础及服务意识,具备跨文化交流的能力。近两年我国滨海城市的部分高职、高专院校相继开设了相关专业,但与滨海旅游大发展的要求还相距甚远。为此,高等教育要加强滨海旅游人才培养目标定位、专业课程体系建设、教材编写等方面的研究,满足滨海旅游对不同层次专业人才的需求。

参考文献

[1]Knafou Rémy. Scènes de plage dans la peinture hollandaise du XVIIe sciècle. Mappemonde,2000,58(2):1-5.

[2]李瑞. 我国滨海旅游发展研究. 北京:科学出版社,2012.

[3]吴碧君. 关于在胶州湾旅游开发区建立海上公园及人工岛的建议. 海岸工程,1986,5(3):81-84.

[4]王诗成. 关于山东发展滨海旅游资源的探讨. 现代渔业信息,1995,10(7):1-5.

[5]王晓青. 山东沿海旅游资源及开发思考. 人文地理,1996(11):54-56.

[6]周山,刘润东. 广西滨海旅游资源开发初探. 广西师范学报,1997,14(4):12-17.

[7]李巧玲. 论我国滨海旅游资源的深度开发. 湛江师范学院学报,1999,20(1):38-41.

[8]周乃斌. 秦皇岛市旅游业发展的回顾与思考. 旅游学刊,1995(1):33-36.

[9]邹瑚莹. 可持续发展旅游地的经济以环境. 建筑学报,1996(9):26-32.

[10]李坚诚. 潮州市发展度假旅游之研究. 人文地理,1997,12(4):68-71.

[11]何金波. 三亚建成国际滨海旅游城之论析. 琼州大学学报,1998,3(22):89-99.

[12]戈健梅,龚文平. 海南岛的滨海旅游. 海岸工程,1999,18(2):104-108.

[13]田克勤. 山东滨海旅游项目开发的研究. 海岸工程,1999,18(2):6-10.

[14]盛红. 我国滨海旅游度假区开发的文化问题思考. 海岸工程,1999,18(2):81-85.

[15]冯森,刘绍振. 厦门发展游钓渔业的可行性研究. 福建水产,1996,4(12):45-46.

[16]丁东,李晓红,尹延鸿. 青岛滨海地质旅游. 海岸工程,1996,18(2):90-93.

[17]柴寿升,陈娟. 鲁南滨海国家森林公园旅游开发的初步设想. 海岸工程,1999,18(2):109-113.

[18]陈娟. 中国海洋旅游资源可持续发展研究. 海岸工程,2003,22(1):103-108.

[19]陈君. 我国滨海旅游资源及其功能分区研究. 海洋开发与管理,2003(3):41-47.

[20]曲丽梅,仲桂清,李晶. 辽宁省滨海旅游资源分区及评价研究. 海洋环境科学,2001,22(1):53-57.

[21]苗丽娟,刘娟.AHP方法在锦州市海洋功能区划中的应用.国土与自然资源研究,2004(2):55-56.

[22]张广海,李雪.青岛市海洋功能区划研究.国土与自然资源研究,2006(4):5-6.

[23]叶雯.阳江市海洋资源优势与可持续发展初探.海洋信息,2002(3):9-11.

[24]郑雅频.福建省滨海旅游度假地优化发展研究.福建师范大学,2007.

[25]孙希华.山东滨海旅游资源开发及其问题.资源开发与市场,2004,20(5):395-398.

[26]郭朝阳,赵耀.胶东半岛滨海旅游资源规划与开发SWOT分析.北方经济,2007(5):27-28.

[27]张灵杰,金建君.我国海岸带资源价值评估的理论与方法.海洋地质动态,2001,18(2):1-5.

[28]赵楠,韩增林.辽宁省滨海旅游资源评价及开发战略.海洋开发与管理,2006(4):104-107.

[29]李飞.滨海旅游景区评价模型.科教文汇,2007(12):104-105.

[30]李华,符全胜,蔡永立.滨海型城区旅游地竞争力评价体系构建.上海海事大学学报,2007,28(3):69-74.

[31]雷寿平.闽东山海旅游资源的开发与评价.福建地理,2004,19(1):47-49,63.

[32]张莉.中国南海发展滨海生态旅游的思考.生态经济,2002(11):75-77.

[33]简王华,陆聪慧,张金霞.北海市滨海旅游资源综合生态开发探讨.广西师范学院学报,2005,22(3):53-56.

[34]王奎旗,韩立民.论述我国海岸带经济开发的问题域前景.中国渔业经济,2006(2):40-44.

[35]张广海,邢萍.我国滨海旅游发展战略初探.海洋开发与管理,2007,24(5),101-105.

[36]张耀光,李春平.渤海海洋资源的开发与持续利用.自然资源学报,2002,17(6):768-774.

[37]张经旭.广西滨海旅游资源可持续开发研究.国土与自然资源研究,2002(3):44-46.

[38]刘冬雁,刘兰.我国滨海旅游资源的开发与管理.海岸工程,2002,21(2):21-25.

[39]张广海,董志文.可持续发展理念下的海洋旅游开发研究.中国人口•资源与环境,2004,14(3):39-42.

[40]刘洪滨,刘康.山东滨海旅游可持续发展战略.山东海洋大学学报,2005(4):14-17.

[41]张润秋,谭映宇.海洋旅游开发与保护的研究.海岸工程,2002,21(4):60-65.

[42]杨效忠,陆林,张光生.舟山群岛资源空间结构研究.地理与地理信息科学,2004,20(5):87-91.

[43]朱晶晶,陆林,杨效忠.海岛型旅游地空间结构演化机理——以浙江舟山群岛为例.经济地理,2006,26(6):1051-1053.

[44]可娜,潘贤军.葫芦岛市滨海旅游资源开发研究.国土与自然资源研究,2003(4):79-81.

[45]陈烈,王山河.无民居海岛生态旅游发展战略研究——以广东省茂名市放鸡岛为例.经济地理,2004,24(3):416-418.

[46]吴臻霓,袁书琪.福清市东壁岛旅游度假区开发研究.引进与咨询,2005(10):15-16.

[47]董志文,张广海.海洋文化旅游资源的开发研究.求实,2004(11):222-223.

[48]黄秀琳,黄金火.福建滨海旅游发展中的文化问题.福建地理,2005,20(3):41-43.

[49]张广海,董志文.青岛市海洋休闲渔业发展初探.吉林农业大学学报,2004,26(3):347-350.

[50]董志文.青岛休闲渔业的SWOT分析与发展策略.渔业经济研究,2005(1):8-7.

[51]林永革.适合滨海旅游业发展的体育产业开发.体育学刊,2004,11(2):33-35.

[52]曹春宇,曹卫,李新华.滨海休闲体育旅游的法律内容与关系构成透视.南京体育学院学报,2007,21(4):75-77.

[53]曹秀玲.福建省滨海体育旅游资源优势及前景分析.聊城大学学报,2007,20(3):85-88.

[54]李飞.滨海旅游地评价模式及实证研究.科技创新导报,2008(6):90-93.

[55]程胜龙.广西滨海旅游资源开发评价.东南亚纵横,2009(10):61-65.

[56]舒惠芳,李萍,江玲.基于GIS的深圳旅游资源评价与区划.热带地理,2010,30(2):205-209.

[57]程胜龙,尚丽娜,张颖.两层次定量评价法在滨海旅游资源评价中的应用——以广西滨海为例.热带地理,2010,30(5):570-576.

[58]房佳宁.滨海类旅游度假村核心竞争力评价体系研究.现代营销,2012(2):140-141.

[59]林燕,陈婧妍.滨海旅游资源评价指标体系的构建及应用.海南师范大学学报,2012,25(4):452-457.

[60]刘佳,于水仙,王佳.滨海旅游环境承载力评价与量化测度研究.中国人口·资源与环境,2012,22(9):163-170.

[61]单德朋,朱沁夫.中国滨海旅游城市入境旅游流量及潜力——基于旅游地引力模型的实证分析.四川理工学院学报,2012,27(2):29-35.

[62]武传表.区域经济一体化过程中的旅游资源空间整合模式研究——以辽宁沿海地区为例.辽宁师范大学学报,2008,31(3):364-366.

[63]翁毅,朱竑.气候变化对滨海旅游的影响研究进展及启示.经济地理,2011,31(12):2132-2137.

[64]彭飞,韩增林.旅游城市化背景下的环渤海滨海城市气候舒适性评价.世界地理研究,2013,22(3):145-150.

[65]李星群,阳国亮.广西滨海旅游潜在客源市场开拓分析——以昆明、长沙、北京为例.广西大学学报,2009,31(3):1-3.

[66]刘明.我国滨海旅游客源市场分析.经济地理,2011(2):317-321.

[67]戴艳平.广西北部湾滨海旅游品牌整合研究.区域经济,2011(8):27-30.

[68]宁霁,林德山.打造海洋旅游品牌塑造滨海文化名城.科技创业家,2012(9):237.

[69]方雅贤,李振坤,杨国瑰.基于文化视角的旅游品牌形象塑造与传播研究——以大连滨海旅游品牌为例.辽宁师范大学学报,2014,37(3):355-360.

[70]夏雪,韩增林. 环渤海滨海旅游与城市发展耦合协调的时空演变分析. 海洋开发与管理,2014(7):60-66.

[71]周春波. 海洋旅游业与城市经济耦合发展机理研究. 海洋旅游:第二届中欧国际旅游论坛论文集. 北京:海洋出版社,2014.

[72]姜鹏鹏,王晓云. 中国滨海旅游城市竞争力分析——以大连、青岛、厦门和三亚为例. 旅游科学,2008,22(5):12-18.

[73]武传表,谢春山. 环渤海地区14个滨海旅游城市旅游市场竞争态分析. 海洋开发与管理,2011(5):103-106.

[74]王娟. 青岛市发展经济型酒店的市场前景与策略. 地方经济,2006(34):89-90.

[75]苏畅. 国内外滨海旅游开发对辽宁发展滨海大道旅游景观带的启示. 特区经济,2012(3):151-153.

[76]李冰晶. 关于三亚发展邮轮旅游业的几点思考. 湖北经济学院学报,2011,8(2):37-38.

[77]慎丽华,杨晓飞,董江春. 青岛发展邮轮旅游经济潜力分析. 消费经济,2012,28(1):65-68.

[78]仲桂清. 辽宁省滨海旅游资源开发. 海洋与海岸带开发,1992,9(2):24-27.

[79]杜丽娟,韩晓兵. 河北省滨海旅游资源特征与旅游业发展思路. 地理学与国土研究,2000,16(2):65-67.

[80]陈砚. 厦门市滨海旅游资源优势与潜力. 海岸工程,1999,18(2):94-103.

[81]保继刚等. 滨海沙滩旅游资源开发的空间竞争分析:以茂名市沙滩开发为例. 经济地理,1991,(2):89-93.

[82]林燕,陈婧妍. 滨海旅游资源评价指标体系的构建及应用——以厦门为例. 海洋信息,2013(1),43-48.

[83]朱坚真,周映萍. 环北部湾滨海旅游资源开发与保护初探. 中央民族大学学报,2009,39(184):29-35.

[84]张耀光,李春平. 渤海海洋资源的开发与持续利用. 自然资源学报,2002,17(6):768-774.

[85]齐丽云,贾颖超,汪克夷. 滨海生态旅游可持续发展的影响研究. 中国人口·资源与环境,2011,21(12):238-241.

[86]王芳,朱大奎. 全球变化背景下可持续的滨海旅游资源开发与管理. 自然资源学报,2012,27(1):1-16.

[87]宁凌,唐静,廖泽芳. 中国沿海省市海洋资源比较分析. 中国渔业经济,2013,31(1):41-49.

[88]王利,魏代聘. 环渤海地区海洋经济优化发展分析. 经济与管理,2011,25(9):84-88.

[89]夏雪,韩增林. 环渤海滨海旅游与城市发展耦合协调的时空演变分析. 海洋开发与管理,2014(7):60-66.

[90]王大悟. 海洋旅游开发研究——兼论舟山海洋文化旅游和谐发展的策略. 旅游科学,2005(5):68-72.

[91]黄蔚艳. 海洋旅游者危机认识实证研究——以舟山市旅游者为个案. 经济地理,2010,30(5):865-870.

[92]李燕宁. 广西环北部湾滨海旅游发展优势及策略. 经济与社会发展,2007,5(11):90-93.

[93]张瑞梅. 广西北部湾滨海旅游可持续发展探析. 广西民族大学学报,2011,33(4):114-118.

[94]林璇华. 广东滨海旅游存在的问题及对策思考. 沿海企业与科技,2007,84(5):133-134.

[95]王树欣,张耀光. 海南省滨海旅游业发展优势与对策探析. 海洋开发与管理,2009,26(9):91-94.

[96]陈扬乐. 海南省潜在滨海旅游区研究. 北京:海洋出版社,2013.

[97]单红云,莫纯波. 营口滨海旅游度假区海水环境现状及评价. 水产科学,2009,28(3):164-166.

[98]吴普,葛全胜,齐晓波. 气候因素对滨海旅游目的地旅游需求的影响——以海南岛为例. 资源科学,2010,32(1):157-162.

[99]翁毅,朱竑. 气候变化对滨海旅游的影响研究进展及启示. 经济地理,2011,31(12):2132-2137.

[100]雷刚,刘根. 厦门岛会展中心海滩养护及其对我国海岸防护的启示. 应用海洋学报,2013,32(3):305-315.

[101]汤学敏,胡麦秀. 海洋文化因素对滨海旅游的影响力(综述). 浙江农业学报,2011,23(5):1058-1062.

[102]张璟. 滨海新城旅游形象建设——以上海临港新城为例. 上海海事大学学报,2009,30(3):82-86.

[103]朱峰,陈伟,韩国圣. 北方中小滨海城市旅游发展条件分析. 地域研究与开发,2003,22(6):85-88.

[104]张广海,刘佳. 中国滨海城市旅游开发潜力评价. 资源科学,2010,32(5):899-906.

[105]刘明,徐磊. 我国滨海旅游市场分析. 经济地理,2011,31(2):317-321.

[106]李星群,阳国亮. 广西滨海旅游潜在客源市场开拓分析——以昆明、长沙、北京为例[J]. 广西大学学报,2009,31(3):1-3.

[107]李星群. 滨海旅游目的地选择行为比较研究. 商业研究,2010,398(6):144-147.

[108]王尔大,李花. 基于生存分析模型的游客停留天数影响因素分析——以大连滨海旅游为例. 运筹与管理,2014,23(1):123-130.

[109]荣浩. 滨海旅游产业集群企业生态位测评及竞合策略研究——基于广东江门的实证分析. 学术论坛,2014,278(3):67-72.

[110]李星群. 滨海旅游目的地选择行为比较研究. 商业研究,2010,398(6):144-147.

[111]魏敏. 我国滨海旅游度假区的开发及保护研究. 中国社会科学院研究生学报, 2010,177(3):78-83.

[112]刘杰武. 深圳东部滨海度假区发展特点及建议. 特区经济,2013(2):91-92.

[113]王茂军,栾维新. 大连市发展滨海休闲渔业的资源分析和对策. 人文地理,2002, 17(6):46-50.

[114]张海霞. 博鳌滨海休闲体育. 体育文化导刊,2009(2):23-30.

[115]曲凌雁. 世界滨海海岛地区旅游开发经验借鉴. 世界地理研究,2005,14(3)80-85.

[116]郑耀星,林文鹏,储德平. 海岛型旅游地空间竞争与区域合作研究. 旅游学刊, 2008,23(12):58-62.

[117]白瑞娟,李田,张丽云. 海岛旅游开发模式与保护——以唐山市乐亭县菩提岛为例. 河北农业科学,2009,13(5):114-116,140.

[118]陈金华,何巧华. 海岛旅游安全管理实证研究. 未来与发展,2010(2):110-113.

[119]余科辉. 世界邮轮旅游目的地与邮轮母港研究. 商业经济,2007(7):94-95

[120]张言庆,马波,范英杰. 邮轮旅游产业经济特征、发展趋势及对中国的启示. 北京第二外国语学院学报,2010(7)26-33.

[121]陈剑宇,郑耀星. 福建省休闲渔业暨"水乡渔村"品牌建设浅析. 农村经济与科技, 2009,20(8):42-43.

[122]王海壮,吴卓华. 大连市旅游业的经济影响分析. 辽宁师范大学学报,2006,29 (3):363-365.

[123]张耀光,韩增林. 辽宁省主导海洋产业的确定. 资源科学,2009,31(12):2192-2200.

[124]李作志,王尔大. 滨海旅游活动的经济价值评价——以大连为例. 中国人口•资源与环境,2010,20(10):158-163.

[125]周武生. 广西滨海旅游经济效益分析. 人民论坛,2010(7):162-163.

[126]张广海,陈婷婷. 山东省海洋旅游经济地域结构研究. 海洋开发与管理,2007(3):103-108.

[127]郑伟民,杨秋梅. 滨海旅游开发的环境效应分析与对策——以福建省泉州湾北岸为例. 国土与自然资源研究,2012(3):67-68.

[128]刘世栋,高峻. 旅游开发对上海滨海湿地植被的影响. 生态学报,2012,32(10):2992-3000.

[129]刘世栋,高峻. 旅游活动对滨海浴场水环境影响研究. 中国环境监制,2013,29 (2):1-4.

[130]王春蕊."三联动":沿海开发进程中渔民转产转业的路径. 未来与发展,2013(7):57-60.

[131]李蕾蕾. 海滨旅游空间的符号学与文化研究. 城市规划汇刊,2004(2):58-61.

撰写人:苏勇军、邹智深

4.5 海运物流网络中的港口选择研究

集装箱化促进了港口服务标准化,加剧了港口间竞争。多式联运通道的发展增强了港口通达性,港口腹地因此得以极大的拓展。这不仅表现为腹地向内陆的不断延伸,也表现为向其他港口的腹地渗透"侵入",出现交叉腹地。鹿特丹港因此现象而被称为"无边界的港口"。

港口腹地扩展和交叉现象对货主和船公司都有着深刻的意义。进出口商等货主及其代理人在寻求货物运输服务时获得了广泛的港口选择,从而影响了其运输和物流方案的决策。港口选择对于船公司的重要性主要源于两个方面。首先,船公司视港口选择为其航路和网络规划中最重要因素。为追求运输规模经济,船公司对船舶大型化乐此不疲;结合运输范围经济,大型集装箱船公司采用轴-辐式航线空间布局模式,选择大型枢纽港并结合近海运输(short sea shipping)以扩大其服务覆盖的空间范围。其次,随着反垄断法的生效,有着一百多年历史的班轮公会逐渐解体,船公司间竞争加剧,迫使他们一方面通过成本控制等实现降低价格,另一方面通过拓展服务范围、扩大网络面和提高服务质量。因此选择能为其提供优质服务的港口成为船公司重要的经营战略之一。

随着物流的发展,货主,尤其是从事跨国贸易的进出口商将运输和物流活动外包,货运代理商等第三方物流企业在物流路线规划和港口选择中的作用增强。港口也不断地谋求渗入货主的物流系统中,Robinson据此重新诠释港口定义,视港口为价值驱动链中的重要组成(Robinson R,2002)。港口选择问题变得更为复杂和重要。本节对港口选择研究进行梳理,这些研究成果有助于港口运营商和港口管理机构深入理解港口选择的影响因素,从而有效地加强港口和港口城市的可持续发展。

4.5.1 港口选择问题的演变

4.5.1.1 问题的出现

20世纪世纪80年代之前货物运价主要由船公司组成的班轮公会决定,托运人并无还价余地。在班轮公会的垄断框架下,不同港口始发的、不同承运人提供的海上运输服务的价格并无多大差异,因此内陆至海港的通达性和运输成本差异成为货主的重要关注因素。Foster的调查研究发现内陆运输距离是货主选择港口考虑的主要因素(Foser et al.,1997)。对于某一地理位置确定的货主而言,几乎不存在港口选择问题,船公司为争取货源往往会挂靠多个港口。

随着集装箱化和多式联运的发展,内陆至各海港的通达性得到了极大改善,陆运成本也大为降低,港口腹地相互交叉渗透,货主在寻求港口服务时具有多个港口选择。腹地和空间霸权等概念不再适用于阐释港口间的竞争。非成本因素在货物贸易中的日益重要,促使货主重视港口服务质量等因素。1985年Slack从托运人视角重新定义了港口竞争力,提出了相应的评价方法,并探讨了进出口商和货运代理的港口选择行为(Slack B,1985)。Slack这项研究首次突出了港口选择成了货主重视的问题,并强调货主的港口选择行为影响着港际竞争,港口方要重视货主及其代理人对港口的评价角度。

4.5.1.2　演变过程

Slack(1985)研究突出了集装箱化时代货主等托运人开始重视港口选择,而1989年5月1日生效的美国《1984航运法》激发了托运人对船公司的选择,从而促进船公司对港口的选择。

美国《1984航运法》进一步开放了集装箱海上运输市场,允许船公司自主设定运输费率。海上运输价格的差异极大地影响了运输总成本,货主开始重视对海上承运人的选择。1992年D'Este和Meyrick在研究货主选择船公司时发现港口选择只是货主选择船公司时的一个考虑因素(D'Este GM et al.,1992),Malchow也认为船公司通过吸引货主从而影响货主对港口的选择(Malchow MB,2001)。

随着国际贸易增长和造船技术发展,船舶发展日益大型化,这极大地导致了港口选择问题从以货主为中心转向以船公司为中心,船公司更为关注港口选择,更能影响货流的港口节点选择。船舶大型化不仅对港口的设施和区位条件提出了新的要求,而且使得集装箱船的挂靠港数量大幅度减少,这促使船公司通过了一系列的兼并和收购活动进行重组,并进一步踏入港口投资和运营领域。这些都极大地加剧了港际竞争,也影响了贸易商的港口选择。Rimmer(1998)探讨了班轮公司兼并重组对亚太地区跨太平洋贸易的港口竞争和港口选择的影响,认为兼并重组会促使航运联盟加剧市场分割,形成了层次结构更为复杂的港口体系和航运模式。集装箱运输网络的发展促进了港口功能分化,形成了枢纽港和支线港口相分离的运输网络体系(韩增林等,2002)。选择合适的枢纽港成为船公司重要的运营战略之一。

21世纪后随着全球供应链兴起,港口被视为价值链的驱动单元,跨国生产企业视其为企业供应链中的重要环节。港口物理属性不再能准确地反映港口竞争力和港口整合到全球供应链这一趋势。货主对港口的评价更多地关注是否有利于形成物流成本最低的供应链或在提升货物市场价值上更具竞争优势的供应链(Talley WK,2009)。作为物流链上的终端客户,货主的这种需求也得到了船公司和其他物流服务商的重视。港口选择成了船公司、货主及其代理选择供应链的派生选择(Magala M et al.,2008)。在此背景下,港口选择函数是整个运输链或供应链网络的函数,其选择准则也应该是整个网络的准则(Notteboom T,2006)。2008年Magala和Sammons从供应链范式下提出港口选择研究的新框架(Magala M et al.,2008)。Panayide和Song确定船公司的物流和供应链港口选择准则并对其重要性进行排序(Panayides P et al.,2012)。Zondag等(2010)建立了船公司的物流链选择模型。张戎等(2011)以义乌为案例研究了货主的国际集装箱运输链选择行为。2013年Talley 和Ng证明货主和船公司选择港口的决定因素和选择海运运输链的决定因素一致,并建立了海运运输链选择均衡模型(Talley WK et al.,2013)。Asperen和Dekker在从物流和供应链角度定量地分析港口地理位置、腹地运输灵活性和动态库存,探讨了西欧从中国进口快速消费品的入境港口选择(Asperen EV et al.,2013)。

4.5.2 港口选择中的决策人、决定因素和枢纽港选择

4.5.2.1 港口选择决策人

Murphy 等(1992)认为货运代理、大中小型货主和船公司在不同的背景下都可以成为港口选择决策人,Tongzon(2009)将货主分为三类即:与船公司有长期合同关系的;使用货运代理的;独立货主。第一类货主通过船公司选择港口,第二类货主将选择港口责任交给货运代理,因此只有货运代理和第三类货主选择港口。Bichou和Gray(2004)发现港口自身认为参与港口选择并起决定性作用的决策人有五类,按重要程度排序依次是船公司、货运代理和无船承运人、货主、内陆货运经营人和港口运营商。这些决策人在不同场合对港口选择有着不同的影响力。Notteboom(2006)认为确定港口选择决策人取决于货物类型、货主的生产能力、贸易路径特性和贸易合同条款。Ng等(2013)将集装箱货物运输中的港口选择分为二个层次,即首先是班轮公会为建立班轮运输网络而选择的船舶挂靠港,然后是在此网络基础上,货主为货物选择的始发港和目的港。Magala和Sammons(2008)认为货主的工业决策作用正在逐步减弱,而第三方物流服务商和供应链管理者的作用趋于增大。

现有文献认为船公司和货主是港口选择的主要决策人。一种观点认为船

公司是关键决策人,货主选择港口取决于其所选择的船公司所挂靠的港口,如Slack(1985)、Malchow 和 Kanafani(2001,2001,2004)、Fleming 和 Hayuth(1994)等。按照这种观点,货主不是港口选择的最终决策人。另一种观点视货主或其指定的货运代理人为港口选择的关键决策人,如 Tongzon(2009)、Tiwari 等(2003)、Anderson 等(2009)、Steven 和 Corsi(2012)、Veldman 和 Buckmann(2003)等,他们认为货主首先选择一港口,然后再选择服务于该港口的船公司。第一种观点适用于偏好承运人接运(carrier haulage)、"门对门"交货或者与海运承运人有长期合同的货主,后一种观点适用于偏好货方接运(merchant haulage)、在港口交货及与海运承运人没有长期合同的进口商。

4.5.2.2 港口选择决定因素

港口选择决定因素可分为定性因素和定量因素。定性因素包括决策者的主观因素,如灵活性、易操作性、港口营销、传统路径、货主和港口的协作关系;定量因素指可以量化并通过某一客观方式进行比较的因素。D'este 和 Meyrick(1992)在研究船公司选择港口时将定量因素分成三类:路径因素、成本因素和服务因素,Twari、Itoh(2003)和 Doi(2003)将中国货主选择港口时的决策因素归为三类,即:港口特征、船公司特征和货主特征。Talley(2009)认为货主选择港口的影响因素包括港口费用、港口特征和船期特征,而船公司的港口选择更重视港口费用、当地货量、船公司自身的定价策略、和港口及码头所有权等因素。Chou(2007)将影响船公司港口选择的因素分为港口区位、腹地经济、港口物理条件、港口效率、成本和其他。有些学者认为港口管理所无法控制的因素比能控制的因素更为重要。这类研究假定港口可控范围内的因素在选择过程不重要,其模型忽略了一些反映港口特性的因素,如 Anderson 等(2009)认为现代港口普遍较大、现代化程度较高,港口容量不是港口选择的决定因素。Tongon(2009)对货运代理人的港口选择基本决定因素进行了总结,包括船舶挂靠频率、港口效率、港口基础设施、地理位置、港口使费和快速响应客户需求的能力等。我们从物流管理视角分析一些决策因素对货运代理人的意义(表4-5-1),有助于理解其选择行为。

表4-5-1　港口选择决定因素对货运代理人的意义

决策因素	对货用代理人的意义
船舶挂靠频率	灵活性、准时性
港口效率	服务速度、可靠性
基础设施	安全、服务速度、成本
地理位置	运输时间

决策因素	对货用代理人的意义
港口使费	成本
快速响应能力	服务速度

我们分别从货主、船公司和第三方物流供应商三类决策人角度出发,将影响港口选择的决定因素分为六类,即港口区位、港口特征、腹地特征、港口运营、船公司特征和其它。各个因素在文献中出现情况如表 4-5-2 所示。

表 4-5-2　港口选择决定因素在文献中出现频数分类统计

港口选择因素		货　主	船公司	第三方物流供应商
港口区位	地理位置	3/[33,32,34]	4	3
	港口可达性		1/[31]	
	靠近枢纽港			1
	靠近干线航线		1/[28]	1
	靠近支线港口		2/[28,31]	
	接近进/出口区	1/[5]	3/[5,28,41]	1/[39]
	海上运输距离		2/[20,21]	
港口特征	泊位水深	1/[27]	1/[38]	
	泊位数	1/[25]		
	航线数量	3/[3,23,27]	1/[42]	1/[3]
	港口水深	1/[23]	2/[28,38]	
	港口设备	5/[5,23,25,27,32]	3/[28,35,41]	3/[3,39,32]
	港口基础设施	4/[32,33,34,37]	4/[28,30,31,41]	4/[17,39,34,40]
	支线网络		1/[36]	
	港口未来发展规划		1/[28]	
	连通性		2/[29,30]	
	堆场面积		2/[28,41]	
	港口声誉	5/[5,32,33,37,44]		4/[17,32,39,34]
港口运营和管理特征	港口使费	5/[3,5,33,34,44]	5/[5,28,29,30,41]	5/[3,17,34,39,40]
	港口装卸费	2/[23,27]	4/[28,31,36,41]	
	泊位可用率	1/[27]	2/[36,41]	1/[39]
	仓储成本		1/[31]	
	港口效率	3/[32,33,34]	2/[30,38]	3/[17,32,34]

续表 4-5-2

港口选择因素		货　主	船公司	第三方物流供应商
港口运营和管理特征	集装箱装卸效率		1/[28]	
	管理/行政效率		1/[31]	
	港口拥堵	3/[3,25,27]		1/[3]
	服务速度	1/[5]	1/[31]	1/[40]
	港口安全	1/[3]	1/[31]	2/[3,39]
	信息技术水平		1/[28]	1/[39]
	码头和港口安全		1/[41]	
	风险管理和港口运作		1/[41]	
	港口管理和海关监管		1/[41]	
	港口营销	1/[5]		
	快速响应客户需求	2/[33,34]		2/[17,34]
腹地特征	多式联运网络	1	4	2
	货物量	1	3	1
	内陆运输成本	4		1
	内陆运输时间	3		1
	内陆运输距离		2	
	腹地规模		1	
	货物中转量		2	
	腹地多式联运通达性	1	5	
	自由贸易区政策		1	
船公司特征	船舶挂靠频率	8	4	4
	船舶大小	2	3	1
	海上运输成本	3		
	服务多样化		1	
其他	港口码头所有权		2	
	选择港口其他风险	1		1
	传统路径	1		
	方便接运	1		
	索赔能力	1		

港口选择因素	货　主	船公司	第三方物流供应商
海上运输时间	2		1
通关效率	1	1	
贸易类型	1		
货物信息	1		

表4-5-2显示货主在选择港口时更加注重港口运营状况和港口自身特征。港口效率、设备和声誉是货主选择港口时考虑的重要因素,船舶挂靠频率直接影响到对货主的服务频率,运输成本及时间也是货主考虑的重要因素。不过,港口是否接近进出口地在选择中的作用显得越来愈无足轻重,这主要是由于多式联运通道的发展使得港口的可达性日益增强。由于船舶大型化引致的运力过剩,港口揽货能力成了港口对船公司吸引力的重要体现。承运人在选择港口时首先考虑港口区位,如地理位置、是否靠近主要航线和腹地大小等;同时为加强市场竞争力、保证整个运输系统的稳定性和实效性,船公司选择挂靠港时格外注重港口自身的特征。此外,与货主不同,港口费用是船公司支出中的重要成本,因而在实际决策中起着关键的作用。货运代理选择港口的决定因素跟船公司相似,这主要是因为大多数货运代理是首先选择某一船公司,然后选择该船公司挂靠的港口。

4.5.2.3 枢纽港选择

过去20年船公司普遍采用"轴-辐"式航线布局网络,一方面源于减少运营成本和船舶投资的需要,另一方面也满足大型集装箱船舶挂靠港口的要求。选择恰当的枢纽港是船公司重要的区域发展战略,最近几年很受学者关注。Aversa和Botter(2005)认为集中性、充足的货源、良好的腹地连接、完善的支线网络、完善的基础设施、竞争的港口价格等通常被视为港口成为枢纽港的重要条件。Hsieh和Wong(2004)认为海运枢纽点的选择不同于一般的枢纽点选择问题,主要表现为非完全网络,即枢纽港之间不完全相连;允许支线港和枢纽港不直接相连;枢纽港的成本计算要反映枢纽港的层次结构。Chou(2010)发现远洋和近海集装箱班轮公会选择港口偏好不同,前者主要关注泊位深度、港口使用费、港口装卸效率,而后者更关注腹地经济、港口效率和港口使用费。

最近10年以来亚洲地区加快建设大型深水港,打造全球或区域物流网络的枢纽港,有关该地区枢纽港选择的研究很丰富。吴旗韬等人(2011;2012)研究了中欧集装箱贸易航线优化,认为中国区域的最优枢纽港是香港、高雄和上海。徐骅等(2008)认为东亚地区环球航线最佳枢纽港区位是基隆、高雄和厦门港。Tai 和 Hwang(2005)分析比较釜山、上海和盐田等竞争力,认为香港港最有实力作为枢纽港,其次是高雄港。Huang 等(2008)认为高雄港最适合作为船公司在台湾的枢纽港。Boomtaveeyuwat 和 Hanaoka(2010)认为马来西亚巴生港或泰国帕巴拉(Pakbara)港适合作为船公司在东南亚地区的枢纽港。Chou(2009)分析了香港和高雄港作为船公司中转港的竞争,认为它们需要降低港口费用和提高装卸效率,(2010)并认为在船公司枢纽港的竞争中上海港较香港和高雄两港更具竞争力。

近年来港航领域的企业竞争与合作盛行,极大地影响了枢纽港的选择。Min 和 Guo(2003,2004)认为全球供应链网络设计中的枢纽港选择是合作竞争的博弈结果。Bae 等(2013)认为在港口与船公司垂直一体化结构中港口是上游参与者,船公司是下游参与者,建立非合作两阶段博弈模型,其纳什均衡解集成了船公司的供应选择决策。枢纽港的网络设计也极大地影响着枢纽港与船公司的竞争合作策略。Asgari 等(2013)认为从短期看,动态价格是管理港口当下状态的最好方式,枢纽港必须不断跟踪其竞争者的装卸费并调整其价格,或者主动改变价格来扩大其市场和竞争力;从中期来看,与主要的船公司形成战略联盟可以部分确保其市场份额;从长远来看,枢纽港与对手联盟可以确保其市场份额并获益,对区域港口而言用合作代替竞争是很好的策略。这种远期策略对于上海、香港和新加坡等港口容量因地理位置而受限的港口尤其重要。相邻的宁波港、盐田港和马来西亚帕拉帕斯港可作为其溢流节点,共同保证了区域在全球网络中的枢纽地位。

此外,Barid(2006)研究北欧的集装箱转运时认为现有的集装箱运输网络中的枢纽港不是最优的,支持奥克尼作为该区域的枢纽港。区域港口资源空间配置中枢纽港口的选择研究开始关注多维因素。首先考虑港口的经济、地理、社会和管理等方面的特征,如航道深度、泊位长度、堆场作业效率、劳动力成本、海关监管、法律金融等;其次考虑港口与腹地及其他港口的关系。Notteboom(2011)用多准则分析并结合 SWOT 分析法,认为 Ngqura 深水港最适合作为南非集装箱港口系统中的枢纽港。赵一飞(2000)从港口生产技术水平、港口的政治生活环境、相关市场的发展水平、港口管理服务水平、港口的经济环境、港口自然地理环境、港口集疏运输网络及运价水平等七个方面对北仑、太仓和洋山三个上海国际航运中心集装箱枢纽港备选港进行比较分析,认为后者更具优势。

4.5.3 港口选择研究的方法

研究港口选择的方法主要有描述性统计分析、多准则决策分析、多变量决策分析、数学规划和博弈论。

4.5.3.1 描述性统计分析

描述性统计依靠实证调查获得数据。问卷调查和访谈等实证调查方法主要解决两个基本问题,即港口选择中的决策主体和影响港口选择决策的因素。这也是早期研究的主要方法,但某些情况下因调查对象不同可能得到不一致的结果。另外,Brooks(1984)指出一个因素的重要性并不一定表明这是突出因素,也就是说如果某一特征因素被认为非常重要,但在各个方案中该因素的影响都相同,那么它并不影响决策过程。Tongzon 和 Sawant(2007)发现决策的陈述性偏好与显示性偏好不同,即被调查者在调研过程中的陈述与实际做法不同,这严重削弱了研究的可靠性。Bird 和 Bland(1988)指出不同文化和术语在访谈和问卷调查中会产生语言障碍,这也会影响调研的可靠性。

4.5.3.2 多准则决策分析

港口选择决策过程中往往需考虑很多准则,且每一准则的权重随决策环境波动,使所有目标最优的方案不存在。决策人很少依靠单一因素选择行动方案,多准则最初用于决策支持以应对经典优化方法的缺陷。AHP 法是港口选择中最常用的多准则决策工具,其运用过程一般包括三个环节:决策人调查各类相关信息、提出若干方案,最后选择最佳方案。Lirn(2003)在研究台湾地区中转港选择时首次在该领域引入 AHP 模型,Guy 和 Urli(2006)用此法研究了船公司在北美以蒙特利尔和纽约港两港之间的选择。Ugboma(2006)和 Chou(2010)用 AHP 模型分别研究特定区域货主的港口选择,和多港口区域船公司对挂靠港的选择。

AHP 法既可以作为揭示各个经济主体港口选择最重要准则的工具,也可以作为港口选择过程中的管理助手。它不仅具有传统的优势,如规范、复杂、相互依存、层次结构清晰、度量、稳定、综合、权衡、一致判断和过程可重复,而且作为决策支持系统机制容易通过灵敏度分析修正和模拟。其缺陷是要求决策人必须有足够的专业知识和经验且对行业有深入地了解,且不适合把时间作为重要变量及快速响应动态市场的决策。

此外,Chou(2007)和 Yeo(2012)分别建立了不确定条件下船公司的模糊多准则港口选择模型,探讨了模糊环境下的港口选择问题。

4.5.3.3 多变量决策分析

离散选择模型弥补了 AHP 模型的不足。它适用于分析决策者的选择行为,为决策提供参考依据。根据效用最大化理论,决策者在一个相互独立的备选港集合中选择对其效用最大的港口,选择的概率用方案的系统效用表示。港口选择中最常用的离散选择模型是多项Logit模型。自Malchow在其博士论文中首次将logit模型引入到港口研究以来,此模型在港口选择问题研究中得到了较多应用,如Malchow和Kannifan(2001;2004)、Tiwari等(2007;2007)、Steven和Corsi(2012)、Tang等(2011)、Nir等(2003)、Blonign和Wilson(2006)、Veldman等(2011;2013),等等。

直接利用多项Logit模型模拟港口选择存在一定的局限。Tang等(2011)指出多项Logit模型忽略了集装箱港口行业关键特性——服务网络结构。他提出了一个修正模型,即基于网络集成选择评价模型(NICE),通过连通性指标将港口网络特征集成到传统的多项Logit模型中。NICE模型优点明显:第一,模型获取港口各属性对港口综合吸引力的相对贡献是以港口用户通过港口网络服务的形式表现出来的行为,代替了主观数据;第二,以网络视角考虑港口间的关系;第三,模型中的连通性指标可以解释为衡量港口作为物流中心的竞争力。

原则上说,多项Logit模型具有广泛的应用性,甚至可应用到全球层面的港口选择,但因收集数据的成本很高,在实际应用中往往受地理范围限制。

4.5.3.4 数学规划和博弈论

对枢纽港的选择研究大多采用数学规划方法。Chou建立了数学规划模型研究多港口区域货主的港口选择行为(2009)。Tran从物流角度建立数学规划模型处理班轮路径中的港口选择决策(2011)。该模型的主要目标是在保证物流总成本最低的前提下,确定挂靠港和其顺序,并用启发式算法求解。Aversa(2005)、Hsieh和Wong(2004)、Wu等(2011)、Tai和Hwang(2005)、Huang等(2008)、Boontaveeyuwat和Hanaoka(2010)、Chou(2009)、Tran(2011)、Guo(2002)等都采用了数学规划模型。

利用决策科学理论或数学规划方法建立船公司选择港口模型时,通常将港口视为独立的个体,不考虑船公司对港口的战略及其竞争者的响应,这与实践不相符。事实上,港口会经常调整港口费率以扩大市场,港口间既竞争又合作;船公司也会与港口建立合作关系,如合资经营港口码头,共同参与内陆无水港建设等。有些研究尝试用博弈论思想建立船公司枢纽港选择模型,如Zan(1999)用两阶段斯塔克尔伯格双寡头模型博弈分析海运市场中参与人间的博弈行为。他认为港口管理部门先确定一定的基础设施和服务价格,然后船公司确定航行路径、船舶挂靠频率和服务价格,最后货主根据船期和价格选择船公司和港口。Asgari等(2013)、Min和Guo(2003;2004)等对港际、枢纽港间以及与船公司间的完全竞争合作战略下网络设计中的枢纽港选择问题也采用了博弈论模型。

4.5.4 结论与展望

港口选择研究有助于港口运营商和港口管理部门深入理解各类港口用户的选择机制和决策因素,从而有效地制定港口和港口城市的可持续发展规划。目前国内学者对该领域的研究较少,究其原因是改革开放以来,我国大力发展的出口导向型经济集中于东部沿海地区,该地区货主选择港口时的最主要决策因素是地理临近,而内陆地区的出海通道建设发展缓慢,内陆货主对海港的选择有限,通达性往往成为唯一的决策因素。

港口选择是一项复杂的系统工程,其动态过程和不确定性决定了这项研究涉及多学科的理论与技术应用。由于国内研究起步较晚,理论体系和应用实践上均有待进一步深入,我们认为未来研究需要关注以下问题:

(1)研究方法上看,港口选择决定因素的规范性描述需要进一步加强,可供借鉴的模型比较少,现有模型没有考虑决策人的行为差异和风险评估,且局限性明显,需要建立一套灵活的评价体系。

(2)港口选择决策人出现新特点。首先货主在选择港口时呈现多样化趋势,货物所有权人在港口选择中的作用逐渐减弱,而第三方物流服务商在整合物流中的组织能力越来越大,在港口选择中的作用逐渐增强。其次船公司进入陆上运营,不仅参与港口的建设和经营,与港口的纵向整合步伐加快,而且介入陆路运输、代理、仓储和流通等领域。这些变化使得港口选择研究更为复杂。

(3)供应链向内陆延伸及多式联运通道发展。近几年来中国诸多产业逐步向内陆地区转移,内陆地区正逐步成为承接全球产业转移的基地。同时,沿海港口格局已基本形成,多式联运通道迅速向内陆推进,内陆无水港兴起,腹地交叉更为突出。货主及其代理人在整合多式联运和供应链时具有更加广泛的港口选择权,以港口导向的供应链选择急需进一步研究。

(4)港口间及港口与船公司的竞争合作战略深刻地影响着港口选择。世界集装箱吞吐量在亚洲集中,从传统的港口选择决策因素而言,亚洲地区许多港口都有可能成为枢纽港,如我国的上海、深圳、宁波、青岛、大连和天津等港口都已具备成为国际枢纽港的潜力。为应对船舶大型化和航运公司的全球联盟,港口间既竞争又合作,同时也与船公司和大型货主形成各种合作。在竞争与合作的战略背景下,我国港口如何在理解船公司和货主的选择行为下实现新的发展将是未来重要的研究方向。

参考文献

[1]Robinson R. Ports as elements in value-driven chain systems: The new paradigm . Mari-

time Policy&Management，2002，32：39-53．

[2]Foser，T．Ports：What Shippers should look for．DistributionWorldwide．1977，77（1）：40-43．

[3]Slack B．Containerization，inter-port competition，and port selection．Maritime Policy & Management，1985，12（4）：293-303．

[4]D'Este GM，Meyrick S．Carrier selection in a RORO ferry trade Part1．Decision factors and attitudes．M-aritime Policy & Management，1992，19（2）：115-126．

[5]Malchow MB．An analysis of port selection．University of California，Berkeley，2001．

[6]Rimmer P．Ocean liner shipping services：corporate restructuring and port selection/competition．Asia Pacific Viewpoint，1998，39（2）：193-208．

[7]韩增林，安筱鹏，王利，王成金，王丽华，李亚军．中国国际集装箱运输网络的布局与优化．地理学报，2002，57（4）：479-488．

[8]Talley WK．Port economics．Taylor & Francis e-Library press，2009．

[9]Magala M，Sammons A．A new approach to port choice modeling．Maritime Economics & Logistics，20-08，10：9-34．

[10]Notteboom T．Chapter2 strategic challenges to container ports in a changing market environment．Devol-Ution，Port Governance and Port Performance，2006，17：29-52．

[11]Panayides P，Song，DW．Determinants of users' port choice．In：Talley，W．K．（Ed．），The Blackwell Companion to Maritime Economics．Wiley Blackwell Publishing，Oxford，UK，2012：599-622．

[12]Zondag B，Bucci P，P，de Jong G．Port competition modeling including maritime，port，and hinterl-and characteristics．Maritime Policy & Management，2010，37（3）：179-194．

[13]张戎，郭玉静，闫哲彬，艾彩娟．基于Nestde-Logit模型的国际集装箱运输链选择行为研究．铁道学报，2011，33（7）：8-13．

[14]Talley WK，Ng MW．Maritime transport chain choice by carriers，ports and shipper．International Journal of Production Economics，2013，142（2）：311．

[15]Asperen EV，Dekker R．Centrality，flexibility and floating stocks：A quantitative evaluation of port-of-entry choices．Maritime Economics & Logistics 2013，15（1）：72-100．

[16]Murphy PR，Daley JM，Dalenberg DR．Port selection criteria：an application of a transportation research framework．Logistics and Transportation Review，1992，28（3）：237-255．

[17]Tongzon JL．Port choice and freight forwarders．Transportation Research Part E，2009，45：186-195．

[18]Bichou，K，Gray R．A logistics and supply chain management approach to port performance measurement．Maritime Policy & Management，2004．31（1），47-67．

[19]Ng ASF，Sun D，Bhattacharjya J．Port choice of shipping lines and shippers in Australia．Asian Geographer，2013，30（1）：1-26．

[20]Malchow M，Kanafani A．A disaggregate analysis of factors influencing port selection．Maritime Policy&Management，2001，28（3）：265-277．

[21]Malchow M，Kanafani A．A disaggregate analysis of port selection．Transportation

research part E，2004，40：317-337.

[22 Fleming D，Hayuth Y. Spacial characteristics of transportation hubs：centrality and intermediacy. Journal of Transport Geography，1994 2：3-18.

[23]Tiwari P，Itoh H，Doi M. Containeried cargo shipper's behavior in China：a discrete choice analysis. Journal of Transportation and Statistics，2003，6（1）：71-86.

[24]Anderson CM，Opaluch JJ，Grigalunas. Demand for import services at US container ports. Maritime Economics and Logistics，2009，11：156‐185.

[25]Steven AB，Corsi TM. Choosing a port：An analysis of containerized imports into the US. Transportation Research Part E，2012，48：881-895.

[26]Veldman SJ，Buckmann EH. A Model on Container Port Competition：An Application for the West European Container Hub-Ports. Maritime Economics & Logistics，2003，5：3-22.

[27]Tiwari P，Itoh H，Doi，M. Shippers port and carrier selection behaviour in China：a discrete choice analysis. Maritime economics & Logistics，2003，5：23-39.

[28]Chou CC. A fuzzy MCDM method for solving Marine transshipment container port selection problems. Applied mathematics and computation，2007，186：435-444.

[29] Wiegmans BW，Van Der Hoest A，Notteboom T. Port and terminal selection by deepsea container operator. Maritime Policy & Management 2008，35（6）：517-534.

[30] Tongzon JL，Sawant L. Port choice in a competitive environment：from the shipping lines' perspective. Applied Economics，2007，39：477-492.

[31]Lirn TC，Thanopoulou HC，Beynon HA，Beresford AKC. An application of AHP on transhipment port selection：a global perspective. Maritime economics & Logistics，2004，6：70-91.

[32]Langen D. Port competition and selection in contestable hinterlands：the case of Austria. European Journal of Transport and Infrastructure，2007，7（1）：1-14.

[33]Ugboma C，Ugboma O，Cogwude I. An analytic hierarchy process（AHP）approach to port selection Decisi-Ons-Empirical evidence from Nigerian ports. Maritime Economics & Logistics，2006，8：251-266.

[34]Tongzon. Port choice determinants in a competitive environment/ IAME Conference Proceedings. Panaa，2002.

[35]Guy E，Urli E. Port selection and multicriteria Analysis：an application to the Montreal-New York alternateve. Maritime Economics & Logistics，2006，8：169-186.

[36]Chang YT，Lee SY，Jose L. Tongzon. Port selection factors by shipping lines：Different perspectives between trunk liners and feeder service providers. Marine Policy，2008，32：877-885.

[37]Murphy PR，Daley JM. A comparative analysis of port selection factors. Transportation Journal，1994，34（1）：15-21.

[38]Tang LC，Low JMW，Lam SW. Understanding port choice behavior—a network perspective. Networks and Spatial Economics，2011，11：65-82.

[39]Onut S，Tuzkaya UR，Torun E. Selecting container port via a fuzzy ANP-based approach. A case study in the Marmara Region，Turkey. Transportpolicy，2011，18：182-193.

[40]Bird J, Bland G. Freight forwarders speak : the Perception of Route Competition via Seaports in the European Communities Research Project. Part 1. Maritime Economics & Logistics, 1988, 15(1): 35-55.

[41]Lirn TC, Thanopoulou HA, Beresford, AKC. Transhipment Port Selection and Decision-making Behaviour: Analysing the Taiwanese Case. International Journal of Logistics: Research and Applications, 2003, 6(4): 229-244.

[42]Chou CC. An empirical study on port choice behaviors of shippers in a multiple-port region. Marine Technology Society Journal, 2009, 43(3): 71-77.

[43]Nir AS, Lin K, Liang GS. Port choice behaviour—from the perspective of the shipper. Maritime Policy & Management, 2003, 30(2): 165-173.

[44] 闫博. 基于蚁群算法的集装箱港口选择与网络均衡分析. 大连海事大学, 2008.

[45] Aversa R, Botter RC, Haralambides HE, Yoshizaki HTY. A Mixed Integer Programming Model on the Location of a Hub Port in the East Coast of South America. Maritime Economics & Logistics, 2005, 7, 1-18.

[46]Hsieh SH, Wong HL. The Marine Single Assignment Nonstrict Hub Location Problem: Formulations and Experimental Examples. Journal of Marine Science and Technology, 2004, 12(4): 343-353.

[47]Chou CC. AHP model for the container port choice in the Multiple-Ports region. Journal of Marine Science and Technology, 2010, 18(2): 221-232.

[48]WU Q, Zhang H, YE, Y. Optimal Hub Port locations in China-Western Europe Container Liner Route. ICCTP 2011: Towards Sustainable Transportation Systems.

[49]吴旗韬, 张虹鸥, 叶玉瑶, 陈伟莲. 基于轴辐网络模型的中欧集装箱航线优化. 中山大学学报, 2012, 51(6): 131-138.

[50] 徐骅, 金凤君, 王成金. 集装箱环球航线的枢纽区位优化. 地理学报, 2008, 63(6): 593-602.

[51]TAI H, Hwang C. Analysis of hub port choice for container trunk lines in east Asia. Journal of the Eastern Asia Society for Transportation Studies, 2005, 6: 907-919.

[52]Huang WC, Chang HH, Wu CT. A model of container transshipment port competition: An empirical study of international ports in Taiwan. Journal of Marine Science and Technology, 2008, 16(1), 19-26.

[53]Boontaveeyuwat P, Hanaoka S. Analysing the optimal location of a hub port in southeast Asia. International Journal of Logistics Systems and Management, 2010, 6(4): 458-475.

[54]Chou CC. A Model for Analyzing the Transshipment Competition Relationship Between the Port of Hong Kong and the Port of Kaohsiung. Oceanic and Coastal Sea Research, 2009(4): 377-384.

[55]Chou CC. Application of FMCDM model to selecting the hub location in the marine transportation: A case study in southeastern Asia. Mathematical and Computer Modelling, 2010, 51: 791-801.

[56]Guo Z. The balanced location of hub seaports for worldwide supply chain network: A cooperative competition strategy approach. Journal of the Eastern Asia Society for Transporta-

tion Studies,2003,5:2236-2246.

[57]Min,H.,Guo,Z.. The location of hub-seaports in the global supply chain network using a cooperative competition strategy. International Journal of Integrated Supply Management,2004, 1（1）:51-63.

[58]Bae M,Chew EP,Lee LH,Zhang A. Container transshipment and port competition. Maritime Economics & Logistics,2013,40(5):479-494.

[59]Asgari N,Farahani ZR,Goh M. Network design approach for hub ports-shipping companies competition and cooperation. Transportation Research Part A,2013,48:1-13.

[60]Baird AJ. Optimising the container transshipment hub location in northern Europe. Journal of Transport Geography,2006,14:195-214.

[61]Notteboom T. An application of multi-criteria analysis（MCA）to the location of a container hub port in South Africa. Maritime Policy and Management,2011,38（1）: 51-79.

[62]赵一飞. 上海国际集装箱枢纽港备选方案比较. 上海交通大学学报,2000,34(1): 14-17.

[63]Brooks MR. An alternative theoretical approach to the evaluation of liner shipping（Part 1: situational factors）. Maritime Policy & Management, 1984, 11: 35-43.

[64]Bird J, Bland G. Freight forwarders speak: the perception of route competition via seaports in the European communities research project. Maritime Policy and Management 1988, 15(1):35‐55.

[65]Yeo GY,. Modeling port choice in an uncertain environment. International Association of Maritime Economists,2012,Taipei Taiwan.

[66]Blonigen BA,Wilson WW. International trade, transportation networks and port choice manuscript http://www. nets. iwr. usace. army. mil/docs/PortDevInternalTransport/ PortChoice114. pdf,2006.

[67]Veldman S,Garcia-Alnso L,Vallejo-Pinto J. Determinants of container port choice in Spain. Maritime Policy & Management,2011,38(5):509-522.

[68]Veldman S,Garcia-Alnso L,Vallejo-Pinto. A port choice model with logit models: a case study for the Spanish container trade. International Journal of Shipping and Transport Logistics,2013,5(4-5):373-389.

[69]Tran NK. Studying port selection on liner routes an approach from logistics perspective. Research in Transportation Economics, 2011, 32: 39-53.

[70]Guo Z. Yuan Y,Liu H. A port choice model for international container transship based on Genetic Allgorithms. Proceeding of ICTTS,2002:516-521.

[71]Zan Y. Analysis of container port policy by the reaction of an equilibrium shipping market. Maritime Policy & Management,1999,26(4):369-381.

撰写人:庄佩君、曾锋、方蕾

附录 中国主要海洋科研机构、学术期刊与学会概要

一、中国海洋类科研机构

名称	简　　介	研　究　方　向	机　构　雇　员	硕、博学位点名称	年度招生数
国家海洋局第一海洋研究所	国家海洋局第一海洋研究所始建于1958年,前身系海军第四海洋研究所,1964年整建制划归国家海洋局,是从事基础研究、应用基础研究和社会公益服务的综合性海洋研究所。它以促进海洋科技进步,为海洋资源环境管理、海洋国家安全和海洋经济发展服务为宗旨,是国家科技创新体系的重要海洋科研实体。主要研究领域为中国近海、大洋和极地海域自然环境要素分布及变化规律,包括海洋资源与环境地质;海洋灾害发生机理及预测方法;海气相互作用与气候变化;海洋生态环境演变与海岛海岸带保护与综合利用等	海洋动力学、海洋环境数值模拟与预报、区域海洋学与海洋调查技术、海洋声学、海洋气候观测技术、海洋遥感、海洋生态学、极地微生物学、海洋微生物、海洋药物与生物制品、海洋生物化学、深海生物、海洋生态动力学、海洋地球物理、灾害地质、工程地质、海洋工程地质环境、海岸带第四纪环境、海底沉积、海岸带沉积研究、极地海洋地质、海洋污染、边缘海动力环境、海洋测绘、海岛灾害评估与工程防护、海洋工程水动力环境	现有职工553人,其中中国工程院院士3人,外聘中国科学院院士1人、中国工程院院士1人;研究员63人、副研究员111人;博士生导师19人,具有博士学位的123人,硕士学位的192人;聘请国内外客座研究62人。高级职称人数约占总人数的42.7%	物理海洋学专业、海洋化学专业、海洋生物学专业、海洋地质学专业、环境科学与工程、环境工程专业	2014年招收硕、博士研究生30名

续表

名称	简介	研究方向	机构雇员	硕、博学位点名称	年度招生数
国家海洋局第二海洋研究所	国家海洋局第二海洋研究所隶属于国家海洋局，创建于1966年，是一座学科齐全、科技力量雄厚、设备先进的综合型公益性海洋研究机构。主要从事中国海、大洋和极地海洋科学研究，海洋环境与资源探测、勘查的高新技术研发与应用。海洋二所建有一个国家重点实验室（卫星海洋环境动力学国家重点实验室）和三个国家海洋局开放实验室（国家海洋局海底科学重点实验室、海洋动力过程与卫星海洋生态系统与生物地球化学国家海洋局重点实验室）以及一个所级重点实验室——工程海洋学重点实验室，包含海洋工程勘测设计研究中心、检测中心、海洋标准物质中心、海洋科技信息中心等技术服务机构和技术支撑体系	海洋动力学、大洋环流与海气相互作用、海洋遥感、海洋生物地球化学、功能膜分离过程研究、海洋生态学、实验生态学、海底环境过程、地球动力学、岩石矿物与地球化学、海洋沉积学、地球物理与海岛海岸带开发管理、海洋工程地质、河口海岸探测技术、河口海岸泥沙冲淤过程及工程应用、海岸工程规划、海洋工程综合评价、海洋地球物理、海底地形地貌、海底资源与成矿"系统	海洋二所现有在职职工400余人，包括专业技术人员300余人。其中中国科学院院士1人、中国工程院院士2人、浙江省特级专家2人、海洋局高级专业技术人员94人，副高级专业技术人员110人。正高、副高职称人数约占总人数的51.0%	物理海洋学（含海洋遥感）专业、海洋化学专业、海洋生物学专业、海洋地质专业、地球探测与信息技术专业、港口海岸及近海工程专业	2014年招收硕士研究生35名

续表

名称	简介	研究方向	机构雇员	硕、博学位点名称	年度招生数
国家海洋局第三海洋研究所	国家海洋局第三海洋研究所（简称海洋三所），创建于1959年，隶属于国家海洋局，为国家公益类综合型海洋科学研究机构。主要从事海洋生物、生态，环境与生态，声学，极地与深海科学，全球变化科学等学科的研究与应用。海洋三所拥有4大研究领域，16个研究方向，10个研究部门（含2个国家海洋局重点实验室），以及国家海洋生物资源综合开发利用工程技术研究中心、厦门海洋工程勘察设计研究院、海洋珍稀动植物保护研究中心。海洋三所在海洋生物技术与资源开发、海洋—大气化学与全球变化研究、海洋生态系统与环境保护、台湾海峡与热带边缘海应用海洋学等领域的研究均具独具特色，居国内先进水平	生物与生态、海洋生物资源利用、海洋养殖生物病害、海洋活性物质、海洋微生物、海洋大气化学、海洋化学、海洋规划与管理、海岸动力学、物理海洋、卫星海洋声学、环境评价与规划	海洋三所现有在职职工400余人，其中中国工程院院士1人、入选国家"百千万人才工程"2人、入选福建省"百千万人才工程"3人、享受政府特殊津贴专家6人、厦门市拔尖人才2人、副高级职称以上科技人员126人、具有硕士、博士学位人员224人。正高、副高职称人数约占总人数的31.5%	硕博点：物理海洋学专业、海洋化学专业、海洋生物学专业、海洋地质学专业、微生物学专业、环境科学专业	2014年招收硕士研究生20名

续表

名称	简　介	研　究　方　向	机　构　雇　员	硕、博学位点名称	年度招生数
中国科学院海洋研究所	中国科学院海洋研究所始建于1950年8月1日，是从事海洋科学基础研究与应用基础研究、高新技术研发的综合性海洋科研机构，是国际海洋科学领域具有重要影响的研究所。建所60多年来，重点在蓝色农业优质、高效、持续发展的理论基础与关键技术、海洋环境与生态系统动力基础理论、海洋环流与浅海环境动力过程，以及大陆边缘开展了许多基础性和战略性工作，为我国国民经济建设、国家安全和海洋科学技术的发展做出了重大创新性贡献。共取得900余项科研成果，其中中国科学院大会奖一等奖24项、全国科学大会奖15项、山东省科技最高奖3项、中科院和省部委重大成果一等奖127项、国际奖16项。共发表论文9400余篇（其中SCI/EI收录论文2600余篇），出版专著210余部，共获国家发明专利授权270余件、实用新型专利授权140余件、外观设计专利50余件	海洋气象、海洋环流与气候环境效应、海洋波动与环境预测、海洋遥感、海洋数值模拟、预测方法、化学海洋学与应用化学、海洋生物地球化学过程、海洋生物多样性与调控、繁殖、发育与调控、遗传学、生理生化过程与调控、遗传学、免疫学基础及应用、海洋生物天然产物与生物制品、基因组学、海洋药品及制品、海洋地球物理与构造地质学、海洋沉积学、海洋地球化学、古海洋学与古环境、海洋生产力、海洋生态学、养殖生态学、生物资源生态学、海洋生物腐蚀与防护、海洋腐蚀电化学、海洋金属腐蚀与污损、海洋环境化学、海洋环境环境生物学、海洋地质、海洋地质工程、海洋工程观测技术、海洋动力环境灾害、石油开发地质工程、海洋工程、海洋环境保护与处理工程、环境生态学、环境腐蚀工程、废水控制与处理工程、海洋生物多样性保护、养殖生物学、基因工程、海洋技术、水产养殖与生物病害防治、水产动物生态营养学、遥感与地理信息系统	研究所现有在职职工660余人，其中专业技术人员近500人；中科院院士4人、工程院院士2人，博士生导师101人、硕士生导师58人。正高、副高职称人数约占总人数的24.1%	物理海洋专业、海洋化学专业、海洋生物学专业、海洋生态学专业、海洋地质学专业、海洋腐蚀与防护专业、环境科学专业、环境工程专业、水产养殖专业、地质工程专业、环境工程专业、生物工程专业	2014年招收硕士研究生88名

续表

名称	简　介	研　究　方　向	机　构　雇　员	硕、博学位点名称	年度招生数
中国科学院南海海洋研究所	中国科学院南海海洋研究所成立于1959年1月，是我国规模最大的综合性海洋研究机构之一。设有热带海洋环境国家重点实验室、中科院边缘海地质重点实验室（联合广州地化所共建）、中科院热带海洋生物资源与生态重点实验室、广东省海洋药物重点实验室、中国科学院广东省应用海洋生物学重点实验室、中尺度海洋观测（联合）开放实验室和南海海洋过程与环境工程实验室；有4个研究室和1个海洋工程中心。近50年来，南海海洋所共取得科研成果663项，获国家、中科院、部委和省市级成果奖236项；申请专利143项，获授权专利72项；近年来发表SCI论文541篇。典型代表性成果有"南沙群岛及其邻近海区资源环境和权益综合调查研究"和"热带海洋生物活性物质的利用技术"等。目前主持、承担973、863、国家基金项目等200余项。与40多个国家和地区建立了学术联系与合作，重点发展与欧、美、日、澳等海洋科学发达国家的合作与交流，同时加强与南海周边国家的交流与合作。每年承担咨询或院地合作项目150余项	海洋动力过程与海气相互作用、海洋遥感应用、环流动力学、海洋生物声学、海洋环境化学、海洋天然药物与资源化学、海洋生态与生物资源、海洋生物分类技术、海洋环境微生物、海洋微生物分子生态、海洋哺乳动物、海洋地球物理、海洋构造地质、海洋盆地分析、海洋新构造与沉积环境与过程、珊瑚礁地质与环境、海洋环境污染与灾害、海洋地质学、海洋生态学、海洋地质球化学、海洋工程、地质灾害与资源勘查、海洋环境监测、环境监测技术、资源与资源化技术、微生物分子生态、海洋生物资源应用（城乡规划、旅游规划、环境生态）、微生物合成、生物多样性、海洋微生物活性成分与生物合成、生物多样性遗传育种与系统进化、海洋生物技术与水产增养殖、海洋生物盆地演化、海洋生态环境遥感、遥感应用研究、海洋生物环境地球化学	现有在职职工605人，正式员工542人。其中：中国工程院院士1人，研究员90人，博导67人，特聘研究员1人，国家杰出青年基金获得者7人，国家"千人计划"1人，国家"青年千人计划"3人，"973"计划和国家重大科学研究计划首席科学家3人，中科院"百人计划"28人。正高、副高职称人数约占总人数的26.0%	物理海洋学专业、海洋化学专业、海洋生物学专业、海洋地质学专业、环境科学专业、地质工程专业、环境工程专业、生物工程专业、水产养殖专业	2014年招收硕士研究生77名

名称	简 介	研 究 方 向	机 构 雇 员	硕、博学位点名称	年度招生数
中国科学院烟台海岸带研究所	中国科学院烟台海岸带研究所筹建于2006年,正式成立于2009年,是中国科学院与山东省、烟台市三方共建的、中国专门从事海岸带综合研究的唯一国立研究机构。研究所现拥有中国科学院海岸带环境过程与生态修复重点实验室、海岸带生物学与生物资源利用重点实验室、海岸带信息集成与综合管理实验室、海岸带灾害与全球变化研究中心、海岸带数据分析与数值模拟研究中心、海岸带发展战略规划研究中心、山东省海岸带环境过程重点实验室、山东省海岸带环境工程技术研究中心、有中国科学院牟平滨海湿地生态试验站、中国科学院黄河三角洲滨海湿地生态试验站、中国科学院烟台海岸带生物产业技术创新与育成中心	海岸带环境过程与生态修复、海岸带生物学与生物资源利用、海岸带信息集成与综合管理、海岸带灾害与全球变化研究、海岸带数据分析与数值模拟研究、海岸带发展战略规划、海岸带环境过程、山东省海岸带生物育成、山东省创新与育成、山东省海岸带环境工程、山东省海岸带环境技术研究	研究所现有在职工175人,其中73%具有专业技术职称27人,高级专业技术职位土学位。正高、副高职称占总人数的15.4%	海洋化学专业、海洋生物学专业、环境工程专业、生物工程专业	2014年招收硕士研究生21名
中国科学院三亚深海科学与工程研究所	中国科学院三亚深海科学与工程研究所是中国科学院2011年批准筹建并由海南省人民政府、三亚市人民政府和中国科学院三方联合共建的科研事业单位。三亚深海所将面向我国海洋工程及深远海科技长远发展需求,组织和集成中国科学院海洋科学与工程领域的相关力量,开展深海利益由近浅海向深远海延伸的研究与开发,有力支撑国家向深海发展的发展战略	物理海洋和海洋地质、海洋化学及海洋生物相关的深海科学问题研究、深海环境与生态过程、海地质构造、沉积演变及其油气矿产资源、深海环境下的生物学特征、深海生物资源探测技术与系统、深海低温高压、高温高压体系的物理和化学观测模拟及生物学的实验模拟技术和水下作业潜水器和深海资源开发、络系统技术与方法、深海科学研究和深海资源开发的集成及应用技术、海洋油气和矿产勘探开发新的作业装置和工具、海洋油气勘探开发新方法技术与系统	2014年底,已拥有百人计划人才4人,固定职员100余人,组建了五个研究团队	物理海洋学专业、海洋生物学专业、海洋地质专业	2014年招收硕士研究生10名

续表

名称	简 介	研 究 方 向	机 构 雇 员	硕、博学位点名称	年度招生数
国家海洋局海岛研究中心	国家海洋局海岛研究中心是2013年1月获中央编办批准设立的部委正司级事业单位，隶属于国家海洋局，为国家海洋公益类综合型海岛科学研究机构中心建设选址于福建省平潭综合实验区海坛岛东南部，玄南湾田美澳沙滩北侧规划建设用地，总用地面积6.56公顷(合约98.4亩)。目前海岛中心设立办公室、海岛开发处、海岛保护处等3个机构。海岛中心主要从事海岛开发与保护和生态文明提供支撑和服务。目前是我国唯一的国家级综合性海岛研究机构	海岛经济可持续发展战略和管理制度研究，海岛保护法规政策及标准制定，海岛环境监测和评价及利用技术评估，海岛生态修复研究，海岛资源综合调查，权益保护利用规划和开发利用具体方案编制及岛用技术与利用项目论证报告等方面的研究，海岛综合开发利用技术研究与示范工作，建立资源节约型、环境友好型的海岛综合开发利用技术指导和技术咨询服务，海岛综合调查和功能动态监测技术研究与应用示范，海岛资源综合调查和综合利用技术研发及成果转化	海岛中心现有员工29人，其中入选福建省"百万千万人才工程"2人，享受政府特殊津贴专家2人，厦门市拔尖人才2人，副高级职称以上科技人员5人，具有硕士、博士学位人员19人。正高、副高职称占总人数的22%	无硕博点	
国家海洋局海洋发展战略研究所	国家海洋局海洋发展战略研究所，是中国从事海洋政策、法律、经济和权益研究的核心单位。创立于1987年，是国家海洋局直属事业单位。主要职能是开展海洋发展战略、方针、政策、法规的研究。经过20多年的发展，战略所已成为一个学科门类较为齐全、科研队伍结构合理、研究成果丰硕，在国内外享有较高声誉的国家级海洋发展战略研究中心。战略所现共设海洋法律、政策与权益，海洋政策与管理，海洋经济与科技，海洋环境与资源四个研究室和一个综合办公室	海洋权益安全法律政策和资源环境等方面战略性问题的中长期研究，国际海洋法的理论和发展趋势的研究，我国海洋法制建设和法律实施以及解决问题的对策和建议，国家海洋划界、岛礁争议，资源开发等维护海洋权益的研究，海洋经济发展战略规划，政策的研究，参与起订有关海洋科技发展战略，机制等相关问题的研究，国际海洋管理体制，国际海岸带开发和保护理论的基础性研究，海洋事务综合协调使用海洋与海岛开发保护的政策和措施的研究，国内外海岛开发利用资源开发和生态保护以及海洋灾害防治的政策和措施的研究	共设海洋法律与权益，海洋政策与管理，海洋环境与资源与资源四个研究室，每个研究室4~7人	无硕博点	

续表

名称	简　介	研　究　方　向	机　构　雇　员	硕、博学位点名称	年度招生数
国家海洋信息中心	国家海洋信息中心，是国家海洋局直属的财政补助事业单位，主要职能是管理国家海洋信息资源，指导、协调全国海洋信息业务工作，为海洋经济、海洋管理、公益服务和海洋安全提供海洋信息的业务保障、技术支撑与服务。信息中心加挂"国家海洋科技情报研究所"、"中国海洋档案馆"、"国家海洋资料中心"、"国际海洋学院西太平洋区域中心"、"WDC-D海洋中心"、"国家海洋局海洋规划研究中心"的牌子	国家海洋政策、法规及海洋事务对策研究；承担中国海洋档案馆和文献档案馆的建设与管理，提供档案和文献服务；建设运行国家海洋经济运行监测评估业务系统，承担海洋经济和社会发展的统计与核算等相关工作；海洋监视监测系统的运行和管理；开展海洋规划、海洋功能区划预报，海平面变化预测和评价；业务化潮汐（流）预报、数字海洋系统开发与运行；建设海洋环境信息保障业务体系；海洋资料国际交换业务工作	设9个业务研究室，拥有职工547人，其中高级职称人员63名，中级职称人员184名	无硕博点	
国家海洋局天津海水淡化与综合利用研究所	国家海洋局天津海水淡化与综合利用研究所1978年经国务院批准成立，是我国唯一专门从事海水利用（海水淡化、海水直接利用、海水化学资源利用、海水净化及苦咸水利用、膜科学、海水化学资源利用、海水及苦咸水利用检测与监测、海岛水资源保护与利用、防腐与水处理技术等）公益技术、共性技术、产业化关键技术和发展战略研究的国家级公益类非营利性科研机构，是国家海水及苦咸水利用产品质量监督检验中心、国家海水利用工程技术研究中心、海水淡化技术国家地方联合工程研究中心、全国海水综合利用分技术标准化技术委员会、中国膜工业协会液体分离膜产品检验检测中心和亚太脱盐协会(APDA)秘书处依托单位	海水淡化技术；海水直接利用技术；海水化学资源利用技术；海水净化与水再利用技术；膜科学与技术；海水利用发展战略研究；海水及苦咸水利用检测技术；海岛水资源保护与利用；防腐与水处理技术	现有员工460多人，其中高、中级科技人员260多人	无硕博点	

续表

名称	简介	研究方向	机构雇员	硕、博士学位点名称	年度招生数
中国极地研究中心	中国极地研究中心成立于1989年，是我国唯一专门从事极地考察研究的科学保障和保障业务中心，"国家海洋局极地科学重点实验室"的依托单位。主要开展极地冰-海洋与空间天气、极地生态环境及其生命过程以及极地科学基础平台技术等领域的研究；建有极地雪冰与全球变化实验室、电离层物理实验室、极光和磁层物理实验室、极地生物分析实验室、微生物与分子生物学分析实验室、生化分析实验室、极地微生物菌种保藏库和船载实验室等实验分析设施；在南极长城站、中山站建有国家野外科学观测研究站，是开展南极雪冰和空间环境研究的重要依托平台。同时它还是我国极地考察业务中心和极地科学的信息中心	极地雪冰与海洋环境研究方向 极区电离层-磁层耦合与空间天气研究方向 极地生态环境及其生命过程研究方向 极地科学基础平台技术研究 极地战略学 极地冰川学 极地海洋学 极地大气与空间物理学 极地生物与生态学 南极天文学	现有职工177人，其中高级职称32人、博士36人。正高、副高级职称占总人数的18.1%	无硕博点	

续表

名称	简　介	研　究　方　向	机　构　雇　员	硕、博学位点名称	年度招生数
国家海洋技术中心	国家海洋技术中心（原海洋技术研究所）创建于1965年，是隶属于国家海洋局的公益性事业单位。主要职能和基本任务是对国家海洋技术实施业务管理；为国家海洋规划、管理，能力建设和公益服务提供技术保障，技术支撑；同时担负我国海洋技术及前瞻性、基础性、通用性技术的研究与开发。中心拥有一支高素质的海洋监测技术科研开发队伍和一批高水平的专业实验室。中心已形成水文气象观测、卫星海洋遥感、生态环境监测、水声测量、浮标工程、系统集成、船用甲板装备、海洋可再生能源开发利用、海洋发展战略研究及技术经济研究等十余个专业和技术方向	海洋遥感技术 海洋观测技术 海洋光学技术 海洋声学技术 计算机应用技术 机械设计及应用	现有职工500名，其中科技人员占70%以上，研究员42名，高级工程师100余名	硕士点：港口、海岸及近海岸工程专业 无博士点	2014年招收硕士研究生5名
国家卫星海洋应用中心	国家卫星海洋应用中心（简称"卫星中心"），是国家海洋局直属的财政补助事业单位，主要职能是负责我国海洋卫星系列发展和卫星海洋应用工作，为海洋经济、海洋管理、公益服务及海洋安全提供保障和服务业务。应用发展部门设5个处级机构：运控处理部、应用发展部、系统工程部、定标检验部、开放实验室；设3个处级地面接收站：北京海洋卫星地面接收站、三亚海洋卫星地面接收站、牡丹江海洋卫星地面接收站	卫星海洋遥感应用系统的规划和建设，卫星海洋遥感业务化应用及技术研究工作 建设和管理海洋卫星数据库和信息系统，制作和发布海洋卫星数据与信息产品 海洋卫星遥感监测 海上辐射校正场和真实性检验场的规划、建设、维护和管理，组织实施海上和陆地试验地任务	中心目前现有人员74人，其中专业技术人员66人，博士13名，硕士21名，高级职称25人。正高、副高人数占总人数的33.8%	无硕博点	

续表

名称	简　　　介	研　究　方　向	机　构　雇　员	硕、博学位点名称	年度招生数
国家海洋环境预报中心	国家海洋环境预报中心是国家海洋局直属的财政补助事业单位,主要职能是负责我国海洋环境预报、海洋灾害预报和警报的发布及业务管理,为海洋经济发展、海洋管理、国防建设、海洋防灾减灾等提供服务和技术支撑。中心组建于1965年,其前身为国家海洋局海洋水文气象预报总台,1983年更名为国家海洋环境预报中心,1984年加挂国家海洋环境预报研究中心,1985年以国家海洋预报台对外发布预报,2013年,联合国教科文组织政府间海洋学委员会太平洋海啸预警系统政府间协调组第25届大会确定由预报中心建设南中国海区域海啸预警中心,同年,加挂国家海洋局海啸预警中心牌子	数值天气预报、海气相互作用及大气边界层、海洋环境数值预报、近岸海洋环境动力学及其在工程上的应用、海洋生态环境监测预报、极地海洋学、海洋资料同化技术、厄尔尼诺预测、海洋遥感信息获取与处理技术、辐射校正与检验技术、海洋水色遥感、微波遥感、海岸带遥感、海洋地理信息系统	现有中国科学院院士1名,正高24名,副高54名,博士53人,硕士100人,本科74人,硕士以上学历占52%。正高、副高约占总人数的25.6%	气象学专业、物理海洋学专业	2014年招收硕士研究生14名
国家海洋环境监测中心	国家海洋环境监测中心,暨国家海洋局海洋环境保护研究所创建于1959年,是国家海洋局直属的国家级业务中心,肩负我国海洋环境监测、海域使用动态监视监测两个监测体系的业务组织与管理。其主要业务领域包括:全国近岸海域生态监控区监测、生态监控区监测、赤潮监控区监测、陆源入海排污口监测、污染现状与趋势性监测、海域使用动态监测,主要海洋功能区监测以及监测质量控制与质量保证等,同时还开展涉及海洋环境保护、海域使用管理等领域的基础科学研究和相关技术的开发工作	海洋环境生态学科、海洋化学学科、海洋监测质量技术学科、海洋监测信息学科、海域使用管理学科、海洋环境动力学学科、海洋遥感监测学科、海洋工程勘察设计和环境保护学科	国家海洋环境监测中心编制388人,现在职职工304人。其中,中国工程院院士1人,正高级专业技术人员54人,副高级专业技术人员68人;博士生导师4名;博士生导师16名;硕士生导师16名;博士和硕士166人。正高、副高占总人数的42%	无硕博点	

续表

名称	简　　介	研　究　方　向	机　构　雇　员	颁、博学位点名称	年度招生数
国家海洋局宣传教育中心	国家海洋局宣传教育中心(简称"宣教中心"),是国家海洋局直属的财政补助事业单位,主要职能是从事海洋意识的普及教育,组织开展海洋公众宣传工作。宣教中心以为部委正司级单位,根据主要职责,设4个处级机构:办公室(财务处)、宣传策划处、公众教育处、文化研究处	国民海洋意识和海洋政策法律法规的普及和宣传教育,组织实施重大全国性文化宣传活动方案,全国海洋公共文化宣传服务体系建设运行与评估,建设国家级海洋意识宣传教育基地,建设全国海洋宣传教育的信息化,开展海洋宣传实践活动并提供海洋宣传教育活动的咨询和服务,推动海洋文化创意产业发展	宣教中心人员编制18名,其中:主任1名,副主任2名,处级领导职数7名	无颁博点	
国家海洋标准计量中心	国家海洋标准计量中心于1989年10月由中编委批准成立,直属国家海洋局领导,同时接受国家质检总局业务指导,是管理全国海洋标准化、计量工作的国家站,是国家计量授权的国家海洋计量站;还是国家质检总局授权的科技成果检测鉴定国家级检测机构。中心主要职能是负责全国海洋标准化、计量、质量技术监督、海洋经济、海洋管理、海洋科技,为海洋公益服务提供技术支撑和保障。国家海洋标准计量中心还建立了温度标准实验室、化学实验室、盐度标准实验室、标准海水实验室;同时提供标准检定室、验潮仪检定室;同时设有海水处理设备检测中心以及海洋仪器产品检测中心	拟订全国海洋标准化计量和质量技术监督工作的法规规划和制度,海洋标准化政策及标准体系等有关技术研究和效果评价,海洋计量监督仲裁与实验室能力验证及检测资源整合工作,研究建立海洋管理海洋学特殊量值计量基准并研究制定计量检定规程和校准方法并实施量值传递和溯源,海洋标准化计量和质量管理信息化建设和服务并开展海洋标准化计量技术的国际合作与交流	现有专业技术人员70余名,其中高级职称20人、中级职称13人	无颁博点	

续表

名称	简介	研究方向	机构雇员	硕、博学位点名称	年度招生数
国家深海基地管理中心	国家深海基地管理中心是国家海洋局直属的部委正司级事业单位，深海基地项目在国内史无前例，是继俄罗斯、美国、法国和日本之后，世界上第五个深海技术支撑基地。将建成面向全国具有多功能、全开放的国家级公共服务平台，对实现民族复兴梦想、维护我国的海洋安全和海洋权益具有长远战略意义。未来的国家深海基地管理中心将凝聚全国深海科学研究的力量，吸引国内外海洋科技高端人才，成为深海科学技术开发的引擎以及深海产业孵化的桥头堡，将为青岛蓝色经济区建设提供重要的技术支撑，引导青岛成为深海装备及相关产业的重要基地，成为带动青岛市经济持续发展的引擎	深海资源勘探、科学考察、环境观测，深海技术装备的研发和试验，深海技术成果的产业转化与服务	目前，拥有各类专业技术人员百余人	无硕博点	
国家海洋局海洋咨询中心	国家海洋局海洋咨询中心于2004年批准成立，是国家海洋局直属的经费自理事业单位，主要职能是从事项目用海前的技术评审、海洋行业资质资格认证和海洋管理相关的政策评审、评估工作，为海洋行政管理提供决策依据和技术保障。咨询中心加挂"国家海洋局职业技能鉴定指导中心"的牌子，承担中国海洋工程咨询协会办会机构的职责。咨询中心为部级（财务处、咨询研究处、评审评估处、资质管理处、联络协调处）司级单位，设5个处级机构：办公室	开展海洋政策规划区划和有关标准制定的前期咨询和调查研究等工作，国家海洋局组织实施的国家重大海洋（岸）工程和重大专项及预算内项目的咨询评估并包括有关招投标工作，国家项目的海域使用论证和海洋环境影响审评价以及海底电缆管道铺设由勘测与海砂开采监测和海洋工程项目环保项目选划等报告书的专家评审工作，开展海域、海岛评估工作	设有咨询评估处、论证环评处、资源与市场处，约有各类专业技术人员30余人	无硕博点	

续表

名称	简　介	研　究　方　向	机　构　雇　员	硕、博学位点名称	年度招生数
国家海洋局海洋减灾中心	国家海洋局海洋减灾中心（简称"减灾中心"），是国家海洋局直属的财政补助事业单位，坐落于海淀区西山凤凰岭脚下，占地面积170亩，建筑面积约2万km²，主要职责是从事海洋防灾减灾、海洋应急指挥平台运行管理和海洋人才培训工作，为海洋经济、海洋管理、公益服务及海洋安全提供支撑保障	海洋灾情调查和海洋灾害风险区划研究和风险评估工作，海洋应急指挥平台的运行保障，海洋防灾减灾领域的科学研究和装备研发，海洋系统教育培训	设有5个业务部门，各部门约有专业人员5～7名	无硕博点	
国家海洋局（江苏省）海涂研究中心	江苏省海涂研究中心前身为江苏省海洋环境监测预报中心，始建于2001年7月。2010年，在江苏省海洋环境监测预报中心基础上成立江苏省海涂研究中心。2010年9月国家海洋局发文同意与江苏省人民政府共建国家海洋局江苏省海涂研究中心。中心隶属于江苏省海洋与渔业局，是从事海洋环境监测预报及海洋滩涂科学研究的正处级公益性全额拨款事业单位。中心内设有海涂开发与保护技术研究室（海洋发展战略研究室）、海洋资源与环境研究室（环境监测科）、海洋防灾减灾技术研究科（海洋预报科）3个业务研究部门	海域海涂资源环境与开发管理等方面的技术研究海洋环境、资源监测及海洋环境污染调查、海洋环境的常规预报并发布海洋预警预报	现有在编人员32人，其中高级职称10人、中级职称13人；博士3人、硕士9人，江苏省"333"人才工程培养对象3人。正高、副高职称占总人数的31.3%	无硕博点	

续表

名称	简 介	研 究 方 向	机 构 雇 员	硕、博学位点名称	年度招生数
中国南海研究协同创新中心	中国南海研究协同创新中心是国家认定的首批14家"2011协同创新中心"之一。中心成立于2012年7月,由南京大学牵头,外交部、海南省、国家海洋局三个政府部门支持,联合中国南海研究院、国家指挥学院、中国人民大学、四川大学、中国科学院、中国社会科学院等单位共同组建。中国南海研究协同创新中心以国家重大战略需求为导向,以实现南海权益最大化为目标,以多学科所一校校协同"为路径,以体制机制改革为保障,全面推动南海问题综合研究,服务国家南海战略决策	南海史地与文化,南海资源环境与海疆权益,南海法律与国际关系,南海航行自由与安全稳定,南海周边国家政治经济社会,南海舆情监测与国际交流对话,南海遥感动态监测与情势推演,南海问题咨政决策与战略支持	依托南京大学无固定编制人员	无硕博点	
中国水产科学研究院东海水产研究所	中国水产科学研究院东海水产研究所创建于1958年10月,是我国面向东海和远海的国家综合性渔业研究机构,现隶属于中央级科研机构(中央级公益性科研院所)。研究所以国家渔业发展需求为首要任务,根据学科优势和自身发展目标,主要开展资源保护及利用、捕捞与渔业工程、近海与生态环境评价与保护、水产养殖技术,水产品加工与生物安全、生态环境信息等战略信息与战略决策等研究	资源保护及利用领域,捕捞与渔业工程领域,远洋与极地渔业资源开发领域,生态环境评价与保护领域,生物技术与遗传育种领域,水产养殖技术领域,水产品加工与质量安全领域,渔业信息及战略研究领域	全所在职职工编制人数450人,在编人员284人,其中科研人员225名,包括研究员30名,副研63名。正高、副高职称占总人数的20.7%	无硕博点	

续表

名称	简　　介	研　究　方　向	机　构　雇　员	硕、博学位点名称	年度招生数
中国水产科学研究院黄海水产研究所	中国水产科学研究院黄海水产研究所系农业部所属综合性海洋水产研究机构。建所60多年来，紧紧围绕"海洋生物资源开发与可持续利用研究"这一中心任务，在渔业资源调查、捕捞技术、海水增养殖、水产品加工及质量检测等领域先后承担并完成了1000余项国家和省部级的研究课题，取得了300多项国家和省部级重大科研成果，获得国家及省部级奖励100多项，其中按照国家经济建设和科技创新的需要，及时调整学科，广揽人才，在海洋生物资源评估与生态系统、海水养殖生态与容纳量、种质资源与病原分子生物学、海洋渔业环境与生物修复、水产品安全与质量检测、海水鱼类养殖与营养、水产基因组与细胞工程等方面开展了许多创新性的研究，取得了骄人的成绩，为我国海洋渔业科学事业的发展和渔业经济建设做出了卓越贡献	海洋可捕资源评估和生态系统海水养殖生态与容纳量、海水养殖生物疾病控制与分子病理学、种质资源与工程育种、海洋渔业环境与生物修复、水产品安全与质量检测、海水鱼类养殖与渔业设施、海洋渔业资源与酶工程、食品工程与营养、水产基因组与细胞工程	现有在职职工400人，其中中国工程院院士3人、高级专业技术人员149人；有博士生导师66人、硕士生导师19人，正高、副高职高职称约占总人数的37.3%	无硕博点	

续表

名称	简　　介	研　究　方　向	机　构　雇　员	硕、博学位点名称	年度招生数
中国水产科学研究院南海水产研究所	南海水产研究所成立于1953年，是我国最早建立的从事热带亚热带水产科学研究的非营利公益型国家科学科研机构。该所以热带亚热带渔业科学研究为特色，在渔业科学技术发展和宏观决策服务中发挥重要全局性、基础性、关键性和方向性的重大科技问题，为我国渔业建设提供科技支撑和技术储备；以促进农（渔）民增收，以渔业基础研究和应用研究为重点，集中突破促进行业快速发展的高新技术和重大关键技术，引领我国渔业科学技术自主创新能力，集成创新再创新能力，消化吸收再创新能力的显著提升和持续发展	渔业生态环境、水产健康养殖、水产种质资源与遗传育种、生物技术、水产病害防治、渔业资源养护与利用，水产品加工与综合利用，食品工程与质量安全研究，渔业装备与工程技术，渔业信息	全所现有职工335人，其中高级研究人员96人，国家级和省、部级有突出贡献专家10名，享受政府特殊津贴专家26名，中国水产科学研究院首席科学家4名，博士生导师5名，硕士生导师35名。正高、副高职称约占总人数的28.7%	无硕博点	

续表

名称	简　　　介	研　究　方　向	机　构　雇　员	硕、博学位点名称	年度招生数
中国水产科学研究院渔业机械仪器研究所	中国水产科学研究院渔业机械仪器研究所（简称渔机所）于1963年成立，现属农业部。主要从事渔业装备与工程及相关学科的应用基础研究，关键技术研发和集成创新，以及相关成果的推广与行业技术支撑，是我国唯一的专业研究机构。渔机所所设有养殖工程、渔业生态工程、海洋渔业工程、加工机械工程、渔业装备质量与标准化、渔业装备工程信息等6个研究室，以及农业部渔业装备与工程技术重点实验室、中国水产科学研究院池塘生态工程研究中心、中国水产科学研究院渔业水体净化技术和系统研究重点开放实验室、中国水产科学研究院渔船节能与捕捞装备研究功能实验室、中国水产科学研究院水产品加工装备技术功能实验室、检测实验室和渔业装备实验中试基地等	水产养殖工程、生态工程、渔业工程、船舶工程、产品加工机械工程、饲料加工机械工程、渔业装备质量与标准和渔业装备信息与战略	现有职工192人，其中科技人员124人（高级专业技术人员37人）。正高、副高职称约占总人数的19.3%	无硕博点	

续表

名称	简 介	研 究 方 向	机 构 雇 员	硕、博学位点名称	年度招生数
中国水产科学研究院渔业工程研究所	中国水产科学研究院渔业工程研究所所位于北京市,是我国从事渔业工程技术的专业研究机构。1978年成立于青岛,1997年经农业部批准迁至北京,原中国水产科学研究院水产规划设计所和渔船设计研究室并入渔工所。渔业工程研究所是我国从事渔业工程技术的专业研究机构,承担了我国渔港与渔场工程、设施渔业(基础设施、冷藏加工)与养殖工程、渔业信息工程、渔业防灾减灾技术、行业标准规范的规划设计与研究工作,承担着农业部渔港、渔政船项目的评审和渔港项目立项计划的核定,全国渔港建设规划的编制以及渔港、原良种体系建设,引育种中心项目的检查等任务	渔港与渔场工程、设施渔业与养殖工程、渔业信息工程、渔业防灾减灾研究、渔业信息工程研究	现有职工44人,其中科技人员39人,高级职称专家17人。正高、副高职称约占总人数的38.6%	无硕博点	
中国水产科学研究院营口增殖实验站	中国水产科学研究院营口增殖实验站于985年正式成立。主要研究方向为鱼、对虾、贝、海蜇及海珍品人工育苗与增殖放流技术研究及研发、促进渔业发展。现有成果转化基地两处,即营口站炮台基地、营口站望海基地。营口站炮台基地种培育车间及饵料培育车间两栋,总规模1500km³,占地面积32万km²。营口站望海基地种苗培育车间及饵料培育车间各2栋,总规模3000km³,占地2万km²	鱼、对虾、贝、海蜇及海珍品人工育苗与增殖放流技术	现有职工25人,其中科技人员13人,高级科技人员1人。正高、副高职称约占总人数的4%	无硕博点	

续表

名称	简 介	研 究 方 向	机 构 雇 员	硕、博学位点名称	年度招生数
中国水产科学研究院北戴河中心实验站	北戴河中心实验站是中国水产科学研究院所属的面向渤海的国家级大型增殖海水产实验站。其建站宗旨是增殖海水产资源、提高渤海水域生产力、振兴渤海渔业经济,主要任务是开展渔业资源增殖实验、良种选育和学术交流服务工作。站内设有4个职能科室、2个业务研究科室,2个研究中心,并在昌黎和乐亭建有2个科技成果中试转化基地	渔业资源增殖实验、良种选育	北戴河站现有职工37人,其中专业技术人员18人,研究员2人,客座研究员1人,副高级专业技术职务8人,中级专业技术职务4人。正高、副高职称约占总人数的24.3%	无硕博点	
辽宁省海洋水产科学研究院	辽宁省海洋水产科学研究院(辽宁省海洋环境监测总站),始建于1950年,隶属于辽宁省海洋与渔业厅,是省级重点科研机构。具有海洋科技研究和海洋环境监测职责职能。具体职责为:负责辽宁全省海洋经济发展规划、海洋资源开发与保护、海洋生态环境保护等方面的研究;负责开展海洋渔业资源、海水增养殖海域生态环境、海水养殖生物育种及病害防治、水产品加工技术等方面的研究;承担海洋污染事故的调查鉴定、海域生态环境和海岸工程建设项目对海洋环境影响的评估评价、海域使用论证、海域资评估、海洋测绘、渔业污染调查鉴定、特有工种职业技能鉴定等资质	海水养殖、渔业资源、海洋经济、水产品加工、海洋环境、海洋生态、海洋规划利用、生物技术育种、珍稀动物保护、海洋渔业环境监督监测站、海水养殖引育种	设有9个专业技术研究室,每个研究室约有8~15名专业技术人员	无硕博点	

续表

名称	简介	研究方向	机构雇员	硕、博学位点名称	年度招生数
河北省海洋与水产科学研究院	河北省海洋与水产科学研究院系省农业厅所属综合性海洋水产科研机构,前身是河北省海洋水产试验场,1953年成立于秦皇岛。近60年末,共取得科研成果52项,其中国家级奖励9项,申请专利12项,获授权专利4项。典型代表性成果有"河鲀毒素提取方法"、"渤海增养殖技术研究"、"渤海生物资源调查与评价"、"河北省近岸海洋渔业资源结构变化及可持续利用研究"、"渤黄海污染对水产资源影响的调查"与"高纯度河鲀毒素的制备工艺"等	渔业资源、渔业增殖、渔业环境、遗传育种、淡水养殖、海水养殖	现有在职职工38人,高级专业技术人员21人,中级技术人员6名,省管专家1人,1人享受国家政府特殊津贴,1人被授予国家级有突出贡献专家。正高、副高职称约占总人数的55.3%	无硕博点	
天津渤海水产研究所	天津渤海水产研究所(中国水产科学研究院渤海水产研究中心),主要承担天津海洋渔业资源与生态环境、海水养殖技术与工程、渔业种质资源开发利用及海洋渔业经济与信息技术等调查研究工作。天津渤海水产研究所为全额拨款事业单位。目前已建成8000km²综合实验楼,设有综合办公室,科研技术工程研究室五个科室。实验室将建成为天津渤海湾生态修复、生物养护、资源恢复及利用、服务滨海新区发展的科技创新平台,逐步建成服务于整个渤海乃至全国的海洋、渔业科学研究;研究所将建设成为功能齐备、水平达到国内一流、国际先进的海洋渔业科技机构	渔业资源与生态环境、海水养殖技术与工程、种质资源开发利用及生物技术	编制60人,现有职工48人,其中研究员1人,高级职称5人、中级职称14人;其中博士4人,硕士13人。正高、副高职称占总人数的10.4%	无硕博点	

续表

名称	简　介	研　究　方　向	机　构　雇　员	硕、博学位点名称	年度招生数
天津市水产研究所	天津市水产研究所作为天津市渔业科技创新研究及应用转化机构，是承担渔业事业单位，其主要业务职能是：承担渔业经济理论、政策研究；增养殖品种的苗种繁育、引进、推广，养殖新技术研究、示范；养殖品种和质资源研究，国家级梭鱼原种场和市级引育种中心；渔业资源增殖放流技术研究及资源预报研究；养殖新技术、新产品的开发转化；海洋生态环境监测、渔业设施设备研制与生产，渔业信息及《天津水产》编辑等	渔业水环境监测、渔业资源监测与增殖、海淡水增养殖、苗种繁育纯化、新品种引进试养、饲料营养、水产品病害防治、苗种检疫、种质鉴定、水产品质量检测、水处理设备研制、设施化养殖	研究所在职人员161人，其中科技人员126人、高级技术职务37人、中级技术职务30人。在职高级专业人员2人获政府特殊津贴、有6人任中国水产学会专业委会委员	无硕博点	
山东省海洋资源与环境研究院	山东省海洋资源与环境研究院（原山东省海洋水产研究所）始建于1957年，是一所拥有近60年海洋与渔业科研历史、多学科综合性的省属海洋公益性重点科研机构。重点研究领域为海洋资源调查、开发、保护，海域海岛可持续利用、海洋生物与遗传育种、海水养殖与动物营养与饲料，水产品加工与质量安全、渔业工程与工业化养殖、海洋发展战略等，涵盖五十余个研究方向。同时还是农业部省水产品质量监督检验测试中心（烟台）、山东省水产品质量检验中心、山东省海洋环境监测中心挂靠单位，上海海洋大学研究生联合培养单位，俄罗斯远东科学院海洋生物研究所合作单位	渔业资源、海洋生态、海洋生物增养殖研究、水生动物营养与饲料、水产食品加工与安全技术、渔业工程与工业化养殖技术、海洋环境监测、水产品质量检验	现有在职职工171人，其中研究15人，副研、副高研究员36人。正高、副高职称人数占总人数的29.8%	无硕博点	

续表

名称	简　　介	研　究　方　向	机　构　雇　员	硕、博学位点名称	年度招生数
山东省海洋生物研究院	山东省海洋生物研究院成立于1950年，是一所拥有60多年海水养殖、海洋生态与环境保护技术基础和应用技术研究历史的省属科研机构。主要从事：海洋生物的苗种选育、健康养殖、疾病防控、设施养殖工程、渔业资源修复及生物生态、资源环境的调查、评估、保护、利用及渔业规划、养殖区选划等技术的研究；海洋生物资源利用、水产食品营养与加工、渔用药物及饲料科学应用技术普及和社会公益服务	生物的苗种选育和健康养殖、生物疾病防控、渔业设施修复及设施渔业工程、与海岛的生物生态好资源环境评估与保护利用及渔业规划、养殖区选划、生物资源利用、水产品营养与加工、渔用药物及饲料添加剂研发	现有在职职工130人，其中专业技术人员85人，高级职称42人，中级职称32人，副高职称占。正高、副高职称占总人数的24.6%	无硕博点	
青岛海洋地质研究所	青岛海洋地质研究所是隶属于国土资源部(MLR)中国地质调查局(CGS)的海洋地质专业调查研究机构，1964年始建于南京，1979年重建于青岛。主要承担我国战略性的矿产资源性的海洋地质调查研究，公益性的海洋地质调查研究所拥有国土资源部重点实验室2个，中国地质调查局重点实验室1个，同时参与了青岛海洋科学与技术国家重点实验室的共建工作。此外，中国地质调查局海岸带地质及大陆架地质研究中心、中国地质调查局中荷海岸带地质研究中心挂靠该所	海洋区域、海洋油气水合物资源地质、海洋环境地质、海洋固体矿产地质、海岸带和大陆架地质、海洋地质调查技术方法、海洋地质实验检测	在编职工人数为273人，其中正高级职称人员49人，副高级职称人员72人，占全所职工总数的76.2%	无硕博点	

续表

名　称	简　　介	研　究　方　向	机　构　雇　员	硕、博学位点名称	年度招生数
江苏省海洋水产研究所	江苏省海洋水产研究所成立于1978年，为省海洋与渔业局和省科技厅双重领导的直属事业单位，是全省唯一专业从事海洋与渔业公益性研究的省属科研机构。下设办公室、科研管理办公室、财务科、产业化管理办公室等4个管理部门和海洋资源环境研究室、海洋生态研究室、国家级紫菜种质库、江苏省文蛤良种场、海洋滩涂生物研究室（海洋与渔业防灾减灾研究中心）等6个业务研究室，直属科研基地2个：江苏省海水增养殖技术及种苗中心、养殖试验场；公益服务体系机构2个：东海区渔业资源监测网络江苏监测站、农业部渔业行业职业技能江苏鉴定站；专项技术推广、服务点2个	海洋环境与渔业资源监控及重点海域生态环境修复研究，海洋渔业资源保护与开发利用，海洋生物技术应用基础性研究，海水养殖等共性技术研究与推广，水产重大疫病与控制技术研究，海洋与渔业技术咨询服务、海产品质量检测	全所在职职工88名，其中专业技术人员68名：具高级技术职称人员23名（正高9人、副高14人），中级职称11人，水产养殖技师11人。正高、副高职称占总人数的26.1%	无硕博点	
江苏省海洋资源开发研究院	江苏省海洋资源开发研究院成立于2007年建院以来，通过人才引进和团队优化整合，研究院组建了高素质、年龄、专业结构合理的科学研究和工程化研发方向明确、能力强的专业研究团队，研究领域涵盖了海洋生物技术、海洋生物化工、海洋化工、海洋信息技术、海水利用、海水养殖与加工、海洋药物、海洋工程与环境、海洋管理、海洋经济等，初步形成国内一流的海洋资源开发专业人才队伍	海洋生物技术、海洋生物化工、海洋化工、海洋信息技术、海洋药物、海水利用、海水养殖与加工、海洋工程与环境、海洋管理、海洋经济	研究院现有专职科研及支撑人员168人，引进的领军型人才11人，具有高级职称或博士学位的层次人才140人，海外籍专家1人，留学归国人员15人	无硕博点	

续表

名称	简介	研究方向	机构雇员	硕、博学位点名称	年度招生数
浙江省海洋监测预报中心	浙江省海洋监测预报中心(浙江省海洋防灾减灾中心)是浙江省海洋与渔业局直属的海洋公益服务事业单位,负责全省海洋环境调查、监测、评价和海洋环境预报工作,为全省海洋综合管理、海洋开发利用、海洋环境保护和海洋减灾防灾等提供技术保障和技术服务	全省海洋环境预报,发布全省沿海潮汐和海浪等海洋预警报及全省海洋公报,全省海洋环境监测和赤潮等海洋灾害应急监测、评价和预报海洋环境质量,建立并管理全省海洋监测预报数据传输网络与信息网络和海洋环境数据库,开发和管理全省海洋信息系统	现有职工约50人	无硕博点	
浙江省海洋技术中心	浙江省海洋技术中心(原浙江省海洋技术开发中心)主要负责海洋技术信息、海岛、海岸带资源资料的收集和研究,具体承担全省海洋经济运行监测与评估,全省海洋经济统计与核算,全省海洋人才资源统计调查,全省海域使用动态监视监测工作	全省海洋经济运行监测与评估,全省海洋经济统计与核算工作,全省海洋人才资源统计调查,海洋技术性工作,海域使用动态监视监测研究,海洋信息和资料的收集和研究,涉海项目规划研究与咨询、海岛和海岸带资源资料收集、处理和分析研究	现有职工约15人	无硕博点	

续表

名称	简　介	研　究　方　向	机　构　雇　员	硕、博学位点名称	年度招生数
浙江省海洋水产研究所	浙江省海洋水产研究所成立于1953年，是一个从事海洋渔业研究为主的纯公益类省属科研机构，单位以海洋渔业资源与生态、海水增养殖、渔业环境与水产食品安全为业务研究与服务重点，同时开展海水养殖病害防治、海域使用论证、海洋捕捞、水产工程设计等相关领域的科研与技术服务等社会公益性工作。2001年，实行浙江海洋学院和浙江省海洋与渔业局共建共管。下属海洋渔业资源研究室、海洋渔业环境研究室、海水养殖技术研究室、船舶工程设计所、拥有农业部渔业环境及水产品质量监督检验测试中心(舟山)、农业部渔船检验局渔业资源观测实验站2个部级服务性平台；浙江省海水增养殖重点实验室、浙江省海洋渔业资源可持续利用技术研究重点实验室(筹)2个省级重点实验室；浙江省水产病害防治中心、海洋生物生态实验室、遥感实验室、种质与分子生物技术实验室4个专业实验室。一个中外合作中挪两国四方联合营养养殖实验室和一个试验基地—西闪试验场	浙江渔场渔业资源的调查与监测、渔业管理技术研究，传统优质鱼资源种质鉴别和保护研究，渔场和沿岸人工鱼礁区域增殖放流研、优良品种筛选与繁育、健康海水鱼类营养与病害研究，沿岸重要产卵场和重点区域的环境调查和常规监测、养殖容量评估，浅海和滩涂养殖规划和布局调整与结构优化等技术研究，海洋水域生态荒漠化治理和湿地保护技术研究，海洋水域污染包括养殖自身污染处理技术研究，涉渔污染事故调查取证、赤潮监测与防灾减灾研究，水产地环境与食品安全的技术研究，水产品质量检测技术	现有在职职工125人，专业技术人员85人，其中正高级职称科技人员9人，副高级职称科技人员32人(其中正高级职称人员23人)，硕士生导师9人，博士学位6人，有17人受国务院特殊津贴，省151人才7人。正高、副高职称占总人数的25.6%	硕士点：农业推广硕士专业学位(养殖)无博士点	

续表

名称	简 介	研 究 方 向	机 构 雇 员	硕、博学位点名称	年度招生数
浙江省海洋水产养殖研究所	浙江省海洋水产养殖研究所隶属于浙江省海洋与渔业局，是一所多学科综合性的省级海洋与渔业公益性重点科研机构。研究领域包括海水增养殖技术、海洋生物遗传育种、海洋生物资源与生态修复技术、水产养殖病害及生物的评估及生态监测评价、海岸带环境及涉海工程的评估及生态监测评价。加挂"温州海洋研究院"、"浙江省海洋渔业环境与生物安全监测检验中心"两块牌子	海水增养殖技术、海洋生物遗传育种、海洋生物资源与生态修复技术、水产养殖病害及生物的评估、水产养殖病害及涉海工程环境及涉海工程的评估及监测评价	现有在职职工110人，其中正高职称6人，副高职称29人，中级职称13人，浙江省"151"和温州市"551"人才20人，博士7人。正高、副高职称约占总人数的17.3%	无硕博点	
宁波市海洋与渔业研究院	宁波市海洋与渔业研究院，是宁波市海洋与渔业局下属的公益型事业科研单位。宁波市海洋与渔业技术研究院，内设机构5个，即：海洋与渔业环境与产品质量检验监测中心。另有专业工作室2个，即：宁波市水产养殖病害防治中心、宁波市水产养殖苗种培育中心；水产苗种良种基地2个(其中国家级良种场1个)。加挂"宁波市渔业技术推广站"、"宁波市渔业环境与产品质量检验监测中心"两块牌子	海洋与渔业科技攻关项目的科研任务、宁波市"科技兴海"和"科技兴渔"中的关键技术问题的研究和海洋科学技术前沿领域及高新技术、宁波市海洋与渔业实用技术的推广、服务和海洋与渔业污染事故防治技术培训、宁波市海洋环境监测与评估、宁波市水产养殖病害监测、预报与防治技术指导、宁波市渔业产品质量的检测和检验、有关部门和企业的海洋与渔业规划研究及技术咨询服务	现有在职人员44人，其中海洋与渔业专业技术人才34名(研究员3名，高级工程师18名)。正高、副高职称约占总人数的47.8%	无硕博点	

名称	简　介	研　究　方　向	机　构　雇　员	硕、博学位点名称	年度招生数
浙江省海洋文化与经济研究中心	浙江省海洋文化与经济研究中心为浙江省首批社会科学重点研究基地之一，以宁波大学为依托，于2006年4月成立，执行主任为李加林教授，中心主任为郑孟状教授。中心主要集应用经济学、法学、外国语言文学、海洋科学、地理学等一级学科为一体，依托宁波大学现有多个优势学科，包括专门史、应用海洋生物技术、国际贸易学、民商法学、英语语言文学、人文地理学等省级重点学科，整合多个学科的科研力量。同时，本着"机构开放、人员流动、内外联合、竞争创新"的运行机制，积极吸纳海内外研究人员参与中心项目研究，并定期编纂《浙江海洋文化与经济研究专辑》、资料库，已成为海内外相关领域一个较有影响的学术交流平台	浙江省海洋经济与管理：该方向主要致力于浙江海洋资源开发与持续利用、海洋经济与海岸带开发、海洋资源价值评价等研究，为浙江发展海洋经济、建设港航强省提供决策咨询服务。浙江对外交流与区域社会变迁：该方向主要致力于浙江对外经济文化交流史、开埠与浙江近代化等研究，揭示海外交流对浙江区域社会结构变迁与近代化进程的影响与作用，为当代浙江现代化建设提供历史借鉴。浙江海洋文化：该方向主要致力于浙江海洋文化与浙江人文精神等资源的开发与利用、海洋文化制定海洋文化产业政策研究，为浙江制定海洋文化产业发展决策服务	研究中心已集聚了省内外高水平的研究人员，现有专、兼职研究人员57名，其中，副教授员30人，具有博士学位研究人员41名，已形成一支理论基础扎实、富有创新精神的研究团队。人员结构合理	拥有应用经济学、法学、管理学、海洋科学、地理学的硕士点，以及水产养殖的硕士点所有方向	年招硕士生100余人，博士生10余人

续表

名称	简　介	研　究　方　向	机　构　雇　员	硕博学位点名称	年度招生数
福建海洋研究所	福建海洋研究所位于厦门市，是福建省科学技术厅直属的综合性海洋科学研究开发机构，设有福建省海岛与海岸带管理技术研究重点实验室、台湾海峡邻域海洋上调查与数据中心、国际交流培训中心三个中心；海洋化学、海洋生物两个研究室和"延平2号"海洋科学考察船。福建海洋研究所是一所公益性海洋科学研究开发机构，主要从事台湾海峡区域海洋学、海洋生物、近海环境、港口工程、海水增养技术、水产养殖新品种的培育等研究。在海域功能区划、用海规划、港口工程、海洋环境监测、海洋地质、海洋生物、海洋生态、海洋化学等领域具有优势和特色	海洋环境调查及信息共享台建设、海岸带无人机遥感与测绘应用、海洋测绘信息体系建设、海域使用管理技术支持、台湾海峡区域海洋学、海洋生物、近海环境、港口工程、海水增养技术、水产养殖新品种的培育	现有高级职称科技人员21人、中级职称30人	无硕博点	
福建省水产研究所	福建省水产研究所成立于1957年，隶属福建省海洋与渔业厅，是一个公益型、多学科、综合性的省级海洋与渔业研究机构。福建省水产研究所先后设立了农业部渔业产品质量监督检测测试中心（厦门）、国家海水鱼类加工研发技术分中心、东海区渔业资源动态监测网福建省监测站、福建省渔业生物增养殖高值化利用重点实验室、福建省水产养殖病害防治中心、福建省水产品质量监督检验站、福建省渔业监测与渔业可司法鉴定中心、环境影响评价中心、福建省良种场、福建省海水鱼类与渔业厅海水产养殖种苗和繁育科研中试基地等多个公益性机构	海洋生物技术、海水养殖新品种繁育和养殖技术、水产养殖病害监测和防治、海洋渔业资源调查与开发管理、渔业工程勘察与可行性调查与监测、海洋工程与装备、海域功能区划与海域使用论证、水产品综合加工和水产品质量安全	现有职工127人、专业技术人员109人，其中，高级研究人员49人，中级研究人员44人、享受国务院政府特殊津贴3人，入选福建省"百千万人才工程"7人。正高、副高职称约占总人数的38.6%	无硕博点	

续表

名称	简　　介	研　究　方　向	机　构　雇　员	硕、博学位点名称	年度招生数
海南省海洋与渔业科学院	海南省海洋与渔业科学院为隶属于海南省海洋与渔业厅的事业单位。同时加挂"海南省海洋开发规划设计研究院"牌子。内设综合处、科研管理和信息处2个副处级行政机构；海洋工程研究所、海洋生态研究所、渔业研究所、淡水渔业研究所4个副处级科研机构	海洋与渔业资源调查和开发技术研究、海洋与渔业环境监测，海洋资源保护与管理和可持续利用研究、海洋物理和海洋地质技术基础研究和应用研究、海洋工程与海洋遥感等技术基础研究和应用研究、海域使用功能开发和管理保护研究、水产品加工和质量安全管理技术研究、水产良种引进和保种及育种技术研究、水产养殖病害防治技术	设有4个专业研究所，约有270余名专业技术人员	无硕博点	
海南省海洋监测预报中心	海南省海洋监测预报中心是海南省海洋与渔业厅下属的正处级公益服务性事业单位，兼挂海南省海洋预报台、海南省海洋环境监测中心、海南省海域动态监测预报网、国家海洋监测网和海南省防灾减灾体系的成员单位，目前是全省唯一有权向社会公开发布海洋环境预报、海洋与渔业监测通报、公报和年报的单位，也是该省获得国家颁发的渔业污染事故调查资格证书的单位。现设有办公室、预报工室、海洋监测室、渔业环境监测站、预报总工室、海域动态监测监管科6个科级职能管理部门	海洋与渔业环境监视监测与评价工作、海南省海域海洋灾害应急监测和调查评估、海南省海域海洋生物多样性和海洋生态调查监测与评价、海南省所辖海域及邻近海域的海洋环境预报和海洋灾害预警报、海南省海域动态监测监控、海洋环境信息的收集管理处理、海洋功能区划、海洋环境保护规划、海洋倾废区选划、海洋防灾减灾、海域与海岛使用论证、海洋环境治理监测调查与研究、海洋工程项目调查研究	现有在职工39人	无硕博点	

续表

名称	简　介	研　究　方　向	机　构　雇　员	硕、博学位点名称	年度招生数
广州海洋地质调查局	广州海洋地质调查局是直属国土资源部中国地质调查局的多学科、多功能海洋地质调查研究机构，主要从事国家基础性、公益性和公益性战略性的海洋地质调查研究工作。广州海洋地质调查局紧紧围绕海洋资源、环境与权益三个主题，坚持以地质找矿为中心，在油气资源调查、大洋地质工程与灾害地质调查、大洋地质科学考察、南极科学考察、新能源（天然气水合物）调查、海洋高科技等领域成绩显著	海洋区域地质、海洋矿产地质、海洋环境地质、工程地质、海洋地质勘查技术、海洋地质科学发展战略	现有职工800余人，其中各类专业技术人员540余人，高级职称专业技术人员141人（其中45人为教授级高级工程师）。正高、副高职称约占总人数的16.9%	无硕博点	
国土资源部海底矿产资源重点实验室	国土资源部海底矿产资源重点实验室成立于2012年，是国土资源部的重点实验室。挂靠广州海洋地质调查局，上级主管部门为中国地质调查局。实验室发展目标定位为中国地质调查局、国土资源部重大需求，依靠国内外的海底矿产资源研究为特色，突出前瞻性、基础性、战略性、创新性。形成一批具代表性和有影响力的研究成果，建设成为在国内具有一流水平，在国际上具有一定影响的科学技术创新基地和人才培养基地	海底能源矿产研究、大洋矿产资源研究、海底环境监测与研究、海洋地质前沿基础理论研究	拥有800余名员工，其中各类专业技术人才540余人，高级人才45人，1名中国工程院院士	无硕博点	合作

续表

名称	简　介	研　究　方　向	机　构　雇　员	硕、博学位点名称	年度招生数
南京大学海岸与海岛开发教育部重点实验室	南京大学海岸与海岛开发教育部重点实验室始于20世纪60年代的南京大学地理学系海岸研究组和海洋地貌与海岸沉积研究室;1990年命名为南京大学海岸与海岛开发国家试点实验室;2000年被审批为教育部重点实验室。实验室以地球科学的理论为指导,以海岸海洋(Coastal Ocean),即整个海陆过渡带——海岸带,大陆架及大陆坡及大陆隆为主要研究对象。研究海陆交互作用、地貌与沉积过程、人类活动影响及海岸带、海岛、向陆架开发应用,向陆沿大河盆地延伸,向海涉及海陆海效应。实验室已有30多年的工作积累,研究内容反映着地球科学发展之进步:在全球变化与海洋沉积动力、河海交互作用与海岸、陆架发育,数字海洋以及海港建等方面成果突出。近期研究又深入扩展至地球变化过程与古气候变化、极地-海洋的气候环境变化、海陆环境联系的机制,沿海城镇与旅游规划管理,以及海岸海洋灾害的特征、机制评估及旅游评估等方面,增加新的血液,增强了研究力量,扩展了研究阵地	地球变化与海洋沉积动力和地貌过程、极地-海洋的气候环境变化,海陆环境演变对比、气候变化对海陆环境的影响,海岸带及相邻地区人类活动与环境	实验室现有固定人员47人,其中教授19人,副教授和讲师21人,工程技术人员7人	硕士点:自然地理学专业、海洋地质学专业、第四纪地质学专业、地貌与地理信息系统专业、人文地理学专业、环境地理学专业、遥感地理学专业 博士点:自然地理学专业、海洋地质学专业、第四纪地质学专业、地貌与地理信息系统专业、人文地理学专业	约每年9-16人

续表

名称	简　　介	研　究　方　向	机　构　雇　员	硕、博学位点名称	年度招生数
广西海洋研究所	广西海洋研究所成立于1978年5月，是一家综合性的海洋科学研究机构。2004年，广西海洋研究所正式注册建有海洋生物技术实验室和海水增养殖试验基地。其下属的海水养殖技术中心是广西科技创新金源单位，"广西海水养殖新品种繁育工程技术研究中心"是自治区级工程技术中心，"海洋生物技术实验室"是自治区级重点实验室	海洋经济生物增养殖与海洋农牧化，海洋生物活性物质提取与海产品加工，海洋环境保护与影响预评价，海洋环境灾害的预测预警，海洋资源可持续开发与保护对策，海洋综合管理与维护海洋权益的战略研究	现有职工115人，中级职称以上科技人员占60%，其中研究员2人，副研究员5人	无硕博点	

二、中国海洋类期刊

名　称	主管与承办机构	创刊时间	刊出周期	刊　文　领　域	网　址
海洋工程	中国科学技术协会主管，中国海洋学会主办，南京水利科学研究院、上海交通大学承办	1983年	双月	主要刊载近海工程、海岸工程、水下潜水救捞技术、海洋能源利用等方面学术论文，报道科技动态，并开展问题讨论和技术交流	http://www.theoceaneng.cn/hygccn/ch/index.aspx
海洋学报	中国科学技术协会主管，中国海洋学会主办	1979年	月刊	主要刊登海洋物理、海洋化学、海洋地质、海洋生物四大学科及海洋交叉学科和海洋工程环境等基础研究和应用基础研究方面具有创造性的、代表我国海洋科学技术高水平的文章	http://www.hyxb.org.cn/aos/ch/first_menu.aspx?parent_id=2008011811354 5001
海洋与湖沼	中国科学技术协会主管，中国海洋湖沼学会、中国科学院海洋研究所主办	1957年	双月	主要刊载报道海洋及湖沼基础研究、应用研究范围内的物理、化学、地质、生物及其分支学科的研究报告、简报(阶段性研究成果)、学术争鸣及研究综述等	http://www.zhazhi.com/qikan/zrkx/twdl/4605.html
中国海洋大学学报.社会科学版	教育部主管，中国海洋大学主办	1988年	双月	主要刊载学术前沿、理论创新，能突出海洋人文特色的文章，开设的主要栏目有:海洋发展研究、经济与管理研究、政治学与法学研究、语言与文学研究、学术专题等	http://211.64.142.85/xbskb/
海洋地质与第四纪地质	国土资源部主管，青岛海洋地质研究所主办	1981年	双月	主要刊登海洋地质学及海陆第四纪地质学及各分支学科、边缘学科的具有前沿性、创造性和探索性的学术论文;侧重报道国家自然科学基金项目、国家重点和专项项目以及国际合作项目的最新研究成果，突出中国海区、大洋海洋地质以及"三极"地区研究报道特色，注重海区与大陆、区域性与全球变化对比研究	http://hydz.qikann.com/
海洋环境科学	国家海洋局主管中国海洋环境科学学会、国家海洋局海洋环境保护研究所主办	1982年	双月	以报道海洋环境保护方面的基础和应用基础研究成果为主，特别重视刊载有影响的重要技术研发成果论文。刊物内容涉及海洋环境范围内的生物学、化学、物理学、地质学等学科及其分支学科。主要栏目包括调查与研究、技术与方法、海洋环境管理与综述等	http://hyhjkx.nmemc.gov.cn/Jweb_hyhjkx/CN/volumn/home.shtml

续表

名　称	主管与承办机构	创刊时间	刊出周期	刊文领域	网　址
海洋科学	中国科学院主管，中国科学院海洋研究所主办	1977年	月刊	主要刊登海洋生物、海洋水产生产、海洋活性生物质提取、海洋环境保护、海洋物理、物理海洋、海洋地质、海洋化学、海洋工程、海洋仪器研制等方面的文章	http://www.xueshutougao.com/qikan/show5640.html
海洋科学进展	国家海洋局主管，中国海洋学会、国家海洋局第一海洋研究所主办	1983年	季刊	主要刊登国内、外在海洋科学基础、应用基础和应用研究以及与海洋有关的交叉学科领域最新的学术成果	http://service.fio.org.cn/department/marine/
海洋通报	国家海洋局主管，国家海洋信息中心和中国海洋学会主办	1982年	双月	主要刊载海洋水文、气象、物理、化学、生物、地质等基础理论研究和应用研究，以及海洋工程、资源开发、水产养殖，环境保护，环境预报、仪器设备等方面调查、研究和管理的新发展、新理论、新观点、新方法、新经验	http://hytb.nmdis.gov.cn/ch/index.aspx
海洋学研究	国家海洋局主管，中国海洋学会、国家海洋局第二海洋研究所、浙江省海洋学会联合主办	1983年	季刊	主要刊登海洋科学领域具有前沿性、科学性、原创性、综合评述以及学术性和探索性的学术论文，研究报道，以海洋观测、调查数据和科学表达为基础，注重介绍大洋、中国海区以及"两极"地区等全球各海区的最新数据资料和研究成果，热点海区和深入的国际、国内前沿课题的报道，以及时反映各热点项目的追踪报道为向的分析、讨论，对比和争鸣等的全面和深入的追踪报道为特色，主要内容包括:海洋化学、海洋水文气象、海洋地质地貌、海洋生物与生态、海洋水产养殖、海洋环境保护、海洋遥感技术、海洋工程技术等	http://www.hyxyj.org.cn/cn/introduction.aspx?lntroid=0
热带海洋学报	中国科学院主管，中国科学院南海海洋研究所主办	1982年	双月	主要刊载南海及邻近热带海洋学研究中有关海洋水文、海洋气象、海洋物理、海洋化学、海洋地质与地球物理、海洋沉积、河口海岸、海洋生物、海洋污染与防冶、海洋仪器与技术方面的最新研究成果和学术论文以及反映最新学科前沿动态的综述性文章	http://www.jto.ac.cn/CN/volumn/current.shtml

续表

名　称	主管与承办机构	创刊时间	刊出周期	刊　文　领　域	网　址
中国海洋大学学报（自然科学版）	教育部主管，中国海洋大学主办	1959年	月刊	主要刊登理、工、农（水产）、医（药）等学科，包括海洋科学、环境科学与工程、水产科学、海洋生物与生态学学术与科技论文，以海洋和水产学科为办刊特色	http://211.64.142.85/xbzrb/
中国海洋药物	中国科学技术协会主管，中国药学会主办	1982年	双月	主要刊载有关海洋药物及相关学科的研究成果和国内外最新动态	http://hyyw.journalsystem.net/ch/index.aspx
水产学报	中国科学技术协会主管，中国水产学会主办	1964年	月刊	主要刊载水产基础研究、水产养殖和增殖、渔业水域环境保护、水产品保鲜加工与综合利用、渔业机械仪器等方面的论文和综述	http://www.scxuebao.cn/scxuebao/ch/index.aspx
中国水产科学	农业部主管，中国水产科学研究院主办	1994年	双月	主要刊载水产科学基础研究、水产生物病害与防治、水产生物营养与饲料、水产资源、海淡水捕捞以及水产品保鲜、加工与综合利用等方面的研究论文、少量刊载和学术动态、书讯等	http://www.fishscichina.com/
水产科学	辽宁省海洋与渔业厅主管，辽宁省水产学会主办	1981年	月刊	主要刊载渔业资源、海淡水捕捞、水产养殖与增殖、水产生物病害及防治、水产饲料与营养、水产品保鲜与加工综合利用等方面研究的新进展、新技术、新方法等	http://sckx.qikann.com/
地质科学	中国科学院主管中国科学院地质与地球物理研究所主办	1958年	季刊	主要刊载地质学领域内具有较高水平的新成果、新发现、新方法、新进展、地层与古生物、石油地质、构造地质学、地质年代学等方面的最新理论、岩石矿物床、地球化学、野外和实验室成果，支持多学科交叉研究成果	http://www.dzkx.org/CN/volumn/current.shtml
地质学报	中国科学技术协会主管，中国地质学会主办	1922年	月刊	地层科学各分支学科及边缘学科的理论、方法等研究成果	http://www.geojournals.cn/dzxb/ch/index.aspx

续表

名　称	主管与承办机构	创刊时间	刊出周期	刊　文　领　域	网　址
Acta Biochimica et Biophysica Sinica 地质学报（英文版）	中国科学技术协会主管，中国地质学会主办	1922年	月刊	主要刊载论文涉及地学科学和相关学科各领域的研究，包括地层学、古生物学、地史学、地球化学、构造地质学、大地构造学、矿物学、岩石学、地球物理、工程地质学、地震化学、矿床地质学、水文地质学、区域地质学以及地质勘查的新理论和新技术	http://www.geojournals.cn/dzxbcn/ch/first_menu.aspx?parent_id=20080618655532001
中国地质大学学报.社会科学版	教育部主管，中国地质大学主办	2000年	月刊	主要开设资源研究，管理与经济研究，高等教育研究，文化与传播研究四个栏目。资源环境研从管理学、经济学、法学、社会学、哲学和伦理学等视角研究资源环境这一关系人类社会持续发展和谐社会的重大理论与现实问题。文化与传播研究主要发表文化哲学、文化产业、传播学理论、传媒经济、广告理论和消费文化等领域的学术论文	http://www.cugxbskb.net:8080/cugsk/index.jsp
地震地质	中国地震局主管，中国地震局地质研究所主办	1979年	季刊	主要刊载活动构造、新构造、地球内部物理、构造物理、地球动力学、地球化学、地震预测、新年代学、工程地震、火山学、减轻地质灾害等方面的最新研究成果	http://www.dz-dz.com.cn/
地质科技情报	教育部主管，中国地质大学主办	1982年	双月	主要刊载当代世界地学科技前沿，即时反映最新地学学术水平、科技进展和发展动向，报道科技前沿领域最新研究成果，特别是国家重大科技攻关项目、自然科学基金项目成果	http://dzkjqb.cug.edu.cn/CN/volumn/current.shtml
地质力学学报	国土资源部主管，中国科学院地质力学研究所主办	1995年	季刊	主要刊载地壳运动与大陆地质构造及其动力机制等方面的前沿动态和基础理论研究成果，同时关注矿产资源勘查、地质灾害调查与防治、环境变迁规律等方面的应用科研成果	http://journal.geomech.ac.cn/ch/first_menu.aspx?parent_id=200912091925338001
地质论评	中国科学技术协会主管，中国地质学会主办	1936年	双月	主要刊载论文涉及地学及相关学科科学各领域，包括地层学、古生物学、地史学、地球化学、构造地质学、大地构造学、矿物学、岩石学、地球物理学、环境地质学、水文地质学、工程地质学、区域地质学以及地质勘查的新理论和新技术等	http://www.geojournals.cn/georev/ch/index.aspx

续表

名　称	主管与承办机构	创刊时间	刊出周期	刊　文　领　域	网　址
地质通报	中国国土资源部主管,中国地质调查局主办	1982年	月刊	主要刊载内容涉及基础地质、经济地质、海洋地质、能源地质、生态环境地质、灾害地质、城市地质、农业地质、地质遗迹（公园）、勘查地球物理、勘查地球化学、地质实验、探测技术、地质调查信息技术、科技政策、地质管理等专业领域	http://dzhtb.cgs.cn/ch/index.aspx
地质与勘探	中国钢铁工业协会主管,中国冶金地质总局、中国地质学会主办	1957年	双月	刊载矿产地质、商业地质地质经济、成矿规律与成矿预测、矿产资源评价、找矿勘探方法、地球物理和地球化学勘查、岩石矿物研究、钻探技术、工程勘察与岩土工程施工等专业科研成果	http://www.eshukan.com/displayj.aspx?jid=2192
高校地质学报	教育部主管,南京大学主办	1995年	季刊	主要刊载全国高等学校地质学或地球科学领域的师生,及其他科研、生产单位学者在地球科学领域中理论性高、观点较新、学术性强的研究论文,不同学术观点争鸣论文,科研动态报道、评述性论文及先进方法研究论文等	http://geology.nju.edu.cn/CN/volumn/home.shtml
工程地质学报	中国科学院主管,中国科学院地质与地球物理研究所主办	1993年	季刊	主要刊载当前规划、设计和在建国家重点工程的工程地质和地质环境实例及其论证;讨论理论进展和方法创新;讨论在土木、水电、铁路、公路及矿山建设、城乡规划、地质环境和灾害治理,以及能源和工业采掘等方面的新技术和经验	http://www.gcdz.org/CN/volumn/current.shtml
矿床地质	中国科学技术协会主管,中国地质学会矿床地质专业委员会、中国地质科学院矿产资源研究所主办	1982年	双月	主要刊载矿床学领域的新观察、新发现和新认识,涵盖矿床地质（包括金属矿床、非金属矿床、海洋矿产）,矿床地球化学（包括流体包裹体、稳定同位素和放射性同位素及成矿模拟实验）,与矿床有关的岩石学和矿物学,构造演化与成矿作用,矿床学领域以及其矿床研究方面成矿区带的综合性研究成果;国内外的有关学术动态、消息等	http://www.kcdz.ac.cn/ch/common_item.aspx?parent_id=2009011902543001&menu_id=2009022112232500 1&is_three_menu=0

续表

名　称	主管与承办机构	创刊时间	刊出周期	刊　文　领　域	网　址
石油实验地质	中国石油化工集团公司主管,中国石油勘探开发研究院、中国地质学会石油地质专业委员会主办	1963年	双月	主要刊载我国油气普查、勘探及开发成果,包括石油工业上游所涉及的油气勘探的热点、难点问题,同时重点报道国内外油气实验测试的最新技术和方法	http://www.sysydz.net
石油与天然气地质	中国石油化工集团公司主管,中国地质学会石油地质专业委员会和中国石油化工股份有限公司石油勘探开发研究院主办	1980年	双月	主要刊载我国石油与天然气地质领域的重大科研成果,反映本学科最新科技水平,促进国内外学术交流,提高石油与天然气地质研究和实践水平的文章	http://ogg.pepris.com/CN/volumn/home.shtml
水文地质工程地质	中华人民共和国国土资源部主管,中国地质环境监测院主办	1957年	双月	主要刊载水文地质、工程地质、环境地质、地震地质,城市地质、农业地质、地热地质等学科具有较高学术水平的研究成果及新理论、新技术、新方法的应用与推广等	http://www.swdzgcdz.com/default.aspx
现代地质	中华人民共和国教育部主管,中国地质大学(北京)主办	1987年	双月	主要刊载地质学领域具有原创性的基础研究和应用研究成果	http://www.geoscience.net.cn/CN/volumn/current.shtml
铀矿地质	中国核工业集团公司主管,中国核学会、核工业地质学会主办	1962年	半季刊	主要刊载铀矿地质领域内基础理论和应用研究的最新成果和阶段性成果,内容包括铀矿地质、普通物探及放射性勘探、遥感技术方法、分析方法、环境地质、水文与工程地质、非金属及建材地质等	http://www.xueshutougao.com/qikan/show8921.html
中国地质	国土资源部主管,中国地质调查局主办	1953年	双月	主要刊载基础地质(包括地层、古生物、构造地质、岩石、矿物地质等)、矿床地质、能源地质、海洋地质、水文地质、环境地质(含生态地质和灾害地质)、农业地质、遥感地质、地球物理、地球化学、地质信息等方面的研究成果	http://geochina.cgs.gov.cn/ch/index.aspx

续表

名　称	主管与承办机构	创刊时间	刊出周期	刊　文　领　域	网　址
气候变化研究进展	中国气象局主管，国家气候中心主办	2005年	双月	主要刊载与气候变化相关的跨学科科研研究进展，介绍国内外有关气候变化的重大活动信息	http://www.climatechange.cn/CN/volumn/home.shtml
气候与环境研究	中国科学院主管，中国科学院大气物理研究所主办	1996年	双月	主要刊载反映气候与环境领域代表我国科研水平的、具有一定创造性的学术论文，短论和研究简报，有关国内外气候与环境领域新动向，新问题的综合评述，有关学术会议的报道，书刊评介等	http://www.dqkxqk.ac.cn/qhhj/ch/index.aspx
地理	中国人民大学主办	1958年	月刊	人大全文复印学术类专题期刊	http://ipub.zlzx.org/
地理科学	中科院图书情报出版委员会主管，中国科学院东北地理与农业生态研究所主办	1981年	月刊	刊登我国地理学及各分支学科，边缘学科和学科间交叉的具有创新性、前沿性和探索性的学术论文，侧重报道国家自然科学基金项目，国家重点实验室等项目，国家科技攻关项目和国际合作项目的最新研究成果，支持反映环境遥感和地理信息系统等新技术方法在地理学研究中的应用成果，注重区域性和综合性以及人地关系研究，关注资源、人口、环境、能源以及全球气候和海平面变化等重大课题的学术论文，研究报道，综述，问题讨论，技术方法，学位论文摘要，书评，国内外学术态和学术活动等	http://geoscien.neigae.ac.cn/CN/volumn/current.shtml
地理学报	中国科学院中国科学技术协会主办，中国地理学会、中国科学院地理科学与资源研究所主办	1934年	月刊	主要刊载能反映地理学科最高学术水平的具有最新研究成果，地理学与相邻学科的综合研究进展，地理学各分支学科研究前沿理论，与国民经济密切相关并有较大应用价值的地理科学论	http://geoscien.neigae.ac.cn/CN/volumn/current.shtml
地理研究	中国科学院主管，中国科学院地理科学与资源研究所，中国地理学会主办	1982年	月刊	主要刊载地理学及其分支学科，交叉学科的具有创新意义的高水平学术论文，以及对地理学应用和发展有指导性的研究报告，专题综述与热点报道等	http://www.dlyj.ac.cn/CN/volumn/current.shtml

续表

名称	主管与承办机构	创刊时间	刊出周期	刊文领域	网址
经济地理	中国科学技术协会主管，中国地理学会、湖南省经济地理研究所主办	1981年	月刊	主要刊载反映我国国土整治、区域规划、农业区划、城乡建设规划以及工业、农业、交通运输业、城市布局方面的研究成果，并介绍国外经济地理学研究动态	http://www.jjdl.com.cn/CN/volumn/home.shtml
人文地理	陕西省教育厅主管，西安外国语大学主办	1986年	双月	主要刊载在我国人文地理学领域具有创新性研究的学术论文和科研成果，力求及时反映我国人文地理学研究的新理论、新观点和新方法	http://rwdl.xisu.edu.cn/CN/volumn/home.shtml
中国历史地理论丛	中华人民共和国教育部主管，陕西师范大学主办	1985年	季刊	主要栏目:历史地理学理论和方法研究、历史人文地理研究、历史环境变迁研究、学术争鸣、学术评论、研究动态	http://zglsdics.qikann.com/
地理科学进展	中国科学院主管，中国科学院地理科学与资源研究所主办	1982年	月刊	主要刊载地理学及其分支学科的最新研究成果。发表论文的领域为环境、全球变化、可持续发展、区域研究及地理信息系统等方面的成果与新技术	http://www.progressingeography.com/CN/volumn/home.shtml
地理与地理信息科学	河北省科学院主管，河北省科学院地理科学研究所主办	1985年	双月	主要刊载文章面向经济建设、面向科研开发，探索地理科学发展方向，重点反映地理学和地理信息科学方面新的科研成果与实践事例，为有关部门提供决策建议和科技信息	http://dlgt.chinajournal.net.cn/WKC/WebPublication/index.aspx?mid=dlgt
古地理学报	教育部主管，中国石油大学、中国矿物岩石地球化学学会主办	1999年	双月	主要刊载国内外古地理学及其相关学科成相关学术领域的文章，如岩相古地理学、生物古地理学、构造古地理学、层序地层学及古地理学、第四纪古人类文明、古生态学及古地理学、古生物、古气候、古水文、古土壤、古生物、古地貌、古构造、古地貌、古气候、古水文、古土壤、古生物论文，以及这些学科技术方法和学术或技术等学科和学术领域的科研成果的理论、观点和方法论述石油、天然气、煤炭、水、化工材料、建筑材料、其他非金属与金属矿产资源的预测、勘探、开发和环境等方面的论文	http://manu22.magtech.com.cn/gdlxb/CN/volumn/current.shtml

续表

名　称	主管与承办机构	创刊时间	刊出周期	刊　文　领　域	网　址
古地理学报	教育部主管,中国石油大学、中国矿物岩石地球化学学会主办	1999年	双月	主要刊载国内外古地理学及其相关学科或相关领域的文章,如古岩相古地理学、生物古地理学、构造古地理学、层序地层学及古地理学,第四纪古地理学,人类历史时期古地理学,古今地理环境与人类文明,沉积学相、沉积环境、沉积相,古生态、古构造、古地貌、古气候、古水文、古岩溶、古土壤、古地理学研究方法和技术和学科等学科领域的科研成果的论文,以及以这些学科领域的理论、观点和方法论述石油、天然气、煤炭、水、化工材料、建筑材料,其他非金属与金属矿产资源的预测、勘探、开发和环境等方面的论文	http://manu22.magtech.com.cn/gdlxb/CN/volumn/current.shtml
热带气象学报	广东省气象局主管,广州热带海洋气象研究所主办	1984年	双月	主要刊载海—气相互作用,中低纬相互作用、低频振荡及遥相关、低纬大气环流异常等相关的影响、季风动力学,季风与旱涝,热带应用气象、热带大气探测,热带大气物理,热带大气环境与化学、热带大气全球变化的联系、热带大气科学试验以及相关方面等的学术成果	http://www.itmm.gov.cn/rdqxxb/ch/index.aspx
太平洋学报	国家海洋局主管、中国太平洋学会主办	1993年	月刊	主要刊载内容以太平洋区域国际关系理论研究为主,注重国际政治与世界经济的结合,国内问题与国际问题的结合,世界海洋与太平洋形势的结合,并在注重理论与实际的结合同时,尤重选题的综合性、前瞻性和创新性	http://tpyxb.qikann.com/
自然资源学报	中国科学技术协会主管,中国自然资源学会、中国科学院地理科学与资源研究所主办	1986年	月刊	主要刊载自然资源学科理论研究的最新成果,自然资源研究中新技术与新方法的运用,数量与质量评价、区域自然资源的管理及可持续发展等研究成果、综述和简要报道国内外自然资源研究进展及发展趋势	http://www.jnr.ac.cn/CN/column/column105.shtml
应用海洋学报(原名:台湾海峡)	国家海洋局主管、国家海洋局第三海洋研究所,中国海洋学会、福建省海洋学会主办	1982年	季刊	主要刊载我国内外海洋科学各分支学科和海洋文学学科的最新研究成果,侧重于报道有关台湾海峡及其邻域(东海、南海)的最新研究成果。其中刊载的主要内容包括物理海洋学、海洋气象学、海洋化学、海洋环境学、海洋生物学、海洋地质学、海洋水声学与遥感,海洋环境管理等方面的学术论文和研究报告,以及反映最新学科前沿动态的文章等	http://www.jiao.org.cn/TaiWan/StraitPeriodicalSite/Default.aspx

三、中国海洋类学会

名　称	主管与挂靠机构	创立时间	负责人	网　址	简　介	主办与联合主办刊物
中国地理学会海洋地理专业委员会	主管单位中国科学技术协会，挂靠单位南京大学海岸与海洋开发教育部重点实验室	1988年	张振克	http://www.gsc.org.cn/	中国地理学会所属研究海洋自然与人文地理的专业委员会	
中国水产学会	主管单位中国科学技术协会，挂靠单位农业部	1963年	贾晓平	http://www.csfish.org.cn/csf/index.asp	中国水产学会是由水产及与水产有关的科技工作者自愿结成的全国学术性社会团体，是国家一级学会	水产学报、淡水渔业、海洋渔业、渔业科学进展、中国渔业经济、中国水产科学、科学养鱼
中国渔业协会	主管单位农业部，独立社团法人	1954年	齐景发	www.china-cfa.org	中国渔业协会是渔业生产、经营、加工、机械制造及相关企业与科研、院校、地方社团自愿结成的非营利性的具有法人资格的全国性社会团体。协会现有1000余家会员，由渔业产业内具有代表性的大中型企业为核心，是真正由企业自己当家作主维护行业自身权益的组织。协会下设远洋渔业分会、河蟹分会、鲷鱼分会、鳗鱼分会、河豚分会、水族分会、龟鳖产业分会7个独立开展工作的分支机构及专家工作委员会和海事两个内设机构	渔业文摘
中国海洋学会	主管单位中国科学技术协会，挂靠单位国家海洋局	1979年	王曙光	http://www.cso.org.cn/index.html	中国海洋学会是全国海洋科技工作者和涉海单位自愿组成并依法登记成立的学术性、公益性法人社会团体。现有会员6700多人，团体会员252个，全国海洋科普教育基地。学会自成立以来紧紧围绕国家经济社会发展中的重大海洋战略课题，积极组织"海洋强国科学普及活动"等国内外学术交流，广泛开展各种形式的科学研讨及活动，为国家有关部门提供决策建议和咨询服务，多次获国家有关部门颁发的各种奖励与表彰	海洋学报、海洋工程、海洋科学进展、应用海洋学学报、海洋环境科学、海洋世界、海洋通报、海洋技术学报

续表

名　称	主管与挂靠机构	创立时间	负责人	网　　址	简　　介	主办与联合主办刊物
中国海洋发展研究会	主管单位国土资源部和民政部，挂靠单位国家海洋局	2013年	王曙光	http://aoc.org.cn/?action-category-catid-1	中国海洋发展研究会，旨在围绕海洋资源开发、海洋经济发展、海洋生态环境保护、国家海洋权益维护等重大问题开展研究。它是由致力于海洋重大问题研究的相关社团组织的具有法人资格的全国性、非营利性社团组织。其主要任务是组织相关专家学者，围绕海洋重大问题开展研究，搭建学术研究和交流平台，为国家及相关部门科学决策与管理提供智力支撑和咨询服务	
中国海洋湖沼学会	业务主管单位中国科学技术协会，挂靠单位中国科学院海洋研究所	1950年	孙松	http://csol.qdio.ac.cn/html/index.html	中国海洋湖沼学会是海洋湖沼科学科技工作者自愿结成，学术性、非营利性的法人社会团体，中国海洋湖沼学会现有会员8000余人，7个省市地方学会，下设藻类学、鱼类学等17个分会（专业委员会）、理事会每届任期五年。学会设立了"曾呈奎海洋科技奖"，每两年评选一次。与中国海洋学会、中国太平洋学会联合设立了"海洋科学技术奖"，每年评选一次	海洋与湖沼、海洋湖沼学报（英文版）、湖泊科学、水生生物学报
中国太平洋学会	挂靠单位国家海洋局	1984年	张海峰	http://www.psc.org.cn/cms/Index.asp	中国太平洋学会是由我国热心于太平洋区域的专家、学者、外交家、社会活动家组成的全国性的一级学术团体。其前身是中国太平洋历史学会，1984年成立。1993年经民政部批准改名中国太平洋学会。学会从多学科的角度研究太平洋及其周边国家的历史现状和未来，增进中国人民对太平洋区域的了解和太平洋区域各国人民对中国的了解。为促进各国人民之间的文化、经济和科学技术的交流与合作，促进太平洋区域的友谊、和平与发展做出贡献	太平学报
中国自然资源学会	主管单位中国科学技术协会，挂靠单位中国科学院地理科学与资源研究所	1980年	刘纪远	http://www.csnr.org/	中国自然资源学会是由从事自然资源学科的科学研究、工程技术、教育以及管理工作者，自愿组成并依法登记成立的全国性、学术性的学术性法人团体，是中国科协所属的全国一级学会	自然资源学报

续表

名　称	主管与挂靠机构	创立时间	负责人	网　址	简　介	主办与联合主办刊物
中国大洋矿产资源研究开发协会	主管单位国家海洋局	1991年	王　飞	http://www.comra.org/	中国大洋矿产资源研究开发协会（China Ocean Mineral Resources R & D Association，简称"中国大洋协会"）于1990年4月9日经国务院批准成立。其宗旨是：通过国际海底资源研究开发活动，开辟我国新的资源来源，促进我国深海高新技术产业的形成与发展，维护我国开发利用国际海底资源的权益，并为人类开发利用国际海底资源作出贡献。	
中国海洋法学会	主管单位司法部，挂靠单位国家海洋局海洋发展战略研究所	1994年	高之国	http://www.cima.gov.cn/_d27053357.htm	学会的宗旨是为完善我国海洋法律制度服务。学会的主要任务是向国家有关主管部门提供有关制定和完善我国海洋法律制度的立法咨询意见和建议，开展海洋法问题的学术研究和科学交流活动，维护我国海洋权益，促进我国海洋事业的发展。	
中国海洋工程咨询协会	主管部门国土资源部，挂靠单位国家海洋局	2010年	孙志辉	http://www.caoe.org.cn/	中国海洋工程咨询协会是由从事海洋咨询以及其他相关业务的单位、个人自愿组成的具有法人资格的全国性社会团体，是我国第一个全国性的海洋协会。协会业务范围主要包括海洋战略及重大海洋问题研究、法律法规和政策规划拟定、行业标准制修订、资质认证管理与咨询服务、信息与科研交流合作、科技成果鉴定与评选、技术职称评审与院士候选人推荐以及出版学术期刊等。	海洋开发与管理

撰写人：周国强

索　引

图书在版编目（CIP）数据

中国海洋资源环境与海洋经济研究40年发展报告：
1975—2014 / 李加林等著. —杭州：浙江大学出版社，
2014.12
ISBN 978-7-308-14133-8

Ⅰ.①中… Ⅱ.①李… Ⅲ.①海洋资源－资源开发－
研究报告－中国－1975—2014②海洋经济－经济发展－研
究报告－中国－1975—2014 Ⅳ.①P74

中国版本图书馆CIP数据核字（2014）第283342号

中国海洋资源环境与海洋经济研究40年发展报告（1975—2014）
李加林　马仁锋　等著

责任编辑	叶　抒　寿勤文
封面设计	刘依群
出版发行	浙江大学出版社
	（杭州市天目山路148号　邮政编码310007）
	（网址：http://www.zjupress.com）
排　版	杭州尚文盛致文化策划有限公司
印　刷	杭州日报报业集团盛元印务有限公司
开　本	710mm×1000mm　1/16
印　张	22.25
字　数	398 千
版 印 次	2014年12月第1版　2014年12月第1次印刷
书　号	ISBN 978-7-308-14133-8
定　价	58.00 元